技工学校电子类通用教材

无线电整机装配工艺基础

天津广播器材公司　仇瑞璞　主编

天津科学技术出版社

内 容 简 介

本书是根据劳动人事部培训局、电子工业部教育局审定颁发的《无线电整机装配工艺基础教学大纲》组织编写的。内容包括无线电整机装配工艺常用元器件、材料、工具(包括装配钳工工具)、设备、技术文件的识别及使用,装配工艺操作方法和工艺要求,以及整机的安全文明生产、防护、包装等。

本书第三版补充了表面贴装元件、录像机磁头磁带等新器件,以及表面贴装工艺等新工艺的介绍,并对书中用到的技术标准进行了更新。

图书在版编目(CIP)数据

无线电整机装配工艺基础/仇瑞璞主编 .-3 版 .—天津:天津科学技术出版社,2009

技工学校电子类通用教材

ISBN 978-7-5308-0082-9

Ⅰ.无... Ⅱ.仇... Ⅲ.电信设备-装配-工艺-技工学校-教材 Ⅳ.TN805

中国版本图书馆 CIP 数据核字(1999)第 31851 号

责任编辑:王定一
版式设计:雒桂芬
责任印制:张军利

天津科学技术出版社出版
出版人:胡振泰
天津市西康路 35 号 邮编 300051
电话(022)23332393(发行部) 23332390(市场部) 27217980(邮购部)
网址:www.tjkjcbs.com.cn
新华书店经销
河北省昌黎县第一印刷厂印刷

开本 787×1092 1/16 印张 19.25 字数 462 000
2009 年 7 月第 3 版第 28 次印刷
定价:24.00 元

第三版前言

本书是根据劳动人事部培训就业局、电子工业部教育局审定颁发的《无线电整机装配工艺基础教学大纲》组织编写的。内容包括无线电整机装配常用元器件、材料、工具(包括装配钳工工具)、设备、技术文件(设计文件和工艺文件)的识别及使用,装配工艺操作方法和工艺要求,以及整机的安全文明生产、防护、包装等。并在书末对标准代号、元器件图形符号、法定计量单位及换算、元器件代号对照、部分金属镀层及化学处理的种类和标记以附表的形式加以介绍,供参考。

本书自1983年3月首次出版以来,颇受读者欢迎。到目前为止,已出二版,共印刷11次,印数达23万余册。事实表明,本书具有图文并茂,通俗易懂,较强的实用性等特点。

随着新器件、新工艺的不断出现,编者为满足使用者的需求,参照1993年制订的机械电子工业部电子工业技术工人培训计划和大纲,再次对本书进行了修编。这次修编,增加了新的元器件介绍,如表面贴装元件和录像机的磁头、磁带等,增加了新的工艺介绍,如贴装工艺等,并采用了最新的标准化,力求达到更强的实用性。

参加本书第一版编写的有仇瑞璞、杨泰、赵崇义,仇瑞璞任主编。王良奎绘制了部分插图。

参加本书第二版编写的有仇瑞璞、王建谟、李志燊、李绍华,仇瑞璞任主编。李成祥绘制了部分插图。

参加本书第三版编写的有仇瑞璞、王建谟、李绍华,仇瑞璞任主编。李成祥绘制了部分插图。

在这次修编中,保留了传统的手工装配工艺,因为它是装配技术人员必备的基本功和应掌握的基础知识。同时,随着新器件、新工艺的不断出现,对书中所介绍的新器件、新工艺、新标准,也应熟练掌握,以适应自动化生产和高、精、尖产品的装配要求,生产出更高水平的电子产品。

由于编者的水平所限,书中会有不当之处,恳请广大使用者提出宝贵意见。

编　者

1994年1月

第二版说明

当前，电子技术迅速发展，国民经济各部门对电子技术的应用日益广泛，对电子类专业技术工人的需求越来越迫切。为了满足技工学校培养电子类专业中级技术工人的需要，不断提高教学质量，加速实现我国的四个现代化，劳动人事部培训就业局、电子工业部教育局在前几年组织编写教材工作的基础上，于 1986 年成立技工学校电子类专业教材编审委员会，委托北京、天津、上海三市的电子工业部门，组织编写技工学校电子类专业通用教材。这次编写的教材有数学、物理、制图、电子电路基础、电子测量与仪器、收录机原理调试与维修、无线电基础、微型电子计算机原理、操作系统、程序设计基础、微型计算机原理及应用、数字逻辑电路、录像机原理、BASIC 语言和 PASCAL 语言等十五种，由劳动人事出版社出版；另有电工基础、晶体管脉冲与数字电路、电视机原理调试与维修、无线电整机装配工艺基础、晶体管原理等五种，仍由天津科学技术出版社出版。其它课程的教材，以后将陆续组织编写。

上述教材，是本着改革的精神组织编写的。力求做到理论与实际相结合，符合循序渐进的要求，从打好基础入手，突出操作技能训练的特点，并且尽量反映当前生产中采用新设备、新材料、新技术、新工艺的成就。力图使培养出来的学生，能够比较系统地掌握专业技术理论知识，学会一定操作技能，具有培养目标要求的文化素质和职业道德品质，以适合电子工业发展的需要。

这套教材供二年制（招收高中毕业生）和三年制（招收初中毕业生）的技工学校电子类电子专业的学生使用。也适合青工培训和职工自学使用。在使用教材的过程中，希望读者提出批评和改进意见，以便再版时修订。

劳动人事部培训就业局
电子工业部教育局

目 录

绪 论

随着无线电技术的飞跃发展，无线电产品在国民经济各个领域中应用得越来越广泛。在生产、科研和人民生活中采用先进的电子技术和设备，已成为提高劳动生产率和改善人民生活的重要途径，也是衡量一个国家经济发展水平和国防威力的重要标志。这样，对无线电产品就提出了更高的要求。要达到这些要求，除应有先进的设计和可靠的元器件、材料外，还必须有先进的工艺来保证。一个工厂企业的基本任务是把原材料经过各种变形和变性的工艺操作，制成合格的产品。工艺工作是组织生产、指导生产的重要手段，也是降低成本、减轻劳动强度和提高产品质量的重要环节。而装配工艺又是无线电产品生产中的一项基础技术，所以，必须认真学习，熟练掌握。

什么是无线电整机呢？无线电整机是一个内部有系统的无线电电子设备，它是由若干相互间有联系而且具有一定功能的单元（或组合）和材料及零、部、整件组成的。录音机、扩音机、电视接收机、电子计算机等都是无线电整机。概括地说，凡是为工农业、气象、交通、国防、文教、卫生、商业等服务的各种专用机和无线电电子仪器等，都可称为无线电整机。由于每部无线电整机具有独立功能，因此不仅可单独使用，而且也可作为无线电成套设备中重要的组成部分。例如，有线广播、电视中心、微波设备及各种无线电专用电子设备中都包含有一个或若干个无线电整机。

根据整机的电路与结构设计，将规定使用的材料和零、部、整件等经加工装联成整机的全部生产过程，称为无线电整机装配。而无线电整机装配工艺，则是指无线电整机装配过程中生产方式的选择、加工手段与步骤、工具设备的选用以及操作方法和要求等。装配工艺是产品生产的法规，也是整机生产中的一项基础技术。装配工艺水平的高低，直接影响着整机产品的质量和整机生产的速度。因此，只有不断提高和改进无线电整机装配工艺，严格按照工艺文件要求及加工步骤进行生产，遵守工艺纪律，才能生产出高质量的整机产品。

本书共分十章。前五章介绍常用元器件、材料、工具（包括装配钳工工具）、设备及整机技术文件的识别、选用和工具的使用知识，为学好整机装配工艺和掌握装配工艺操作技能打下基础。后五章介绍无线电整机装配的准备、安装、焊接的工艺要求和操作方法及整机总装和安全文明生产，对整机的防护和包装知识也做了简单介绍。在学习过程中，应重点掌握常用元器件、材料的准备、安装和焊接的工艺要求及操作方法。

第一章 常用元器件

§1—1 电 阻 器

一、电阻器的作用和类别

电阻器是组成电路的基本元件之一。在电路中，电阻器用来稳定和调节电流、电压，作分流器和分压器，并可作消耗电路的负载电阻。

电阻器可分为固定式和可变式两大类。固定电阻器主要用于阻值固定而不需要变动的电路中，起限流、分流、分压、降压、负载或匹配等作用。

可变电阻器又称变阻器或电位器，主要用在阻值需要经常变动的电路中，用来调节音量、音调、电压、电流等。电位器在结构上分为可转动的旋柄式和可移动的滑键式两类。

半可变（或微调）电阻器，主要用在阻值不经常变动的电路中，其转动结构较简单。

电阻器按其材料结构，可分为膜式（包括碳膜、金属膜等）和金属线绕式两种。膜式电阻器阻值范围大，从几欧到几十兆欧，但功率不大，一般约在 1/8W 到 2W，最大可到 10W。线绕式电阻器阻值范围小，从十分之几欧到几十千欧，但功率较大，最大可到几百瓦。

常用电阻器及其图形符号如图 1—1 所示。

二、电阻器型号命名方法

根据国家标准 GB2470－81 的规定，电阻器的型号由下列几部分组成：

□ □ □ □ □

- 区别代号*（用大写字母表示）
- 序号（用数字表示）
- 分类（一般用数字表示，个别类型用字母表示，代号见表 1 － 1）
- 材料（用字母表示，代号见表 1 － 1）
- 主称（用字母 R 表示）

各部分组成的意义可参见表 1—1。

敏感电阻器型号由主称、材料、分类、序号等部分组成。主称用 M 表示敏感电阻器。材料、分类部分的意义参见表 1—2。

三、电阻器的主要参数

电阻器的主要参数有：标称阻值和偏差、标称功率、最高工作温度、极限工作电压、隐定性、噪声电动势、高频特性和温度特性等。要正确地选用、识别电阻器，就应了解它的主要参数。一般只考虑标称阻值、偏差和标称功率。

---

* 主称、材料特征相同，仅尺寸、性能指标有差别时，在序号后再加字母 A、B……予以区别。

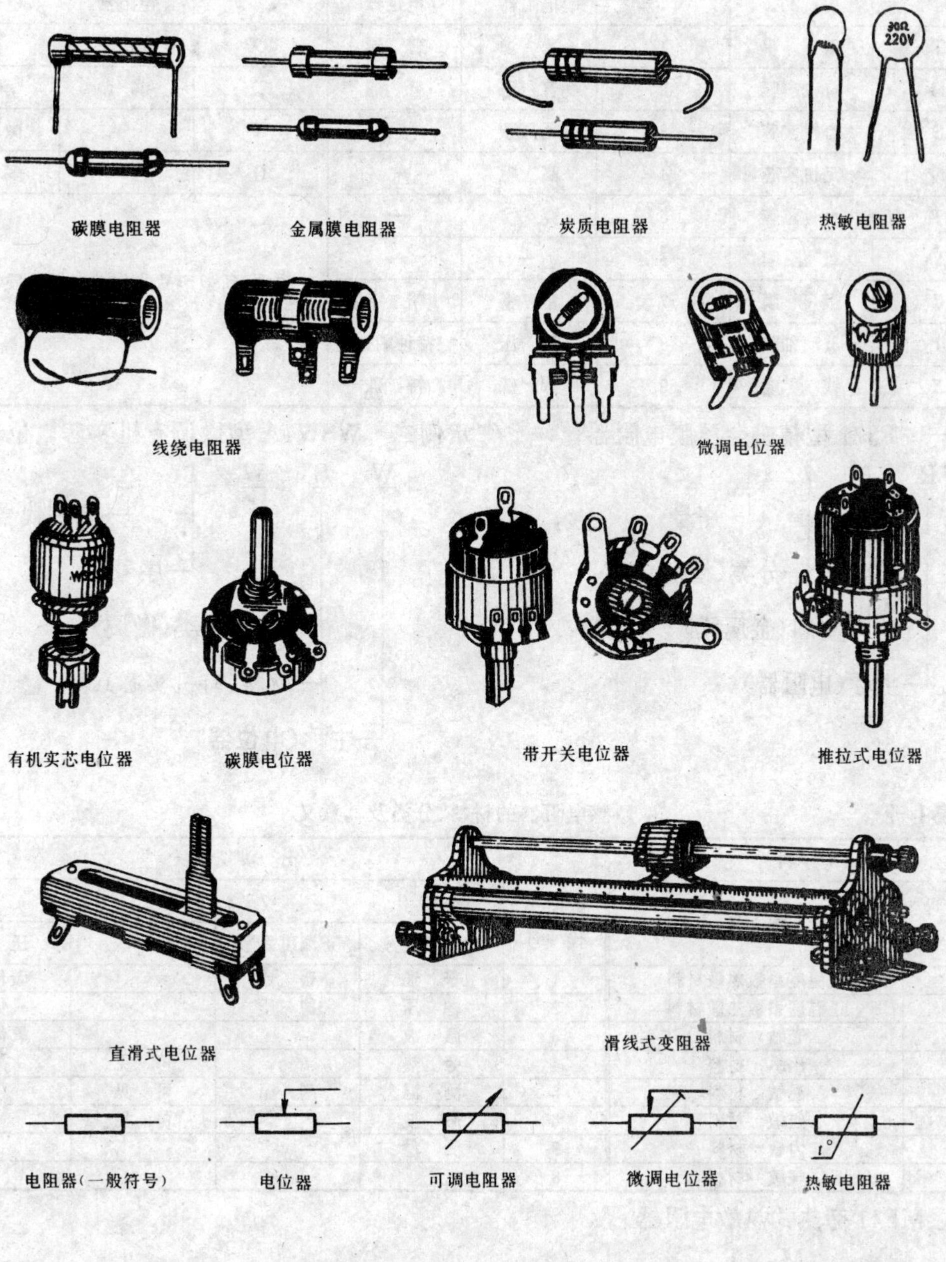

图1—1　电阻器及其图形符号

1.标称阻值和偏差

电阻上面都标有阻值，此值就是电阻的标称值。阻值的范围很广，可从几欧到几十兆欧，但都必须符合阻值系列。电阻器的标称阻值应为表1—3所列数值的10^n倍，其中n为正整数、负整数或零。

表1-1 电阻器的材料、分类代号及其意义

材料			分类				
代号	意义	数字代号	意义		字母代号	意义	
			电阻器	电位器		电阻器	电位器
T	碳膜	1	普通	普通	G	高功率	—
H	合成膜	2	普通	普通	T	可调	—
S	有机实芯	3	超高频	—	W	—	微调
N	无机实芯	4	高阻	—	D	—	多圈
J	金属膜	5	高温	—			
Y	氧化膜	6	—	—			
C	沉积膜	7	精密	精密			
I	玻璃釉膜	8	高压	特种函数			
X	线绕	9	特殊	特殊			

说明：新型产品的分类根据发展情况予以补充

示例一 RJ71型精密金属膜电阻器

R J 7 1
- 1—序号
- 7—分类（精密）
- J—材料（金属膜）
- R—主称（电阻器）

示例二 WSW1A型微调有机实芯电位器

W S W 1 A
- A—区别代号
- 1—序号
- W—分类（微调）
- S—材料（有机实芯）
- W—主称（电位器）

表1-2 敏感电阻器的材料、分类及其意义

材料		分类				
字母代号	意义	数字代号	意义			
			负温度系数	正温度系数	光敏	压敏
F	负温度系数热敏材料	1	普通	普通		碳化硅
Z	正温度系数热敏材料	2	稳压	稳压		氧化锌
G	光敏材料	3	微波			氧化锌
Y	压敏材料	4	旁热		可见	
S	温敏材料	5	测温	测温	可见	
C	磁敏材料	6	微波		可见	
L	力敏材料	7	测量			
Q	气敏材料	8				

示例 MF41旁热式热敏电阻器

M F 4 1
- 1—序号
- 4—分类（旁热）
- F—材料（负温度系数热敏材料）
- M—主称（热敏电阻器）

表 1－3 电阻器标称阻值系列

系列	偏差	电阻的标称值
E24	Ⅰ级±5%	1.0；1.1；1.2；1.3；1.5；1.6；1.8；2.0；2.2；2.4；2.7；3.0；3.3；3.6；3.9；4.3；4.7；5.1；5.6；6.2；6.8；7.5；8.2；9.1
E12	Ⅱ级±10%	1.0；1.2；1.5；1.8；2.2；2.7；3.3；3.9；4.7；5.6；6.8；8.2
E6	Ⅲ级±20%	1.0；1.5；2.2；3.3；4.7；6.8

以 *E*24 系列中的 1.2 为例，电阻器的标称阻值可为 0.12Ω；1.2Ω；12Ω；120Ω；1.2kΩ；12kΩ；120kΩ 或 1.2MΩ 等。其它各项依此类推。

精密电阻器标称阻值系列，除 *E*24 系列外，还有 *E*48、*E*96、*E*192 等系列。

电阻器的标称阻值与实际阻值不完全相符，存在着误差(也称偏差)。电阻值允许偏差的标志符号见表 1－4。

表 1－4 阻值偏差标志符号规定

对称偏差标志符号				不对称偏差标志符号	
允许偏差%	标志符号	允许偏差%	标志符号	允许偏差%	标志符号
±0.001	Y	±0.5	D	+100　－0	H
±0.002	X	±1	F	+100　－10	R
±0.005	E	±2	G	+50　－10	T
±0.01	L	±5	J	+30　－10	Q
±0.02	P	±10	K	+50　－20	S
±0.05	W	±20	M	+80　－20	Z
±0.1	B	±30	N	+不规定 －20	不标记
±0.25	C				

电阻器的标称阻值和偏差一般都标在电阻体上，其标志方法可分为以下几种：

(1)直标法　直标法是指在产品表面直接标志出产品主要参数和技术性能的标志方法。主要参数和技术性能的有效值，用阿拉伯数字和文字符号标出。

直标法标志电阻值的单位应符合以下规定：欧姆：Ω，千欧：kΩ，兆欧：MΩ。

例如，图 1－2 所示的电阻器，电阻值为 5.1kΩ，偏差为±5%。若没有印偏差等级，则表示偏差为±20%。还有的印 5.1kΩI，则表示阻值为 5.1kΩ，偏差为Ⅰ级，即偏差为±5%。

(2)文字符号法　文字符号法是将需要标志的主要参数与技术性能，用文字、数字符号有规律地组合标志在产品表面上的方法(详见国家标准 GB2691-81)。

电阻器标称阻值的标志符号应符合以下规定：

欧姆(10^0欧姆)：用 R 表示。

千欧(10^3 欧姆)：用 k 表示。

兆欧(10^6 欧姆)：用 M 表示。

千兆欧(10^9 欧姆)：用 G 表示。

兆兆欧(10^{12}欧姆)：用 T 表示。

电阻器标称电阻值的文字符号及其组合的一般规定是：阻值的整数部分写在阻值单位标志符号的前面，阻值的小数部分写在阻值单位标志符号的后面。

例如，0.33Ω，标志符号为 $R33$；5.1Ω，标志符号为 $5R1$；4.7kΩ，标志符号为 4k7；2200MΩ，标志符号为 2G2；3.9×10^6MΩ，标志符号为 3T9。

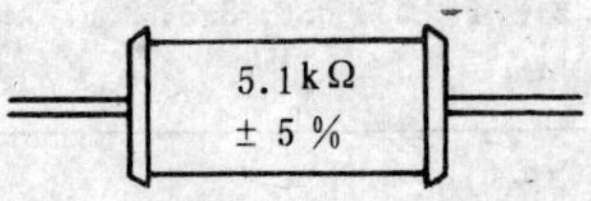

图 1－2　电阻器直标法示意

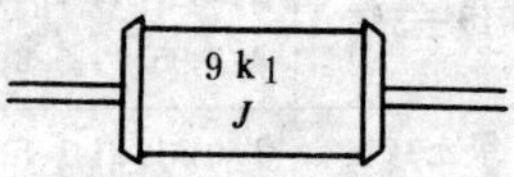

图 1－3　电阻器文字符号法示意

如图 1－3 所示，9k1 表示阻值为 9.1kΩ，J 表示偏差为±5%。

(3)色标法　色标法是指用不同颜色表示元件不同参数的方法。在电阻器上，不同的颜色代表不同的标称值和偏差，其规定见表 1－5。

表 1－5　固定电阻器色标符号规定

颜　色	有效数字	乘数	允许偏差%
银　色	—	10^{-2}	±10
金　色	—	10^{-1}	±5
黑　色	0	10^0	—
棕　色	1	10^1	±1
红　色	2	10^2	±2
橙　色	3	10^3	—
黄　色	4	10^4	—
绿　色	5	10^5	±0.5
蓝　色	6	10^6	±0.25
紫　色	7	10^7	±0.1
灰　色	8	10^8	—
白　色	9	10^9	+50 −20
无　色	—	—	±20

现举例说明固定电阻器的色环如何识别。

一般电阻器用两位有效数字表示。例如，标称电阻值为 27000Ω，允许偏差为±5%，其标志示意见图 1－4。

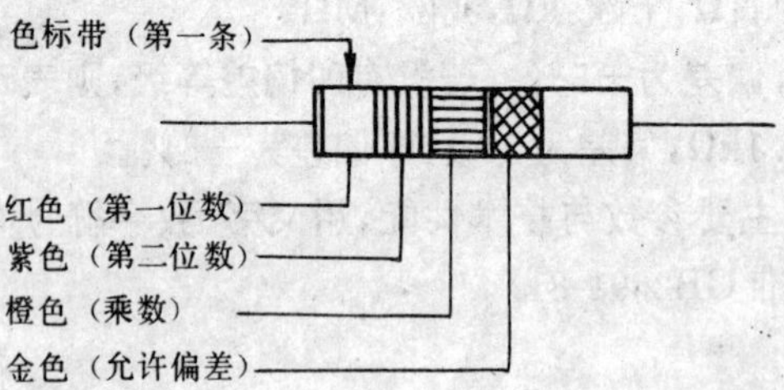

图 1－4　两位有效数字色环表示

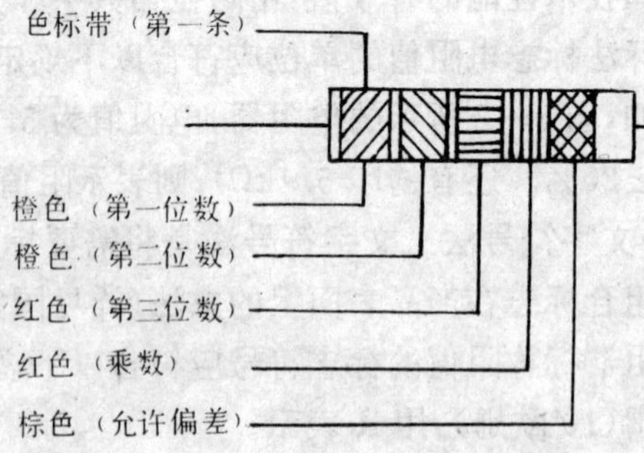

图 1－5　三位有效数字色环表示

图中，红色表示第一位数为 2，紫色表示第二位数为 7，橙色表示乘数为 10^3，金色表示允许偏差为±5%。

精密电阻器用三位有效数字表示。例如，标称电阻值为 33200Ω，允许偏差为±1%，其标志示意见图 1－5。

图中，橙色表示第一位数为 3，橙色表示第二位数为 3，红色表示第三位数为 2，红色表示乘数为 10^2，棕色表示允许偏差为±1％。

下边介绍一下速读色环电阻的阻值。我们知道，色标法是用 4 条色环表示阻值与误差级别的。首先应把颜色与代表的数字熟记。为便于记忆，根据表 1－5 对 1、2 环编成如下口诀：

棕 1 红 2 橙上 3，4 黄 5 绿 6 是蓝

7 紫 8 灰 9 雪白，黑色是零要记清。

其次，将第三环所表示的数量级，编成如下口诀：金色欧姆黑几十，棕为几百红是 k，几＋k 级为橙色，几百 k 级是黄环，达到兆欧涂绿色，2 环出黑是整数。最后要记住，四环金色为Ⅰ级误差（±5％），银色为Ⅱ级误差（±10％）。关键先确定第三环数量级，把几者结合起来就能把色环阻值和误差很快读出来了。

如有一电阻，色环是“红、黑、橙、金”。因为第三是橙色为几＋k 级，2 环为黑是整数，根据口诀：红 2，第四环金为Ⅰ级误差（±5％），所以它表示的阻值为 20kΩ±5％。

另有一只电阻，色环是“白、棕、金、银”。关键先看第三环，是金，按口诀金色为欧姆级。第一环“白”是 9，第二环“棕”是 1，第四环“银”为Ⅱ级误差（±10％），综合起来此电阻是：9.1Ω±10％。

采用色环标志的电阻器，颜色醒目，标志清晰，不易褪色，从各方向都能看清阻值和允许偏差。在无线电整机装配时，无须注意电阻器的标志方向，有利于整机的自动化生产和增加装配密度。在整机的调试和检修过程中不用拨动电阻器即可看清阻值。因此，国际上广泛地采用色环标志法。

色标法的详细规定参见国家标准 GB2691－81。

(4)数码表示法　在产品上用三位数码表示元件的标称值的方法称为数码表示法，简称数码法。

数码从左至右，第一、二位为有效数，第三位为乘数即为零的个数。单位为 Ω。偏差通常采用文字符号表示。

例如：标志为 222*J* 表示电阻器为 2.2k，偏差为±5％。标志为 103k 表示电阻器为 10k，偏差为±10％。

2. 电阻器的额定功率

电阻器的额定功率系指电阻器在直流或交流电路中，当大气压力为 86～106kPa，在产品标准中规定的温度下，长期连续负荷所允许消耗的最大功率。

电阻器额定功率系列应符合标准，即表 1－6 的规定。

表 1－6　电阻器额定功率系列（W）

线绕电阻器的额定功率系列	非线绕电阻器额定功率系列
0.05；0.125；0.25；0.5；1；2；4；8；10；16；25；40；50；75；100；150；250；500	0.05；0.125；0.25；0.5；1；2；5；10；25；50；100

小于 1 瓦在电阻器在电路图中常不标出额定功率符号。大于 1 瓦的电阻器都用阿拉伯数字加单位表示，如 25W。

在电路图中表示电阻器额定功率的图形符号如图 1－6 所示。

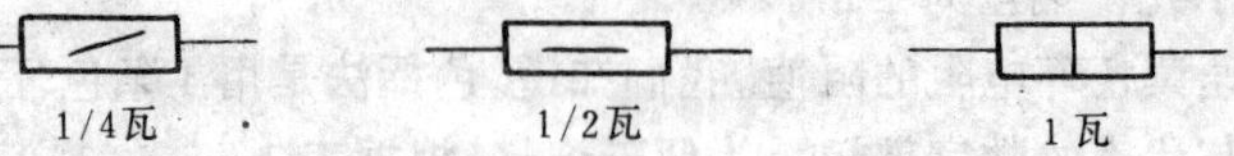

图1－6 电阻器额定功率符号

下边介绍炭膜电阻和金属膜电阻额定功率简易判断法。主要是根据电阻器的直径和长度来确定它的额定功率值，为便于正确选用电阻器，提供表1－7供参考。

表1－7 额定功率与电阻器长度、直径对应关系

额定功率	炭膜电阻(RT)		金属膜电阻(RJ)	
瓦(W)	长度	直径	长度	直径
	毫米(mm)	毫米(mm)	毫米(mm)	毫米(mm)
1/8	11	3.9	6～8	2～2.5
1/4	18.5	5.5	7～8.3	2.5～2.9
1/2	28.5	5.5	10.8	4.2
1	30.5	7.2	13	6.6
2	48.5	9.5	18.5	8.6

3. 电阻器的温度系数

电阻器的电阻值随温度的变化而略有改变。温度每变化一度所引起电阻值的相对变化称为电阻的温度系数。温度系数愈大，电阻的稳定性愈不好。

电阻温度系数有正的(即阻值随温度的升高而增大)，也有负的(即温度升高时阻值减小)。在一些电路中，电阻器的这一特性，被用来作温度补偿用。

热敏电阻器的阻值是随着环境和电路工作温度变化而变化的。它有两种类型，一种是正温度系数型，另一种是负温度系数型。热敏电阻可在电路中作温度补偿及测量或调节温度。例如，MF11型普通负温度系数热敏电阻器，可在半导体收音机和电视机电路中作温度补偿，也可在温度测量和温度控制电路中作感温元件。正温度系数热敏电阻器，简称PTC元件。

4. 电阻器的质量判别与选用

(1)电阻器的质量判别　电阻器的电阻体或引线折断以及烧焦等，可以从外观上看出。电阻器内部损坏或阻值变化较大，可通过万用表Ω档测量来核对。若电阻内部或引线有毛病，以致接触不良时，用手轻轻地摇动引线，可以发现松动现象；用万用表Ω档测量时，就会发现指针指示不稳定。对电阻器的一些参数则应采用仪表或专用测试设备进行判别。

(2)电阻器的选用　选用电阻器应根据无线电整机的使用条件和电路中的具体要求，从电气性能到经济价值等方面综合考虑。不要片面采用高精度和非标准系列的电阻产品。所选用电阻的额定功率应是该电阻实际承受功率的1.5～2倍，以保证电阻的耐用可靠。在某些场合，也可将小功率电阻器串、并联使用以满足功率的要求。

表1－8列举了部分电阻器的特点和主要用途，供选用参考。

表 1－8　　部分电阻器的特点及用途

名称及型号	特点及用途
碳膜电阻器 RT，小型碳膜电阻器 RTX，测量用碳膜电阻器 RTL	阻值范围大，性能较好。在－55～＋40℃的环境温度中，可按100％的额定功率使用。用于无线电产品的直流、交流和脉冲电路中
金属膜电阻器 RJ，小型金属膜电阻器 RJX，氧化膜电阻器 RY	体积小，精度高。在－55～＋70℃的环境温度中，可按 100％的额定功率使用。用于电讯设备的直流、交流和脉冲电路中
实芯炭质电阻器 RS 型	价格便宜，分布电感小，但稳定性较差，噪声较大。在－55～＋40℃的环境温度中，可按 100％的额定功率使用。用于收音机中直流、交流或高频电路中
压敏电阻器 MY 型	可用于－55～＋70℃环境温度中，用在自动化技术和保护电路的交流、直流和脉冲电路中，作过压保护、稳压、调幅、非线性补偿等用。特别适用于各种电感性电路熄灭电火花和过压保护
功率型被釉线绕电阻器 RX20，被漆线绕电阻器 RX21	功率大，能经受高热，本身产生的噪声小，稳定性也好。适用于功率和电流较大的低频（交流、直流）电路中作降压、分压或负载

在选用电阻器时，还应注意它的引线形式，一般电阻器引线分为 *a* 式（即径向式），*b* 式（即轴向式），如图 1－7 所示。

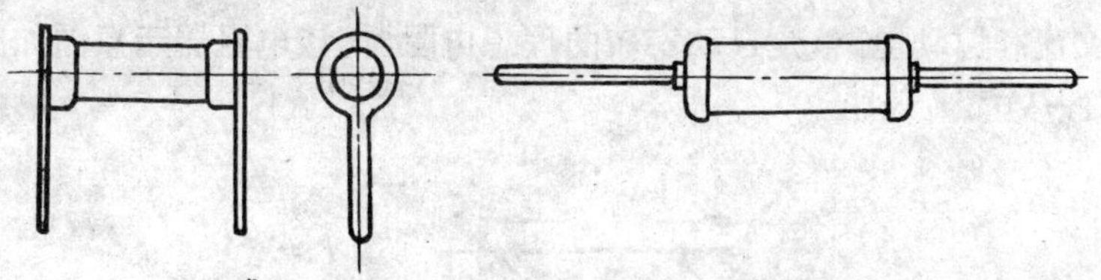

a 式　　*b* 式

图 1－7　一般电阻器引线形式

有些电阻器的引线形式比较特殊，如普遍负温度系数热敏电阻器（见图 1－8）。这些电阻器要根据要求，参照手册规定选用。

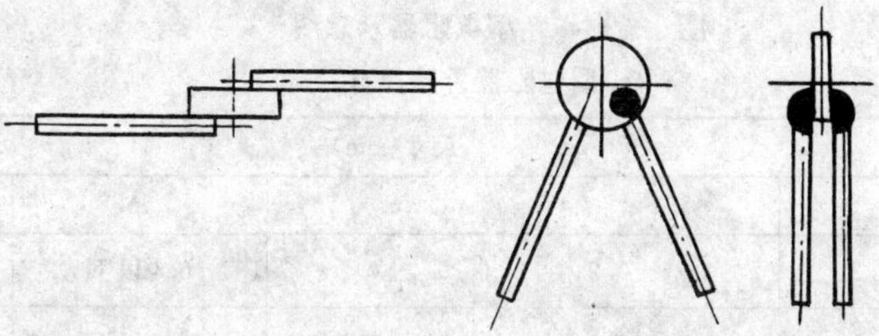

a 式　　*b* 式

图 1－8　普通负温热敏电阻器引线形式

为了识别和选用电阻器，还应熟悉它的填写方法。下面举例说明。

填写示例一　5W30kΩ 碳膜电阻器

电阻器 RT － 5 － a － 30kΩ ± 5% SJ72-65

—标准代号

—标称阻值及允许偏差

—引线形式

—额定功率

—型号

—名称

填写示例二　0.5W100Ω 金属膜电阻器

电阻器 RJ15 － 100Ω ± 10% SJ75-73

—标准代号

—标称阻值及允许偏差

—型号及额定功率

—名称

四、部分新型电阻器及其应用简介

1. RI_{11} 型矩形片状固定电阻器

RI_{11} 型矩形片状固定电阻器具有体积小、重量轻、可靠性高、高频特性好、易焊和耐热等优点，适用于直流、交流和脉动电路，是自动安装的理想电阻器。该电阻器示意图如图 1－9 所示，外形尺寸参见表 1－9。

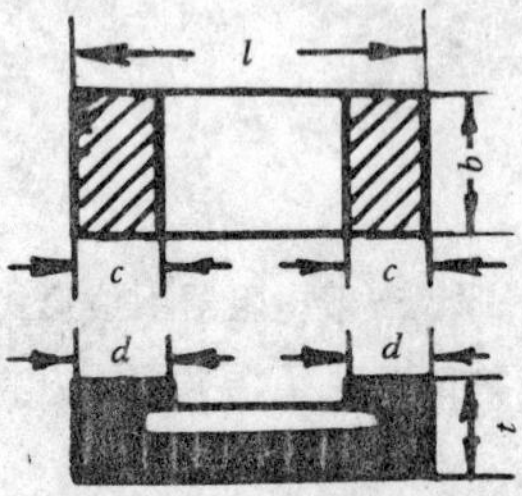

图 1－9　RI_{11} 型电阻器示意图

表 1－9　RI_{11} 型电阻器外形尺寸

额定功率(W)	尺寸(mm)				
	l	*b*	*c*	*d*	*t*
0.10	2.0±0.2	1.25±0.2	0.4±0.2	0.4 以下	0.5
0.125	3.2±0.2	1.60±0.2	0.5±0.2	0.5 以下	0.6

此种电阻器的标称阻值符合 E_{24} 系列。电阻器上只标标称阻值，不标电阻值允许偏差。电阻器的标称阻值用 3 位数字表示，其中前两位数字表示电阻值的有效值，第三位数字表示接在有效数后零的个数。

例:150 表示 15Ω;151 表示 150Ω;152 表示 1.5kΩ;153 表示 15kΩ。

此种电阻器采用连续编带包装,包装示意,如图 1—10 所示。每盘 5000 只。

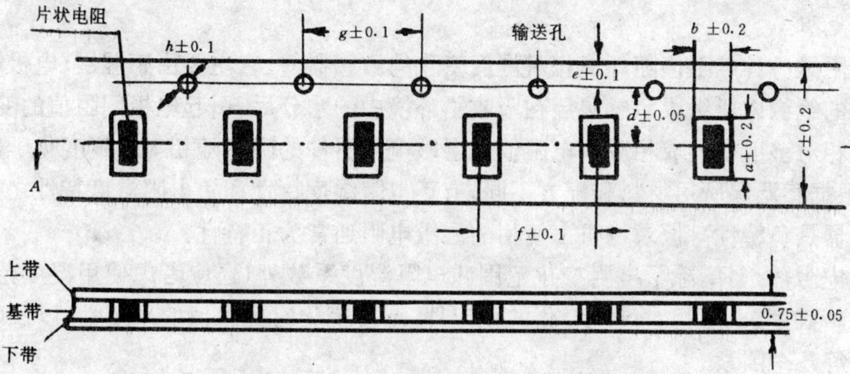

图 1—10 RI_{11}型电阻器包装示意图

编带尺寸参见表 1—10。

表 1—10 编带尺寸

功率(W)	尺寸(mm)							
	a	b	c	d	e	f	g	h
1/10	2.4	1.65	8.0	3.5	1.75	4.0	4.0	1.5
1/8	3.6	2.0						

填写示例:

RI_{11} —0.125W —100Ω —±5%

型号 额定功率 标称阻值 阻值允许偏差

2. 光敏电阻

光敏电阻是根据半导体的光电导效应制成的。其主要特点是灵敏度高、体积小、重量轻、电性能稳定、可以交直流两用,制造工艺简单,价格便宜等。但是由于其响应速度比较慢,因此、影响了它在高频下的使用。

光敏电阻在应用时,可加直流或交流偏压,它的电流随电压呈线性变化。光敏电阻在无光照时,其暗阻阻值一般大于 1500kΩ,在有光照时,其亮阻阻值为几千欧,两者相差较大。

它主要用在各种自动控制装置和光检测设备中。如自动门装置、自动送料、航标灯、应急自动照明、自动给水停水装置、烟雾火灾报警装置、电子计算机的输入设备及医疗光电脉搏计、心电图等方面。此外,它还广泛应用于电子乐器及家用电器中。

3. 压敏电阻

压敏电阻是多晶半导体器件,属电子敏感器件类,其主要特点是它的内部电阻对外加电压非常敏感和迅速。当所加入电压在标称额定值内时,它的电阻值几乎无穷大,而稍微超过额定值后,电阻值将急剧下降,反应时间在纳秒级。压敏电阻的电气参数很多,而最主要的是标称电压和耐浪涌电流值。标称电压是指在一定的温度范围内,压敏电阻两端所加的电压。电路中由于某种原因产生的瞬时电压或电流超过正常值很多倍,而所超过的时间又很短暂,属微秒级的,称为浪涌电压和浪涌电流。压敏电阻与其它过压保护器件比较,具有耐浪涌电流大,非线性系数大,抑制过电压能力强,电压响应快,漏电流小,特性曲线对称,温度特性好,使用电压范围大。可适用于交流或直流电路中，并具有体积小，可靠性高，价格便宜等优点。因此，广泛应用在各种电子电路中作防雷击、过电压保护、稳压、削波、限幅、吸收电能，取代隔离变压器等。在技术文件中，压敏电阻器用文字符号 *RV* 表示。

4.湿敏电阻

湿敏电阻是一种电阻值随环境相对湿度变化的敏感器件。它主要由感湿层、电极和具有一定机械强度的绝缘体所组成。感湿层在吸收了环境中的水分后，引起电极间阻值的变化，这样就能直接将相对湿度变换成相应的电阻值。湿敏电阻器件的阻值随相对湿度变化一般呈指数曲线状态，根据感湿层所用材料和配方不同，有正电阻湿度特性和负电阻湿度特性之分。一般碳湿敏电阻器是负特性。但录像机上使用的湿敏电阻通常为正特性。

对湿敏电阻的选择，除了电阻变化范围和电阻湿度系数外，还应考虑使用湿度范围、测量湿度区间的精确度、电阻相对湿度变化的稳定性、湿度变化时电阻值的重复性，以及时间响应速度的快慢等几个因素。

湿敏电阻器用于录像机的湿度保护电路中，从而对录像机和磁带起到了保护作用。

5.热敏电阻器

在工作温度范围内，阻值随温度的升高而增加的热敏电阻器称为正温度系数热敏电阻器，简称 PTC 元件。这种元件的主体材料是钛酸钡($BaTiO_3$)，掺以能改变居里点温度的物质(如铅、锶)和极微量的导电杂质(如稀土元素镧)，经研磨、压型、高温烧结而成为复合钛酸盐的 *N* 型半导瓷。

PTC 元件在达到一个特定温度前，电阻值随温度变化非常缓慢，当超过这个温度时，其阻值急剧增大，发生阻值急剧变化的这点温度称居里点温度，这是 PTC 元件的主要技术指标之一。在 PTC 元件的主体材料中掺以锶，可使居里点温度在 120℃以下；如掺铅，可使居里点温度在 120℃以上；如不掺任何物质，居里点温度为 120℃；如果同时掺入锶和铅两种物质，则可得到补偿型 PTC 元件。

这种元件应用广泛，可用于温度补偿、电动机过热保护、自动温度调节和控制、恒温发热器。目前 PTC 元件作为发热体在家用电器上得到广泛应用，如电脚炉、屏风发热器、电拖鞋等。为了适应不同用途的要求，PTC 元件可制成阀片式发热器、口琴式发热器、蜂窝状发热器以及带散热器的圆盘形发热器等。在技术文件编制中，热敏电阻器用文字符号 *RT* 表示。

五、电位器

电位器的种类很多，有碳膜电位器、有机实芯电位器、线绕电位器等。较常用的是碳膜电位器，它的结构简单，阻值高且范围大，在收音机、电视机、扩音机等的电路中，用作音量、音调、电压、电流、聚焦、亮度、对比度等的调节。高功率合成碳膜电位器能通过较大电流，阻值又能制得很高。线绕电位器额定功率大，耐高温，静态噪声低，耐磨性好。电位器在结构上有带开关或不带开关之分、有锁紧或非锁紧之分、还有单联或双联之分。带开关的电位器有一种是推拉式的。旋柄向外拉时，开关接通，旋柄向内推时，开关断开。不论旋柄旋至什么阻值位置，都可以使电路通断，既使用方便，又可减少电位器的磨损。双联电位器的转轴旋转时，它的两组阻值同时变化。在技术文件编制中，电位器用文字符号 *RP* 表示。

电位器的尺寸大小，旋转轴柄的长短，轴端形式各有不同。

电位器的轴端形式一般分为三种：ZS－1 光轴式，ZS－3 带起子槽式，ZS－5 铣平面式。参见表 1－11。

表 1—11　　　　电位器轴端形式及轴长

轴端型号和结构按 NE0.010.030	轴　长(mm)
ZS-1 	16;18;20;25;32;40;50;60;80 等
ZS-3 	11;12;16;18;20;25;60 等
ZS-5 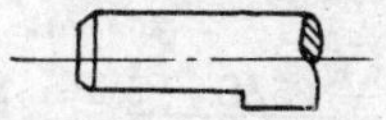	12;16;18;25;32;40;50;60;80 等

电位器在旋转时,其相应的阻值依旋转角度而变化。变化规律有三种不同形式,参见图 1—11。

X 型为直线式,其阻值按旋转角度均匀变化。它适于作分压、调节电流、调节音调等用。如在电视机中作场频调整。

Z 型为指数式,其阻值按旋转角度依指数关系变化(即阻值变化开始缓慢,以后变快),它普遍使用在音量调节电路里。由于人耳对声音响度的听觉特性是接近于对数关系的,当音量从零开始逐渐变大的一段过程中,人耳对音量变化的听觉最灵敏,当音量大到一定程度后,人耳听觉逐渐变迟钝。所以音量调整一般采用指数式电位器,使声音变化听起来显得平稳、舒适。

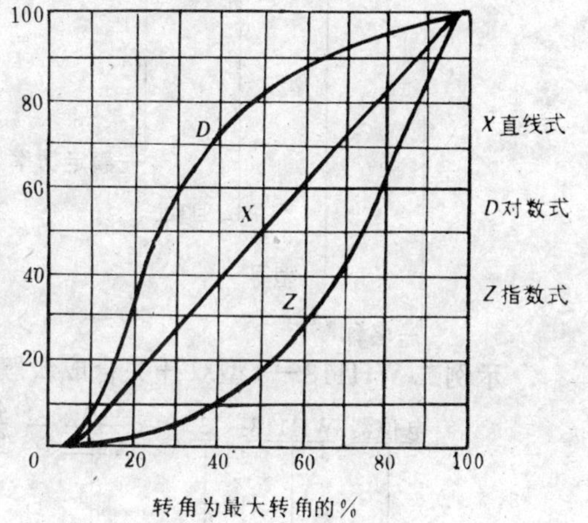

图 1—11　电位器旋转角和实际阻值变化关系

D 型为对数式,其阻值按旋转角度依对数关系变化(即阻值变化开始快,以后缓慢),这种方式多用于仪器设备的特殊调节。在电视机中采用这种电位器调整黑白对比度,可使对比度更加适宜。

电位器质量在使用前也应进行判别。现以带开关电位器为例加以说明。首先要转动旋柄,检查旋柄转动是否平滑,开关是否灵活,开关通、断时“喀达”声是否清脆,并听一听电位器内部接触点和电阻体摩擦的声音,若听有“沙沙”声,说明质量不好。然后利用万用表低阻档测量电位器开关焊片。将开关“开”或“关”,如表针是“通”或“断”,则表示正常。再用万用表 Ω 档测量电位器两端焊片,其阻值应与标称值相同。接着将表笔接中心抽头,另一表笔接电位器任何一端,旋转电位器轴柄,如表针徐徐变动而无跌落现象,则说明电位器正常。

选用电位器应注意以下几点:

(1)根据电路实际要求,选择合适型号。在一般电路,使用环境较好的情况下。如收音机、录音机中音调控制用的电位器,可使用碳膜电位器,因其价格低、规格全。若工作在高频电路中,可选用玻璃釉电位器。若需要精密的调节,且消耗功率较大,可选用线绕电位器。

(2)根据用途,选择电位器的阻值变化特性。用作音量控制的电位器应选用指数式,用作音调控制时,应选用对数式。用作分压时,电位器应选用直线式。

(3)选用电位器时，还应注意安装尺寸大小和旋转轴柄的长短，轴端形式和是否需要锁紧装置。

(4)选用电位器时，也应注意电位器轴应旋转灵活、松紧适当，无机械杂声。

总之，在选用电位器时要根据实际要求，参照标准化规定，使其既经济又能满足电气性能要求，保证整机稳定可靠地工作。

现举例说明电位器型号的填写方法。

示例一 WH134—2 型带开关合成炭膜电位器

电位器 WH134— 2 — 0.25— 4.7kΩ ± 20%— X — Ⅱ — 25ZS — 5 — SJ283 — 82

- 电位器——名称
- WH134——型号
- 2——品种
- 0.25——额定功率
- 4.7kΩ ± 20%——标称阻值及允许偏差
- X——阻值变化特性
- Ⅱ——动噪声系数
- 25ZS — 5——轴长和轴端型号
- SJ283 — 82——标准代号

示例二 WH118—3 型双开关合成炭膜电位器。

电位器 WH118— 3 — $\frac{0.5}{1}$A — $\frac{48k\Omega}{68k\Omega}$ — $\frac{D}{Z}$ — 25ZS — 3 SJ78 — 78

- 电位器——名称
- WH118——型号
- 3——品种
- $\frac{0.5}{1}$A——额定功率和绝缘电阻组别
- $\frac{48k\Omega}{68k\Omega}$——标称阻值
- $\frac{D}{Z}$——阻值变化特性
- 25ZS — 3——轴长和轴端形式
- SJ78 — 78——标准代号

§1—2 电 容 器

一、电容器的作用和类别

电容器是组成电路的基本元件之一，是一种能储存电能的元件，在电路中作隔直流、旁路、耦合等用。

电容器可分为固定式和可变式两大类。可变电容器有可变和半可变(包括微调电容器)两类，其介质材料有空气介质和固体介质两种。电容器还可分为有极性和无极性两大类。

固定电容器按介质材料来分有空气(或真空)电容器、云母电容器、瓷介电容器、纸介电容器(包括金属化纸介电容器)、薄膜电容器(包括聚苯乙烯、涤纶等电容器)、玻璃釉电容器、漆膜电容器和电解电容器等。按其外形分则有筒形、管形、立式矩形、圆片形等。

常用电容器及图形符号如图 1—12 所示。

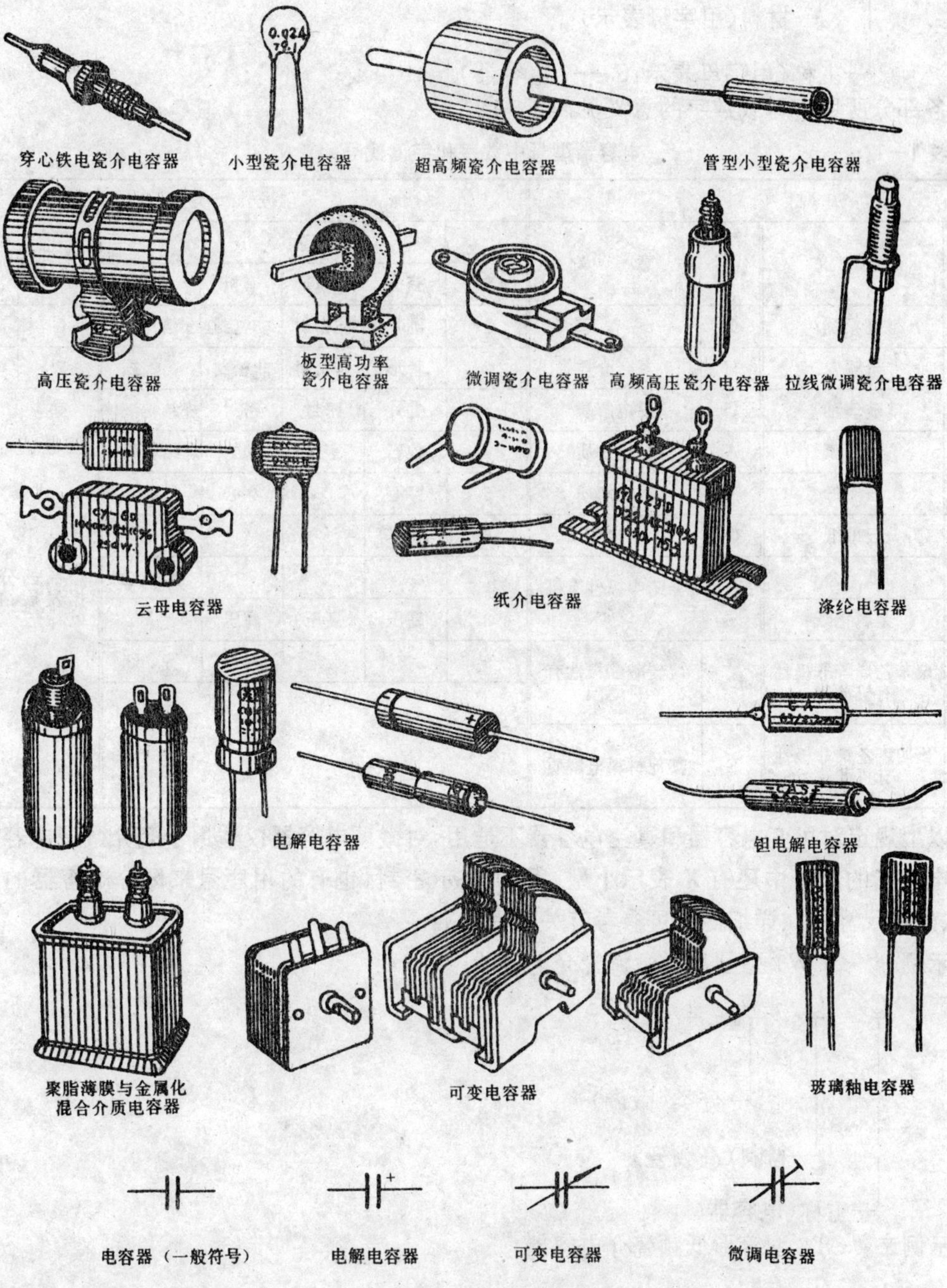

图 1—12　电容器及其图形符号

二、电容器型号命名方法

根据国家标准 GB2691—81 的规定，电容器型号由下列几部分组成：

□ □□□
│ ││└序号(用数字表示)
│ │└分类(一般用数字表示,个别类型用字母表示,见表 1－12)
│ └材料(用字母表示)
└主称(用字母表示:C—— 电容器)

各部分所用字母或数字的意义见表 1－12。

表 1－12 电容器型号中数字和字母代号的意义

材料				分类						
代号	意义	代号	意义	数字代号	意义：瓷介	意义：云母	意义：有机	意义：电解	字母代号	意义
C	高频瓷	Q	漆膜	1	圆片	非密封	非密封	箔式	G	高功率
T	低频瓷	H	复合介质	2	管形	非密封	非密封	箔式	W	微调
I	玻璃釉	D	铝电解质	3	叠片	密封	密封	烧结粉液体		
O	玻璃膜	A	钽电解质	4	独石	密封	密封	烧结粉固体		
Y	云母	N	铌电解质	5	穿心		穿心			
V	云母纸	G	合金电解质	6	支柱等					
Z	纸介	L	涤纶等极性有机薄膜	7				无极性	说明:新型产品的分类根据发展情况予以补充	
J	金属化纸			8	高压	高压	高压			
B	聚苯乙烯等非极性有机薄膜	LS	聚碳酸酯极性有机薄膜	9			特殊	特殊		
BF	聚四氟乙烯非极性有机薄膜	E	其他材料电解质							

以上规定对可变电容器和真空电容器不适用,对微调电容器仅适用于瓷介微调电容器。在某些电容器的型号中还有 X 表示小型,用 M 表示密封,也有的用序号来区分电容器的形式、结构、外形尺寸等。详细内容可参考有关技术标准。

示例一 CCW1 型圆片形微调瓷介电容器

C C W 1
│ │ │ └序号
│ │ └分类(微调)
│ └材料(高频瓷)
└主称(电容器)

示例二 CT2 型管形低频瓷介电容器

C T 2
│ │ └分类(管形)
│ └材料(低频瓷)
└主称(电容器)

电容的单位法拉用字母 F 表示。有关的容量单位标志符号、换算关系及名称如下：

mF(或简为 m)＝10^{-3}F　毫法

μF(或简为 μ)＝10^{-6}F　微法

nF(或简为 n)＝10^{-9}F　纳法

pF(或简为 p)＝10^{-12}F　皮法

三、电容器的主要参数

1. 电容器的标称容量和偏差

不同材料制造的电容器，其标称容量系列也不一样。高频(无极性)有机薄膜介质电容器和瓷介电容器、玻璃釉电容器、云母电容器等无机介质电容器的标称容量系列与电阻器采用的系列相同，即 E24、E12、E6 系列。当标称容量小于 10pF 时，允许偏差有±0.2pF、±0.4pF、±1pF 三种。其中大于 4.7pF 的，其标称容量值采用 E24 系列，小于和等于 4.7pF 的，其标称容量值采用 E12 系列。允许偏差为 $^{+80}_{-20}$%、$^{+不规定}_{-20}$%的电容器，其标称容量值采用 E6 系列。

纸介电容器、金属化纸介电容器、纸膜复合介质电容器及低频(极性)有机薄膜介质电容器的允许偏差为±5%、±10%、±20%。容量范围在 100pF～1μF 时，标称容量采用 1.0、1.5、2.2、3.3、4.7、6.8 系列。当标称容量范围在 1μF～100μF 时，采用 1、2、4、6、8、10、15、20、30、50、60、80、100 系列。

钽、铌、钛、铝等电解电容器的标称容量应采用 1、1.5、(2)、2.2、(3)、3.3、4.7、(5)、6.8 系列，括号里的数值新设计时不允许采用。其允许偏差为±10%、±20%、$^{+50}_{-20}$%、$^{+100}_{-10}$%。

电容器的标称容量和偏差一般标在电容体上，其标志方法可分为以下几种：

(1)直标法　这种标法是将标称容量及偏差值直接标在电容体上。例如，图 1－13 所示的单层密封金属化纸介电容器，CZJD 为型号，0.22μF 表示标称电容量，±10%表示偏差。偏差也可用Ⅰ级、Ⅱ级、Ⅲ级表示。

(2)文字符号法　采用这种方法时，容量的整数部分写在容量单位标志符号的前面，容量的小数部分写在容量单位标志符号的后面。例如，0.33pF 写为 p33；2.2pF 写为 2p2；1000pF 写为 1n；6800pF 写为 6n8；4700μF 写为 4m7；3.3F 写为 3F3。电容量允许偏差标志符号与电阻器采用的符号相同。10pF 电容器的绝对偏差标志符号是±0.1pF 用 B 标志，±0.25pF 用 C 标志，±0.5pF 用 D 标志，±1pF 用 F 标志。

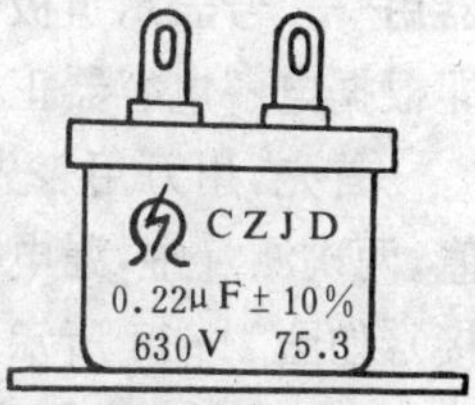

图 1－13　电容器直标法示意

(3)色标法　电容器色标法原则上与电阻器色标法相同，标志的颜色符号与电阻器采用的相同，可参见表 1－5 的规定，其单位为微微法。电解电容器的工作电压有时也采用颜色标志：6.3V 用棕色，10V 用红色，16V 用灰色。色点应标在正极。

详细标志内容与标志方法见国标 GB2691－81。

(4)数码表示法　电容器的数码表示法与电阻器相同。但电容器数码表示法中，第三位数中“9”表示 10^{-1}，在 μF 容量中，小数点可用 R 表示。

例如：339k 瓷片电容器为 3.3pF±10%，R47k 电容器为 0.47μF±10%。

2. 额定直流工作电压

额定直流工作电压指在线路中能够长期可靠地工作而不被击穿时所能承受的最大直流电

压(又称耐压)。额定直流工作电压的大小与介质的种类和厚度有关。

钽、钛、铌、固体铝电解电容器的直流工作电压,系指在+85℃条件下能长期正常工作的电压。如果电容器用在交流电路中,则应注意所加的交流电压的最大值(峰值)不能超过额定直流工作电压。固定式电容器工作电压系列按部标准 SJ615—73 的规定。

电容器还有其他一些参数,如绝缘电阻、损耗、温度系数等,这里不再一一介绍。

四、电容器的质量判别与选用

1. 电容器的质量判别

电容器的常见故障有短路、断路、漏电和失效等,在使用前必须认真检查,正确判别。下边就几种判别方法简单介绍一下。

(1)固定电容器漏电判别　用万用表的电阻 $R\times10k$ 量程档。将表棒接触电容器的两极,表头指针应先向顺时针方向跳动一下(5000pF 以下的小电容观察不出跳动),然后逐步逆时针复原,即退至 $R\infty$ 处。如果不能复原,则稳定后的读数表示电容器漏电的电阻值。其值一般为几百到几千兆欧,阻值越大,电容器绝缘性能越好。但应指出,判别时不能用手并接在被测电容器两端,否则人体的漏电电阻将影响判别结果。

(2)电容器容量的判别　5000pF 以上的电容器,可用万用表最高电阻档判别有无电容量。用表棒接触电容器两端时,表头指针应先是一跳,后逐渐复原。将黑红两表棒对调之后,表头指针又一跳,并跳得更高,而后又逐渐复原。这就是电容充电、放电的情形。电容器的容量越大,表头指针跳动越大,指针复原的速度也越慢。根据指针跳动的高度可判别其容量的大小。若用万用表 R×10k 最高电阻档判别时,表针不跳动,说明电容器内部断路了。

对于 5000pF 以下的电容器,用万用表最高电阻档已看不出充放电现象,应采用专门的测量仪判别。

(3)电解电容器极性的判别　小型塑料封装电解电容器的两条引线,有一条较长,它是正极引线,短的为负极引线。铝外壳的电解电容器上用"+"符号作为正极标记。还有些电解电容器用"—"号表示负极标记。以上都可用直观判别其正、负极。另外也可用万用表来判别其极性。即根据电解电容器正接时漏电小,反接时漏电大的现象来进行判别其极性。其方法如下:

首先,用万用表先量一下电解电容器漏电阻值,而后将两表棒对调一下,再测量出漏电阻值。两次测量中,漏电阻值小的一次,黑表棒所接触的是负极(因为黑表棒与表内电池的正极相接),如图 1—14 所示。

(4)可变电容器碰片判别　用万用表电阻档来判别。将两表棒分别搭在可变电容器的动片与定片上,旋转电容器动片至任何位置时,如果发现在直通(即表针指零),说明有碰片。应利用专用工具进行检修,使之正常。

2. 电容器的选用

选用电容器,不仅要考虑到电容器的各种性能,还应考虑它的体积、重量及价格等因素;不仅要考虑电路的要求,还应考虑电容器所处的工作环境。

一般来说,用作回路的调谐时,可选用空气介质或小型密封可变电容器;在谐振电路中,可选用云母、陶瓷等电容器,也可并上半可变电容器进行微调;用作隔直流时,可选用纸介、涤纶、云母、电解、陶瓷等电容器;用作滤波时,可选用电解电容器;用作旁路时,可选用涤纶、纸介、陶瓷等电容器;用作高频旁路时,可选用穿心电容器;在一些大型发送、接收设备中,考虑到高频、高压时,应选用高压瓷介电容器、云母电容器、穿心高压瓷介电容器;在直流和脉动电路中可选用密封金属化纸介电容器。应该指出，带极性的电解电容器只能用于直流和脉动电路中。利用瓷片电容器的温度特性，可在电路中用作温度补偿。

在选用时也应注意引线形式。电容器引线有固定脚、焊片引出、螺丝引出、接线引出等多种，一般可分为 *a* 式、*b* 式两种形式，如图 1－15 所示。

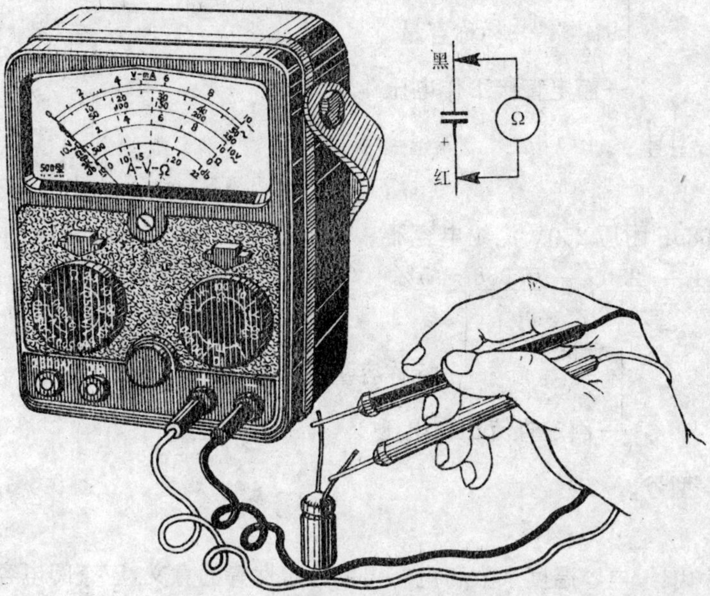

图 1－14　电解电容器极性的判别

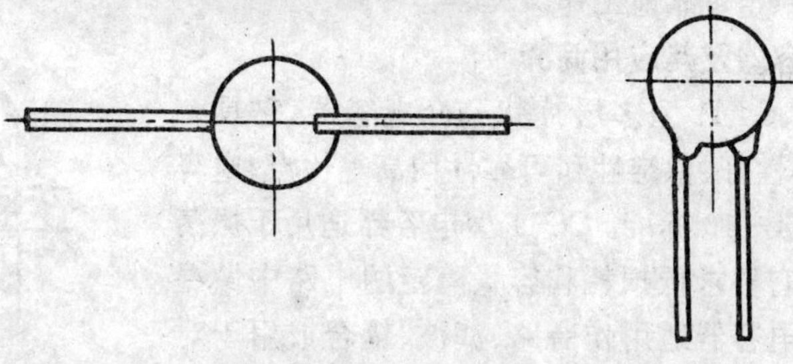

*a*式　　*b*式

图 1－15　部分电容器引线形式

为了识别和选用电容器，还应熟悉其型号的填写方法，现举例说明如下。

填写示例一　180pF 耐压 250V 的云母电容器。

电容器 CY － 1 － 250 － D － 180±5%　GB6263-86

- GB6263-86——标准代号
- 180±5%——标称容量及允许偏差
- D——电容温度系数和电容温度稳定性
- 250——电压
- 1——尺寸代号
- CY——型号
- 电容器——名称

填写示例二　22μF 耐压 16V 电解电容器

电容器 CD11 － 16 － 22 GB5995 － 86

- 标准代号：GB5995－86
- 标称容量：22
- 额定直接工作电压：16
- 型号：CD11
- 名称：电容器

填写示例三　0.068μF 耐压 250V 涤纶电容器

电容器 CL11 － 250 － 0.068 ± 5％ GB6349 － 86

- 标准代号：GB6349－86
- 标称容量及允许偏差：0.068±5％
- 额定直流工作电压：250
- 型号：CL11
- 名称：电容器

型号中的尺寸代号、电容温度系数和电容温度稳定性等的意义，应查阅电容器标准。

总之，选用电容器一定要根据实际要求，参照标准化规定，使其既经济又能满足电气性能指标要求，保证整机稳定可靠地工作。

五、部分新型电容器及其应用简介

首先介绍 CC41、CT41 型多层片状瓷介电容器，它具有体积小、容量大、可焊性好、稳定性和可靠性均高等优点。电容器性能符合 IEC－384－10 标准。CC41 型电容器适用于振荡回路，耦合电路及其它要求低损耗和容量稳定的电路中做温度补偿用。CT41 型电容器适用作旁路、滤波、耦合或用于对损耗和电容量稳定性要求不高的电路中。其外形示意如图 1－16 所示，外形尺寸参见表 1－13。

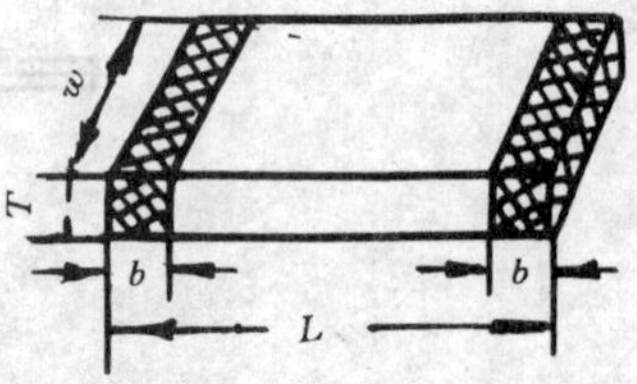

图 1－16　CC41、CT41 型电容器示意

表 1－13　　电容器外形尺寸

尺寸代号	外　形　尺　寸(mm)			
	L	*W*	T_{max}	*b*
0805	2.0±0.3	1.25±0.2	1.25	0.5±0.25
1206	3.2±0.4	1.60±0.2	1.25	0.5±0.25

这种电容器采用连续编带包装，每盘 4000 只。编带尺寸、包装基本与 RI_{11} 型矩形片状固定电阻器相同。

填写示例：

“电容器”CC41－0805－CH－102K－50

示例中“电容器”后面依次表示 CC41 型、尺寸代号为 0805(2mm×1.25mm)，温度系数为

C（0×10^{-6}/℃），其允许偏差为 H（±60×10^{-6}/℃），标称容量为 1000pF，其允许偏差为 K（±10%），额定直流工作电压为 50V。

CC41 型多层片状瓷介电容器的电容量，额定直流工作电压和尺寸代号参见表 1－14。

表 1－14　CC41 型电容器电容量、电压和尺寸代号

尺寸代号	额定电压（V）	电容量温度系数及允许偏差（10^{-6}/℃）					
		CH（0±60）	*RG*（－220±30）	*SH*（－330±60）	*TH*（－470±60）	*UJ*（－750±120）	*SL*（+140～－1000）
		标称容量范围（pF）					
0805	50	0.5～1000	10～1200	10～1200	10～1500	10～1800	10～1800
1206		1.0～2700	220～2700	220～2700	220～3900	220～3900	10～3900
0805	100	0.5～560	10～680	10～680	10～820	10～1000	0.5～1000
1206		1.0～1500	56～1600	56～1500	56～1800	100～2200	100～2200

最后再介绍一种无触点可变电容器。大家都知道收音机中可变电容器使用一段时间后会产生机械噪音。这是由于可变电容器的动片组均采用摩擦接触引出方式，此结构导致着引出电阻和机械噪音的存在。特别是当其接点的摩擦接触面氧化或有杂质时，更导致动片组引出电阻升高，使收音机选台时产生"调谐杂音"，使收音质量下降。为消除这一弊端，一种新型的无触点可变电容器问世了。它的性能、外形大小、安装尺寸与原可变电容器相同，只是把它的动片组引出方式改进为游丝连接，如图 1－17 所示。由于韧性较好的引出游丝始终是在较松弛状态下做 180 度慢速收紧和放松，其金属疲劳极限一般在 100 万次以上，可以用几十年，同时克服了电容器动片组引出电阻和机械噪音问题。

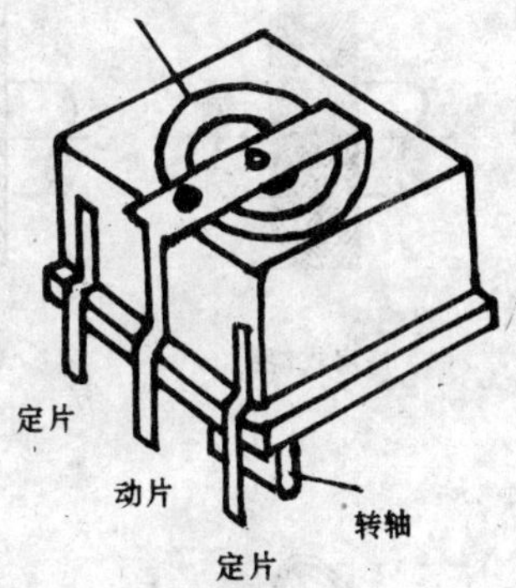

图 1－17　无触点可变电容器示意

§1－3　电　感　器

凡能产生电感作用的器件统称电感器。

由于电感器一般由线圈构成，所以又称为电感线圈。为了增加电感量和 Q 值、缩小体积，线圈中常用软磁性材料制做磁芯。电感器又有固定电感器、可变电感器、微调电感器、色码电感器、平面电感器、集成电感器之分。

在无线电整机中电感器主要指各种线圈。对变压器、延迟线、滤波器等也将在本节中做一些介绍。

一、线圈

1. 线圈的作用和类别

电感线圈简称线圈，它是组成电路的基本元件之一。在交流电路中，线圈有阻碍交流电流通过的作用，而对稳定的直流却不起作用（除线圈本身的直流电阻外）。所以线圈可以在交流电路里作阻流、降压、交连、负载用。当线圈和电容配合时可以作调谐、滤波、选频、分频、退耦等用。

在实际应用中，线圈是由绕组、骨架和芯子构成的。线圈的种类较多，绕组形式有单层和多层之分。单层绕组有间绕和密绕两种形式，多层绕组有分层平绕、乱绕、蜂房式绕、交叉蜂房式绕、分段蜂房式绕及分段绕等形式，见图1—18。

线圈按用途分有高频阻流圈、低频阻流圈、调谐线圈、退耦线圈、提升线圈、稳频线圈等。

常用电感线圈的外形及图形符号如图1—19所示。

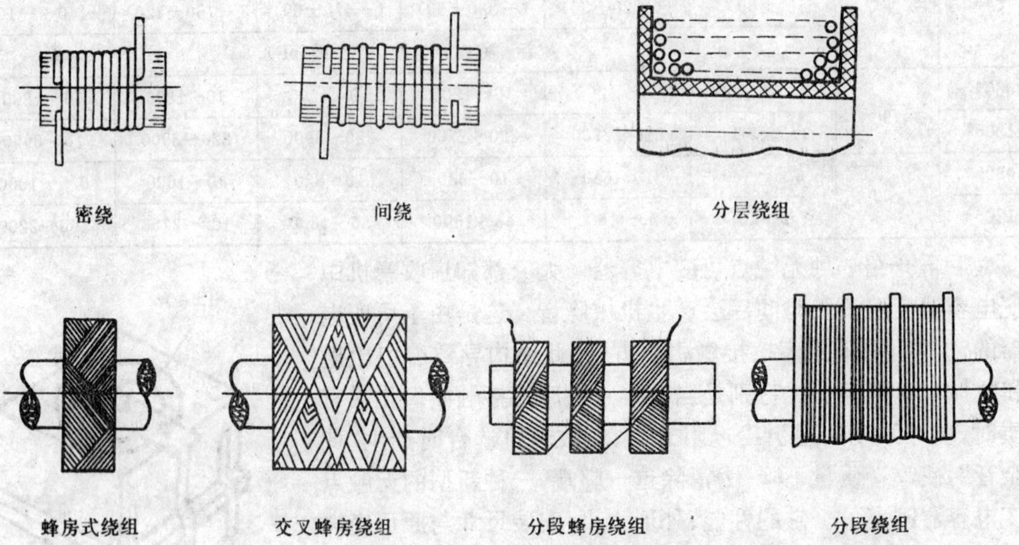

图1—18　线圈绕组的类型

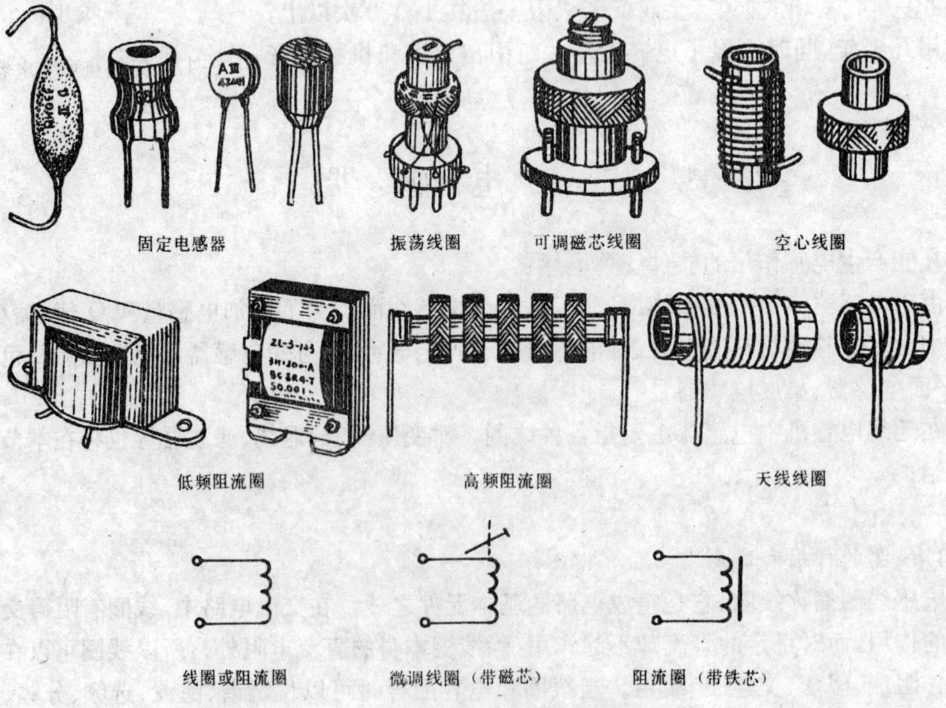

图1—19　部分电感线圈及其图形符号

2. 几种线圈的介绍

(1)小型固定电感线圈　小型固定电感线圈在应用中称为小型固定电感器,它的电感量是用色环表示的。为了与其他电感器相区别,称其为色码电感器,目前我国生产的固定电感器不采用色环标志法,而直接将电感数值标出,但习惯上还是称为色码电感器。色码电感器具有体积小、重量轻、结构牢固和安装方便等优点,因而广泛用于电视机、录音机、录像机等电子设备的滤波、陷波、扼流、振荡、延迟等电路中。

固定电感器是将线圈绕制在软磁铁氧体的基体上构成的,这样能获得比空心线圈更大的电感量和较大的 Q 值。固定电感器有卧式和立式两种(见图 1－19)。电感器的外表涂有环氧树脂或其他的包封材料作为保护层。部分固定电感器的型号及性能见表 1－15。

表 1－15　　固定电感器型号及性能

型　号	外形尺寸系列	电流组别	电感量范围
LG1、LGX 型(卧式)	ϕ5,ϕ6,ϕ8,ϕ10,ϕ15	*A* 组 *B* 组 *C* 组 *E* 组	10μH～10mH 100μH～10mH 1μH～1mH 0.1μH～560μH
LG400 型(立式)	ϕ13	*D* 组	10μH～820μH
LG402 型(立式)	ϕ9	*A* 组	10μH～820μH
LG404 型(立式)	ϕ5,ϕ8,ϕ18	*A* 组 *D* 组	10μH～82mH 10μH～820μH

表中 *A* 组、*B* 组、*C* 组、*D* 组、*E* 组分别表示最大直流工作电流为 50,150,300,700,1600mA。电感量允许误差用Ⅰ、Ⅱ、Ⅲ表示,分别为±5%、±10%、±20%。

(2)高频阻流圈　高频阻流圈在高频电路中用来阻止高频电流通过。在电路中,高频阻流圈常与电容器串联或并联组成滤波电路,达到分开高低频的目的。中波波段用的高频阻流圈圈数较多,为提高 *Q* 值,减少分布电容,常绕成蜂房式。短波波段用的高频阻流圈因圈数很少,一般平绕或间绕,骨架一般采用高频磁。

(3)低频阻流圈　低频阻流圈又称低频扼流圈、滤波线圈,一般由铁芯及绕组所组成。其结构有封闭式和开启式两种,封闭式的防潮性能较好。低频扼流圈常与电容器组成滤波电路,以消除整流后残存的一些交流成分而只让直流通过。

(4)高频天线线圈　高频天线线圈按其用途可分为多种,磁棒天线线圈就是一种。在收音机和其他接收机中磁棒天线线圈作天线输入。如果配以可变电容器,即可组成调谐电路。磁棒天线线圈一般采用纸管,用多股丝漆包线绕制而成,也有的采用塑料骨架,用多股丝漆包线绕制而成。小型中波天线线圈用于小型接收机中作天线调谐线圈用,其上有带螺纹的磁帽,可以微调电感量,对杂散电磁场有隔离作用。

(5)小型振荡线圈　小型振荡线圈又称振荡变压器。在半导体收音机变频电路中,它与可变电容器组成谐振电路。小型振荡线圈一般采用金属外壳作隔离罩,内部有尼龙衬架、工字型磁芯、磁帽和接脚座等。在磁帽顶端涂有色漆,以区别于外形相同的中频变压器。

3. 线圈好坏的判别及使用注意事项

判断线圈的好坏,可以先用万用表欧姆档测量其直流电阻,再与原确定阻值相比较。如所测阻值比原确定阻值增大许多,甚至指针根本不动(R 为∞),可知是线圈断线。若所测阻值很小,则是严重短路。至于局部短路,往往是不容易比较出来的。

对多个绕组的线圈,还要注意用万用表测量绕组之间线圈是否短路。对具有铁芯或金属屏蔽罩的线圈，要测量它的线圈与铁芯或金属屏蔽罩间是否短路。

对有磁芯的可调电感线圈，要求磁芯的螺纹配合要好，即旋转要轻松，又不滑扣。

线圈的断线往往是因为受潮发霉或扭断造成的。当发现线圈断线或多股线断股时，首先应检查线圈出头的焊接点或经常拗扭的地方。在使用线圈时应注意不要随便改变线圈形状的大小和线圈间的距离，否则会影响线圈原来的电感量，尤其对高频线圈更应注意。

线圈的装配位置与其他元件的位置应符合设计规定，否则将影响整机正常工作。例如，收音机中的高频阻流圈和磁性天线的位置要适当，输入线圈和振荡线圈应互相垂直等。

二、变压器

1.变压器的种类

变压器是变换电压、电流和阻抗的器件。变压器的种类很多，一般按工作频率可分为低频、中频和高频三类。部分变压器的外形及其图形符号见图1—20。

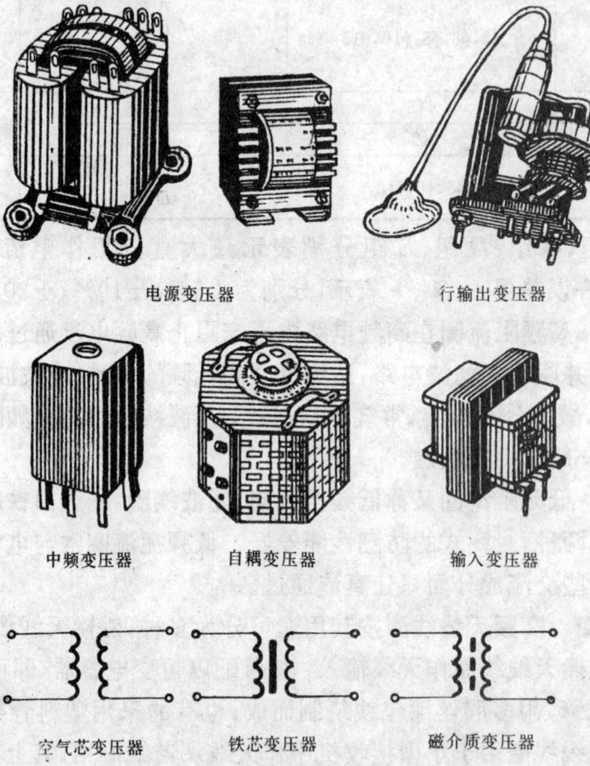

图1—20　变压器及其图形符号

(1)低频变压器　低频变压器可分为音频变压器和电源变压器两种，它是变换电压或作阻抗匹配的元件。收音机的功率放大级和喇叭之间的输出变压器、低阻抗话筒用的输入变压器等，是起阻抗匹配作用的。当这种变压器接在脉动直流电路中使用时，则既能变换阻抗，又能隔直流，一般选用20Hz～20kHz频率范围。电源变压器则是变换交流电压用的(降低或升高电压)，适用于频率为50Hz或400Hz的电源中。变压器不能变换直流电压。调压变压器也是低频变压器的一种。

(2)中频变压器　中频变压器(又称中周)适用频率范围从几千周(kHz)到几十兆周(MHz)，是超外差接收机中的重要元件，能起到选频和耦合作用，在很大程度上它决定了接收机的灵敏度、选择性和通频带等指标。其谐振频率在调幅式接收机中为465kHz，在调频式接收机中为10.7MHz。调整中频变压器的谐振频率，可采用调容式和调感式两种方法，目前多采用调感式。中频变压器又可分为单调谐回路和双调谐回路两种。双调谐回路有电容耦合式和电感耦合式两种。

(3)高频变压器　高频变压器又称耦合线圈和调谐线圈，用于高频电路中，电感量可以很小。天线线圈和振荡线圈都是高频变压器，前面已作介绍，这里不再赘述，可参见图1－19。

2.变压器的结构与铁芯形状

变压器的基本结构是由绕组、骨架、铁芯(硅钢片、坡莫合金片或磁性瓷)等组成。

低频变压器都有铁芯，中频和高频变压器一般是空气芯或特制的磁芯。

常用变压器铁芯形状有"EI"、"口"、"F"、"C"型等分别如图1－21(a)、(b)、(c)、(d)所示。

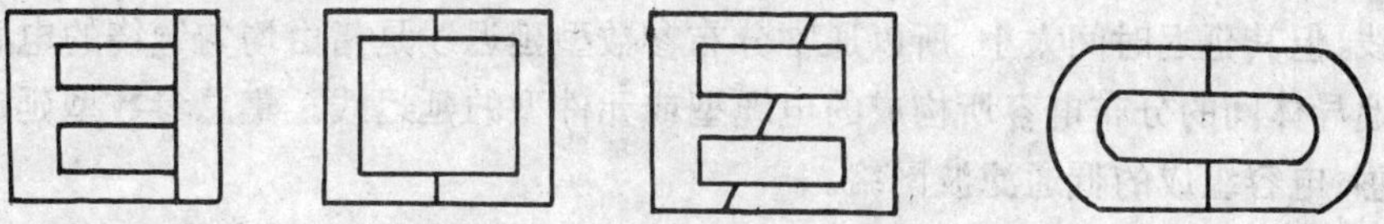

图1－21　常用铁芯形状

在技术文件编制中，变压器用文字符号T表示。

3.R型铁芯变压器简介

前面介绍的EI型等变压器均存在漏磁和变压器噪声，对音质有一定的影响。为了提高组合音响的音质，人们常在电路选择、元件选用、音箱结构、喇叭质量等方面下功夫。而国外推出的R型铁芯变压器，它能克服传统的变压器的缺陷，被应用于高质量的组合音响中。

R型铁芯变压器的铁芯横截面呈圆形，铁芯周围磁场分布均匀。由于分布在R铁芯两侧的两个绕组采用逆相平衡绕制，因而能有效抑制两只线圈中间区域的漏磁通，又由于圆截面铁芯能使线包紧附铁芯，因而噪声很小，这种独特优点使音响设备获得高的音质。此外，在功率相同情况下，它与EI型等变压器相比，还有铁耗低、升温小、体积小、重量轻等优点。

三、延迟线

用于将电信号延迟一段时间的元件或器件称为延迟线。

脉冲延迟线是在脉冲设备中用来延迟脉冲序列的器件。

1.对脉冲延迟线的主要要求

(1)通过延迟线后的脉冲信号比输入脉冲信号滞后给定延迟的时间T_3，如图1－22所示。

(2)输出脉冲信号的波形畸变在允许限度以内。

2.延迟线的分类

延迟线可分为电磁延迟线，超声延迟线和电路延迟线三类，下边分别加以介绍。

(1)电磁延迟线　用来将信号延迟一段时间的传输线或仿真线叫电磁延迟线。凡是传送电磁能的导线都可称为传输线，而仿真线也就是人工线路，即由集总参数元件组成的网络来仿效真实传输线在所需频率范围内的传播特性。电磁延迟线的实际应用通常是将一个矩形脉冲的前沿延迟一定的时间。当需要延迟的时间不超过0.01μs时，可根据阻抗要求选用一般的同轴线。当需要延迟较长时间时，则通常要采用由电容、电感组成的仿真线。

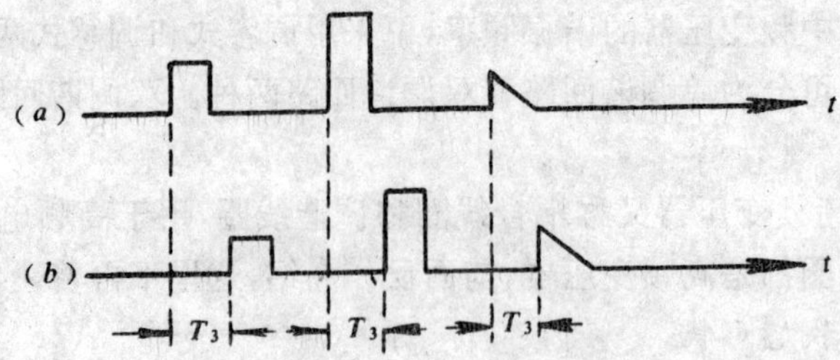

图 1—22　脉冲延迟示意

(a)输入脉冲序列　　(b)输出脉冲序列

电磁延迟线按结构分为分布参数型和集总参数型两类。同轴线和对称线是典型的分布参数型延迟线，但其延迟时间太小，所以通常分布参数型延迟线是指由均匀缠绕的电感线圈和该线圈与接地导体间的分布电容所构成的电缆型或元件型的延迟线。集总参数型延迟线是多节串接的电感、电容组成的低通滤波网络。

(2)超声延迟线　这种延迟线用来将电脉冲信号通过一个转换器变成超声脉冲信号，这个超声信号按一定路径通过传输媒介后，到达第二个转换器，将超声信号再转换为电脉冲信号。

在兆赫频率范围内，石英晶体是最好的转换器。目前也有采用钛酸钡作为转换器的。如果传输媒介采用水和水银，则构成液体超声延迟线。传输媒介采用烧结石英玻璃、铝镁合金等则构成固体超声延迟线。

(3)电路延迟线　这种延迟线利用电子管或晶体管及其他元器件组成延迟电路，达到对信号进行延迟的目的。它广泛用于电子设备和仪器中，如脉冲示波器的信号延迟电路及雷达时间电路的补偿性的小时间延迟电路。

延迟线图形符号及示意图见图 1—23。

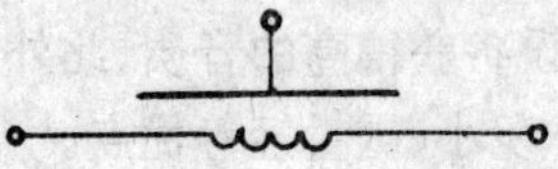

电磁延迟线符号

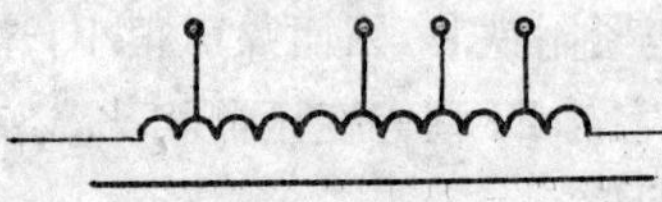

抽头延迟线示意

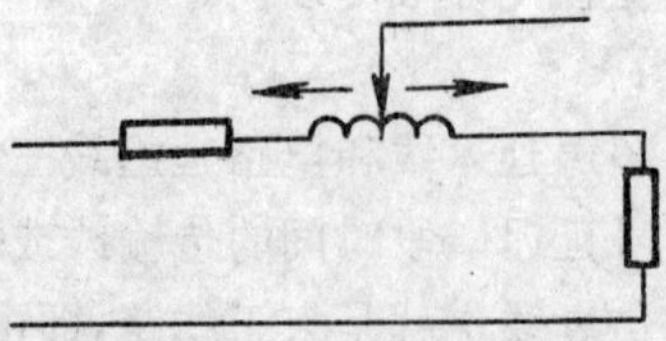

机调延时的分布参数延迟线示意图

图 1—23　延迟线符号及其示意图

3. 延迟线应用举例

CSY－3、YTY－Ⅱ型超声波延迟线（也称压电陶瓷延迟线、玻璃延迟线）专供PAL制彩色电视机解码电路用。超声波延迟线是利用输入端的压电陶瓷（锆钛酸盐）换能器将输入的色度信号变成相当于载频频率的机械振动，引起振动波。因其频率远高于声波，故称为超声波。这个振动波在特殊配方的玻璃块中按一定方向传播，它所经过的时间为63.943μs，最后传送至输出端的压电陶瓷换能器，将振动波恢复为色度信号。其外形参见图1－24。

图1－24　超声波延迟线

图1－25　薄膜延迟线

薄膜延迟线，又称视频延迟线，用于彩色电视机中的视频通道部分。彩色电视信号中的亮度信号与色度信号在经过通道时，会产生时间上的差别，加入延迟线后就能补偿这种差别。其外形参见图1－25。

图1－26是另两种延迟线的外形图。

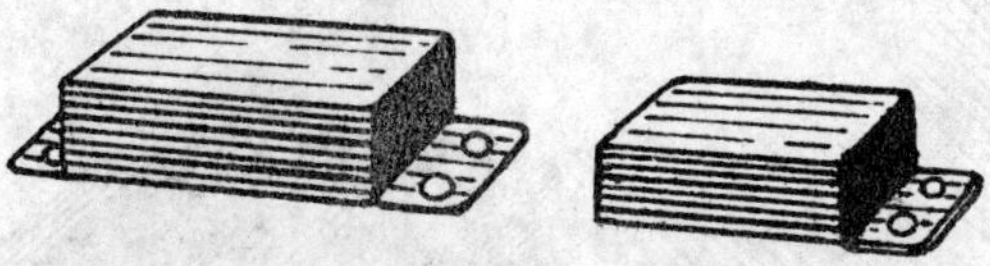

图1－26　延迟线外形

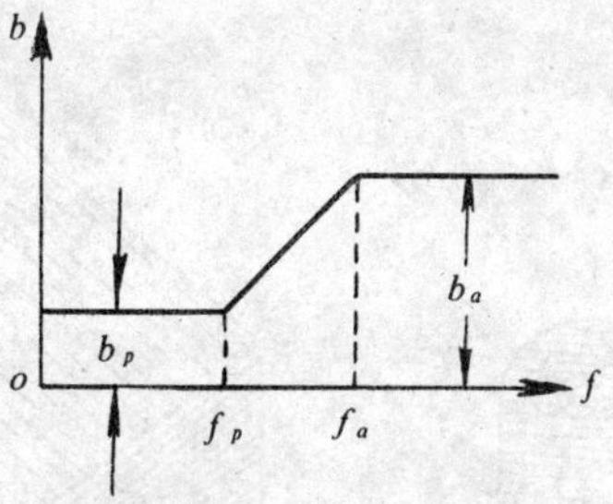

图1－27　滤波器衰减特性

（图中b表示衰减，f表示频率）

总之，延迟线在无线电定位、电视、测量、电子计算机及脉冲通信等系统中得到了广泛的应用。

四、滤波器

一般地讲，滤波器能消除或减少某些频率的波，而保持其他频率的波，这些波可以是声波、光波或电磁波。电信网络理论中的滤波器是指对于频率有选择作用的四端网络，它能够从输入的总信号中按需要选择出一定的工作信号来。这就是滤波器分离信号的作用，也就是说，在某一频带衰减极少，而在该频带以外衰减很大。这里应指出，滤波器和单调谐回路有所不同，前者有显著的通带和阻带，后者仅对于一个频率谐振。

1. 滤波器的主要特性

以很小的衰减通过滤波器的工作频率的范围称为滤波器的通频带，简称通带。被阻止通过滤波器的其他频率范围称为滤波器的阻频带，简称阻带。通带和阻带之间的分界频率称为滤波器的截止频率，用 f_c 表示。在滤波器中，通常规定了通带的最大允许衰减 b_p 和阻带的最小允许衰减 b_a，如图 1－27 所示。因此通频带边界频率为 f_p，阻带边界频率为 f_a。两边界频率之间的频带（$f_a \sim f_p$）称为过渡频带。

对过渡频带内的衰减一般不加规定，但过渡频带愈窄，表示衰减特性愈陡峭，对滤波器的要求愈严格。

一般来说一个滤波器应具有以下主要特性：

(1)通频带内的衰减很小。

(2)阻频带内的衰减很大。

(3)通频带内的特性阻抗为一变化很平稳的电阻，以便与两侧的负载电阻很好地匹配。

部分滤波器外形如图 1－28 所示。

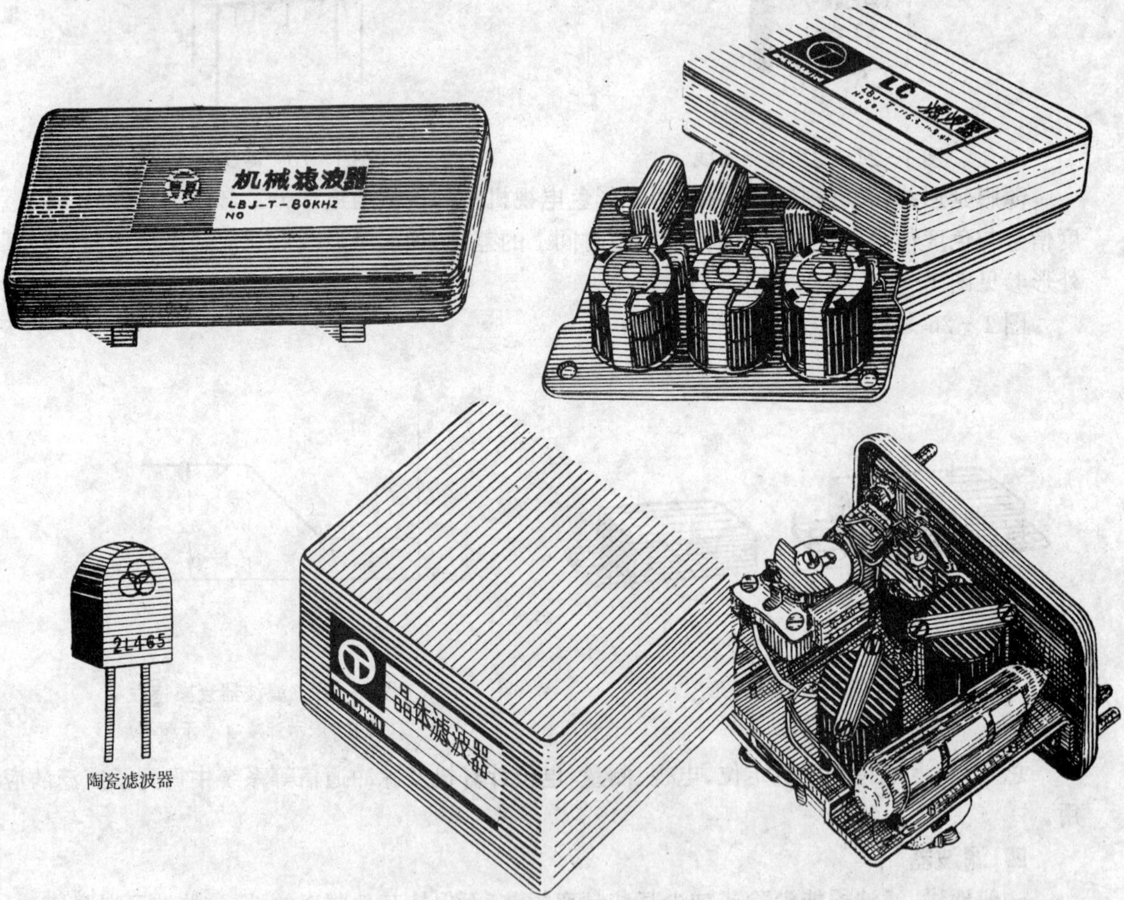

图 1－28　部分滤波器的外形

2. 滤波器的分类

(1)按滤波器的通带分

①低通滤波器　它能传通从零到截止频率 f_c 之间的信号。也就是说，对于截止频率以下所有频率能够通过而不衰减，对于截止频率以上的所有频率产生衰减而阻止通过。低通滤波器的理想衰减特性如图 1－29 所示。

实际上低通滤波器在截止频率以下仍有小的衰减。经过一过渡频带，才升至较大的阻带衰减。

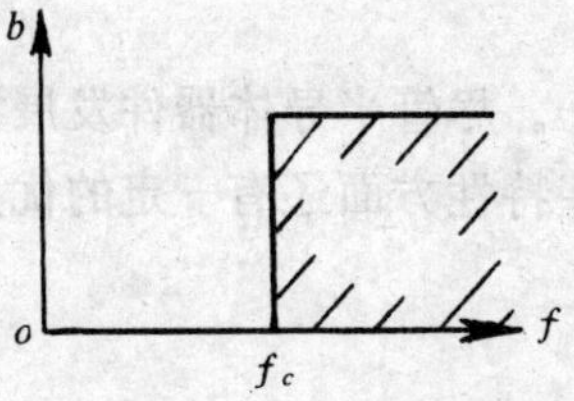

图1—29　理想低通滤波器衰减特性

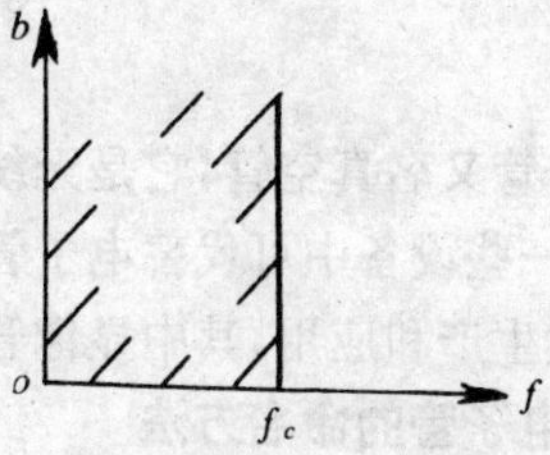

图1—30　理想高通滤波器衰减特性

②高通滤波器　它能传通从截止频率 f_c 到无限大频率的信号。也就是对于截止频率以上的各频率给予很小衰减，使其通过，而对于截止频率以下的各频率则给予较大衰减，阻止其通过。高通滤波器的理想衰减特性如图 1—30 所示。

③带通滤波器　理想的带通滤波器对于某一个频带能够完全通过，衰减很小，而对于该频带以外的则完全阻止，衰减很大。图 1—31 为实际带通滤波器的衰减特性。

设计带通滤波器时须使通带衰减不大于容许的最大值，阻带衰减不小于最小容许值，通带与阻带间的过渡频带（$f'_1 f_1$ 及 $f_2 f'_2$）不超过规定的宽度。

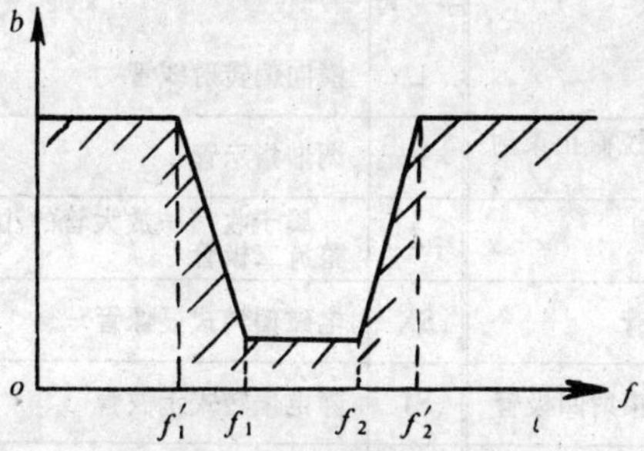

图1—31　带通滤波器衰减特性

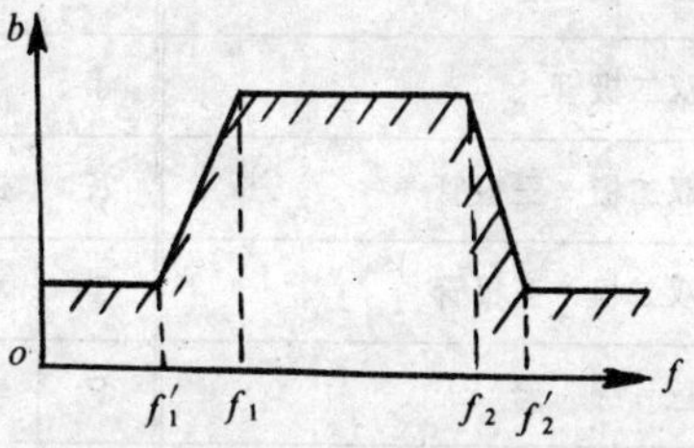

图1—32　带阻滤波器的衰减特性

窄带滤波器是带通滤波器的一种，它的通带很窄，主要通过一个频率。在选择某些频率如载频时，需要这种窄带滤波器。有时它由晶体构成。

④带阻滤波器　理想的带阻滤波器对某一频带给予无限大衰减，完全阻止通过，而对于该频带以外的频率则不给予衰减，使其能够完全通过。图 1—32 为实际带阻滤波器的衰减特性。阻带内规定最小需要衰减值，通带内规定最大容许衰减值。过渡频带不超过规定的宽度。

（2）按构成滤波器的元件分

①*LG* 滤波器　由电感线圈和电容器、电抗元件构成的滤波器。

②*RC* 滤波器　由电阻和电容器元件构成的滤波器。

③谐振滤波器　由晶体、陶瓷片或机械谐振体构成的滤波器，如晶体滤波器、螺旋振子滤波器。

§1—4 电真空器件

电子管又名真空管，它是无线电设备中的主要器件之一。尽管半导体器件发展很快，应用很广，在一些设备中可代替电子管，但是，由于电子管在某些特性方面还有一定的优点，所以目前仍继续生产和应用，其中显像管则处于大量生产阶段。

一、电子管的命名方法

我国电子管的型号是采用汉语拼音字母与数字并结合我国过去的习惯来编制的。

国产电子管的编号方法分为两大类，每类型号一般包括四个部分。

1. 第一类电子管的型号

第一类型号以数字起头，用于收信－放大管、调谐指示管和小型整流管等。型号各部分数字和字母代表的意义如下：

第一部分用数字表示灯丝电压的整数部分，单位为V。若灯丝电压有小数时，取其整数部分。如6表示灯丝电压6.3V；12表示灯丝电压12.6V。对于某些电子束管来说，数字表示的是屏幕直径或对角线长度，单位为厘米。

第二部分用字母表示电子管的结构，各字母的意义如表1—16所示。

表1—16　表示电子管结构的字母意义

字母	意义	字母	意义	字母	意义
D	二极管	S	四极管	L	横向偏转射线管
H	双二极管	J	锐截止五极管及锐截止束射四极管	E	调谐指示管
G	双二极－三极管	K	遥截止五极管	Z	属于收信－放大管的小功率整流二极管
B	双二极－五极管	T	双四极管和双五极管	SX	电磁偏转式显像管
C	三级管	P	输出五极管及输出束射四极管	SJ	静电偏转式示波管
N	双三极管	A	变频管	SZ	数码管
F	三极－五极管	U	三极－七极管、三极－六极管、三极－八极管		

第三部分用数字区别同类型管的序号及性能。如6N1和6N2都是双三极管，但前者具有中等放大系数，后者具有较高的放大系数。

第四部分用字母表示电子管的材料和外形，各字母的意义如表1—17所示。

表1—17　表示电子管的材料和外形的字母意义

意义	普通玻壳管	陶瓷管	橡实管	超小型管直径(mm)			
				大于11	11～8	8以下和4以上	4和4以下
字母	P	K	J	G	B	A	R
意义	锁式管	盘封管(灯塔管)		部分电子束管荧光体类型字母			
字母	S	D		A、B、C、D……			

以下举几例说明：

（1）6　P　6　P
- P—普通玻壳管
- 6—序号
- P—束射四极管
- 6—灯丝电压 6.3V

（2）4　J　1　S
- S—锁式管
- 1—序号
- J—锐截止五极管
- 4—灯丝电压 4.2V

（3）6　A　2
- 2—序号
- A—变频管
- 6—灯丝电压 6.3V

（4）6　E 5　P
- P—普通玻壳管
- 5—序号
- E—调谐指示管
- 6—灯丝电压 6.3V

（5）6　D　3　D
- D—灯塔管
- 3—序号
- D—二极管
- 6—灯丝电压 6.3V

（6）13　SJ　36　D
- D—D 型屏幕橙黄色长余辉
- 36—类型序号
- SJ—静电偏转式示波管
- 13—屏幕直径 13cm

2. 第二类电子管的型号

第二类型号以字母起头，用于发射管、充气闸流管、高压整流管等。型号各部分字母、数字代表的意义如下：

第一部分用字母表示电子管的类型，各字母的意义如表 1－18 所示。

表 1－18　　表示电子管类型的字母意义

意义	发射管				调制管		磁控管	
	长短波（极限频率在 25MHz 以下）	超短波（极限频率在 25～600MHz）	厘米波（极限频率在 600MHz 以上）	脉冲	连续	脉冲	连续	脉冲
字母	FD	FU	FC	FM	T	TM	CK	CKM

意义	反射速调管	直射速调管					返波管		行波放大管	
		振荡	放大	脉冲放大	倍频	漂移	连续	脉冲	连续	脉冲
字母	K	KZ	KF	KMF	KB	KP	BB	BBM	B	BM

意义	放电管			光电管	十进位计数管	计数管	稳定管			噪声发生管
	非谐振	谐振	高气压				稳压	稳流	稳幅	
字母	R	RX	RQ	GD	OQ	J	WY	WL	WF	FZ

意义	高压整流二极管			汞气闸流管	充气闸流管				
	整流	脉冲	小功率		连续	脉冲	小功率连续	小功率脉冲	冷阴极辉光放电管
字母	E	EM	E	ZG	ZQ	ZQM	ZQ	ZQM	Z

意义	充气整流二极管		汞整流管	引燃管	电子束管				
	充气	充汞			储能管	函数管	摄像管	脉冲形成管	印刷管

续

字母	EQ	EG	H	Y	SC	SH	SF	SMX	SY

意义	录像管	X 射线管					真空开关管	数字符号指示管	
		诊断用	治疗用	材料透视用	结构分析用	光谱分析用		冷阴极气体放电	荧光
字母	LX	XD	XZ	XC	XJ	XP	ZK	QS	YS

第二部分用数字表示，以区别离子管和光电管中同类管的序号（有些管子无第二部分，用“—”表示，如发射管等）。

第三部分用数字表示同类型管的序号（有些电子管无第三部分，如离子管等）。

第四部分用字母或分数表示。字母表示强制冷却方式：水冷式用 S；风冷式用 F；蒸发式用 Z。用分数表示有三种情况。第一种，分子为电流平均值(A)（脉冲电子管为脉冲电流值），分母为反向电压峰值(kV)，如高压整流二极管。第二种，分子为最大功率值(kW)，分母为最高工作电压值(kV)，如 X 射线管。第三种，分子为工作电流值(A)，分母为工作电压值(kV)，如真空开关管。

示例：

(1) FU — 50
- 50——序号
- FU——发射管

(2) FU — 5 F
- F——风冷式
- 5——序号
- FU——发射管

(3) ZG 1 — 5/ 2
- 2——反向电压峰值 2kV
- 5——电流平均值 5A
- 1——序号
- ZG——汞气闸流管

(4) EQ 1 — 6 / 0.325
- 0.325——反向电压峰值 325V
- 6——电流平均值 6A
- 1——序号
- EQ——充氩气整流二极管

(5) WY 4 P
- P——普通玻壳管
- 4——序号
- WY——充气稳压管

(6) QS 30 — 1
- 1——类型序号
- 30——圆柱端面直径 30mm
- QS——冷阴极辉光放电数字符号指示管

二、电子管的分类

按电子管的极数来分，最简单的是二极管，它是由一个阴极和一个阳极（屏极）装在真空度很高的玻璃壳内构成的。由于二极管具有单向导电性，所以成为整流器和检波器中的主要元件。

在阴极与阳极之间加上一个栅极则构成三极管，一般做放大管用。

在三极管的阳极与栅极之间加上一个帘栅极则构成四极管。在四极管阳极与帘栅极之间加一个抑制栅极用来抑制二次电子的交换则构成五极管。

具有四个以上栅极的电子管称为多栅管，最常用的多栅管是七极管，它有五个栅极。

在一个电子管的管壳内装有两个以上电极系统，每个电极系统中通过各自独立的电子流，这种电子管称为复合管。常见的复合管有双二极管、双二极三极管、双二极五极管和双三极七极管等。

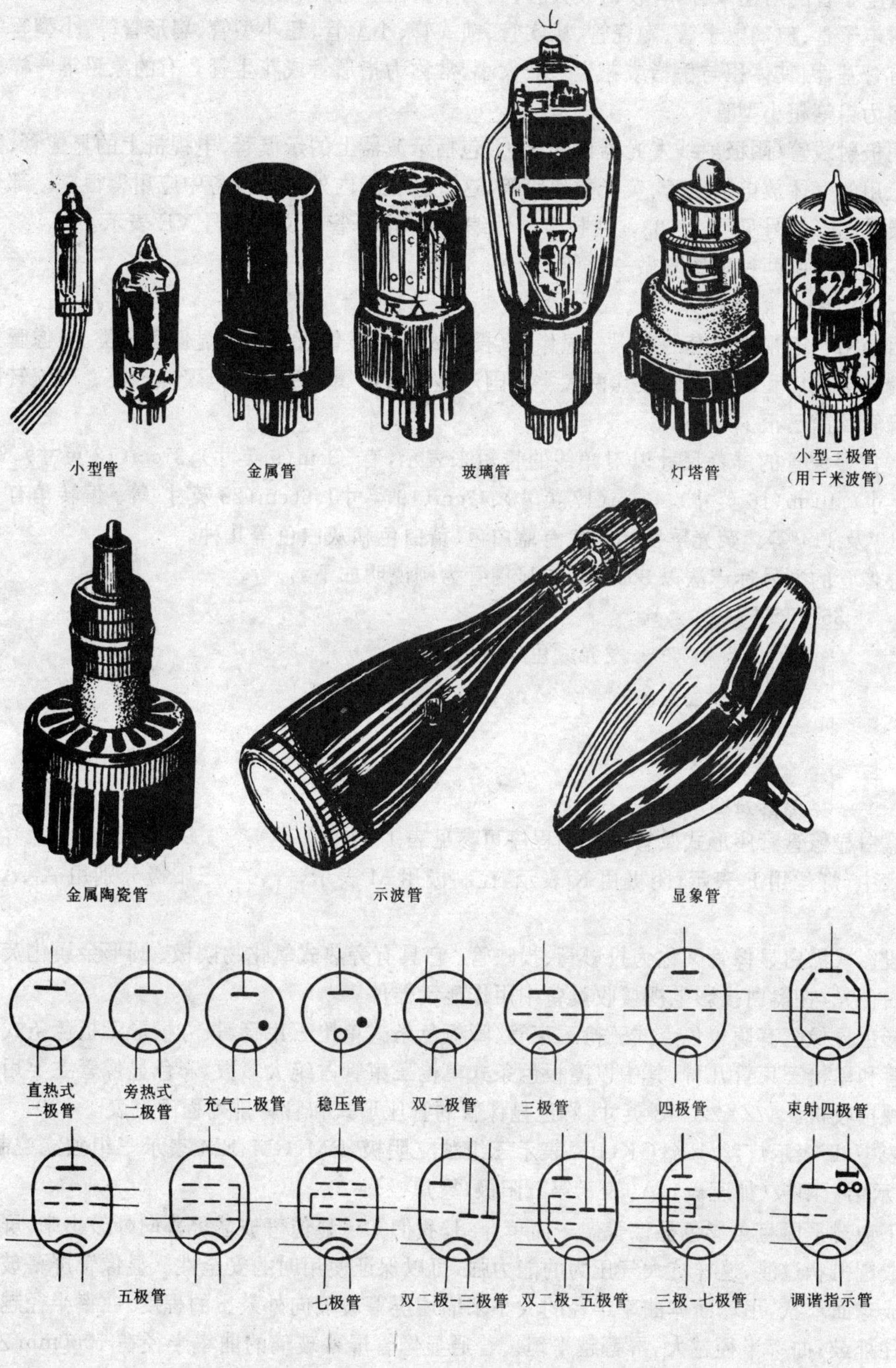

图1—33　部分电子管及其图形符号

还有些专用管，如调谐指示管、充气二极管、稳定管（稳压、稳流、稳幅管）。

按电子管的用途来分，有收信放大管、大功率整流管、检波管等。按外形及所用材料来分，有金属电子管、玻璃电子管、陶瓷管、橡实管、锁式管、小型管、超小型管、扁形管等。小型管中有的没有管基，因其体积与手指或花生一般大小，常称为指形管或花生管。有的象铅笔一样粗细而得名为铅笔超小型管。

阴极射线管（阴极射线发光器件的统称）包括示波器上的示波管、电视机上的显像管、数字仪器上用的气体放电数码管、荧光数码管等，这些管在国内外电子设备中应用得很广。部分电子管及其图形符号见图 1－33。在技术文件编制中，电子管用文字符号 VE 表示。

下边就其中两种射线管做一介绍。

1. 显像管

目前用于电视机配套的有黑白显像管、投射式黑白显像管及彩色显像管三类。显像管又分为磁偏转电聚焦和磁偏转磁聚焦两大类。国产显像管都属于磁偏转电聚焦一类。磁偏转磁聚焦显像管目前已很少采用。

黑白显像管的屏幕尺寸以对角线的长短来表示，有 23cm（9 英寸）、31cm（12 英寸）、35cm（14 英寸）、40cm（16 英寸）、43cm（17 英寸）、47cm（19 英寸）、66cm（26 英寸）等。偏转角有 70°、90°、110°及 114°等。荧光屏发光颜色有蓝白色、黄白色和灰白色等几种。

显像管的型号标志法以 35cm 黑白显像管为例说明如下：

35　SX　2　B

B—发光颜色（B 代表白色）

2—序号

SX—显像管

35—屏幕对角线尺寸

黑白显像管管座形式及管脚排列程序可参见表 1－19。

表中，灯丝用 F 表示，阴极用 K 表示，控制极用 M 表示，一、二、三阳极分别用 A_1、A_2、A_3 表示。

投影式黑白显像管又称为投影管、投映管。它具有旁热式氧化物阴极。圆形金属化荧光屏可发白色光，在黑白投影电视接收设备中用作显示器件。

彩色显像管有荫罩色点式三枪三束管、障板色条式单枪三束管、长方槽形障板色条式三枪三束管和单枪三束管几种，其中以障板色条式单枪三束管占绝大多数。彩色显像管主要用于彩色电视接收机。47ZX2A（18 英寸）彩色显像管的管座形式和管脚排列程序见表 1－20。

表中，F 表示灯丝，RK、GK、BK 表示三组独立阴极，RM、GM、BM 表示三组独立控制极，A_1 表示第一阳极（加速极），A_3 表示第三阳极（聚焦极）。

下边对平面直角彩色显像管做一简单介绍。我们知道显像管玻璃屏幕向外鼓出来，屏幕四角做成圆弧状过渡，这样抗大气压力的能力强，可以保证使用时的安全性。显像管屏幕玻璃通常做成球面形状，用球面体曲率半径的大小来描述屏幕玻璃向外鼓出的程度。曲率半径越小屏幕越往外鼓；曲率半径越大，屏幕越平坦。普通显像管屏幕玻璃的曲率半径在 1000mm 左右。当曲率半径越过 1500mm 时，屏幕看上去就较平坦了，称平面直角形显像管，也称全方形显像管、超矩形显像管或 FS(Full Squave)管等。

表 1—19　　部分显像管管座形式及管脚排列程序

型号	管座形式	管脚排列程序(电极名称) 1	2	3	4	5	6	7	8	管脚图
23SX5B(9 英寸) 31SX1B(12 英寸)	七脚塑料显像管座	K	A_1	F	F	M	A_1	A_2		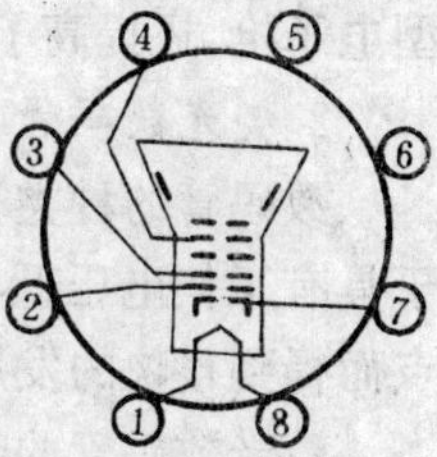
35SX2B(14 英寸) 43SX3B(17 英寸)	八脚塑料显像管座	F	M	—	A_3	—	A_1	K	F	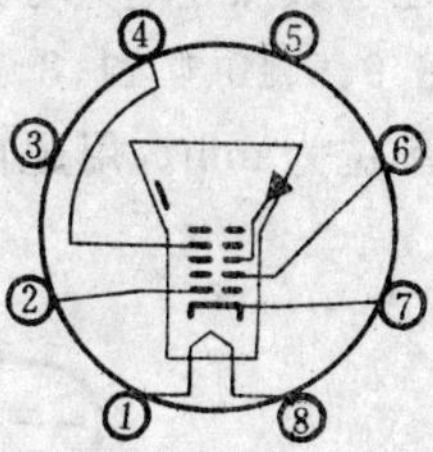
40SX12B(16 英寸)	九脚塑料显像管管座	F	M	A_1	A_3	—	M	K	F	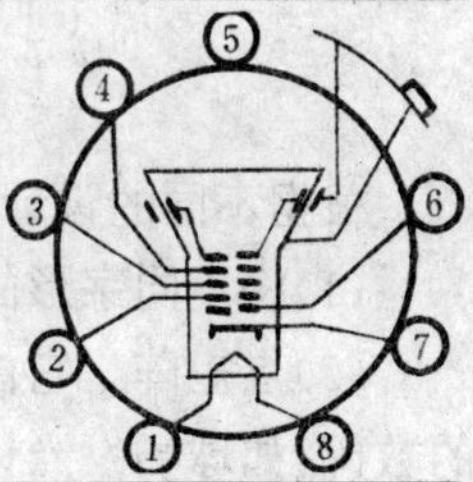
47SX13B(19 英寸)		F	M	A_1	A_3	—	—	K	F	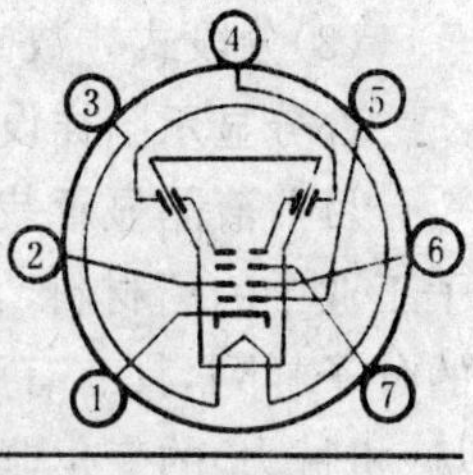

表 1—20　　彩色显像管管座形式及管脚排列程序

型号	管座形式	管脚排列程序(电极名称) 1	2	3	4	5	6	7	8	9	10	11	12	13	14	接脚图
47ZX2A (18 英寸)	14 脚塑料管座	F	RK	RM	A_1	—	GK	GM	—	A_3	—	BK	BM	A_1	F	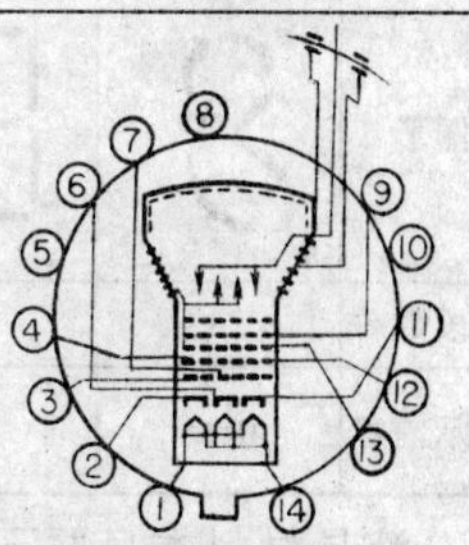

平面直角管是从普通 51cm(20in)彩色显像管基础上演变来的。由于平面直角管四角趋近于直角，使屏幕对角线会加长，因此从 51cm 就演变到 53cm(21in)，也正如此使 53cm 平面直

角显像管如此流行。将荧光屏玻璃内表面改进为几种球面体相连接的复合曲面体，从而增加了平面直角管玻璃外壳的强度，具有足够的抗爆能力。

这种平面直角显像管抗环境光线的干扰能力强，因此图像明暗对比度比普通管好。采用新型电子枪，还提高了平面直角彩色显像管图像清晰度。

2. 荧光数码管

数码管的种类很多，最常用的有冷阴极辉光放电管、发光二极管、荧光数码管等。数码管由于具有工作电压低、驱动电流小、寿命长、显示清晰、发绿光、宜于阅读、视角大、稳定可靠等优点而得到很快的发展。

荧光数码管的数码字形由若干段分立的笔划组成。YS27－3 型端面管（图 1－34）的字形连小数点在内共分九段，即九个阳极，在图上用字母 a、b、c、d、e、f、g、h、i 表示。图中的数目字 8、9、5、10、4、11、3、12、2 为每个阳极引出脚的编号。外形尺寸分别用 A、B、C、D、E、F、G 表示，单位为 mm。用逻辑电路控制某几个阳极一道起辉、就能显示出所需的字形。

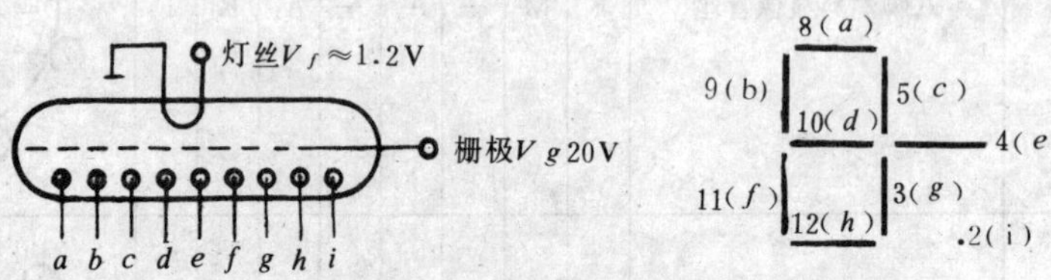

图 1－34　端面管结构示意

根据不同的设计，数码管能显示不同的数字和文字符号。数码显示方式一般可分为三种：

(1)将不同字形的电极重叠起来，如辉光放电数码管。

(2)点矩阵　它由许多规则或不规则排列的能发光的点组成。控制各发光点，可显示不同的数码，如球场发光记分牌。

(3)分段式　数码由若干段分立笔划组成，控制各段的发光即可达到显示数码的目的。

部分显示图样设计可参见表 1－21。

目前液晶显示装置也得到了迅速的发展，它利用液晶材料的光电特性进行显示。液晶是电子工业中的新材料，它的性质介于液体和晶体之间，既象液体一样具有流动性，又有类似晶体的分子样列，具有有序结构倾向，因此具有晶体的光学特性。液晶对外界条件（电场、磁场、声场、机械力）的变化非常敏感，因此它可以比较方便地将其他信息转变成可视信息。

表 1－21　部分显示图样

代号	A	B	C	D	E	F		
图形			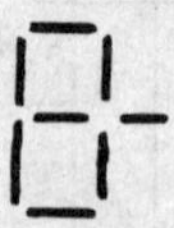					
段数	6	7	8	10	8	9		
显示内容	0～9	0～9 及几个字母			0～9	0～9	C；kC；MC； s；ms；μs	＋；－；÷ ←；＝；—

液晶材料本身并不发光，而只是反射外来的光，所以它属于光调制型被动显示。液晶在显示时不怕外界光冲刷，但不能在黑暗中显示。由于它能反射光，才可以在很大的范围内被看到，而且其消耗功率相当小。液晶是有机化合物，依据分子排列方式的不同可分为近晶相材料、向

列相材料和胆甾相材料三类。不同的液晶在电场的不同作用方式下，会产生各种光电效应，例如动态散射、扭曲效应、存贮效应等。向列相液晶材料的发光原理是动态散射原理。

将液晶吸入密封玻璃盒子中，使液晶层厚为10μm，在两个透明电极之间加上电压。当电压到达一定的数值时，原来呈透明状态的液晶层就变成混浊状态，这种现象称为液晶的动态散射，利用这个现象可达到数字显示的目的。

液晶显示装置的结构比较简单。在两个电极之间装上向列相液晶，再加上驱动系统，就构成了向列相液晶显示器。两个电极之中至少有一个应是透明电极，一般情况下，是将氧化锡或氧化铟镀在玻璃板上作透明电极的。用10～30μm厚度的聚四氟乙烯或聚酯树脂膜作衬垫，透明电极用光刻法制出文字或图形。显示的数字和文字可以是笔划型，也可以是矩阵型。其中笔划型数字显示多用于小型电子设备上，如数字化手表与时钟、台式计算机显示、电子计数器显示等。

液晶显示具有下列优点：

(1)工作电压低，能与P－MOS或CMOS电路直接配合工作。

(2)功耗甚微。同样的显示面积，其功耗只有一般数码管的几十分之一到几百分之一。

(3)体积小、厚度薄。显示屏厚度一般为3～5mm，为平板式显示，可显示多位数字。

(4)显示面积可大可小，只要在有光线的环境下均可使用，且不受光线冲刷，环境越亮，显示越清晰。

三、电子管的管脚

常用电子管有玻璃管和金属管等，体积有大有小，管脚数有多有少，一般分为四脚、六脚、七脚、八脚、九脚等多种形式。其管脚示意如图1－35所示。

电子管各电极的引出线大多是从管脚引出的，也有少数电极是从管顶引出的。必须弄清各极对应的管脚，也就是弄清管脚的排列，才能正确地接线和应用。

管脚的排列有以下几种方法：

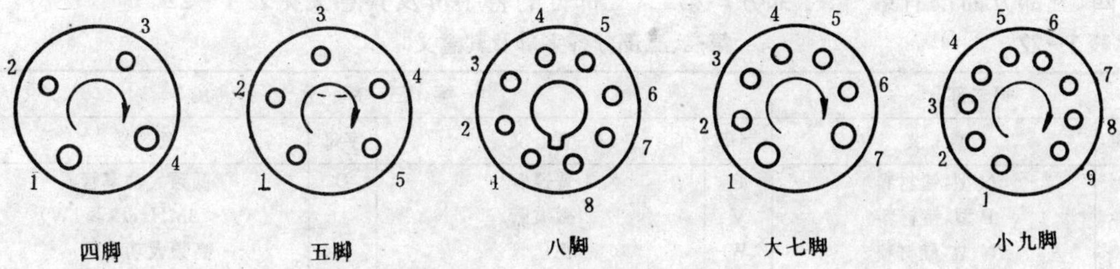

图1－35 管脚形式示意

(1)管脚直径粗细不同的排列方法　一些老式电子管多采用这种排列方法，其中两只粗管脚为灯丝引线，其他各极用较细的管脚。FU－25等的管脚，即属于这种排列法。

(2)各管脚间距离不等的排列方法　五脚管、小七脚管、小九脚管都是这种排列方法。其中有两个管脚间距最大，其他各管脚间距相等。6K4、6P1、6N1等的管脚，即属于这种排列。

(3)各管脚间距离相等的排列方法　按此种方法排列的管子，一般具有管键（管脚中心圆柱上的凸起部分），可以防止由于管脚直径相等，管脚距离也相等而将各级插错位置。6A7P等的管脚，即属于这种排列。

除了应知道管脚排列方法外，还应掌握管脚的编号，以便识别管子的各级及接线。一般管脚编号规律是:将管子的管脚朝上,使粗管脚、管键或管脚间距最大的缺口对准自己,则从左起顺时针方向依次为1、2、3……,即为电子管管脚的编号。由于管座与管脚是相对应的,所以在接线之前,也应将管座反过来,按以上方法确定编号后再接线。

电子管在使用前应该用万用表检查一下,灯丝应是通路,各极间应是开路。如发现针状管脚弯曲,则应先校直管脚后再插入管座。插拔电子管时应用力相当,不得左右晃动,以防用力不当使玻壳开裂、破碎。电子管是精密器件,管内各极间的尺寸精度和电真空度都要求很高,使用中应避免碰撞或剧烈震动,以免引起电极位置变动,甚至造成隐裂,使电子管漏气。对显像管更应注意轻拿、轻放。搬动时应拿荧光屏两边,不应拿管颈和近管颈的封焊处。在刚断电不久拆卸显像管时,应将第二阳极接头与外壳导电层之间用绝缘良好的导线短路放电,以防触电。通电时一定要使灯丝预热一定时间后再加高压。对汞气整流管(特别是新管子)更应充分预热。

§1—5 半导体器件

电子管有体积大、耗电多、重量大和容易损坏等缺点。为了弥补它的不足,使无线电设备向小型化发展,半导体器件得到了广泛的应用。

用电子管相比,半导体器件具有体积小、重量轻、坚固、省电、启动快、寿命长、成本低等优点。半导体器件的结构特性等已在其他课程中作了介绍,这里着重介绍它的命名方法、用途及判别方法。

一、半导体器件型号命名方法

半导体器件的型号由五部分组成。第一部分用数字表示半导体管的电极数目,2表示二极管,3表示三极管。第二部分用汉语拼音字母表示半导体器件的材料和极性。第三部分用汉语拼音字母表示半导体管的类别。第四部分用数字表示半导体器件的序号。第五部分用汉语拼音字母表示区别代号。场效应管、半导体特殊器件、复合管、PIN型管、激光器件的型号只有第三、四、五部分而没有第一、二部分。第二、三部分的各字母及其意义见表1—22。

表1—22 第二、三部分各字母及其意义

第二部分		第三部分			
字母	意义	字母	意义	字母	意义
A	N型,锗材料	P	普通管	D	低频大功率管
B	P型,锗材料	V	微波管		(f_α<3MHz,P_c≥1W)
C	N型,硅材料	W	稳压管	A	高频大功率管
D	P型,硅材料	C	参量管		(f_α≥3MHz,P_c≥1W)
A	PNP型,锗材料	Z	整流器	T	半导体闸流管(可控整流器)
B	NPN型,锗材料	L	整流堆	Y	体效应器件
C	PNP型,硅材料	S	隧道管	B	雪崩管
D	NPN型,硅材料	N	阻尼管	J	阶跃恢复管
E	化合物材料	U	光电器件	CS	场效应器件
		K	开关管	BT	半导体特殊器件
		X	低频小功率管	PIN	PIN型管
			($f\alpha$<3MHz,Pc<1W)	FH	复合管
		G	高频小功率管	JG	激光器件
			($f\alpha$≥3MHz,Pc<1W)		

示例:

(1)P 型锗材料的隧道二极管

2 B S 4
- 2——二极管
- B——P 型锗材料
- S——隧道管
- 4——序号

(2)N 型硅材料的开关二极管

2 C K 1
- 2——二极管
- C——N 型硅材料
- K——开关管
- 1——序号

(3)N 型锗材料的高频小功率三极管

3 A G 11 C
- 3——三极管
- A——PNP 型锗材料
- G——高频小功率
- 11——序号
- C——区别代号

(4)N 型硅材料的低频大功率三极管

3 D D 60 D
- 3——三极管
- D——NPN 型硅材料
- D——低频大功率
- 60——序号
- D——区别代号

(5)场效应器件

CS 2 B
- CS——场效应器件
- 2——序号
- B——区别代号

(6)半导体特殊器件(双基极二极管)

BT 32 A
- BT——双基极二极管
- 32——序号
- A——区别代号

二、半导体二极管

1. 半导体二级管的分类

半导体二极管是具有明显单向导电特性或非线性伏安特性的半导体两极器件。按用途分为检波二极管、混频二极管、参放二极管、开关二极管、稳压二极管、整流二极管、光电二极管、发光二极管等;按采用材料的不同可分为锗二极管、硅二极管、砷化镓二极管等;按结构的不同又可分为点接触和面接触二极管;按工作原理分有隧道二极管、变容二极管、雪崩二极管等。部分二极管外形及其图形符号参见图 1－36。

2. 半导体二极管的极性判别及选用

(1)半导体二极管的极性判别　一般情况下,二极管有色点的一头为正极,如 2AP1～2AP7,2AP11～2AP17 等。如果是透明玻璃壳二极管,可直接看出极性,即内部连触丝的一头是正极,连半导体片的一头是负极。如果既无色点,管壳又不透明,则可用万用表来判别正、负极。根据二极管正向电阻小,反向电阻大的特点,将万用表拨到欧姆档(一般用 $R\times100$ 或 $R\times1k$ 档。不要用 $R\times1$ 或 $R\times10k$ 档,因为 $R\times1$ 档使用的电流太大,容易烧坏管子,而 $R\times10k$ 档使用的电压太高,可能击穿管子),用表棒分别与二极管的两极相接,测出两个阻值。在所测得阻值较小的一次,与黑表棒相接的一端即为二极管的正极。同理,在所测得阻值较大的一次,与黑表棒相接的一端为二极管的负极。如果测得的反向电阻很小,说明管子内部短路;若正向电阻很大,则说明管子内部断路。在这两种情况下管子就不能使用了。

(2)半导体二极管的选用　通常小功率锗二极管的正向电阻值为 300～500Ω,硅管为

1000Ω 或更大些。锗管反向电阻为几十千欧，硅管反向电阻在 500kΩ 以上（大功率二极管的数值要小得多）。正反向电阻差值越大越好。

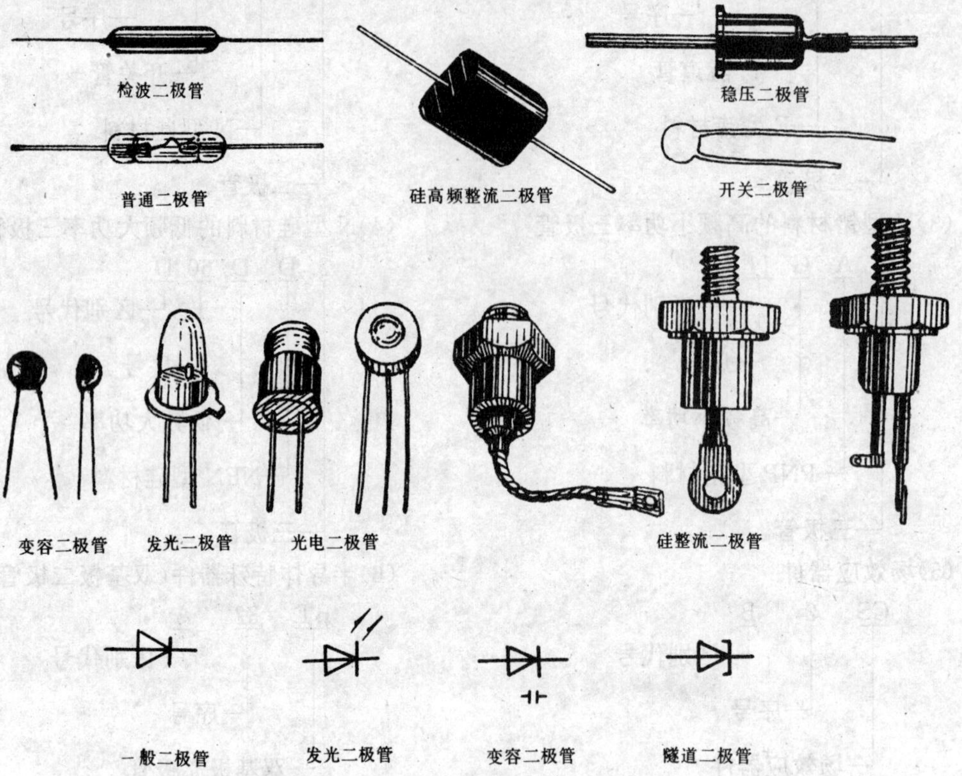

图 1－36　部分二极管及其图形符号

点接触二极管的工作频率高，不能承受较高的电压和通过较大的电流，多用于检波、小电流整流或高频开关电路。面接触二极管的工作电流和能承受的功率都较大，但适用的频率较低，多用于整流、稳压、低频开关电路等方面。

选用整流二极管时，既要考虑正向电压，也要考虑反向饱和电流和最大反向电压。选用检波二极管时，要求工作频率高、正向电阻小，以保证较高的检波效率；特性曲线要好，避免引起过大的失真。

在光电控制电路中，一般需选用光电器件。它是一种能将光照强弱的变化转变成电信号的器件。光电二极管就是其中的一种（见图 1－36）。在激光通信、激光测距等技术中，可选用工作频率高的 PIN 型光电二极管或光电灵敏度更高的雪崩光电二极管。

近年来出现了发光二极管（见图 1－36）。它的作用与光电二极管相反，即当电流通过时，二极管发光。它可用作导航灯泡，也可作计算器或电测仪的数字显示。

在脉冲电路中，具有负阻特性的器件已获得了广泛的应用。一般半导体二极管具有正电阻特性，即当加在器件两端的电压增加时，流过器件的电流随之增大。而负阻器件在其特性曲线的一定区域内具有负阻特性：当加到这种器件两端的电压增加时，流过器件的电流反而减小，其电压变化量同电流变化量之比是负值。该器件主要有单结晶体管（即有三个引出端，而仅有一个 PN 结），也称双基极二极管或可控硅，如图 1－36 所示。可控硅由四层半导体 PNPN 所构成，引出线有 A（阳级）、C（阴极）、G（控制极）。它能以很小的功率控制很大的功率，多用于整流器及开关电路中。

下边对表面贴装(安装)二极管做一简介。近年来表面安装元器件(微型无引线元器件)以及表面安装技术(简称 SMT)已经广泛应用于微型收录机、录像机、移动式无线电话等新一代电子整机产品中,使整机产品达到轻、薄、短、小的要求。目前常见的表面安装二极管按外型可分为两种:一种是矩形片式塑料封装管,主导尺寸为 3.2×1.6mm,另一种是圆柱形玻璃封装管,主导尺寸为 ϕ1.4×3.5mm。RLS 系列为高速开关二极管,RLZ 系列为稳压二极管。其外形及内部构造参见图 1－37 所示。

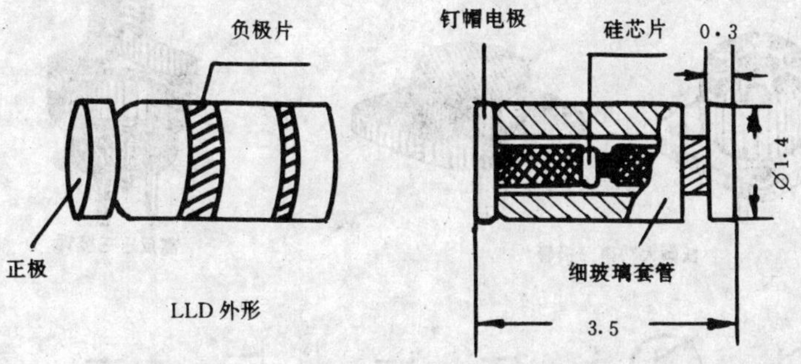

图 1－37 表面安装二极管外形及内部构造

由于表面安装二极管的钉帽电极有良好的镀锡层,易焊接,故适用于自动贴装机。也可先用手工贴装在涂有粘接剂的印制板上,然后进行再流焊接或波峰焊接。还可用 20W 以下的电烙铁手工焊接,但要选用极细的尖头烙铁。焊接区域应根据钉头电极的位置来确定。

在实际应用中,应根据技术要求查阅有关半导体器件手册,合理地选用。

三、半导体三极管

1. 半导体三极管的分类

通常所说的晶体管是指对信号有放大和开关作用、具有三个或四个电极的半导体器件。

目前,晶体管可分两大类。一类是结型晶体管,由两个 PN 结组成,有 PNP 及 NPN 两种结构。这类晶体管工作时,半导体中的电子和空穴两种载流子同时都起主要的作用,所以又叫双极晶体管,习惯上又叫晶体三极管。另一类是场效应晶体管,有结栅场效应晶体管、金属——氧化物——半导体(MOS)场效应晶体管及肖特基势垒栅场效应晶体管等结构。这类晶体管工作时,只有半导体中的多数载流子起主要作用,所以又叫单极晶体管。

按工作频率、开关速度、噪声电平、功率容量及其它电性能起分,三极管、场效应管又可分为低频小功率、低频大功率、高频低噪声、微波低噪声、高频大功率、微波大功率、超高速开关、功率开关、高速功率开关等类型。部分三极管外形及其图形符号见图 1－38。

2. 半导体三极管的判别

(1)管型和管脚排列　晶体管的型号一般都标在管壳上,但有时标记模糊或不标管型时,就得进行判别。为了判别管脚,首先应了解一下管脚排列。管脚排列方式有多种,目前金属管壳的管脚一般呈等腰三角形排列,并偏向一边。有些管子的管脚排列成一条直线而距离相等或其中两管脚靠得较近。部分大功率晶体管,其管壳为一极,而另外两极管脚排列成一条直线。部分三极管管脚排列如图 1－39 所示,有关管脚排列的详细资料应查阅晶体管手册。

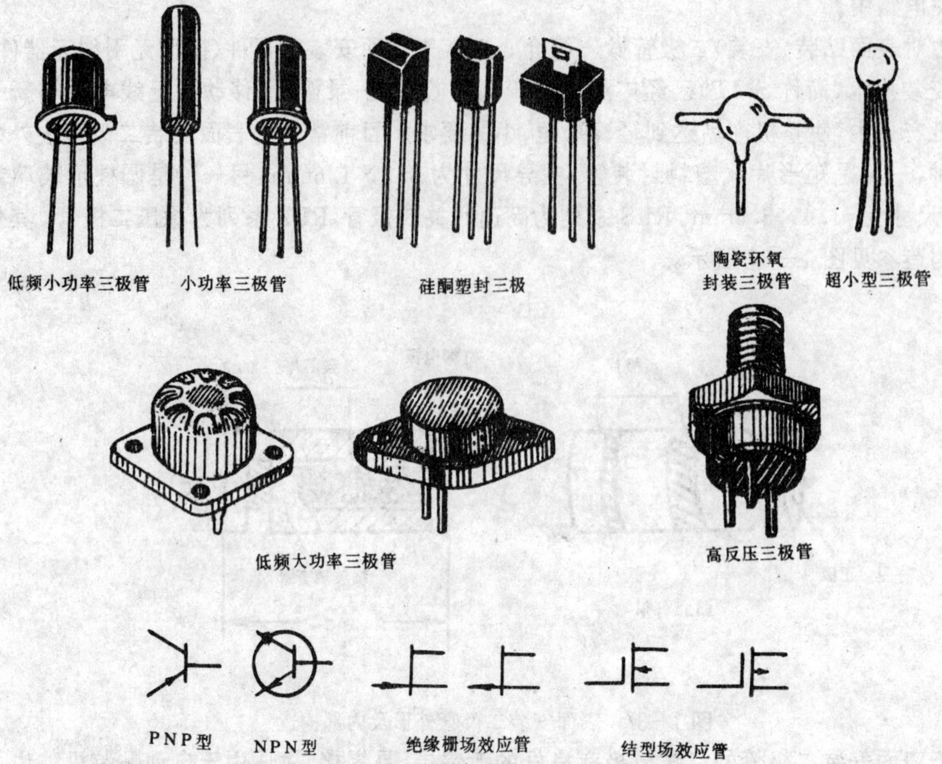

图 1—38　部分三极管及其图形符号

(2)管脚的判别

①根据管脚排列及色点判别　有一种等腰三角形排列，其顶点是基极，有红色点的一边是集电极，另一极为发射极。另一种等腰三角形排列，顶点是基极，管帽边沿凸出的一边为发射极，另一极为集电极。还有一种等腰三角形排列，靠不同的色点来区分。顶点与管壳上的红点标记相对应的为集电极，与白点对应的为基极，与绿点对应的为发射极。有些管子管脚排列成一条直线而且距离相等。则管壳带红点的一边为发射极，中间为集电极，另一脚为基极。有些管子管脚排列成一条直线但距离不相等，则距离较近的两脚之中靠外的管脚为发射极，靠里的为基极，另一个为集电极。四个管脚的晶体管，若有四个色点，则红色点对应的是集电极，白色点对应的是基极，绿色点对应的是发射极，黑色点对应的是地线。有些四个管脚的晶体管，管壳带有凸缘，可将管脚朝向自己，则从管壳凸缘开始顺时针方向排列依次为发射极、基极、集电极、地线。对塑封晶体三极管，可将剖去一个平面或去掉一角的标记朝向自己，则从左至右依次为发射极、基极、集电极。超小型晶体三极管，其中一个管脚截去一角为标记，定为发射极，与其垂直的管脚为集电极，另一个管脚为基极。还有一种超小型三极管，将球面向上，管脚朝自己，则从左至右依次是基极、集电极和发射极。以上均可参见图 1—39。

②用万用表判别　目前晶体管的品种很多，一般都可用万用表判别管脚。其根据是:NPN型管子基极到发射极和基极到集电极均为 PN 结的正向，而 PNP 型管子基极到发射极和基极到集电极均为 PN 结的反向。

首先应判别出管子的基极。将万用表拨在 R×100 或 R×1000 档上，用黑表棒接触某一管脚，用红表棒分别接触另两个管脚，如表头读数都很小（约几千欧），则与黑表棒接触的那一管脚是基极，同时可知此管子为 NPN 型。若用红表棒接触某一管脚，而用黑表棒分别接触另两个管脚，表头读数同样都很小（约几百欧）时，则与红表棒接触的那一管脚是基极，同时可知此管子为 PNP 型。用上述方法既判定了晶体管的基极，又判别了管子的类型。

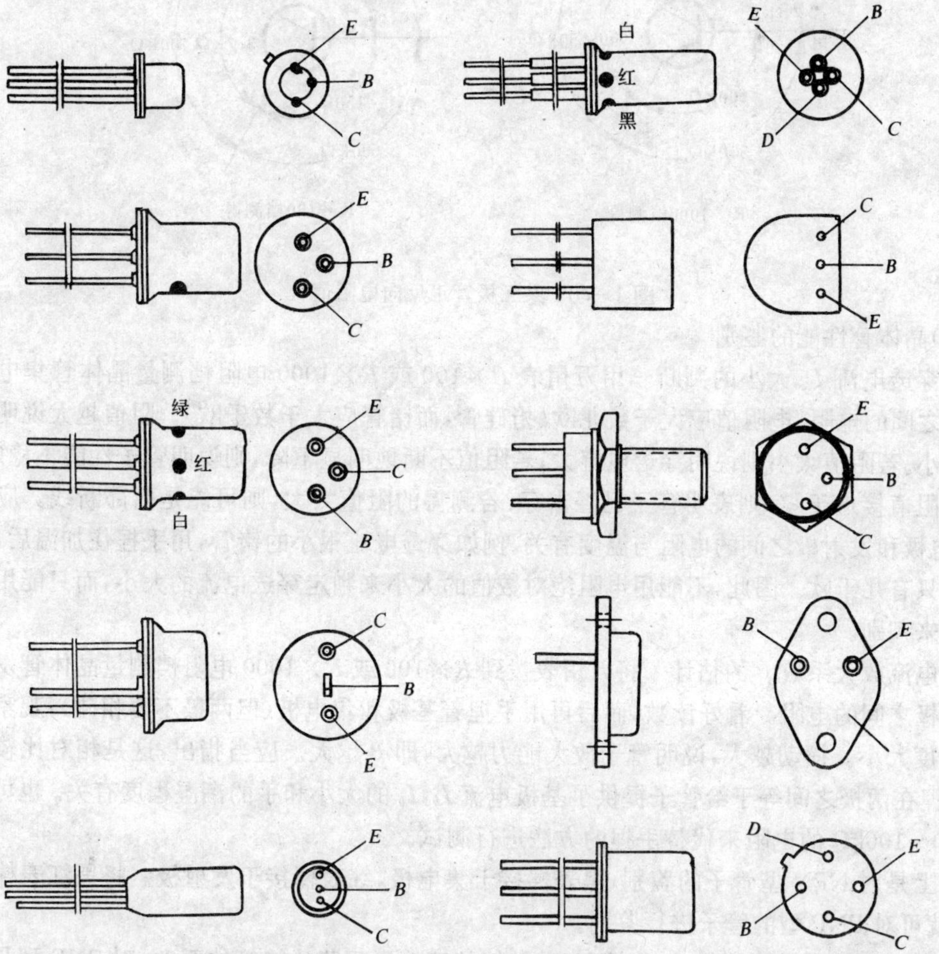

图 1－39　部分三极管电极分布

E—发射极　*B*—基极　*C*—集电极　*D*—地线

接着判别发射极和集电极。以 NPN 型管子为例，确定基极后，假定其余的两只脚中的一只是集电极，将黑表棒接到此脚上，红表棒则接到假定的发射极上。用手指把假设的集电极和已测出的基极捏起来（但不要相碰），看表针指示，并记下此阻值的读数。然后再作相反假设，即把原来假设为集电极的脚假设为发射极。作同样的测试并记下阻值的读数。比较两次读数的大小，若前者阻值较小，说明前者的假设是对的，那么黑表棒接的一只脚就是集电极，剩下的一只脚便是发射极。

若需判别的是 PNP 型晶体管，仍用上述方法，但必须把表棒的极性对调一下。

现将某一晶体管的正、反向电阻值列于图 1－40 中供参考。

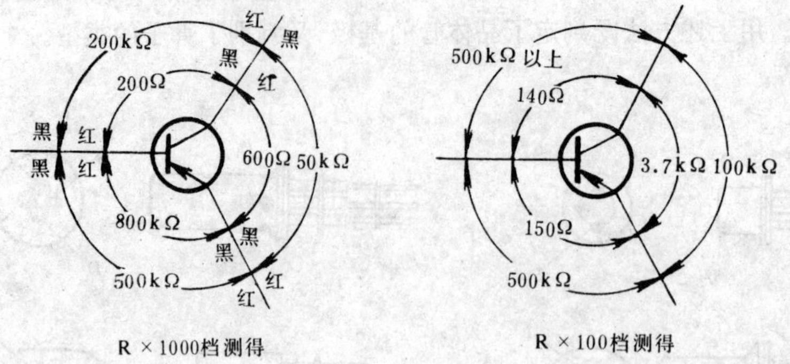

图1－40　某三极管正反向电阻值

(3)晶体管性能的鉴别

①穿透电流 I_{ceo} 大小的判断　用万用表 $R\times100$ 或 $R\times1000$ 电阻档测量晶体管集电极和发射极之间的电阻，电阻值应大于数兆欧(指硅管，而锗管应大于数千欧)。阻值越大说明穿透电流越小。若阻值太小则说明穿透电流大；若阻值不断地明显下降，则说明管子性能不稳定；若测得的阻值接近于零，则表明管子已经击穿；若测得的阻值太大，则可能是内部断线。应当指出，集电极和发射极之间的电阻与温度有关。例如穿透电流很小的锗管，用手捏住加温后，其间电阻也只有几千欧。因此，不能用电阻绝对数值的大小来判定穿透电流的大小，而只能用比较的方法来判别。

②电流放大系数 β 的估计　将万用表拨到 $R\times100$ 或 $R\times1000$ 电阻档测量晶体管发射极和集电极之间的电阻。看好读数，而后再用手捏着基极和集电极(但两极不要相碰)，观察表针摆动幅度大小。摆动越大，说明管子放大能力越大，即 β 越大。应当指出，这是相对比较的方法。手捏在两极之间等于给管子提供了基极电流 I_b，I_b 的大小和手的潮湿程度有关。也可用接一只 50～100kΩ 的电阻来代替手捏的方法进行测试。

以上是对 NPN 型管子的鉴别，黑表棒接于集电极，红表棒接于发射极。将黑红表棒对调一下，就可对 PNP 型的管子进行鉴别。

(4)硅管和锗管的判别　一般情况下，硅管的正向电压降比锗管的要大。对 PNP 型晶体管可利用图 1－41 所示的电路进行测量。如测得电压降为 0.7V 左右，即为硅管。如电压降为0.2～0.3V，即为锗管。对 NPN 型管，方法相同，但电池和电表的极性应与 PNP 型管相反。

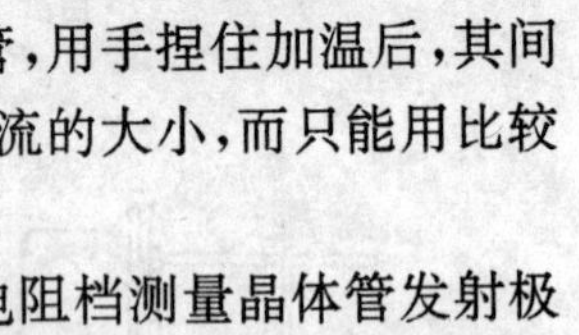

图1－41　判别硅、锗管的电路

3.半导体三极管的选用

选用晶体管一要满足设备及电路的要求，二要符合节约的原则。根据用途的不同，一般应考虑以下几个主要因素：频率、集电极最大耗散功率、电流放大系数、反向击穿电压、稳定性和饱和压降等。这些因素又有互相制约的关系，在选管时应抓住主要矛盾，兼顾次要因素。

低频管的特征频率 f_T 一般在 2.5MHz 以下，而高频管的 f_T

都从几十兆赫到几百兆赫甚至更高。选管时应使 f_T 为工作频率的 3～10 倍。原则上讲，高频管可以代换低频管，但是高频管的功率一般都比较小，动态范围窄，在代换时应注意功率条件。

一般常希望 β 选大一点，但也并不是越大越好。β 太高了容易引起自激振荡（自生干扰信号），何况一般 β 高的管子工作多不稳定，受温度影响大。通常 β 多选在 40～100 之间。另外，对整个机器来说还应该从各级的配合来选择 β。例如前级用 β 较高的，后级就可以用 β 较低的管子；反之，前级用 β 较低的，后级就可以用 β 较高的管子。对称电路，如末级乙类推挽功率放大电路，需选用 β 和 I_{ceo} 都尽可能相同的，否则会出现信号失真。对 OTL 型电路可选用 3BX 型低频小功率三极管和同材料 3AX 型的三极管进行配对使用。

集电极-发射极反向击穿电压 BU_{ceo} 应选得大于电源电压。穿透电流 I_{ceo} 越小，对温度的稳定性越好，普通硅管的稳定性比锗管好得多，但普通硅管的饱和压降较锗管为大，在某些电路中会影响电路的性能，应根据具体情况选用。选用晶体管的耗散功率时应根据不同电路的要求留有一定的余量。

对高频放大、中频放大、振荡器等电路用的晶体管，应选用特征频率 f_T 较高、极间电容较小的晶体管，以保证在高频情况下仍有较高的功率增益和稳定性。

在技术文件的编制中，晶体管用文字符号 V 表示。

四、半导体光敏管和色敏管

1. 半导体光敏管

半导体光敏管主要有光敏二极管、光敏三极管，如 2CU79 型光敏二极管、ZL 型硅光敏三极管，3PV912 型光敏三极管。半导体光敏管所用的材料一般有硅、锗、磷化铟、砷镓化锌、砷镓化铟等。通过在 PN 结加入反向电压，并在光的照射下反向导电，光敏二极管反向电阻可以由大变小，由数兆欧变为数十千欧甚至数千欧。光敏三极管有两个 PN 结。基本原理与光敏二极管相同。但它把光信号变为电信号的同时，还放大了信号电流，具有放大作用。因此，它比光敏二极管具有更高的灵敏度，应用范围更广。

半导体光敏管具有体积小、重量轻、寿命长、灵敏度高、工作电压低，可以集成化等优点。因此，它广泛应用于光纤通信系统、光视频系统、光接收系统、光信息存储系统，以及光学测距系统，光学检测仪器及自动控制等方面。

2. 半导体色敏管

半导体色敏管是工作于可见光波段（380～780nm）的一种光传感器。它的作用在于对外界光的强弱和光波长短，即色差进行探测，实现光电转换，从而进行色判别和色控制。它有色敏二极管和色敏三极管之分。国产的 CS－1 型半导体硅色敏管，就可以用来测量单色光的波长，也可以用于与颜色图案有关的自动控制与自动化生产中。色敏二极管是一种新型的半导体光敏器件。它对一定波长的光特别敏感，输出的光电流大小会随入射光波长的改变而改变。

色敏器件可以用于控制燃烧率、机器人色识别、纺织印染、光学读出装置、位置测量等方面。

最后介绍一种光敏晶闸管，它又称光可控硅。其结构、符号及外形如图 1－42 所示。

光敏晶闸管（LCR）有三个接触电极。把它接上正向电压（阳极为正、阴极为负），结 J_1、J_3 为正偏，结 J_2 为反偏，整个光敏晶闸管处于阻断状态。当一定照度的光信号通过玻璃窗照射到 J_2 处的光敏区时，在光能激发下，J_2 附近产生大量的电子和空穴两种载流子，它们在外电压的作用下可以穿过阻挡层，使光敏晶闸管从阻断状态变成导通。

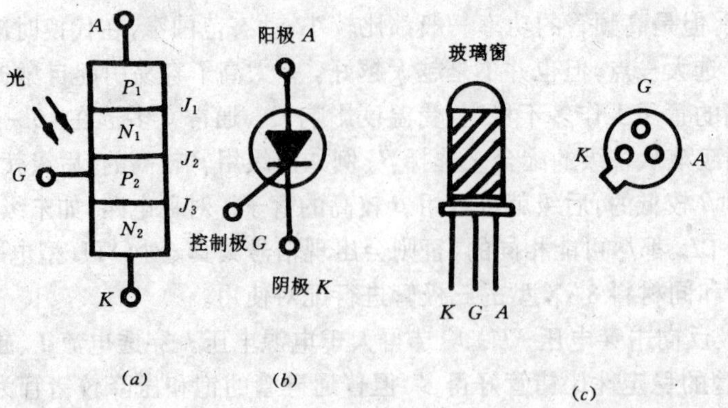

图 1－42　光敏晶闸管的结构、符号及外形

五、集成电路

1. 集成电路的特点及分类

随着无线电技术的不断发展，电子设备趋向超小型化，促使人们打破了传统的电路分立元件的概念，开始使用半导体工艺或厚薄膜工艺（或者这些工艺的结合）将电路的有源元件（能对电压和电流起控制、交换作用，主要是利用非线性特性元件，称为有源元件，如晶体管、二极管等）、无源元件（对电压和电流无交换、控制作用，主要是利用线性特性的元件，称为无源元件，如电阻、电容、电感等）及其互连布线一起制作在半导体或绝缘基片上，形成结构上紧密联系的整体电路，而从外观上已分不出各种元件、器件和电路的界限，这种电路称为集成电路。

集成电路与分立元件电路相比，大大减小了体积、重量、引出线和焊点数目，提高了电路性能和可靠性，同时降低了成本，便于批量生产。

目前集成电路在电子计算机、民用电子设备、军用通讯设备、导弹、雷达和人造卫星中已占据了非常重要的地位。

集成电路按其功能来分，有线性集成电路和数字集成电路两类。

线性集成电路是指输出信号随输入信号的变化成线性关系（即成比例关系）的集成电路。直流、高频、中频、低频放大器；甲、乙类功率放大器；差分、运算放大器等都是线性集成电路。

在习惯上，人们常把线性集成电路的含义扩大到包括线性和非线性集成电路（指输出信号随输入信号的变化不成线性关系，但也不是开关性质的集成电路，如对数放大器、积分微分器、丙类功率放大器、检波器、调制器和整流器等的集成电路），即具有放大、振荡、检波、整流等功能的集成电路，统称线性集成电路。

就集成方式而言，有半导体集成线性电路、混合集成线性电路、薄膜和厚膜线性集成电路等。就集成度而言，则有大规模、中规模和小规模线性集成电路（集成电路的集成度少于 10 个门电路或少于 100 个元件者，称为小规模集成电路；集成度在 10～100 个门电路之间或者集成元件在 100～1000 个之间者称为中规模集成电路；集成度在 100 个门电路以上或 1000 个元件以上者，称大规模集成电路）。

数字集成电路是以“开”和“关”两种状态或者以高低电平来对应“1”和“0”二进制数字量，并进行数字的运算（逻辑运算）、存储、传输及转换的集成电路。

数字电路的基本形式有两种：门电路和触发器电路。将两者组合起来，原则上可以构成各种类型的数字电路，如计数器、存储器、移位寄存器等。

逻辑集成电路是指完成逻辑运算和变换的集成电路。

在逻辑控制系统中，按照一定条件去控制信号“通过”或“不通过”的电路称为门电路。而实现逻辑作用的基本形式是由“与”、“或”、“非”门电路构成。这几种门电路称为逻辑门。目前常见的逻辑门电路有三种。

(1)电阻－晶体管逻辑电路(RTL)　即输入信号经电阻加到晶体管上(或者说由电阻作级间耦合)，并由晶体管完成逻辑运算的电路。

(2)二极管－晶体管逻辑电路(DTL)　即由二极管及晶体管作逻辑元件(一般输入端是二极管、输出端是晶体管)组成的逻辑电路。

(3)晶体管－晶体管逻辑电路(TTL)　它是全部由晶体管作有源元件的逻辑电路，实质上是将 DTL 电路的二极管输入门改成多发射极晶体管构成的。这种电路负载能力强，输出阻抗高，有一定抗干扰能力，目前应用得较多。

(4)高阈值逻辑电路(HTL)　这是一种开关阈值电压高的逻辑电路，它是二极管－晶体管逻辑电路系列的一种变形电路，也是一种高抗干扰电路。但这种电路所需的电源电压较高。

触发器电路具有两个稳定的工作状态，有一个或两个输入端和两个输出端，只要接上电源，两个输出端就有相异的输出状态(分别为“1”和“0”)。当输入端加上触发信号时，就一触即发地使输出状态反转(这样的电路称为触发器)。当取消触发信号时，触发器保持原输出状态不变，直到接入另一种输入状态时才发生变化。触发器具有记忆信息的功能，可用来构成计数器、寄存器和存储器。集成电路化的触发器由多个集成门电路构成，它可以是双极电路形式的，也可以是 MOS 电路形式的。按功能可分为 R－S 触发器、J－K 触发器、T 型触发器和 D 型触发器等。

部分集成电路外形可参见图 1－43。

2. 半导体集成电路型号命名方法

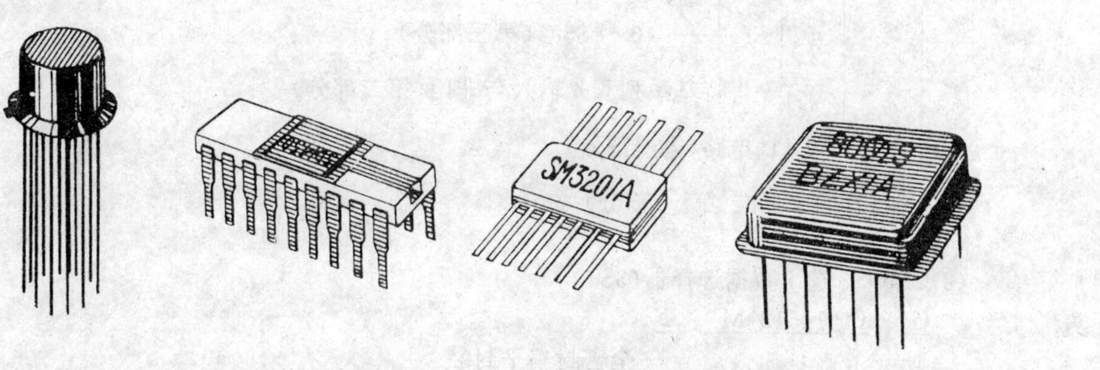

图 1－43　部分集成电路外形

在半导体衬底片上使用外延、氧化、光刻、扩散等半导体工艺来制作晶体管、二极管、电阻、电容等元件，施行隔离，并用金属蒸发工艺进行互连，这样构成的集成电路为半导体集成电路。它具有体积小、工艺简单、成本低、适合大量生产的特点，但采用半导体工艺难以制作高精度、高阻值的电阻、大容量电容及电感。半导体集成电路被广泛用来作数字电路和无特殊无源元件的线性电路。

根据国家标准GB3430－82，半导体集成电路的型号由五个部分组成，其各部分组成符号及意义参见表1－23所示。

表1－23　　半导体集成电路型号五个组成部分的符号及意义

第〇部分		第一部分		第二部分	第三部分		第四部分	
用字母表示器件符合国家标准		用字母表示器件的类型		用阿拉伯数字表示器件的系列和品种代号	用字母表示器件的工作温度范围		用字母表示器件的封装	
符号	意　义	符号	意　义		符号	意　义	符号	意　义
C	中国制造	T	TTL		C	0～70℃	W	陶瓷扁平
		H	HTL		E	－40～85℃	B	塑料扁平
		E	ECL		R	－55～85℃	F	金密封扁平
		C	CMOS		M	－55～125℃	D	陶瓷直插
		F	线性放大器		⋮	⋮	P	塑料直插
		D	音响、电视电路		⋮	⋮	J	黑陶瓷直插
		W	稳压器				K	金属菱形
		J	接口电路				T	金属圆形
		B	非线性电路				⋮	⋮
		M	存储器				⋮	⋮
			μ微型机电路					
		⋮	⋮					

示例：

(1)肖特基TTL双4输入与非门

C　T　3020　E　D

D—陶瓷双列直插封装(第四部分)

E—－40～85℃(第三部分)

3020—肖特基系列双4输入与非门(第二部分)

T—TTL电路(第一部分)

C—符合国家标准(第〇部分)

(2)CMOS8选1数据选择器(3S)

C　C　14512　M　F

F—全密封扁平封装

M—－55～125℃

14512—8选1数据选择器(3S)

C—CMOS电路

C—符合国家标准

(3)通用型运算放大器

C　F　0741　C　T

- T — 金属圆形封装
- C — 0 ～ 70℃
- 0741 — 通用 Ⅲ 型运算放大器
- F — 线性放大器
- C — 符合国家标准

3. 集成电路的封装形式、管脚识别及二进制逻辑单元符号

集成电路(IC)有圆筒形管壳和扁平型管壳。管壳可是金属的，也可是陶瓷或塑料的。一般可分为 W(陶瓷封装)、B(塑料封装)等封装形式。塑料封装的 IC 价格低廉、有利推广普及，但气密性差，允许环境温度范围较小(－8～＋85℃)，可靠性不高。陶瓷封装的 IC 气密性好，可靠性及温度范围(－55～＋125℃)均优于塑封的 IC。但其价格比较贵。适合用于高、精、尖领域。

(1)数字 IC 的封装形式和管脚识别　常见数字 IC 的封装形式有扁平封装和双列直插封装。不论是哪种封装形式，通常在外壳都有供识别管脚排序的定位(或称第一脚位)标记。对于扁平封装的 IC，其识别标记一般是在器件端面上一小片类似管脚的金属片或封装表面上的小圆点(或小圆圈、色点)。进口器件的标记花样很多，现列出常见的几种。扁平封装 IC 管脚参见图 1－44。

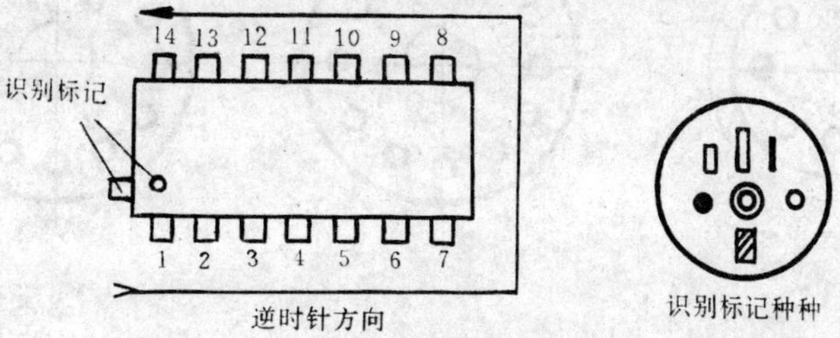

图 1－44　扁平封装 IC 管脚识别

塑封双列直插 IC 的标记是弧形凹口、圆形凹坑或小圆圈。参见图 1－45。

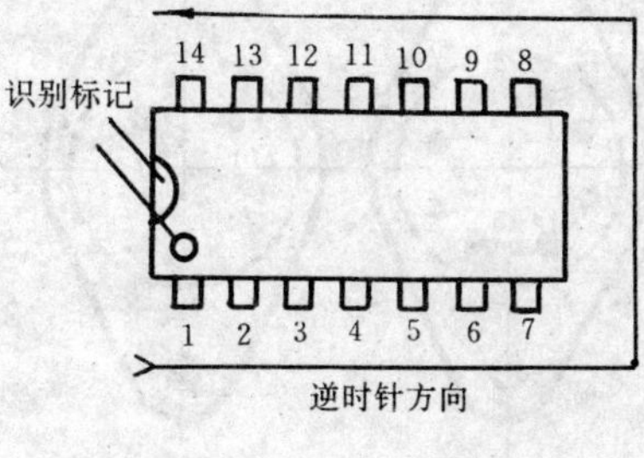

图 1－45　塑封双列直插 IC 的管脚识别

瓷封双列直插器件的标记为金属键，不过有些 IC 封装表面另有色点等标记，即有双重识别标记。参见图 1－46。

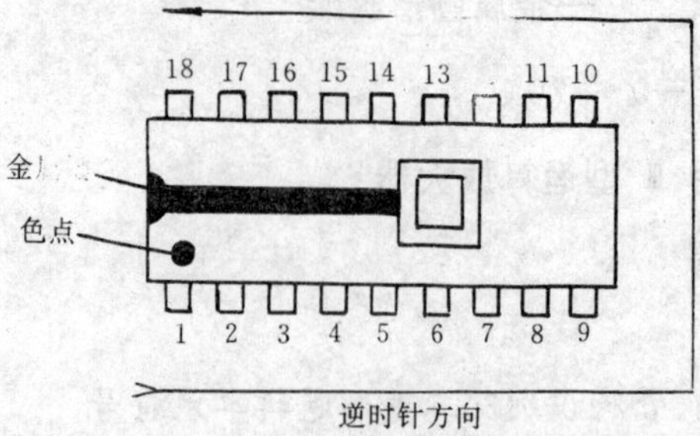

图 1—46　双重识别标记的 IC

(2)模拟 IC 的封装形式和管脚识别　模拟 IC 的封装形式有双列直插、单列直插、金属圆壳(或菱形壳)和三端塑封等四类。

多管脚的金属圆壳封装 IC 识别如下：管脚朝上，定位标记(常为凸口或小圆孔)也朝上，由定位标记所对应的管脚或右侧管脚按顺时针方向依次排列为 1、2、3、……12。参见图 1—47 所示。

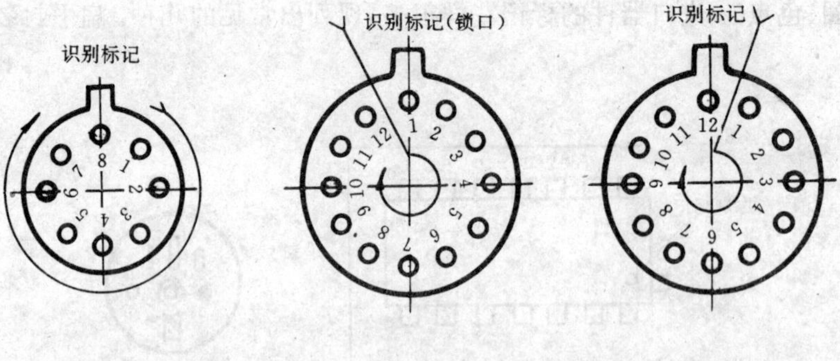

图 1—47　多管脚金属圆壳封装 IC 的管脚识别

对类似于大功率三极管的金属圆壳封装 IC 和 3～4 条脚的小金属圆壳封装 IC，其管脚识别参见图 1—48 所示。

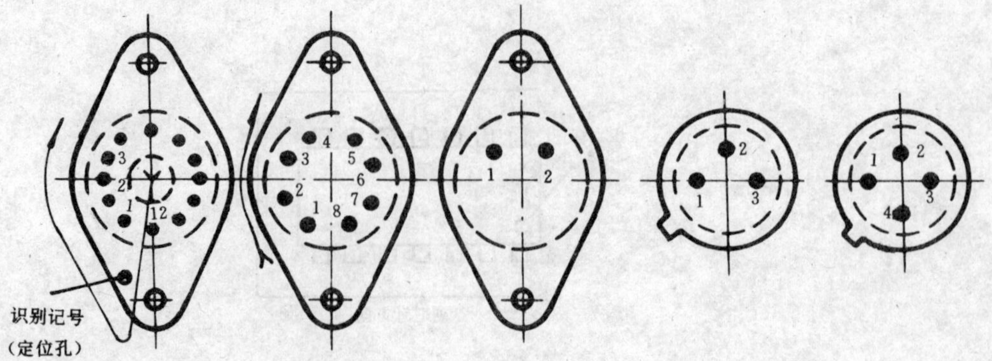

图 1—48　小金属圆壳封装 IC 管脚识别

三端稳压 IC 的管脚识别参见图 1—49 所示。

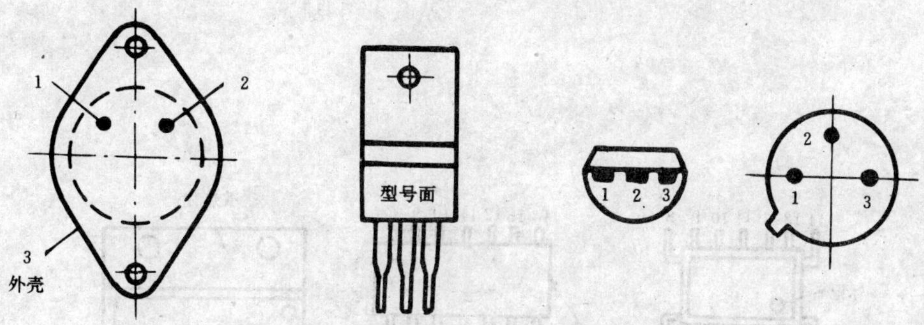

图 1—49 三端稳压 IC 的管脚识别

单列直插 IC 的管脚排序一般为，IC 管脚向下，面对定位标记（无标记面对型号），从标记所对应一侧的第一管脚起数，依次为 1、2、3……脚。其识别标记及管脚排序参见图 1—50 所示。

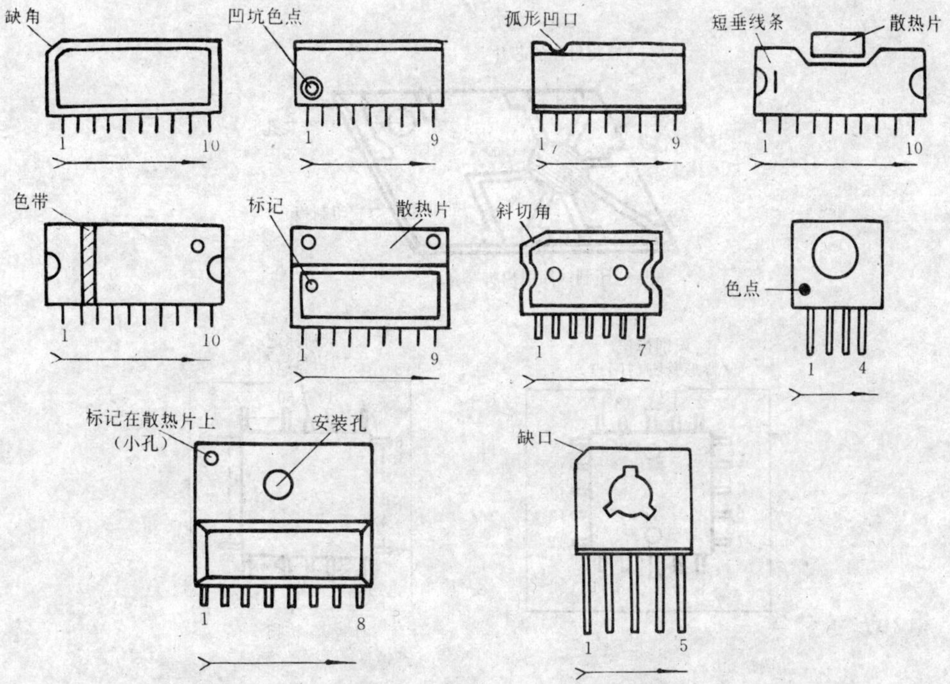

图 1—50 单列直插 IC 的识别标记及管脚排序

有些进口模拟的管脚分布、排列及识别标记比较特别，参见图 1—51 所示。

(3)其它类 IC 的封装及管脚识别　这里边讲的其它类 IC 是指接口、特种及专用集成器件。

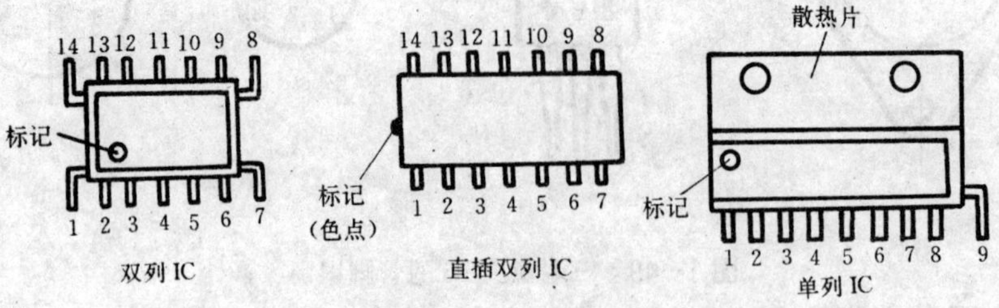

图 1—51　进口模拟 IC 的管脚识别

软封装形式、四列扁平封装形式、特殊封装形式，其外型参见图 1—52 所示。

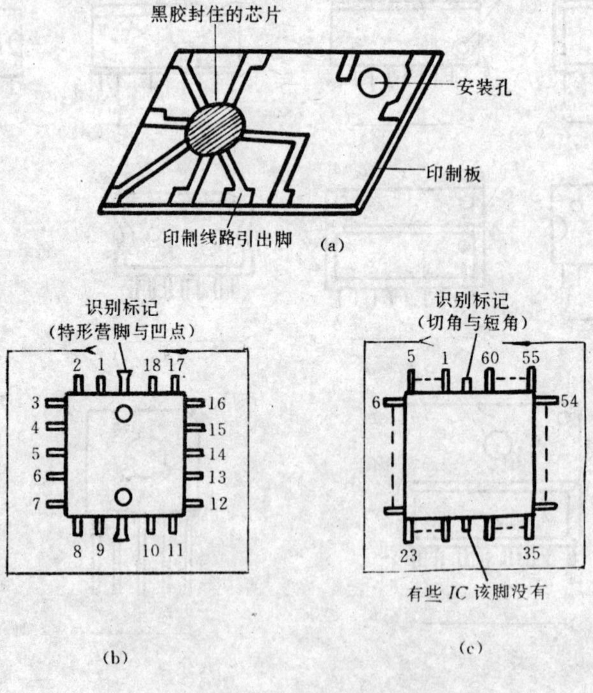

图 1—52　其它类 IC 的管脚识别

(a)软封装形式　(b)四列扁平封装形式　(c)特殊封装形式

(4)二进制逻辑单元符号　关于二进制逻辑单元符号，目前已采用国家标准，可参见图 1—53。

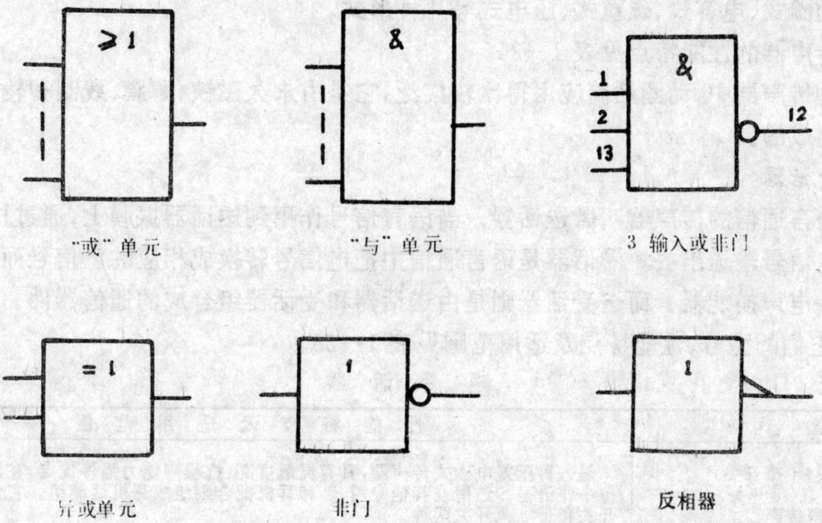

图 1—53 部分国际逻辑单元符号

§1—6 电声器件、磁头、磁带

一、电声器件

电声器件是一种电声换能器，可将电能转换成声能（或机械能），或者将声能（或机械能）转换成电能。它包括传声器、送、受话器及扬声器等，参见图 1—54。

表 1—24 传 声 器

型 号	性 能 特 点 及 用 途
CD1—2 型动圈传声器	是一种优质心形指向性的传声器，具有频带宽、体积小、灵敏度高、噪音低等优点，输出高低两种阻抗，适用于室内外广播、录音和扩音
CD3—1 型动圈传声器	是一种灵敏度高、有一定的方向性、外形美观、体积小、重量轻、使用方便、价钱便宜的传声器，是传送语言、一般音乐用的普及传声器
H3—60 动圈传声器	是一种手持式动圈传声器，可在噪声级较高的环境中作通讯联络广播用
CDZ1—1 型动圈式组合传声器	是一种由高频和低频两个传声器组合而成的心形指向性传声器，有良好的频响和指向性，并具有体积小、噪声小、结构牢固等特点，适合做内外录音、扩音等
CR1—1 型电容传声器	由特殊优质涤纶薄膜上喷金制成，具有频带宽，灵敏度高，失真小等特点，可在广播，电影录音及礼堂和剧场中使用
CR1—3 型电容传声器	这种传声器的极头部分是由一个可动电极和一个固定电极组成的平行板电容器。当电压作用在可动电极上时，两极间距离发生变化使容量改变，将声压转换为电压输出。此传声器具有噪声小、失真小、频响宽、音质良好、使用方便等特点，可在广播电台、大会堂、剧场等场所录音和扩音
CR1—4 型电容传声器	采用场效应晶体管放大线路，具有噪声低、失真小等优点，并且有心形指向性，适用于电影、电台录音和剧院、会堂扩音
CH 系列电容传声器	是为精密声学测量而设计的，可做为标准电容传声器来测量声压、噪声以及各种声学元件的频响和失真。具有体积小、频响和动态范围宽、灵敏高、温度系数小及长期稳定性好等特点

1. 传声器

传声器是一种将声信号转变为相应的电信号的电声换能器，俗称话筒，旧称微音器和麦克风。它有动圈式、电容式、碳粒式、压电式等几种形式。

部分传声器的性能特点见表1－24。

在各种传声器中，动圈话筒应用得比较广泛，它是由永久磁铁、薄膜、线圈和输出变压器等几个部件组成的。

2. 送受话器

用于语言通信的传声器叫做送话器。当语言信号作用到送话器振膜上，通过机电换能，变成相应的电信号输送出去。受话器是语言通信中把电信号转换成相应的声信号而紧密耦合于耳朵的一种电声换能器。而送受话器则是由送话器和受话器组合成的通信器件。以上器件见图1－54，它们的型号、性能特点及适用范围见表1－25。

表1－25　送受话器

型号	性能特点及适用范围
CC4－1型(不带开关) CC4－1A型(带开关) 抗噪声传声器	是一种压差电磁式传声器，具有灵敏度高、抗噪声能力强等优点，在无线电通信设备中作语言传送用或其他专用，若和耳机配合则组成耳机话筒组。它分为不带电源开关和带电源开关两种
OSD－1型送受话器	是为小型电台通信联络而设计的动圈式送受两用换能器，具有体积小，结构牢靠，使用温度范围大的特点，可以传递语言
OJ2－40型咽喉送话器	具有体积小、重量轻、灵敏度高、抗噪性能好等优点，是在高噪声环境下使用的差动式电磁送话器
E5型小型单耳机	由一只SC3型受话器、钢丝头环耳罩、耳机线等组成，用于单耳工作的通信和仪器终端监听
E5、E5A型小型双耳机	具有效率高、声音宏亮、清晰、分辨率高、小巧、轻便等优点，在无线电设备中作为受话、受报及监听用
EH3－10型、EH3A－10A型耳机话筒组	是由CC4－1A抗噪声传声器与E5型小型双耳机组合而成，适用于无线电通信中作为发话，收话与收报之用
E7－15型监听耳机	具有频带宽、保真度好等优点，可作为语言和音乐录音过程中的监听器件，适用于各种广播收音机、电唱机、录音机等
EX－141型耳塞机	用在小型晶体管收音机及耳聋助听器等

3. 扬声器

扬声器又称喇叭，它是利用电磁感应、静电感应、压电效应等，将电能转换为声能，并将它辐射到空气中去的一种电声换能器件。扬声器的种类很多，按结构分有动圈式、舌簧式、压电式等多种；按音圈阻抗的高低分有低阻抗和高阻抗两种(动圈式和号筒式属于低阻抗，舌簧式和压电式则属于高阻抗)；按音频的高低分有低音频和高音频(纸盆式多为低音频，号筒式多为高音频)；按外形分有圆形、椭圆形、圆筒形等；按其磁性材料分有永磁的(即铝镍合金的)、恒磁的(即钡铁氧体的)两种。永磁的因磁铁可做得小些，故常安装在内部，通常称为内磁式。恒磁的往往要求磁铁体积大，故常安装在外部，通常称为外磁式。按纸盆标称口径大小，圆形扬声器可分为40、50、55、65、80、100、130、165、200、250、300mm等，分别对应于1.5、2、2.25、2.5、3、4、5、6.5、8、10、12英寸等。椭圆形扬声器可分为65×100、80×130、100×160、120×190、180×250mm等，分别对应于2.5×4、3×5、4×6、5×7、7×10英寸等。按标称功率可分为0.1、0.25、0.5、1.5、2、3、5、8、10W等。按阻抗可分为4、8、16Ω等。

部分扬声器外形可参见图1－54。

图 1—54　电声器件

常用扬声器的规格型号及主要用途参见表 1—26。

表1-26　　常用扬声器型号及主要用途

型　号	纸盆标称口径 (mm)	标称功率 (W)	下列频率时阻抗值 (Hz)	(Ω)	结构形式	主　要　用　途
YD005-401	40(1.5英寸)	0.05	1,000	8	内磁式	用于袖珍式半导体收音机
YD01-501	50(2英寸)	0.1	1,000	8	内磁式	用于便携式半导体收音机
YD025-652	65(2.5英寸)	0.25	1,000	8	内磁式	用于半导体管收音机
YD05-1002	100(4英寸)	0.5	1,000	8	内磁式	用于半导体、电子管收音机
YDT2-12194	120×190(5×7英寸)	2	400	4	外磁式	用于电视机放声系统
YH25-3	517	25	1,000	16		用于有线广播放声系统

在选用扬声器时，一方面要考虑到所选扬声器的性能指标，另一方面要考虑到其适用范围。使用扬声器应注意防止积尘和震动。

二、磁头

磁头是磁带录音机的“心脏”。它能将电信号转换成磁信号存贮(记录)在磁带上，或将存贮在磁带上的磁信号还原成电信号，也可将磁带上存贮的磁信号消去。磁头的性能如何，直接影响到录音机录、放的质量。

按用途不同磁头可分为录音磁头、放音磁头、抹音磁头。有些录音机将录音磁头和放音磁头合在一起，构成“录放两用磁头”(或复合磁头)。

这几种磁头的结构形式基本相同，由具有细长缝隙(工作缝隙)的高导磁率的铁芯和绕在铁芯上的线圈构成，铁芯多用坡莫合金等合金片叠制而成，也有的采用矫顽力低、导磁率高、电阻率大及硬度大的铁氧体材料。磁头的结构、图形符号如图1-55所示。

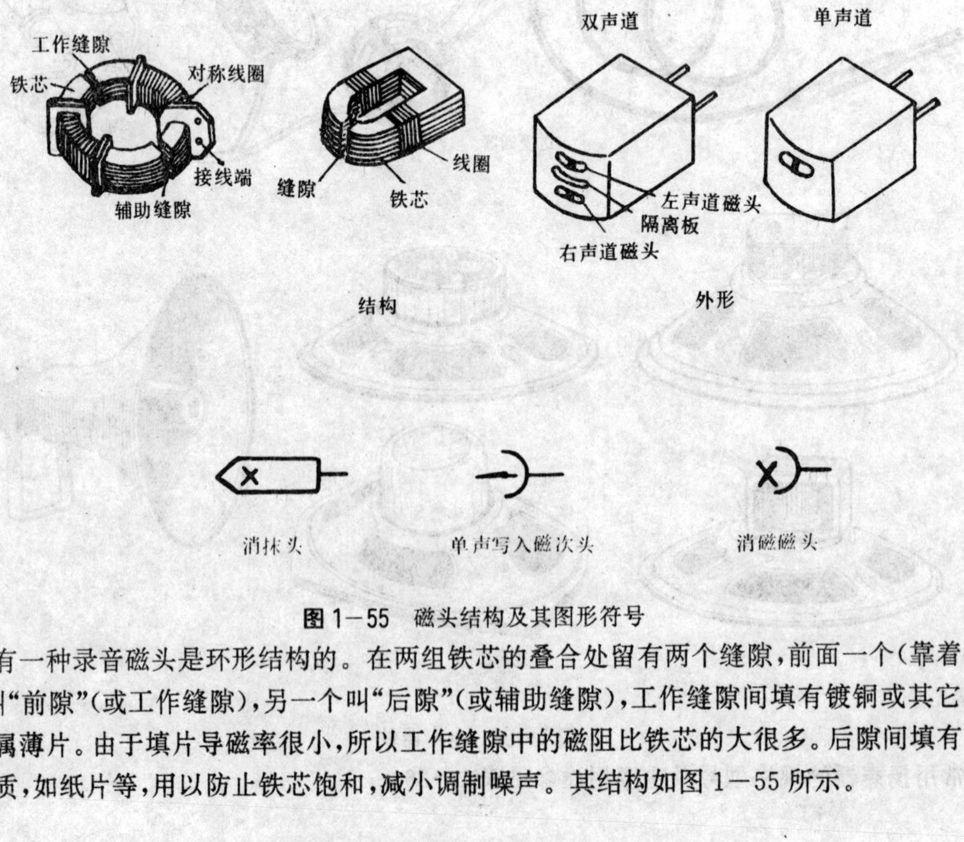

图1-55　磁头结构及其图形符号

有一种录音磁头是环形结构的。在两组铁芯的叠合处留有两个缝隙，前面一个(靠着磁带的)叫“前隙”(或工作缝隙)，另一个叫“后隙”(或辅助缝隙)，工作缝隙间填有镀铜或其它非磁性金属薄片。由于填片导磁率很小，所以工作缝隙中的磁阻比铁芯的大很多。后隙间填有非金属物质，如纸片等，用以防止铁芯饱和，减小调制噪声。其结构如图1-55所示。

录音头可把电信号转换成磁信号，再把磁信号记录在磁带上。放音头则可把磁带上的磁信号转换成电信号。抹音头能把磁带上原来录制的内容抹掉。录放两用磁头则由一个磁头完成录音和放音两种功能，既简化电路又节省费用，但其阻抗比一般录音磁头高一些，以提高放音灵敏度。

磁头表面、主导轴和压带轮表面等磁带经过的地方，应保持光亮，清洁、无尘污，这样才能保证录、放的质量。清洗时要用清洗磁头的专用清洗液或甲基化酒精。

上边介绍的录音机磁头是音频磁头，而录像机的磁头是视频磁头。它主要是由铁芯和线圈组成，铁芯的作用是在记录时便于线圈产生的磁通传到磁带上，在重放时，又便于磁带上的磁通穿过线圈。线圈的作用是在记录时把电能转换成磁能，通过磁隙拾取从磁带来的磁通，把磁能转换成电能。磁隙不论是在记录还是在重放中都发挥了极其重要的作用。其基本构成如图1－56所示。

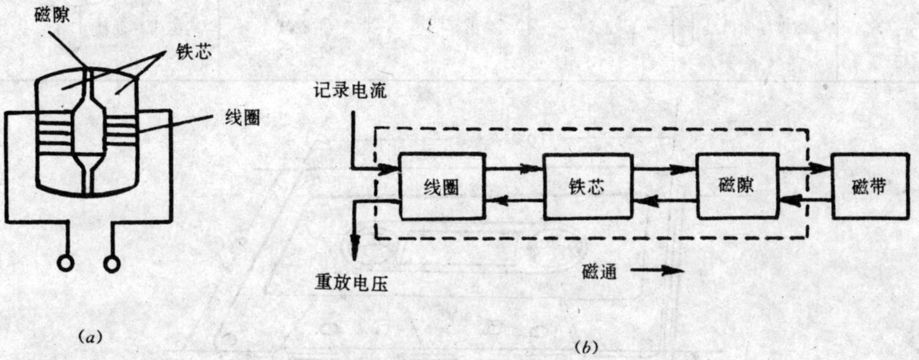

图1－56　录像机的磁头基本构成

家用录像机的视频磁头与盒式录音机的音频磁头相比较，主要区别如下：

(1)磁头体积更小，(2)线圈圈数更少；(3)绕线孔更小；(4)线圈绕线位置离磁隙更近；(5)铁芯材料由单结晶或热压铁氧体的单片构成(而音频磁头中主要是由坡莫合金多片迭合而成)；(6)磁隙尺寸更小。家用录像机的视频磁头在磁带上扫描磁迹的宽度只有29～58μm。

录像机的磁头安装在旋转的磁鼓上，旋转磁鼓分为A型、B型、C型。磁头旋转的驱动方式有皮带驱动和电机直接驱动(简称DD式)两种。

各种旋转磁鼓结构图参见表1－27。

录像机所用的磁头有全幅消磁磁头、旋转的图像磁头、声音消磁磁头、声音磁头、控制磁头。

三、盒式磁带

盒式录音机所用的磁带是盒式磁带。为了使磁带盒在各种型号的盒式磁带录音机上具有通用性，世界各国均按统一尺寸生产盒式磁带。其外型尺寸如图1－57所示。3.81cm宽的超薄型磁带装在一个精致的塑料盒内。

磁带由磁带盒壳、润滑垫片、带盘轮和导向滑轮、屏蔽板、毛毡和簧片等构成，见图1－58所示。在磁带盒后面两侧有两块防误抹片，如果要长期保存某一面的录音节目，可以用力拨去某一块(与该面相对应的)防误抹片，在磁带盒装上录音机后防误抹机构就起作用，录音按键按不下去，因而达到防止误抹的目的。如果需要再抹音时，可以重新在原来防误抹片的地方贴上玻璃胶水纸或其他塑料压敏胶布。

表 1—27　　旋转磁鼓结构

	A 型	B 型	C 型
磁头盘	无(用磁头杆)	1旋转体	旋　转
上磁鼓	固　定		固　定
下磁鼓	固　定	固　定	固　定
包带状态	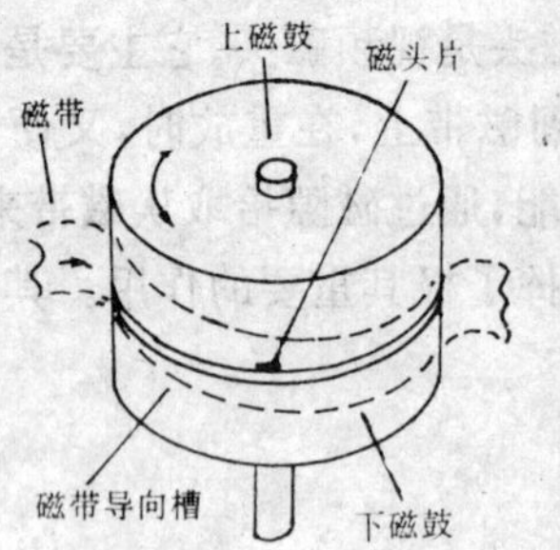	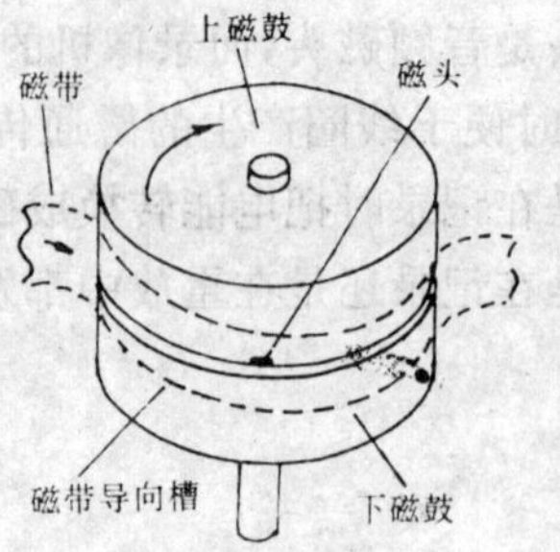	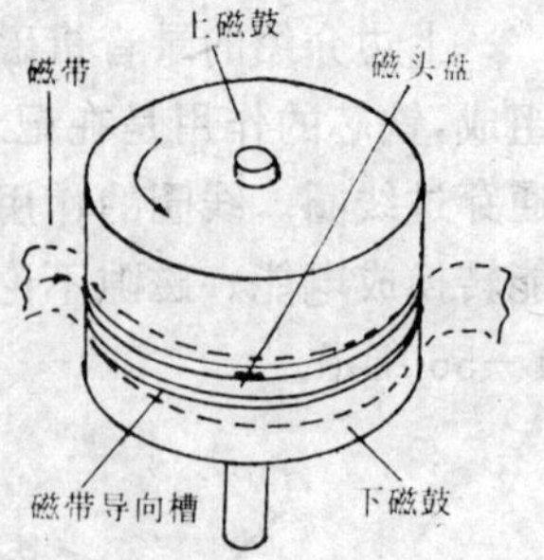

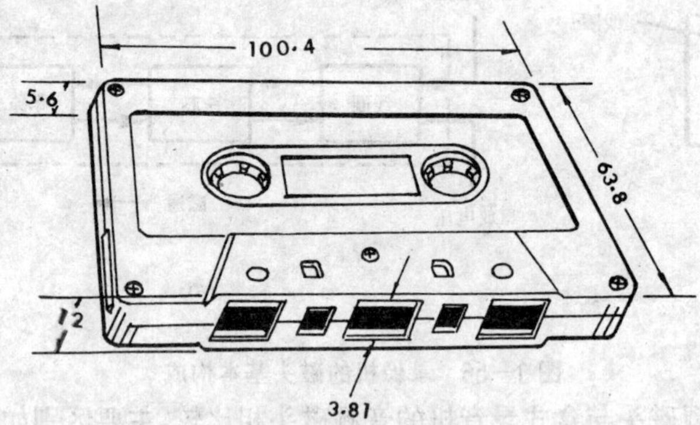

图 1—57　盒式磁带的外形结构和尺寸

要判定磁带的某一面对应哪一块防误抹片时,可先将磁带盒需防误抹的一面向上,再将防误抹片的一边面向自己,两块防误秣片中右面的一块即是应拨去的。

盒式磁带按所采用涂覆磁粉材料的不同,可分为氧化铁磁带(简称铁带)二氧化铬磁带(简称铬带)、铁铬磁带、铁钴磁带、金属磁带等。按走带时间(磁带长度)可分为C—45、C—60、C—90、C—120(数字表示正反两面可走带的分钟数),一般常用C—60磁带。盒式磁带除了平时最常用的盒式磁带外,还有微型盒式磁带和大盒式磁带。

随着科学技术的发展,盒式磁带的性能和质量不断得到提高,品种也越来越多。出现了低噪声(LN)盒式磁带、低噪声高输出(LH)盒式磁带、超动态(UD)盒式磁带、高保真度(HF)盒式磁带等。

盒式磁带的物理性能包括磁带的宽度、伸长率、屈服拉力、破断拉力、磁粉层厚度、粘度以及磁带在带盒内的摩擦力矩等。盒式磁带的电磁性能主要是指:基准偏磁比、最大输出电平、相对磁带灵敏度、信号对偏磁噪声比、频率响应、均匀性、复印比、抹音效果等指标。

盒式磁带大致可以归纳为三大类。它们需要不同的偏磁电流和不同时间常数的频率均衡网络,这在选用时必须注意。带有磁带选择开关(TAPE　SELECTOR)的盒式录音机,当磁带选择开关分别置于Normal(普通)、FeCr、CrO_2三个位置时,分别适用于第一类、第二类、第三

类三种磁带。见表1－28。选择磁带时还应注意带盒的质量。例如：带盒尺寸是否合乎标准，是

表1－28 盒式磁带按使用要求分类

分　类	磁带选择开关位置	名　称	磁粉材料	举　例
第一类	Normal	铁　带	$\gamma-Fe_2O_3$	SANYO(三洋)的LN　C－60
第二类	FeCr	铁铬带	$\gamma-Fe_2O_3$ 及 CrO_3 双涂层	SONY(索尼)的FeCr　C－60
第三类	CrO_2	铬　带	CrO_2	BASF的 CrO_2 C－60
		铁钴带	$Co-\gamma-Fe_2O_3$	TDK的SA C－60

否有变形，磁带转动是否灵活。磁带表面应平整、光洁、细密。质量优良的磁带，磁性材料的粒度细、密度高，表面光高如镜。无皱折或斑痕。对普通的 γ-Fe_2O_3 磁带来说，黑色的或黑褐色的磁带要比棕色的磁带好，因为深色的磁带，磁粉内多掺有石墨粉，以防静电噪声，其最大输出电平、信噪比、高音频响均比棕色的好。磁带的电磁性能只有通过录放音试验才能鉴别。根据使用经验，普通铁带中，TDK的AD型、D型和SONY的HF型(包括AHF、BHF、CHF)质量较好。其共同特点是最大输出电平高，高音频响宽、噪声低。

目前国内市场最常见的磁带是氧化铁磁带，国产和大部分进口磁带也均是氧化铁磁带，它适用范围最广。没有磁带选择开关的中、低档录音机，一般均使用氧化铁磁带。根据它的性能不同，可分为三类：一类为LN磁带，即低噪声磁带，又称通用磁带。它的电磁性能稳定，中低音域好，音质柔和，但高音略差。这类磁带盒上通常注有LN、DIN、或D、P等字样，磁带表面呈棕色。二类为LH磁带，称作低噪声高输出磁带，是氧化铁磁带中较好的一种。具有噪声较低，输出电平较高，高音频响特性较好的特点，性能优于普通低噪声带，适用于一般的音乐录音。这类磁带盒上通常标有LH、AD、HF、UD等字样，磁带表面呈茶褐色。三类为LHS磁带，这类磁带噪声低、信噪比高，适合录制各种音乐节目，音色丰满，音质柔和动听。对于未拆封的磁带，可以根据磁带的标记来挑选。

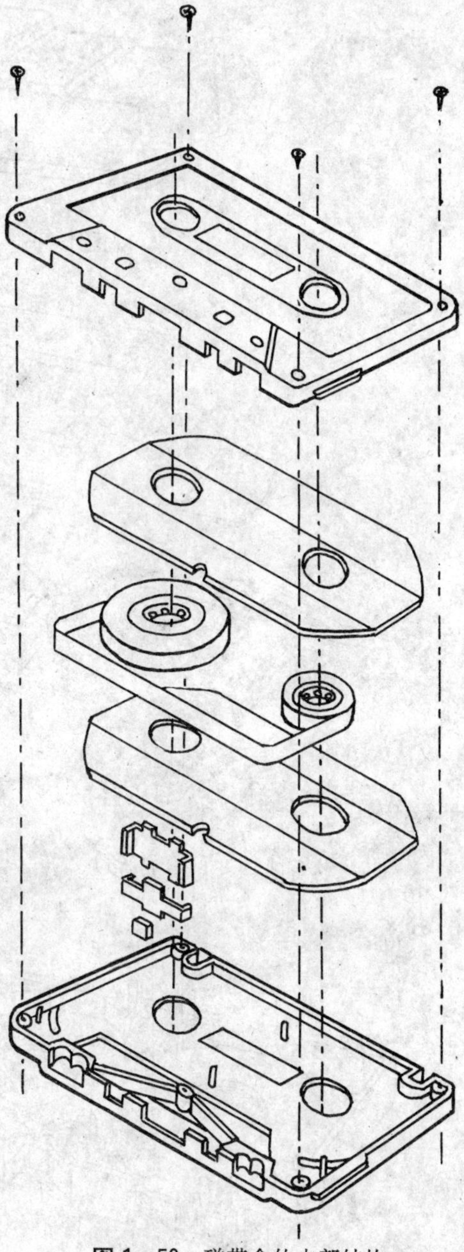

图1－58　磁带盒的内部结构

盒式磁带在装入录音机之前，最好将磁带盒在手心拍打几下，以减少磁带在盒内的运行阻力，避免磁带因运转不够灵活而绞带。用手拍打磁带盒，可使磁带在盒内受冲击、振动而自行整行，从而减少磁带盘和衬垫片之间的摩擦力。盒式磁带在装入录音机之前，还要检查带盒中

的磁带是否松散。如果松散，可以用六角铅笔插入盘芯的齿孔把磁带缠好。否则，在录放过程中会引起带速不稳，影响录放质量，甚至造成轧带。磁带在使用和保管中要避免灰尘污染，保持清洁。不要用手接触磁带，也不要碰到水、油等。使用完毕即放入保护盒里。磁带要放在通风干燥的地方，防止受潮，避免在阳光下曝晒，也不要放在高温和有强磁场的地方。

以上介绍是录音机的盒式磁带。而家用录像机的磁带构成如图 1－59 所示。

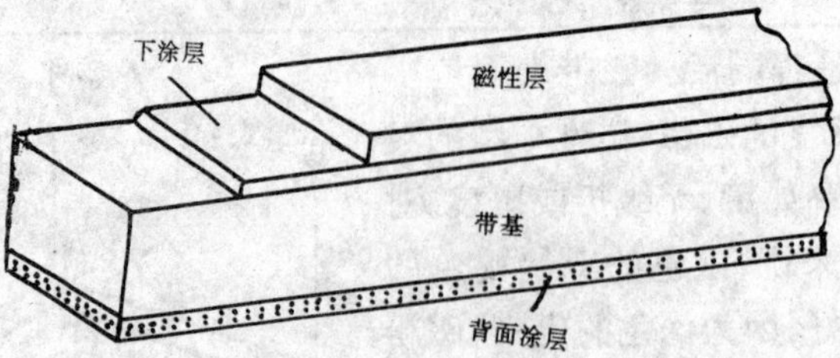

图 1－59 录像磁带的构成

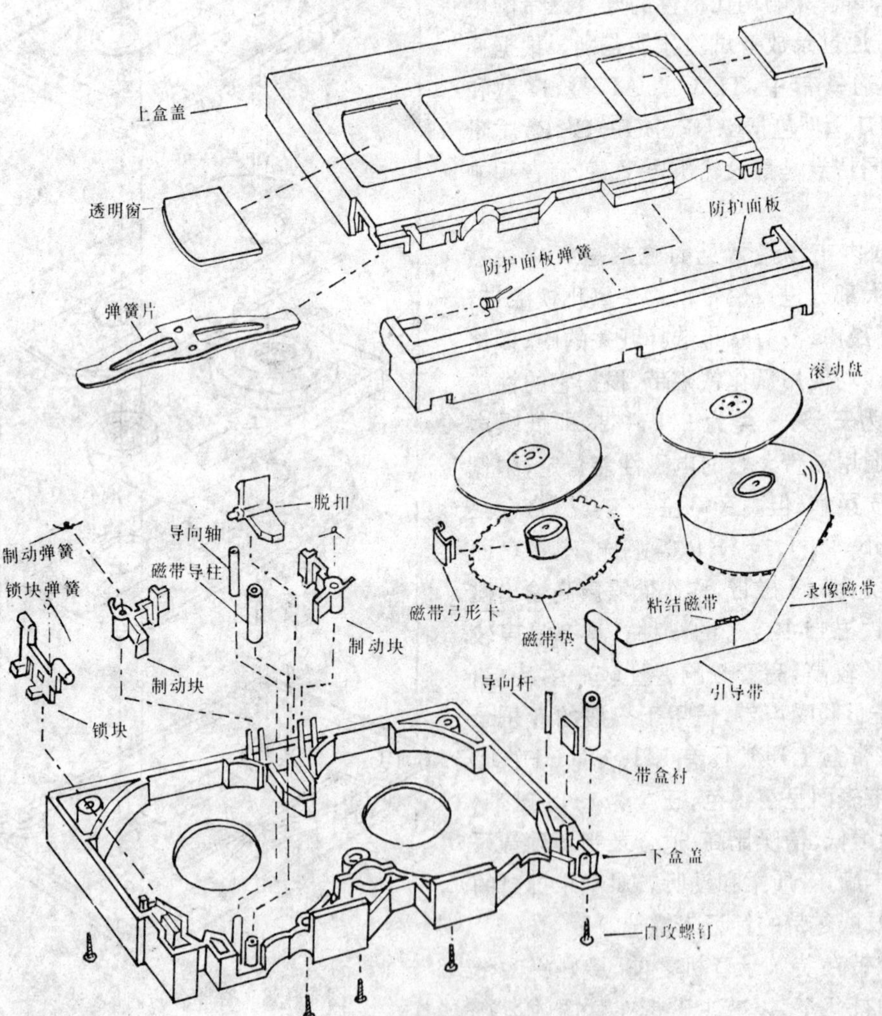

尺寸：188×104×25(mm)

图 1－60 VHS 方式的磁带盒结构

它用粘合剂把针状的磁性粉涂敷在塑料带基上，这点与录音磁带基本相同。下涂层的作用是为了增加带基和磁性层之间的粘附力。背面涂层是石墨之类的导电微粉，也用粘合剂涂布而成。这是为了防止磁带在走带和卷绕时产生静电和降低摩擦系数。

家用录像机主要有 VHS 方式和 β 方式两种，这两种方式录像机使用的都是 1/2 英寸彩色盒式录像带。从外观上看两种磁带差不多。但是，由于两种方式各自使用磁带盒的尺寸、走带机构、信号处理方法等方面完全不同，使得它们之间完全没有互换性。VHS 方式和 β 方式的磁带盒结构图分别如图 1－60 和图 1－61 所示。

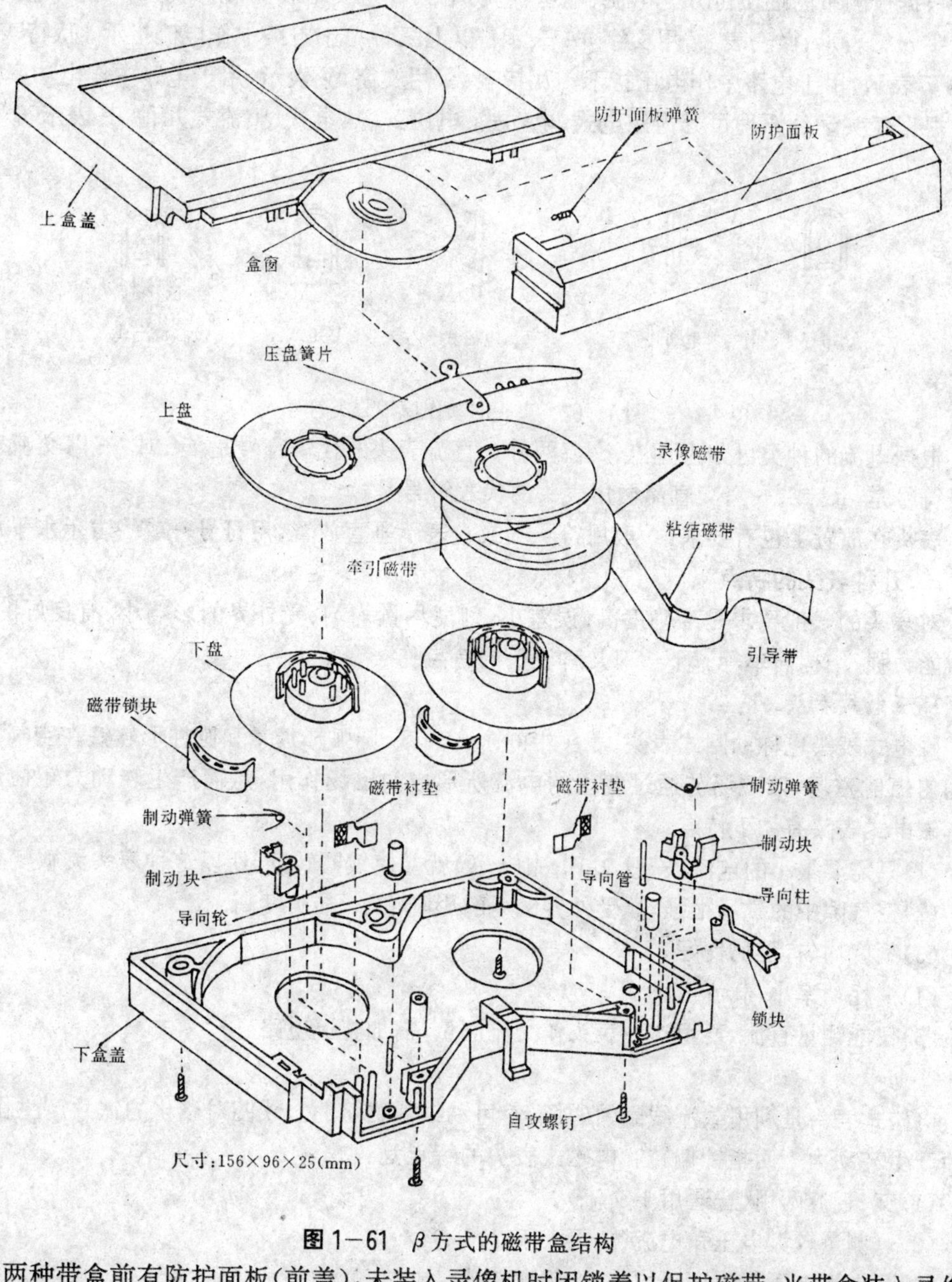

图 1－61　β 方式的磁带盒结构

这两种带盒前有防护面板（前盖），未装入录像机时闭锁着以保护磁带，当带盒装入录像机时，锁扣自动脱开打开防护面板，以便工作时拉出磁带。此外，还装有防止磁带松弛的机构和误消保护爪。

§1—7　表　　头

常用表头的种类很多，表头的分类方法也不一样，下边简单介绍一下。

一、常用表头的分类

根据被测量的性质可分为电流、电压、电功率三种。安培表头，用文字 A 表示；毫安表头，用文字 mA 表示；微安表头，用文字 μA 表示。以上三种用于电路中作电流指示。伏特表头，用文字 V 表示，用于电路中作电压指示。瓦特表头，用文字 W 表示，用于电路中作电功率指示。

根据表头动作原理可分为磁电式、电动式、电磁式、热电式、整流式几种，其表示符号见图 1—62。

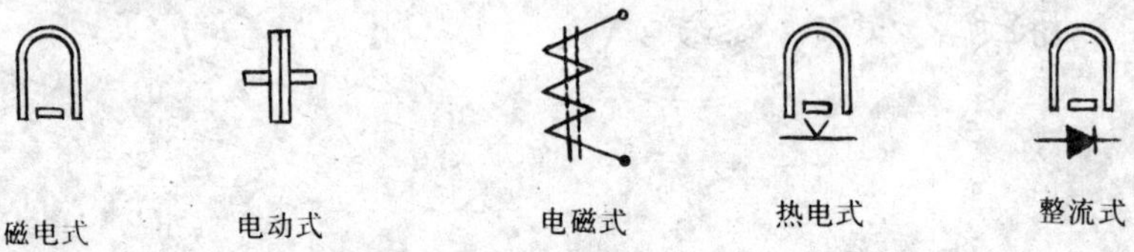

图 1—62　表头的动作原理分类符号

根据电流的种类可分为直流、交流两种。直流表头的代表符号是 *DC* 或“—”；交流表头的代表符号是 *AC* 或“～”；交直流两用表头的代表符号是“≃”。

表头在放置上也有要求，一般用符号↑或⊥表示垂直放置，用符号←或⊓表示水平放置。

二、几种表头的特点

对表头的一般要求是准确度高、误差小、刻度尽量均匀、受外界的影响小、有良好的阻尼、过载能力强、结构简单等。下边对几种表头的特点作一介绍。

1. *磁电式表头*

磁电式表头也称动圈式表头。表头中的永久磁钢、圆弧形极掌和圆柱形软铁在空气隙中形成均匀辐射磁场，该磁场与通过绕组的电流所形成的磁场作用，从而产生转动力矩使动圈转动。磁电式表头有如下特点：

(1)只需要很小的电流(一般 0.10～10mA)就能使线圈转动，所以这种表头灵敏度高。

(2)空气隙中的磁场很强，故受外界磁场的影响很小，准确度高。

(3)刻度均匀，阻尼良好。

(4)消耗功率小，载流量小。

(5)仅能测量直流，要用这种表头作交流测量，需加整流电路。

2. *电磁式表头*

电磁式表头是利用载流线圈的磁场，使可动铁片磁化的。线圈对磁化的铁片产生作用力，从而产生转动力矩使指针偏转。电磁式表头的特点是：

(1)交、直流两用(普通用于交流)。

(2)可测量较大电压和电流(如可大于 200A)。

(3)测电流电压时刻度不均匀，准确度较差。

(4)频率较低，一般多用在 50Hz～400Hz 的电力工程上。

(5)受外磁场的影响比磁电式要大。

3.电动式表头

两载流导体间具有相互作用力，电动式表头就是利用这一原理而工作的。电动式仪表一般用来测量功率或频率，其特点是：

(1)能测交、直流电流、电压、功率、频率。

(2)测电源电压、电流时刻度不均匀。

(3)本身消耗电能多。

(4)过载能力较弱。

(5)受外界磁场影响大。

(6)工作频率一般为 15～2500Hz。

部分表头的形状可参见图 1－63。

图 1－63 部分表头的形状

§1－8 继 电 器

一、继电器的作用和类别

在复杂的无线电设备中，许多工作过程进行得非常快，必须依靠各种类型的自动装置来控制，才能及时而又准确地使机器正常工作。继电器是自动化装置中的主要元件之一，起自动操作、自动调节、安全保护及监督机器运转等作用。也就是说，继电器在无线电设备中作控制和换接电路用。

继电器有很多分类方法。按所感受物理现象的不同可分为电继电器、机械继电器、光学继电器、声学继电器等。

按换接功率的大小可分为小功率继电器(25W 以下)、中功率继电器(25W～100W)和大功率继电器(100W 以上)。

按动作时间的长短可分为快动作的(50ms 以下)、标准的(50ms～ls)、缓动的(ls 以上)及定时继电器。

按照用途分有起动继电器、过载继电器、低载继电器、限时继电器及机械谐振式选频继电器等。

通常将继电器分为直流电继电器、交流电磁继电器、舌簧继电器及时间继电器四种。继电器一般由铁芯、线圈、衔铁、常闭点和常开触点等组成。

部分继电器的形状及图形符号如图1－64所示。

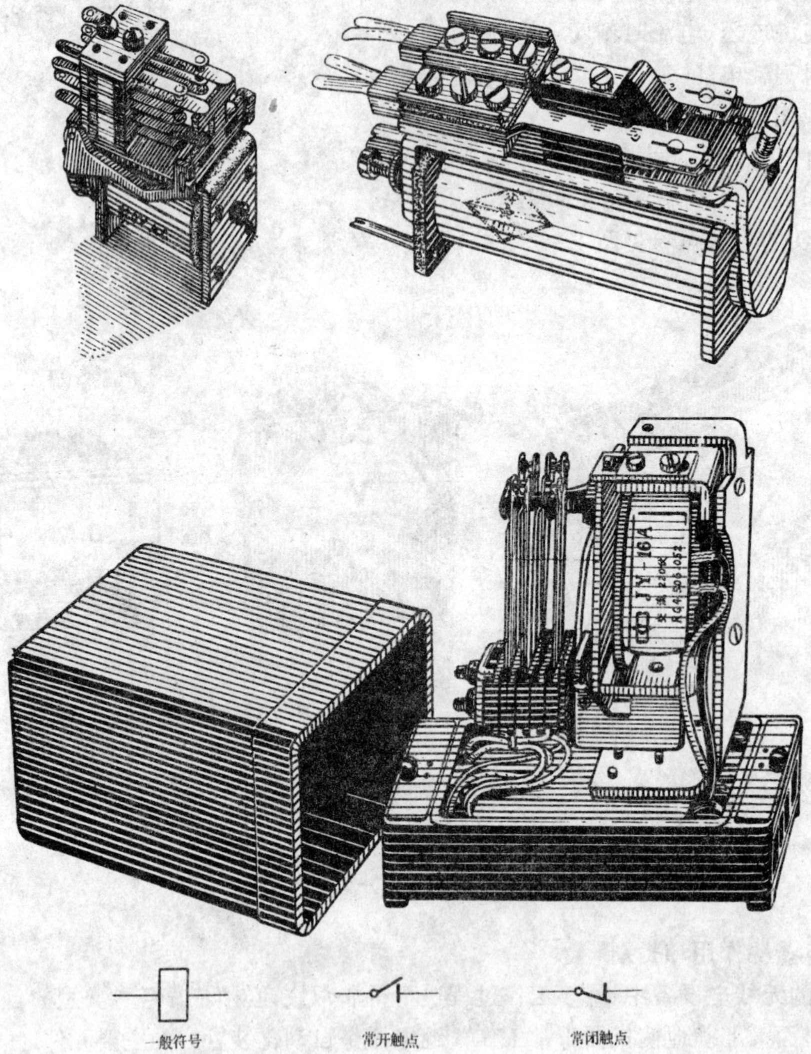

图1－64　部分继电器及图形符号

二、继电器的型号及用途

部分继电器的型号、用途参见表1－29。

三、继电器的主要电气参数

各种继电器的参数可直接查阅产品手册或产品说明书。现介绍一些主要电气参数。

(1)线圈电源和功率　它是指继电器线圈使用的是直流还是交流电，以及线圈消耗的额定功率。

(2)额定工作电压或额定工作电流　它是指继电器正常工作时线圈需要的电压或直流值。

一种继电器为适应不同的电路，通常有多种额定工作电压或额定工作电流以供选用，并用规格加以区别。

(3)线圈电阻　它是指线圈的电阻值。有时手册不直接给出某参数，而根据额定工作电压、线圈电阻、额定工作电流的其中两个参数，通过欧姆定律$U=IR$，求出第三个参数。

(4)释放电压或电流　它是指产生释放动作的最大电压或电流。

表 1－29　继电器的型号及用途

分类	型号	用途
直流电磁继电器	JRC－7M 超小型电磁继电器	在自动装置、通信设备、航空电子设备上作控制和换接电路用
	JRXB－1 型小型直流电磁继电器	在自动化测量仪表、数据检测处理系统、遥控、遥测设备和自动化装置中作换接电路用
	JRX－4 型小型直流电磁继电器	系小型直流弱电流电磁式继电器，在自动装置、信号装置和通信设备中作换接电路用
	JR－2 型直流电磁继电器	供无线电机、电子设备、自动装置、通信设备、移动遥控和信号装置中换接交、直流电路用
	JZX－10M 型小型密封电磁继电器	采用旋转平衡式衔铁及双绕组电磁系统制成，灵敏度高，耐振动，耐冲击，可在恶劣条件下工作，作换接电路用
交流电磁继电器	JL－1H 型变流电磁继电器	在自动控制电路中换接电路用
舌簧继电器	JAG－2 型常开干式舌簧继电器	在通信检测回路、计算设备中作快速开闭电路用，也可在自动控制设备中作灵敏快速执行元件
	JAG－2 型常闭干式舌簧继电器	在自动装置和通信、计算等设备中作快速转换电路的执行元件
	JAG－3 型干式舌簧继电器	在自动装置、通信设备和检测系统中作快速动作的元件
	JAG－4 型干式舌簧继电器	在各种自动装置、通信设备、计算设备中作快速开闭电路用
时间继电器	JSJ 型时间继电器	为半导体时间继电器，广泛应用由自动控制及延时电路中，延时范围 10～300ms
	BS－4 型时间继电器	在自动装置中控制电路用，通过它可以延时控制其它线路及装置的开闭或转换

(5)吸合电压或电流　它是指继电器能够产生吸合动作的最小电压或电流。一般吸合电压为额定工作电压的 75%左右。继电器线圈两端的电压减小到一定数值时，继电器就从吸合状态转换到释放状态。释放电压比吸合电压小得多。

(6)接点负荷　它是指接点的负载能力。继电器的接点在切换时能承受的电压和电流值也有一定的数值。有时也称为接点容量。

除此之外，继电器接点的吸合、释放时间，继电器的使用环境、安装形式、绝缘强度、接点寿命等参数，在正规设计时也需要考虑，而在一般使用时可不必考虑。

四、继电器的选用

继电器的应用极为广泛。选用继电器，应根据装用继电器设备的工作条件，并考虑这些条件对继电器参数或触点的影响。

在被控制电路（继电器触点电路）方面，需考虑触点的种类和数量；触点电路中电流的种类（直流、交流）；电压、电流的大小；负载的电阻及电感量；工作情况（是闭合电路还是截断电路？闭合和截断电路触点电阻大小，触点间电容量大小等）。

在控制电路（继电器线圈电路）方面，需考虑线圈数量；电流种类（直流、交流、整流电流）；继电器波动、释放以及工作状态时的电流、电压和功率及其变化范围。

还应考虑整个继电器的工作条件：

(1)工作状态　长期工作,短时间工作或重复短时间工作。

(2)寿命。

(3)外界因素　包括最高最低环境温度,最大最小气压,最高最低相对温度。非固定设备用继电器还应考虑加速度大小和方向,以及振动的振幅和频率。

(4)继电器的波动和释放时间。

(5)继电器的重量和体积。

除此之外,触点是常开还是常闭?是动断还是动合?安装方式如何?也是需要注意的。

在技术文件的编制中,继电器用文字符号K表示。

五、部分继电器及其应用简介

1.电磁式继电器

这是一种常用的继电器,其结构参见图1－65所示。

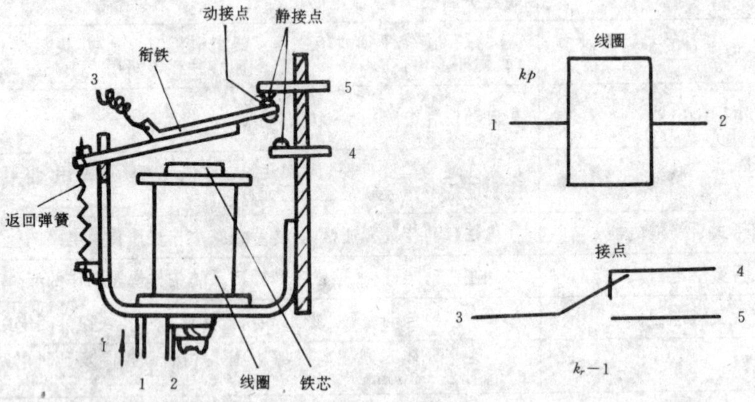

图1－65　电磁式继电器结构示意

它主要由铁心、线圈、动静接点、衔铁、返回弹簧(或簧片)等部分构成。在电子设备的电路中可作控制和换接电路用。通过继电器可用低电压、弱电流来控制高电压、强电流的电路。

2.干簧式继电器

(1)干簧管　干簧管的全称叫"干式舌簧开关管"。其结构参见图1－66所示。

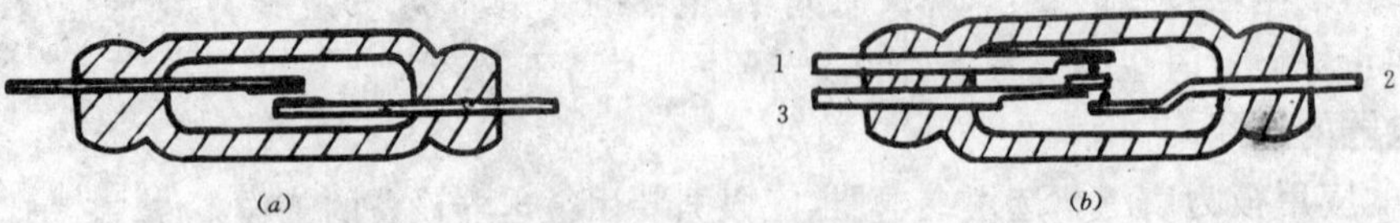

图1－66　干簧管结构示意

(a)常开接点(H)型　(b)转换接点(Z)型

干式舌簧开关管由两片既导磁又导电的材料做成的簧片平行地封入充有惰性气体(如氦气、氮气等)的玻璃管中组成开关元件。两簧片的端部重叠并留有一定间隙以构成接点。

当永久磁铁靠近干簧管或者由绕在干簧管上面的线圈通电后形成磁场使簧片磁化时,簧片的接点部分就感应出极性相反的磁极。异名的磁极相互吸引,当吸引的磁力超过簧片的弹力时,接点就会吸合;当磁力减小到一定值时,接点又会被簧片的弹力所打开。

干簧管按体积的大小可分为微型(只有一粒米大小)、小型(一段圆珠笔芯相似)、大型(如一段粉笔)等。干簧管接点形式常见的有常开接点型和转换接点型两种,分别如图 1－66(*a*)(*b*)所示。

(2)干簧式继电器　JAG－4 干簧继电器外形如图 1－67 所示。在同一干簧继电器的线圈骨架内,可以同时放入 2～4 个同类的干簧管,从而获得多对接点的干簧继电器。

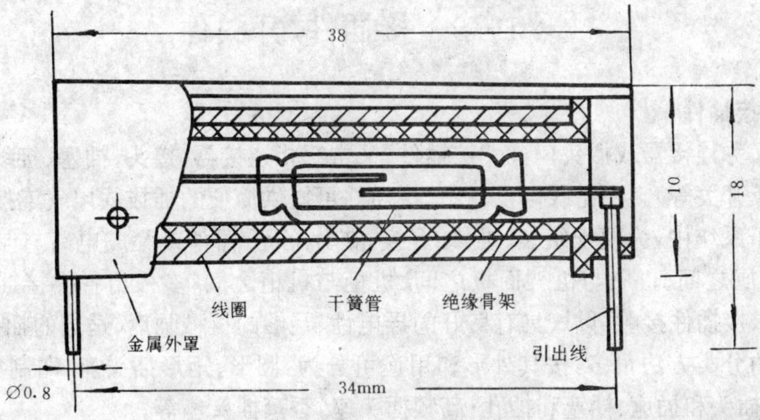

图 1－67　JAG－4 干簧继电器外形

这种继电器其优点有:①接点与大气隔绝,管内充有惰性气体,减少了接点氧化和碳化。并防止外界有机蒸气和尘埃杂质对接点的侵蚀和污染。②体积小、重量轻。③簧片轻而短,有较高的固有频率,提高了接点的通断速度。其缺点是开关容量小,接点易产生抖动以及接点接触电阻大。

3. 固体继电器

前面介绍的电磁式继电器,它有体积大、驱动电流较大、会出现打火、触点氧化、响应时间长等缺点。

随着可控硅器件的出现,人们利用可控硅来实现电流的开关作用,固体继电器就是由可控硅及相应的控制电路构成。如图 1－68 所示。

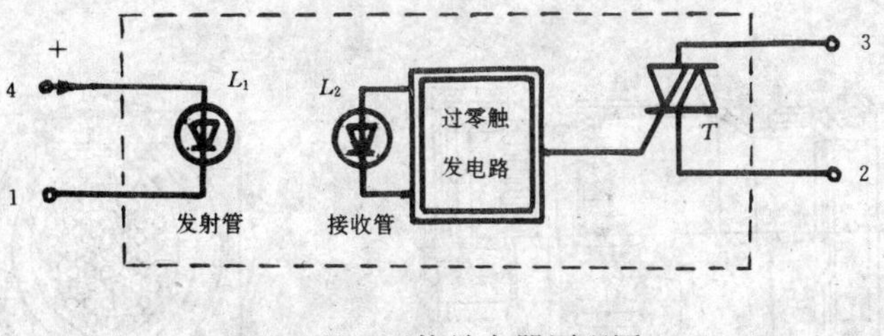

图 1－68　固体继电器原理图

驱动电流经 1、4 引脚进入固体继电器,使 L_1 发光,L_1 发的光被 L_2 管接收,使过零触发电路工作,可控硅 T 导通,实现了继电器的功能。这种继电器的优点是体积小、驱动电流小,为无触点开关,响应时间极快。被广泛应用于军事、工业电子设备中。但其价格较贵也限制了其在民用产品上的应用。

随着科学技术的发展,又出现了超小型功率 IC(集成电路)SSR(固态继电器)。如双向场效应光电压继电器(BOSFET PVR)和片开关固态继电器(HIPSWITCH SSR)。这类继电器具有体积更小,输出功率更大,而且是 DIP、SIP 封装,从而使得执行电路与逻辑电路的接口设计更加容易。

在实际应用中,用参数固态继电器(PSSR)和一个压敏电阻再配合 1～2 个保护元件就能组成恒温自动控制器。这里不再详细介绍。

§1—9 接插件、开关件

一、常用接插件

接插件又称连接器或插头座(而"接插件"又常泛指连接器、接头、插塞、接线柱、保险丝座、电子管座以及开关等)。在无线电设备中,接插件可提供简便的插拔式电气连接。

现代电子系统中,为便于组装、维修、置换,在分立元、器件或集成电路与印制线路基板之间、基板与机屉之间、机屉与机架面板之间、机柜与机柜之间,多采用各类接插件进行电气连接。因此,要求接插件接触可靠、具有良好的导电性、足够的机械强度、适当的插拔力和绝缘性。

接插件的分类方法很多,按其外形和用途可分为:圆形、矩形插头座;印制电路板插头座;耳机、电源用插头和插座、插塞和插孔;高频插头座;香蕉插头座等。

接插件一般分为插头和插座两半。插头一般指不固定的那一半。带阳性接触体的插头称为公插头;带阴性接触体的插头称为母插头。插座一般指固定(在面板或底盘上)的那一头。带阳性接触体的插座称为公插座;带阴性接触体的插座称为母插座。当接插件两半无固定与不固定的区分时(如电缆连接器),则可按接触体形式加以区分,带阳性接触体的可称插头,带阴性接触体的可称插座。若接触体又无阴阳性之分时,接插件两半就不分插头和插座。

下面就常用的几种接插件加以介绍。

1. 圆形插头座

圆形插头座可分为 Q 型、Q60－104 型及 FX16－7 型等多种。现以 Q60－104 型圆形插头座为例加以说明。电缆式直管公插头 Q60LZ104G,与电缆式直管母插座 Q60BZ104M 相配使用。型号中的 Q 表示圆形卡口式插头座;60 表示安装开孔尺寸;L 表示插头,B 表示插座;Z 表示直形管;104 表示接触对数;G 表示插针(公);M 表示插孔(母);此种插头座如图 1－69 所示。

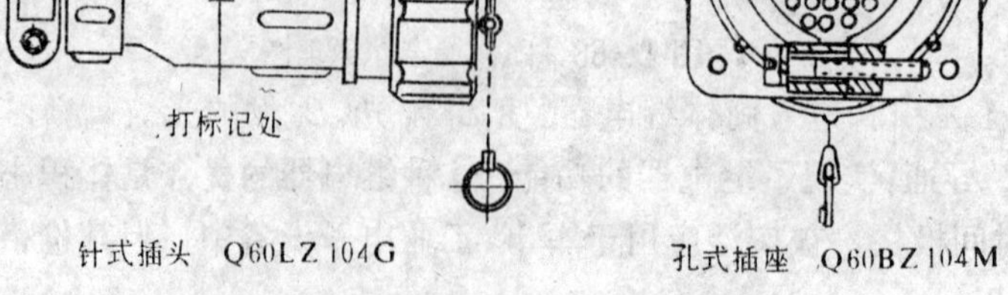

图 1－69 圆形插头座

2. 矩形插头座

矩形插头座可分为 CA 型、CB3 型、CD 型等多种。现以 CA 型矩形插头座为例加以说明。矩形插头 CA－14JZ$_1$，与矩形插座 CA－14KA 相配使用。型号中 CA 为矩形插头座型号；14（6、20）表示接触对数目；接触部分种类用 J 表示插脚（弹簧式），用 K 表示插孔（柱形）；外壳类型用 A 表示外壳具有安装突缘的（插座用），用 Z 表示直式（插头用）导管，有 W 表示弯式（插头用）导管；1（2、3、5）表示外壳上电缆导管数目。此种插头座如图 1－70 所示。

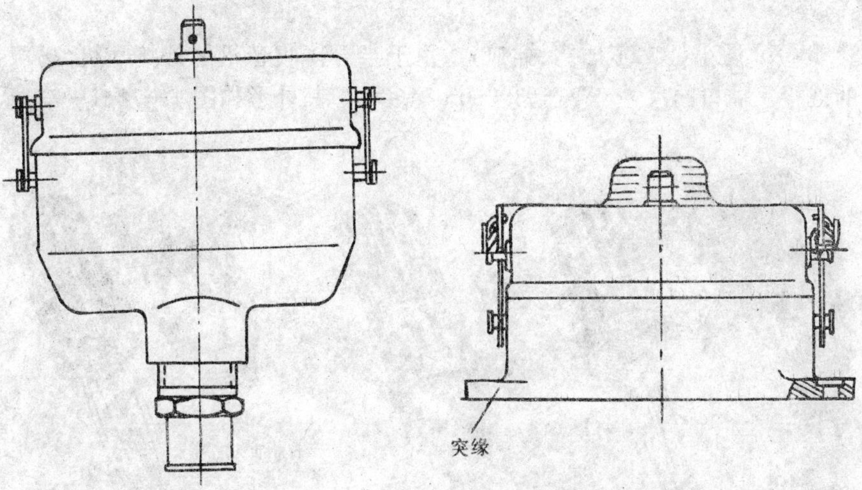

矩形插头CA-14JZ1　　矩形插座 CA-14kA

图 1－70　矩形插头座

3. 印制电路板插头座

印制电路板插头座有 2CH25 型等。CZJX－Y 型、CZJX－Y－72 型印制板插座与相应厚度的印制板相配，其接触部分为簧片式，其他插头座接触部分多为针孔式。目前电视机上使用的一种 CJ 型插头座，具有结构简单、接触可靠、使用方便等特点。部分印制电路板插头座如图 1－71 所示。

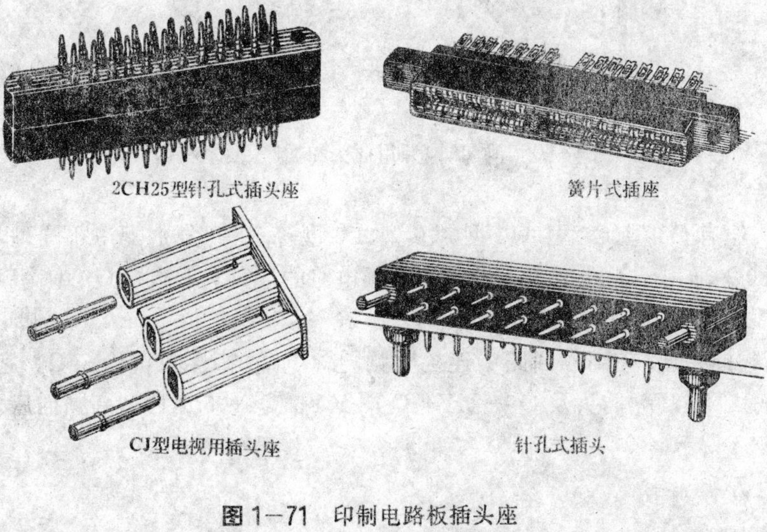

图 1－71　印制电路板插头座

现以 2CH25 型小型印制电路板插头座为例，小型印制电路板插头记为 2CH25－24T，小型印制电路板插座记为 2CH25－24Z，二者相配使用。型号中 2CH 表示针孔式印制电路板插头座；25 表示孔距为 2.5mm；24(4、8、12、16、31、37)表示接触对数；T 表示插头；Z 表示插座。

4. 耳机、电源用插头和插座、插塞和插口

单线接触可采用 CZX－1－02 型插头座，也可采用香蕉插头座，多用于半导体收音机的外接天线。

JCZ3、JCZ4 型耳机、电源用插头和插座，适用于小型半导体收音机的耳机(耳塞)和外接电源用。

CSX2 型、CKX2 型小型二芯插塞、插口，适用于半导体收音机的外接耳机、扬声器、话筒及外接电源的连接。插口的尺寸有 2.5、3.5mm 等多种。其外形如图 1－72、1－73 所示。

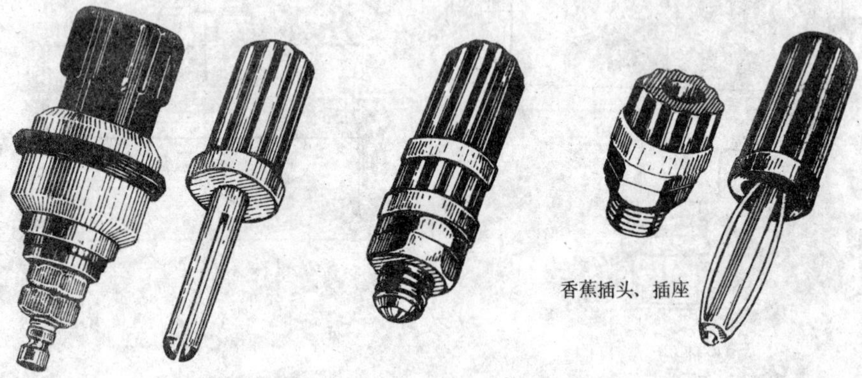

图 1－72　单线插头座

图 1－73　耳机、电源用插头和插座、插塞和插口

5. 高频插头座

高频插头座有 C3 型、C7 型、Q7 型、Q9 型、L6 型等多种，分别配用不同型号的电缆，其特性阻抗多为 50Ω，适用于无线电电子设备中射频电路的连接。下边以 Q9 型高频插头座为例加以介绍。

Q9 型高频插头座，在高频回路中连接射频同轴电缆，特性阻抗为 50Ω。它包括 Q9－J4、Q9－J5、Q9－J21 型高频插头及 Q9－KY4、Q9－KY5、Q9－50KF 型高频插座。Q9 型直式插头座如图 1－74 所示。

6. 普通电源插头座

电源插头座，一般在电路中做电流接通用。电源插头座的外形有多种形式，如图 1—75 所示。

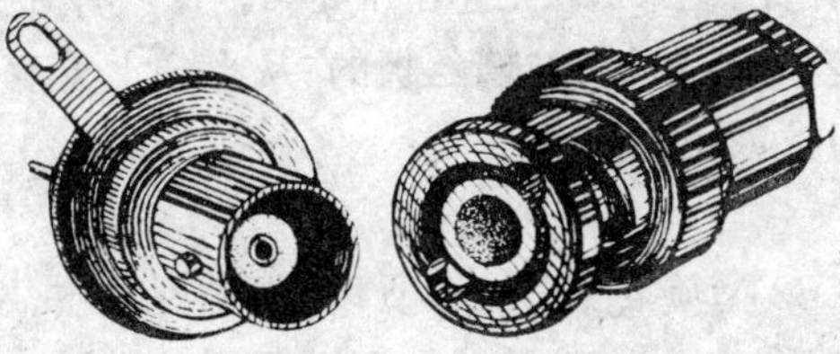

图 1—74　Q9 型插头座

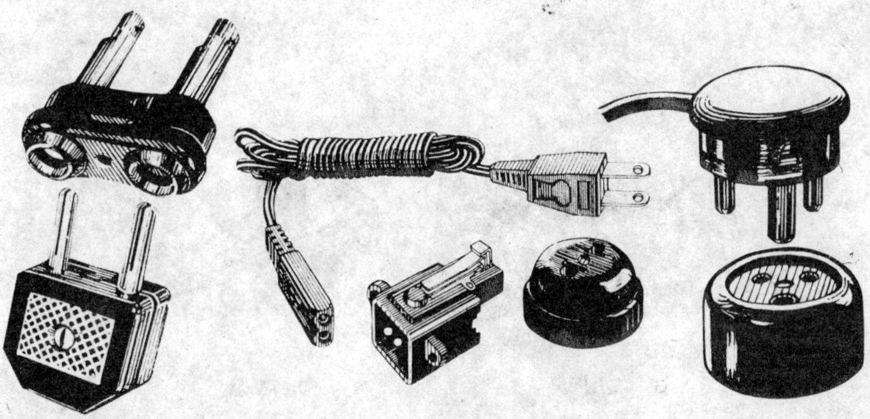

图 1—75　电源插头座

7. 接线板、接线子和接线架

无线电设备内部的联接常使用接线板、接线子和接线架等。图 1—76 所示为部分接线板、接线子、接线架。

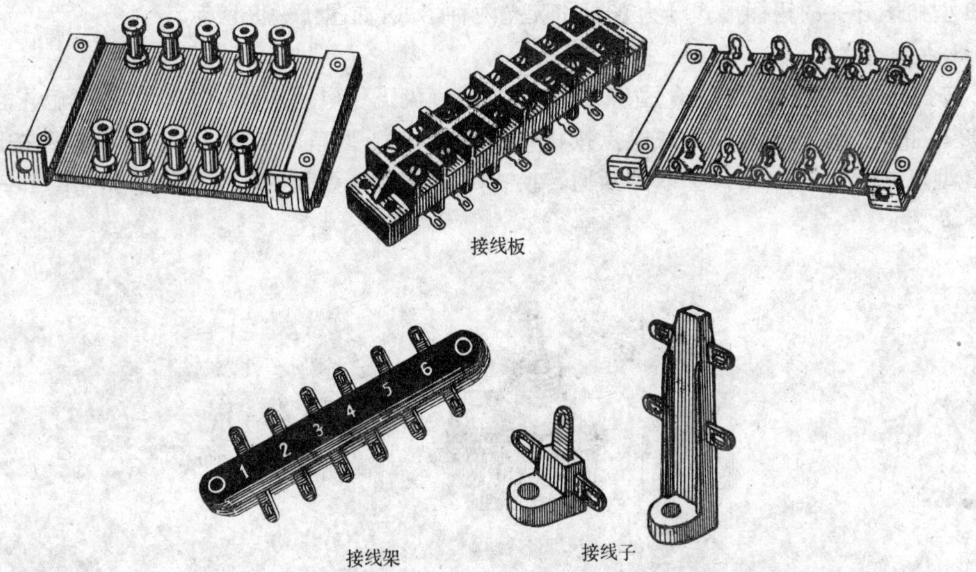

图 1—76　接线板、接线子和接线架

二、常用开关元件

开关元件在无线电设备中用于换接电路。不同用途的开关有多种，如波段开关、扭子开关、按钮开关、微动开关、凸轮开关、刷形开关、组合开关等。每一种开关又有很多类别。例如波段开关，按所用材料来分有瓷质、纸胶板、玻璃丝板的；从形式上分有椭圆形、半密封、拨动式的；在结构上又有不同位数、刀数、层数的。

1. 波段开关

波段开关有KB1和KB3型旋转式、KC2型和KCX型瓷质、KCT型椭圆瓷质、KZ2型胶纸板式、KB型拨动式等类型。每种类型的波段开关又因位数(2～6)、刀数(1～12)、层数(1～6)的不同而分为多种。波段开关用于转接不同的电压和电流。KB3型及KB型波段开关如图1－77所示。

KB3型

KB型拨动式

图1－77 波段开关

2. 钮子开关

钮子开关有KNX型、KN3型、KN3A型及KN3B型等几种，每种又分为单刀双位和双刀双位两种形式。钮子开关适用于直流工作电压不大于300V或交流电压不大于220V的电路。KN3型钮子开关的钮柄形式分为普通和荧光两种形式，如图1－78所示。

3. 按钮开关

按钮开关有AN24型、KA型等几种，适用于直流工作电压不大于300V或交流电压不大于220V的电路。KA型切入式触点按钮开关分为KA1型单路按通式、KA2型单路按断式、KA3型双路断通式和KA4型双路断通转换式四种。AN24型及KA型按钮开关如图1－79所示。

KNX型

KN3-3型

图1－78 钮子开关

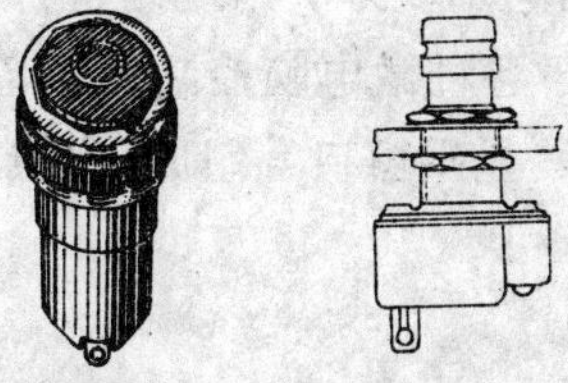

AN24型　　KA1型

图1—79　按钮开关

4. 直键开关

直键开关也称琴键开关，分为KZJ1型和KZJ1A型两种。这种开关有自锁自复位；互锁互复位；无锁；自锁共复位；互锁复位等形式，分别用字母Z、H、W、ZF、HF表示。现举例说明直键开关型号各部分的意义。

KZJ1　—8　H　6—　20

- 20 —档间距离(mm)
- 6 —6刀
- H —互锁互复位
- —8 —8档
- KZJ1 —型号

KZJ1型直键开关如图1—80所示。

5. 微动开关

此开关有多种，其中KW1型微动开关（如图1—81所示）可供电气和无线电设备中换接直流或交流电路用。

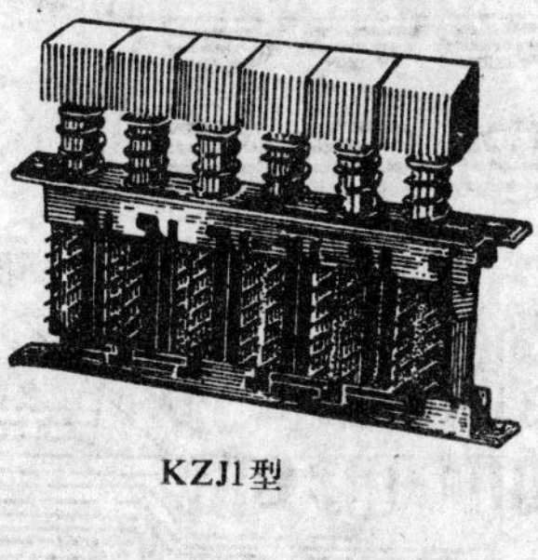

KZJ1型

图1—80　直键开关

6. 薄膜开关

薄膜开关又称平面开关、轻触键盘，它是近年来国际流行的一种集装饰与功能为一体的新型电子元件，也是继导电橡胶、微动开关之后的新一代电子开关产品。

薄膜开关具有良好的密封性能，能有效地防尘、防水、防有害气体及防油污浸渍。它与传统的机械式开关相比，具有结构简单，外形美观、耐环境性优良、便于高密度化等优点，从而大大提高了产品的可靠性和寿命(寿命达100万次以上)。各种大小按键可混合设计，键盘厚度只有1mm左右。装配简便，被广泛用于各种微电脑控制的设备中。图1－82为某种薄膜开关结构图，它由上、下电极电路、薄膜面板，显示窗口等组成，出线有专用插座。

图1－81 微动开关

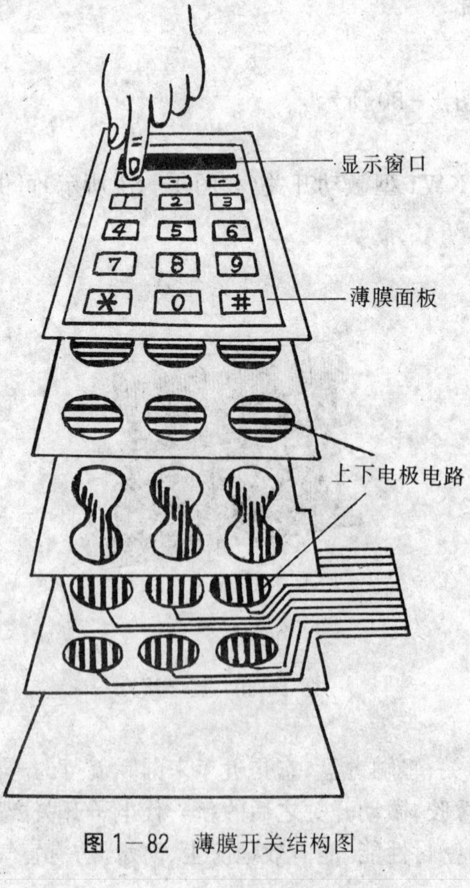

图1－82 薄膜开关结构图

但使用这种开关应注意以下几点

(1)薄膜开关是一种低压、小电流操作开关,电压一般为 36V、电流 40mA、适用于逻辑电路(COMS、TTL 电路)。不能用作未经变压的电源开关。

(2)薄膜开关只能用于常断、瞬时接通的电路,不能用作自锁(推上、脱开),交替动作或按钮联锁机构。如果需要某些功能,就必须加入各种电子线路。如需按键接触时有声音,有光信号,则可将音频、显示等电路设计进电路中。

(3)若要以此开关控制强电流,则在后续电路中略加变动即可达到弱电控制强电。

§1—10　指示灯、熔断器、电池

一、指示灯

指示灯、信号灯供收音机、扩音机及其他无线电设备中做照明信号或电路通断等指示用。指示灯由灯座、灯泡以及灯罩组成。灯座有螺口和插口两种。电子管收音机、扩音机里做调谐指示照明用的指示灯座,是用铁皮冲制而成的,有弯脚和直脚两种,如图 1—83(*a*)所示。这种指示灯座,额定电压为 30V,额定电流为 0.5A,螺口、插口配用的指示灯泡的型号分别为 E10/13—1、1C9/14—1。图 1—83(*b*)所示为信号灯,其灯座也有螺口和插口两种。灯罩的形状、颜色和灯座的尺寸有多种,可根据需要选用。

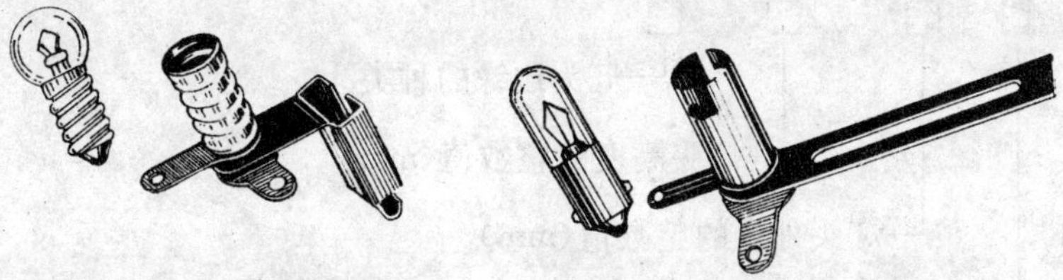

(*a*)

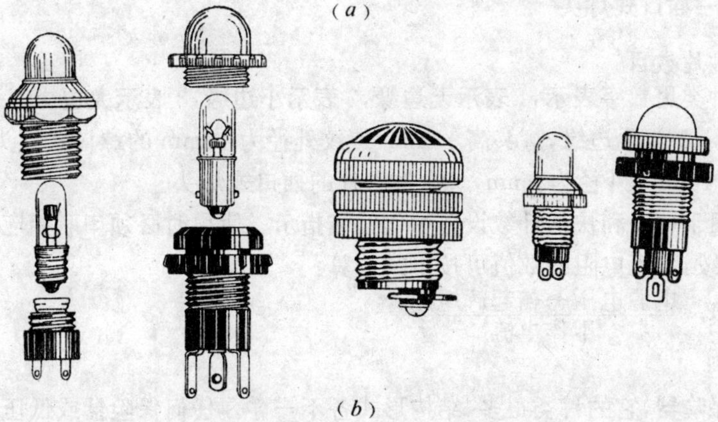

(*b*)

图 1—83　指示灯及信号灯

(*a*)指示灯　(*b*)信号灯

信号灯的灯泡有白炽灯泡和气体放电灯泡等不同形式。无线电设备中常用的灯泡如图 1—84所示。

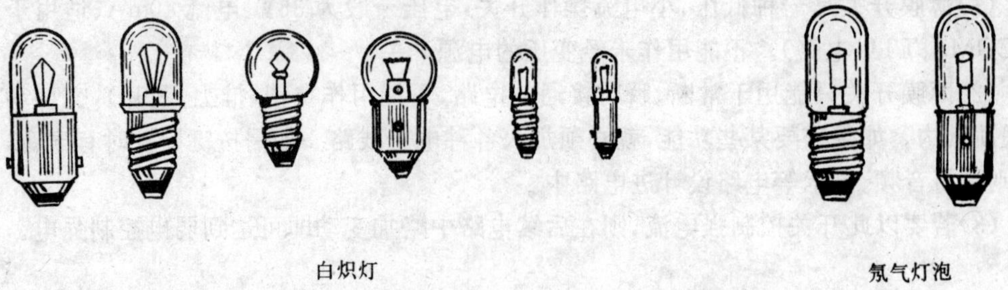

图1－84　灯泡

螺口式灯头和插口式灯头分别用字母E和C表示。灯头型号表示法如下：

螺口式灯头

E □ / □ □

- □（第四位）——灯头边缘的种类
- □（第三位）——灯头高度的整数值(mm)
- □（第二位）——螺纹外径的整数值(mm)
- E——螺口式灯头

插口式灯头

□ C □ / □ □

- □（第五位）——灯头边缘的种类
- □（第四位）——灯头高度的整数值(mm)
- □（第三位）——灯头外径的整数值(mm)
- C——插口式灯头
- □（第一位）——接触片数目

灯头边缘的种类用数字表示：1表示无边缘，2表示小边缘，3表示大边缘。

例如，E10/13－1为无边缘，灯头高13mm，螺纹外径为10mm的螺口式灯头。1C9/14－1为无边缘，灯头高14mm，外径为9mm，一个接触片的插口式灯头。

氖气辉光灯用于电路和快速计数设备中作信号指示。使用时必须串联相应数值的限流电阻，否则氖灯会烧毁，限流电阻的数值可按下式计算：

$$\text{限流电阻}=\frac{\text{电源电压}-\text{初起辉电压}}{\text{工作电流}}$$

二、熔断器

熔断器又称保险器，它的种类很多，结构形式各不一样。任何保险器或低压闸刀开关中都有保险丝（或熔体、熔丝）。当电流过载时，熔体自然熔断，起到保护电路的作用。

1. 插入式熔断器

插入式熔断器由瓷盖、瓷底、触头及弹簧夹等组成，主要用于交流380V的低压电路各分支线路末端或铁壳开关中，作设备的短路保护用。其型号有RC1A型等，额定电流有5、10、15、30、60、100、200A等，熔体有不同直径的软铅丝、紫铜丝、紫铜片等。选用熔断器应根据熔体的额定电流规定值，否则不能起到应有的保护作用。

2. 保险丝管

保险丝管由玻璃管、熔丝及接触端帽组成，在无线电设备中作过载电流保护用，其应用十分广泛，外形如图 1—85 所示。

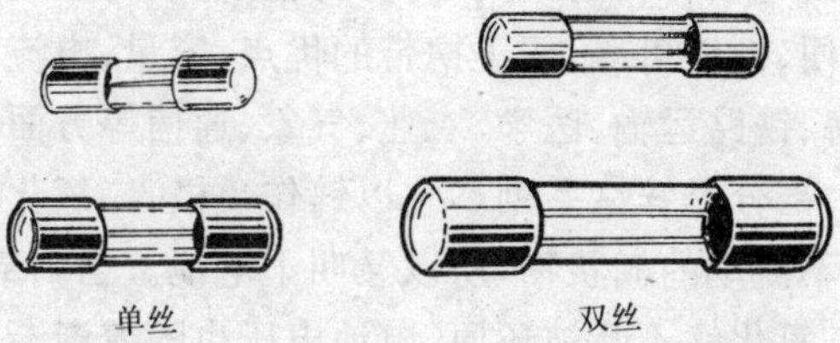

图 1—85　保险丝管

保险丝管一般装于保险管座中，以便于更换。保险管座用胶木或塑料制成，有插入式和螺旋式两种结构。还有一种简单的保险管座，用簧片和绝缘板制成，如图 1—86 所示。

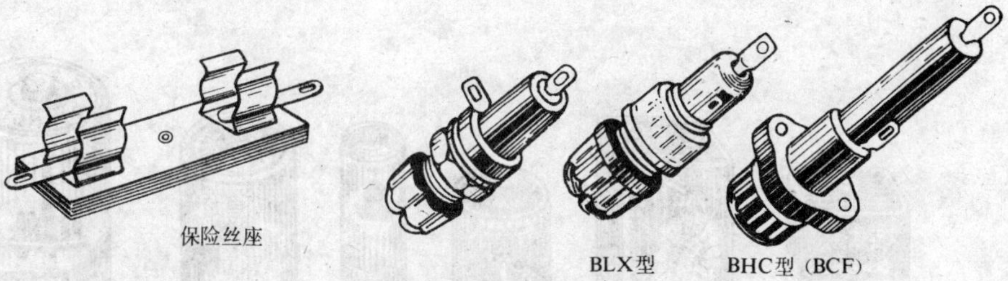

图 1—86　保险管座

3. 圆柱形保险器

圆柱形保险器有两种，一种额定电流从 0.1 到 5A，熔断电流从 0.2 到 10A 长度有 18、20、30mm 等几种。另一种额定电流从 0.1 到 15A，熔断电流从 0.2 到 30A，长度有 30、40、45mm 等几种。圆柱形保险器的熔断时间不大于 10s。

4. 快速保险器

快速保险器用于短路保护或过载保护，其熔丝平均熔化时间 0.017s，平均全部断开时间为 0.03s。

以上介绍的保险器中都用到熔丝。常用的熔丝是软铅丝（保险丝），它适用于交流 50Hz、电压 500V 或直流 440V 以下，熔丝分圆型和扁型两种。圆型熔丝额定电流从 0.25A 到 70A，熔断电流从 0.5A 到 140A，熔丝直径从 0.08mm 到 5.24mm。扁型熔丝额定电流从 5A 到37.5A，熔断电流从 10A 到 75A。当通过的电流为熔丝额定电流的 2 倍时，熔丝应很快熔断。

不同系列和规格的熔断器应使用不同的熔丝，如有的采用保险铅丝，有的则采用紫铜丝，每种熔丝又有不同的规格。在使用时，必须严格按照规定选用，不能随意代换，否则便不能起到保护作用。

三、电池

常用电池（系指化学电源，又称电化学电池）是一种直接把化学能转变成低压直流电能的装置。主要的组成部分是正极、负极、隔膜、电解液，除此之外，还有外壳及其他附件（如接线柱，集流板等）。使用时用导线将两个电极和外电路联结起来，就有电流通过（放电），从而获得电能。放电到一定程度后，有的可用充电的方法使活性物质恢复，电池得到再生，又可反复使用，称为蓄电池（或二次电池）；有的不能充电复原反复使用，称为原电池（或一次电池）。

化学电源的种类繁多，分类方法也很多。按电池的工作性质可分为原电池、蓄电池、贮备电池和燃料电池四类；按电解质溶液的性质可分为碱性电池、酸性电池、中性电池、有机电解液电池、无机电解液电池等等；按电极材料的不同，可分锌锰系列、锌空气系列、锌汞系列等等。

化学电源具有使用方便、性能可靠、便于携带的优点，容量、电流和电压可在相当大的范围内任意组合。在航空、航海、铁路运输、医学、农业、气象、通信等方面都得到广泛的应用。

目前，国产干电池绝大部分是锌锰系列。它以锌作负极，二氧化锰为正极，氯化锌、氯化铵为电解质。由于电解质是不流动的糊状物，所以又叫干电池。当内部发生电化学反应时，负极棒不断被熔解消耗，正极二氧化锰不断被还原，电池电压也随着渐渐下降。当电池放出额定电量以后，正负极材料消耗殆尽，电池就不能继续工作了。这种干电池在结构上有筒式（圆形或方形）和迭层式两种。可用作照明以及晶体管收音机、录音机、仪器仪表、自动控制设备、通信设备等的直流电源。部分干电池的形状如图 1－87 所示。

微型　层迭式　4号　5号　2号　1号

图 1－87　干电池

筒式和迭式干电池为单体电池。锌锰干电池还有组合电池和复式电池之分。

图中的微型电池是以锌及氧化汞为电极材料制成的，其特点是体积小、容量小、工作电压平稳。专供超小型半导体收音机、计算机等使用。微型电池亦称扣式电池，部分常用扣式电池规格型号对照参见表 1－30。

表 1－30　常用扣式电池规格型号对照表

国内外电池型号与产地					电池参数		
香港		国际标准(IEC) / 江苏常州	美、德、瑞士 / 浙江温岭	日本	直径 (mm)	高度 (mm)	电容量 (mAh)
G0		SR63	379	SR521	5.8	2.1	12
G1	164	SR60	364	SR621	6.8	2.5	15～16
G2	196	SR59	396	SR726	7.9	2.6	30
G3	192	SR41	392	SR41	7.9	3.6	27～42
G4	177	SR66	377	SR626	6.8	2.6	24

续

国内外电池型号与产地					电池参数		
香港		国际标准(IEC)/江苏常州	美、德、瑞士/浙江温岭	日本	直径(mm)	高度(mm)	电容量(mAh)
G5	193	SR48	393	SR754	7.9	5.4	60～75
G6	171	SR69	371	SR920	9.5	2.1	32
G7	195	SR57	395	SR927	9.5	2.7	35～55
G8	191	SR55	391	SR1120	11.6	2.1	38～52
G9	194	SR46	394	SR936	9.5	3.6	67
G10	189	SR54	369	SR1130	11.6	3.1	60～85
G11	162	SR58	362	SR721	7.9	2.1	22
G12	186	SR43	386	SR43	11.6	4.2	64～145
G13	A76	SR44	367	SR44	11.6	5.4	117～192

下边介绍一种扣式锂—锰电池，它是采用高比能量的金属锂为主要材料的高能化学电源。其外形分为普通型和带引脚型两种，参见图1—88所示。

图1—88　锂—锰电池外形

这种扣式电池外壳(正极或负极)采用厚度为0.25mm的不锈钢带制成，其内部由金属锂、二氧化锰、隔膜层等组成。它克服了氧化银电池、锌汞电池、镍镉电池存在的能量低、单体电池电压低、工作环境温度范围小等缺点。而具有下列优点：

(1)高压电。一般标称电压为3V；

(2)高比能量，锂的电化当量为3.862AH/g；

(3)具有耐低温性能。工作环境温度可达－40℃～－50℃；

(4)工作温度范围大。为－40℃～＋70℃；

(5)储存容量下降率小于5%/年。

目前市场供应的锂—锰电池的技术参数见表1—31。

表1—31　部分锂—锰电池的技术参数

参数值/参数名称/型号	额定电压(V)	额定容量(mAH)	外形尺寸	
			直径(mm)	高度(mm)
CR2016	3	70	20	1.6
CR2025	3	120	20	2.5
CR2032	3	170	20	3.2

这种电池可用于微型收音机、收录机、液晶电视机、收发信机及计算器，也可作为电子游戏

机、微型手电筒、电子表的电源。

锌锰系列单体电池型号标志法是以R代表圆筒形，F代表层迭式，字母后面的数字代表电池的大小。空气电池要在型号前面加字母Q。型号前面加上数字表示串联的只数。例如，R6F10是小型圆筒形和层迭式单体电池：R40和F100是大型圆筒形和层迭式单体电池；QR20代表R20单体空气电池；30R20代表由30个R20型的电池串联的圆筒形组合电池，额定电压为1.5×30＝45V。

部分国产电池特性可参见表1－32。

表1－32 部分国产干电池特性

型号	名称	公称电压	最大尺寸(mm)				放电时间	最大重量	接头形状	国内外曾用型号	主要用途
			直径	长	宽	高					
R20	一号电池（大号手电池）	1.5	34			61.5	850min 40h	0.1	金属帽底	D·FIKC	收音机照明，一般试验
R14	二号电池	1.5	26			50	300min	0.04	同上		同上
R10	四号电池	1.5	21			37	100min	0.03	同上		同上
R6	五号电池	1.5	14			—50	85min	0.015	同上		同上
R40	一号甲电池（圆甲电池）	1.5	66.5			160	180h	0.9	螺丝	*6A	收音机灯丝，照明，一般试验
S4	三号甲电池（大方甲电池）	1.5		57	57	137	320 300h	0.6 (0.7)	胶质线	3C、DF	同上
S3	二号甲电池（小方甲电池）	1.5		40	40	100	110h	0.25	同上	2C、SF	同上
30R20	乙电池	45		210	73	180	165h	3.3	同上	300、30F	扩音机
3R12	丙电池（扁电池）	4.5		65	24	70	150min 80min	0.15	同上	3K、3D	收音机、仪表照明
4F22	6V迭层电池	6		26	18	50 (40)	33h 25h	0.045 0.04	按扣		收音机
6F22	9V迭层电池	9		26	18	50	32h 25h	0.045 0.05	按扣	OC、6P 6VD	同上
4F45－2	方六V迭层电池	6		32	32	60	68h	0.11	按扣	4R6－4AA	同上
10F20	15V迭层电池	15		26 (27)	18 17	37	90h 100h	0.03	铜凸堵		仪表、医用
15F20	22.5V迭层电池	22.5		26	18	50	70h	0.045	同上		同上
45F40	67.5V迭层电池	67.5		68	33	93	25h	0.335	按扣		仪表
30F100	45V迭层电池	45		164	64	164	100h	2	胶质线		仪表仪器
2F95－10	3V灯电池	3		87	40	110	48h	0.66	胶质线		照明，铁路信号灯
4F100－12	大6V迭层电池	6		143	58	192	500h	3	同上		同上
6F100－12	广播12V迭层电池	12		163	112	190	380h	6	同上		农村广播

最后再介绍一下充电电池（蓄电池），如镉镍圆柱密封碱性蓄电池（GNY），也有电池组。还有镉镍扁形密封碱性蓄电池（组），（GNB）。这种碱性蓄电池的特点是贮存及使用寿命长，结构坚固，功率大，自放电小，低温性能好（－40℃），使用维护方便，并配有充电机。它广泛用作通信，照明，电子仪器，大功率设备的启动、牵引，高压开关、家用电器、小型电子计算机、公安警械

产品等的直流电源。

这种电池使用FY系列专用充电器。部分充电器的技术指标参见表1—33

表1—33 部分充电器技术指标

型号	用途		充电电流(mA)	充电时间(h)	最大外形尺寸(mm)			重量(kg)
	充电电池型号	数量双(组)			长	宽	高	
FY—1	GNY0.45	2～10	50	14～16	180	85	55	0.4
FY—3	GNY0.45、GNY3	2～4	50	14～16	190	90	55	0.5
FY—9	GNY1.5	4	155	14～16	115	123	60	0.45
FY—11B	10GNY3	1	300	14～16	135	110	85	1
FY—11F	10GNY7	1	700	14～16	135	110	85	1

部分镉镍密封碱性蓄电池技术指标参见表1—34。

表1—34 部分蓄电池技术指标

型号	额定电压(V)	额定容量(AH)	最大外形尺寸(mm)		最大重量(g)	充电		放电	
			外径(φ)	高(H)		电流(A)	时间(h)	电流(A)	终止电压(V)
GNY0.15	1.2	0.15	12	30	11	0.015	14～16	0.03	1.0
GNY0.45	1.2	0.45	14	50	30	0.045	14～16	0.090	1.0
GNY0.8	1.2	0.8	20.5	50	47	0.08	14～16	0.16	1.0
GNY1.5	1.2	1.5	26.4	50	75	0.15	14～16	0.30	1.0
GNY3	1.2	3	33.5	61.5	145	0.30	14～16	0.60	1.0
GNY4	1.2	4	34	61	165	0.40	14～16	0.80	1.0
GNY5	1.2	5	33.5	91.3	215	0.50	14～16	1.0	1.0
GNY7	1.2	7	34	91.5	230	0.70	14～16	1.4	1.0
5GNY0.45	6	0.45	72×16×52		0.226kg	0.045	14～16	0.09	5
10GNY0.45F	12	0.45	57×29×66		0.234kg	0.045	14～16	0.09	10
10GNY0.45K	12	0.45	65×35×51.2		0.230kg	0.045	14～16	0.09	10
4GNY0.55	4.8	0.55	φ26×100		0.140kg	0.055	14～16	0.11	4
4GNY3	4.8	3	φ33.5×246		0.59kg	0.30	14～16	0.60	4
10GNY5	12	5	254×60×100		2.31kg	0.50	14～16	1.0	10
20GNY5	24	5	239×97×100		4.80kg	0.50	14～16	1.0	20
10GNY7	12	7	245×60×100		3.05kg	0.70	14～16	1.4	20
20GNY7	24	7	238×98×100		5.30kg	0.70	14～16	1.4	20
GNB0.22	1.2	0.22	25.1	7.8	12	0.022	16	最大连续放电电流 2.2A	
GNB0.60	1.2	0.60	34.4	9.9	28	0.060	16	最大连续放电电流 6A	

总之,在使用时应注意使用条件。当电池已用完或长期不用时应将电池从机内取出,以防电解液漏出,损坏机件。当电池用于收音机中时,最好间歇使用,每次不超过五小时,这样可延长电池使用寿命。使用一定时间后的电池内阻较大,会造成收音机失真,应及时取出更换。

第二章 常用材料

§2—1 线 材

无线电整机常用线材有电线和电缆。它们又可分为裸线、电磁线、绝缘电线电缆和通讯电缆四种。

裸线是没有绝缘层的电线，包括圆形铜、铝单线；平线；架空绞线及各种型材——型线、母线、铜线、铝线、扁线、电刷线、电阻合金线等。

电磁线是一种绝缘线，它的绝缘层是由涂漆或包缠纤维构成的。包缠纤维有纱包、丝包、玻璃丝包和纸包等形式，其中纱包和丝包即将淘汰。

绝缘电线电缆，即通常所说的安装线和安装电缆，一般由导电的线芯、绝缘层和保护层组成。在结构上有硬型、软型、特软型之分，线芯有单芯、二芯、三芯、四芯及多芯等，并有各种不同的线径。绝缘层的作用是防止通信电缆漏电和电力电缆放电，它是由橡皮、塑料或油纸等绝缘物包缠在芯线外构成的。保护层有金属护层和非金属护层两种。金属护层大多用铝套、铅套、皱纹金属套和金属编织套等。非金属保护层大多数采用橡皮、塑料等。

通信电缆包括电信系统中各种通信电缆、射频电缆、电话线和广播线。

以上四类常用的电线电缆型号及主要用途等分别参见下列各表。

表 2—1 裸线的型号及主要用途

分类	名称	型号	主要用途
裸单线	硬圆铜单线 软圆铜单线	TY TR	作电线电缆的芯线和电器制品(电机、变压器等)的绕组线。硬圆铜单线也可作电力及通信架空线
	镀锡软铜单线	TRX	用于电线电缆及电器制品
	裸铜软天线	TTR	适用于通信用的架空天线
裸型线	软铜扁线 硬铜扁线	TBR TBY	适用于电机、电器、配电线路及其他电工制品
	裸铜电刷线	TS、TSR	用于电机及电气线路上联接电刷
电阻合金线	镍铬丝	Cr20Ni80	供制造发热元件及电阻元件用，正常工作温度 1000℃
	康铜丝	KX	供制造普通电阻器用，能在 500℃条件下使用

表 2—2 电磁线的型号及主要用途

型号	名称	主要特性及用途
QZ—1	聚酯漆包圆铜线	作中小型电机、电气仪表等的绕组，机械强度较高，耐温 130℃以下，抗溶剂性能好

续

型号	名称	主要特性及用途
QST	单丝漆包圆铜线	用于电机、电气仪表的绕组
QZB	高强度漆包扁铜线	用途同 QZ－1，特点是槽满率高
QJST	高频绕组线	作高频绕组线用

表 2－3　　绝缘电线电缆的型号及主要用途

型　号	名　称	主　要　用　途	结 构 示 意 图
AV	聚氯乙烯绝缘安装线	用于交流电压 250V 以下或直流电压 500V 以下的弱电流电气仪表和电信设备电路的连接，使用温度为－60～＋70℃	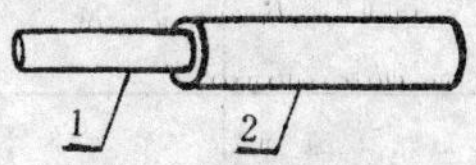
AV-1	聚氯乙烯绝缘屏蔽安装线		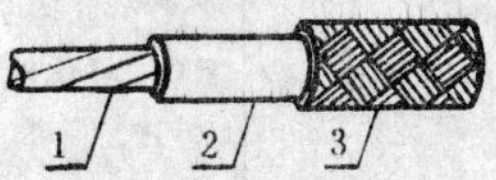
AVR	聚氯乙烯绝缘安装软线		1 一镀锡铜线芯 2 一聚氯乙烯绝缘层 3 一镀锡铜线编织
AVRP	聚氯乙烯绝缘屏蔽安装软线		
ASTV	纤维聚氯乙烯绝缘安装线	可作为电气设备、仪表内部及仪表之间固定安装用线，使用温度－40～＋60℃	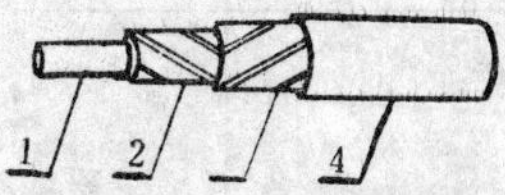
ASTVR	纤维聚氯乙烯绝缘安装软线		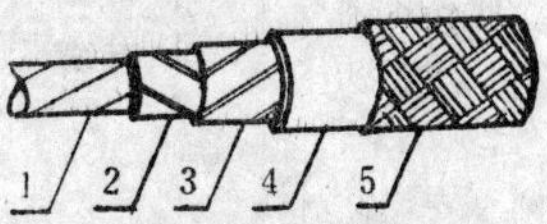
ASTVRP	纤维聚氯乙烯绝缘屏蔽安装软线		1 一镀锡铜线芯 2 一天然丝绕包 3 一天然丝绕包 4 一聚氯乙烯绝缘 5 一镀锡铜线编织
BV	聚氯乙烯绝缘电线	用于交流额定电压 500V 以下的电器设备和照明装置，BVR 型软线适于要求柔软电线的场合使用	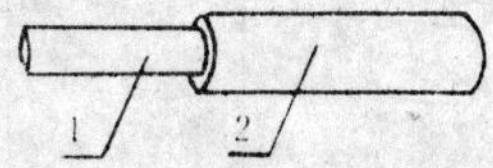
BVR	聚氯乙烯绝缘软线		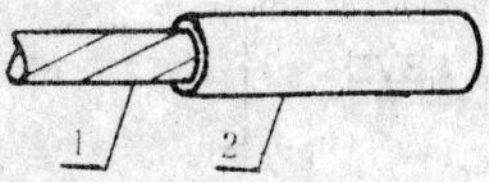
BLV	聚氯乙烯绝缘铝芯线		1－镀铝、铜线芯 2－聚氯乙烯绝缘层

续

型 号	名 称	主 要 用 途	结构示意图
RVB	聚氯乙烯绝缘平行连接软线	用于交流额定电压250V以下的移动式日用电器连接 用于交流额定电压500V以下的移动式日用电器连接	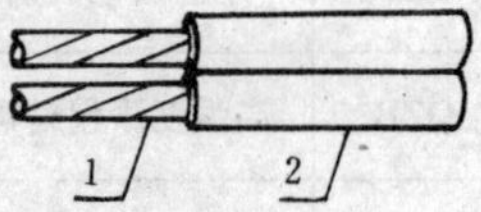
RVS	聚氯乙烯绝缘双绞连接软线		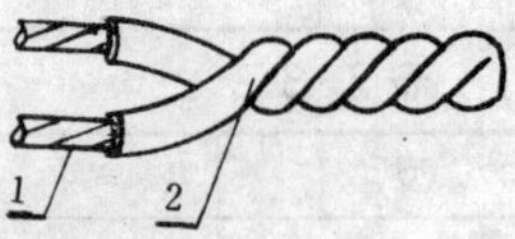
RVZ	聚氯乙烯绝缘聚氯乙烯护套连接软线		1—镀铜线芯 2—聚氯乙烯绝缘层
ASER	纤维绝缘安装软线	适用于电子仪器和弱电设备的固定安装	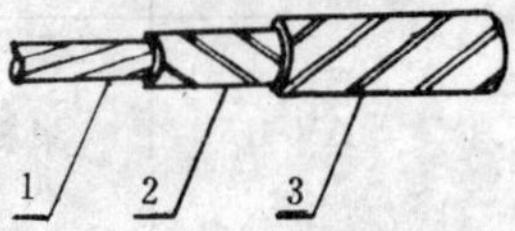
ASEBR	纤维绝缘安装软线		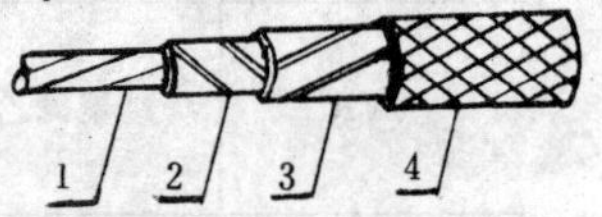 1—镀锡铜线芯 2、3—天然丝绕包 4—尼龙丝编织
FVN	聚氯乙烯绝缘尼龙护套线	适用于交流额定电压250V以下或直流电压500V以下的低压线路，使用温度60～80℃	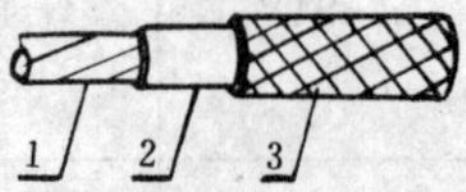
FVNP	聚氯乙烯绝缘尼龙护套屏蔽线		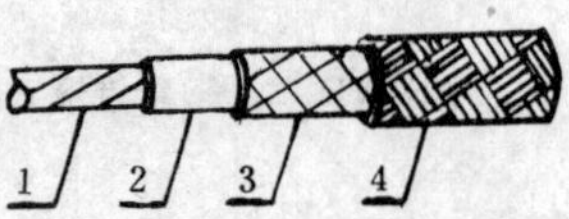 1—镀锡铜线芯 2—聚氯乙烯绝缘 3—尼龙防护套 4—镀锡铜线编织
SBVD	带形电视引线	适用于电视接收天线引线，使用温度−40～+60℃	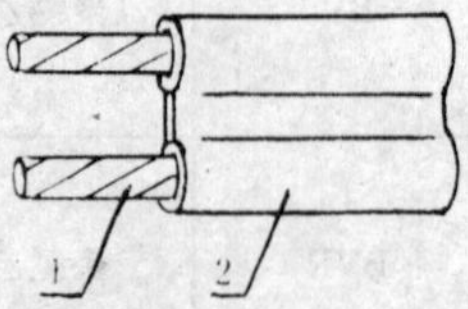 1—铜线芯　2—聚氯乙烯绝缘

续

型号	名称	主要用途	结构示意图
TXR	橡皮软天线	适用于电信电线、使用温度－50～＋50℃	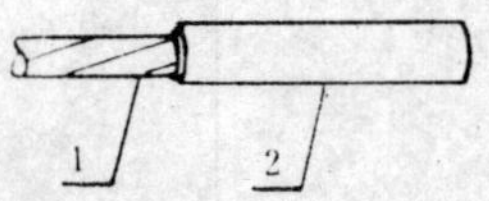 1－铜线芯 2－橡皮绝缘
QGV	铜芯聚氯乙烯绝缘高压点火线	做汽车、拖拉机、发动机高压点火线用	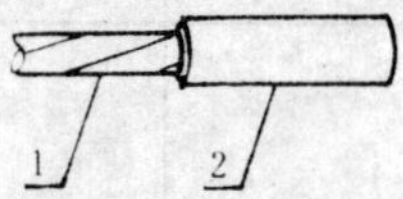 1－铜芯 2－聚氯乙烯绝缘
FVL	聚氯乙烯绝缘低压腊克线	适用于飞机上低压电路的安装，使用温度－40～＋60℃	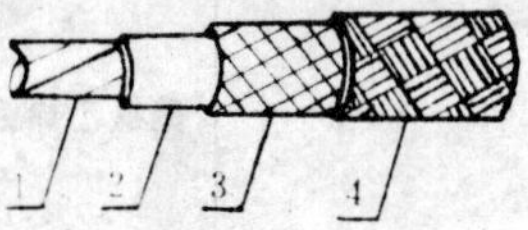 1－镀锡铜线芯 2－聚氯乙烯绝缘 3－棉纱编织并涂腊克 4－镀锡铜线编织
FVLP	聚氯乙烯绝缘低压带屏蔽腊克线		

表2－4　　电缆的型号及主要用途

型号	名称	主要用途	结构示意图
SBPH	橡皮广播电缆	适用于送话器线路连接，使用温度－50～＋50℃	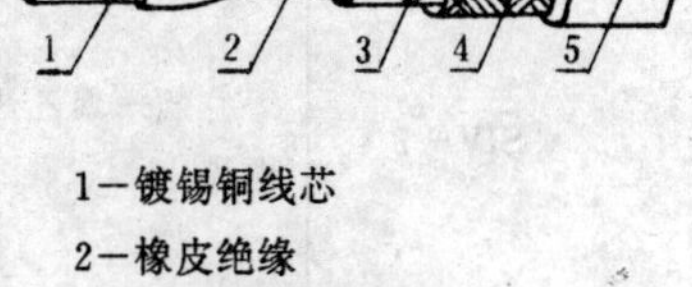 1－镀锡铜线芯 2－橡皮绝缘 3－乳胶玻璃布带绕包 4－镀锡铜线编织 5－橡皮护套

续

型号	名称	主要用途	结构示意图
SBVPV	聚氯乙烯广播电缆	做无线电广播录音和留声机设备的固定安装线，使用温度−40～+60℃	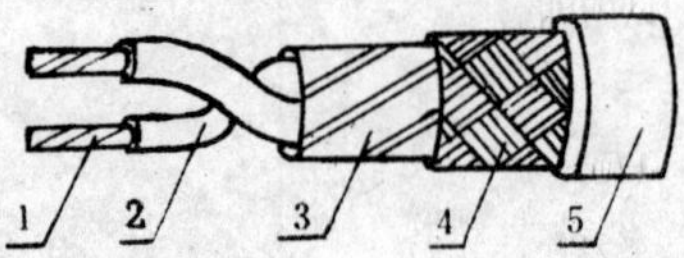 1—铜线芯 2—聚氯乙烯绝缘 3—聚氯乙烯薄膜绕包 4—镀锡铜线编织 5—聚氯乙烯护套
SYV	聚氯乙烯绝缘同轴射频电缆	适用于固定式无线电装置，使用温度−40～+60℃。SYV-50-2-2，SYV-75-5-1；SYV-50-5；SYV-50-7-1、SYV-75-5-2 的结构示意，分别见图(*a*)、(*b*)、(*c*)	(*a*) 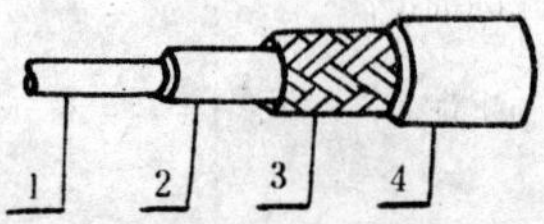 (*b*) 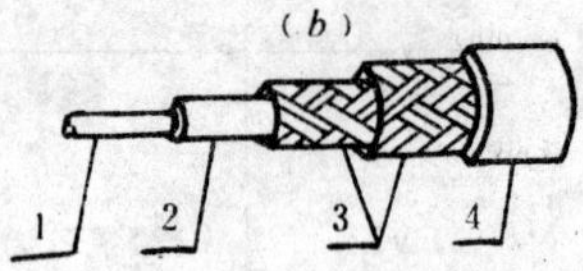 (*c*) 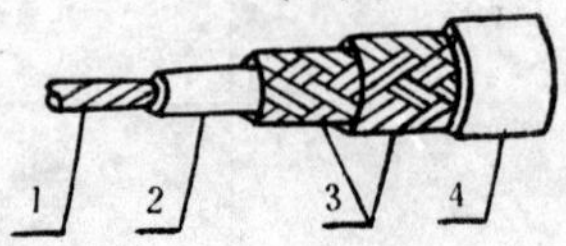 1-铜线芯 2—聚乙烯绝缘 3—铜线编织 4—聚氯乙烯护套
SIV−7	空气−聚乙烯绝缘同轴射频电缆	适用于固定或移动式无线电设备，使用温度−40～+60℃	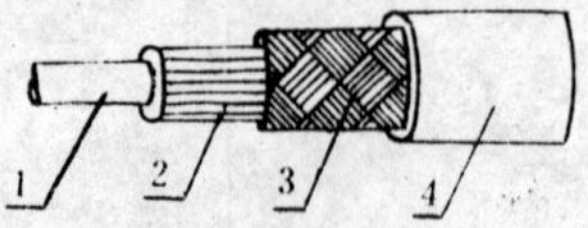 1—铜线芯 2—聚氯乙烯星形管绝缘 3—铜线编织 4—聚氯乙烯护套

续

型号	名称	主要用途	结构示意图
SFB	耐高温射频电缆	是耐高温的无线电设备连接线，可传输高频信号，使用温度－55～＋250℃	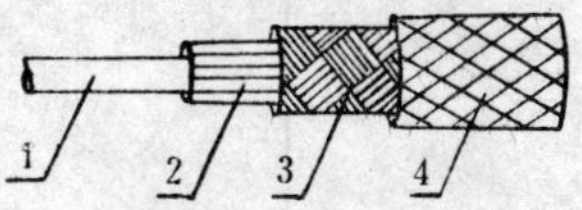 1—镀锡铜线芯 2—聚四氟乙烯绝缘 3—镀银铜线编织 4—聚四氟乙烯薄膜绕包，外加以浸渍硅有机漆的玻璃丝编织护套
AXL	橡皮腊克线	适用于弱电流电气线路安装，使用温度－50～＋50℃	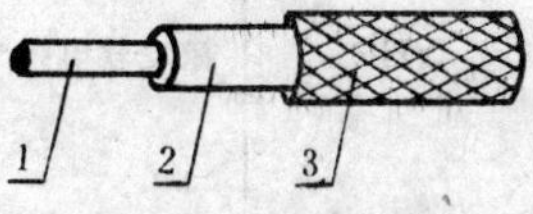 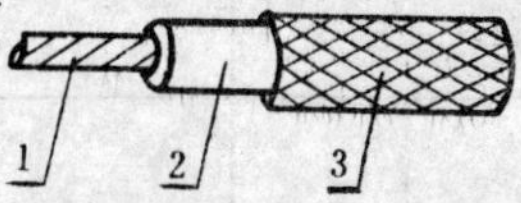 1—镀锡铜线芯 2—橡皮绝缘 3—玻璃丝编织并涂腊克
AXLR	橡皮腊克软线		
FXL	飞机用低压腊克线	适用于飞机上的低压线路	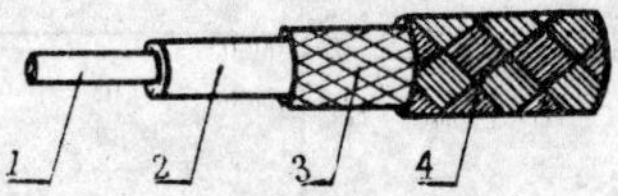 1—铜线芯 2—橡皮绝缘 3—棉纱编织并涂腊克 4—镀锡铜线编织
FXLP	带屏蔽低压腊克线		
AVBL	聚氯乙烯绝缘腊克线	适用于弱电流电器及仪表线路的固定安装，使用温度－40～＋60℃	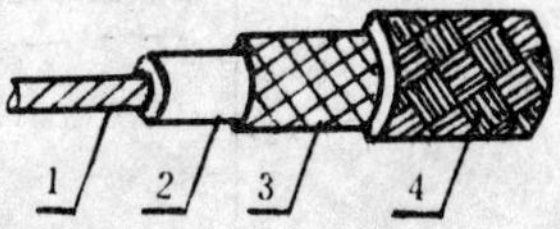 1—镀锡铜线芯 2—聚氯乙烯绝缘 3—玻璃丝编织并涂腊克 4—镀锡铜线编织
AVBLP	带屏蔽聚氯乙烯绝缘腊克线		

续

型号	名称	主要用途	结构示意图
AVV	聚氯乙烯安装电缆	适用于野外线路及仪表固定安装，使用温度为－40～＋60℃	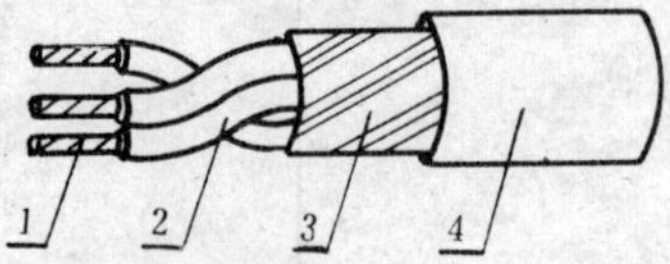 1—镀锡铜线芯 2—聚氯乙烯绝缘 3—聚氯乙烯薄膜绕包 4—聚氯乙烯护套
YHR	橡皮软电缆	适用于移动式电气设备的连接，使用温度－50～＋50℃	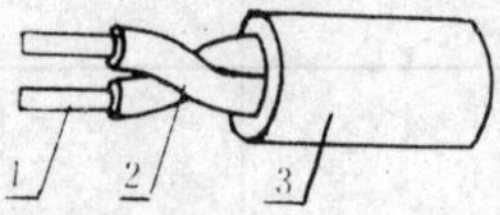 1—铜线芯 2—橡皮绝缘 3—橡皮护套
SBH	橡皮安装电缆	适用无线电设备的固定安装，使用温度－50～＋50℃	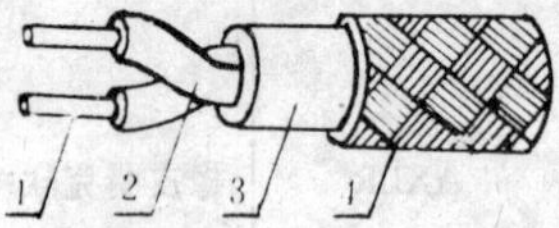 1—铜线芯 2—橡皮绝缘 3—橡皮护套 4—镀锡铜线编织
SBHP	橡皮安装屏蔽电缆		
AVP	聚氯乙烯绝缘屏蔽安装电缆	适用电讯设备的连接，使用温度－40～＋60℃	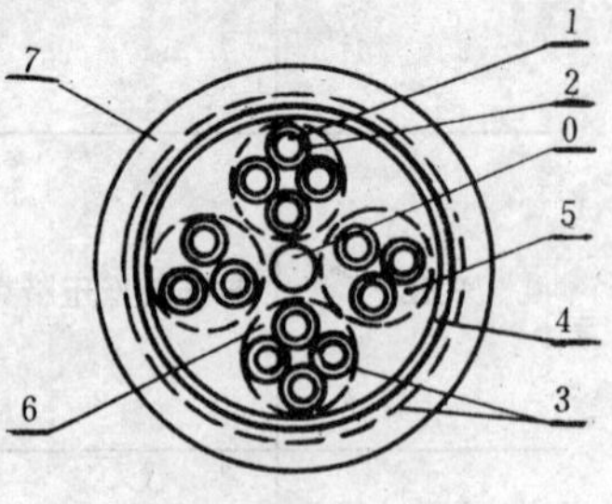 0—塑料填芯 1—镀锡铜线芯 2—聚氯乙烯绝缘 3—镀锡铜线编织 4—聚乙烯绕包 5—三绕组 6—四绕组 7—聚氯乙烯护套

续

型号	名称	主要用途	结构示意图
SJYV	强力射频电缆	适用于传输高频电能,使用温度－40～＋60℃	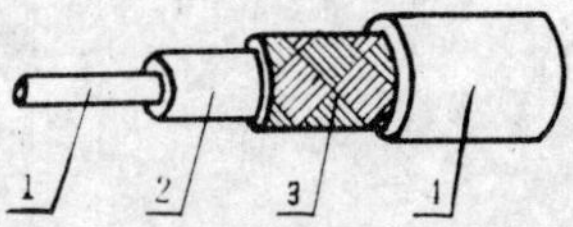 1－铜线芯 2－聚乙烯绝缘 3－铜线编织 4－聚氯乙烯护套
WYHDP	野外用像皮绝缘屏蔽电缆	供交流额定电压250V以下的野外条件下使用,使用温度－45～＋50℃	
P	防波套	适用于做电线电缆金属软管的屏蔽层或保护层	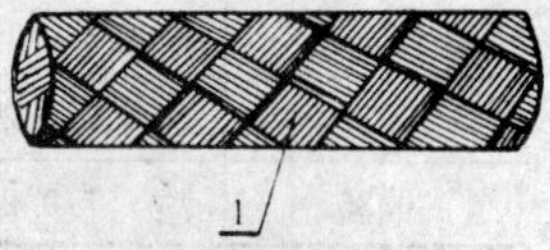 1－镀锡铜线编织

近年来大量采用带状电缆(也称排线),如:DVY－1－1型阻燃聚氯乙烯带状电缆,适用于交流额定电压300V及以下的电子计算机、电器仪表和电信设备系统,结构示意如图2－1所示。

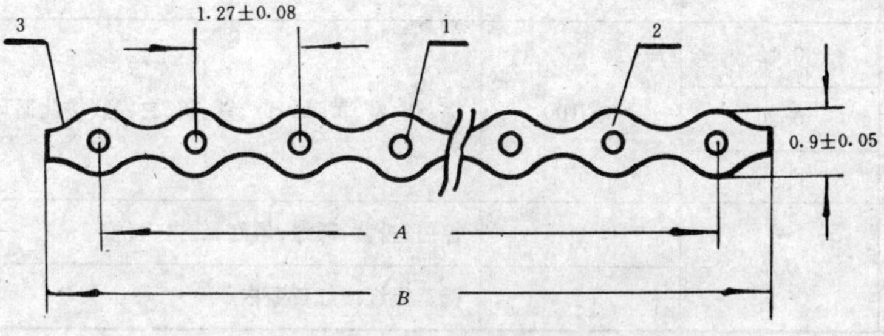

图2－1 DVY－1－1型带状电缆结构示意(单位mm)

1－导体 2－绝缘 3－电缆基准边

带状电缆芯数9～64根。

又如:DVY－2－2;DVY－2－3;DVY－2－4;DVY－2－5型带状电缆,其电缆平行部分剖面如图2－2所示。

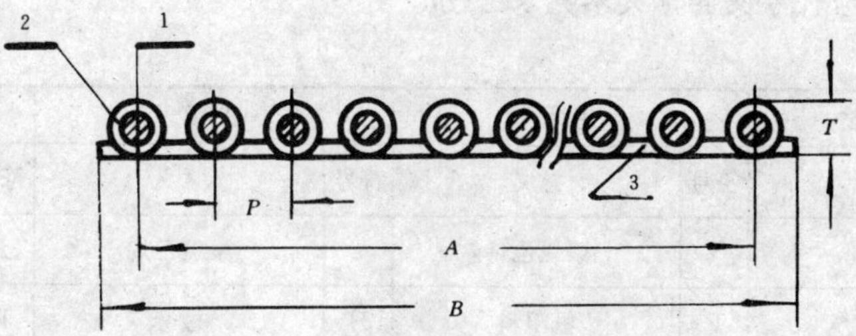

图2－2 电缆平行部分剖面图

1－导体 2－绝缘,颜色排列:棕白、红白、橙白、黄白、绿白、蓝白、紫白、灰白、浅蓝白、黑白按此循环 3－粘合材料再如:DVY－3－1 型带状电缆。适用于电子电器仪表、电子计算机、电视设备及其它控制系统。其结构示意如图 2－3 所示(以七芯为例)。

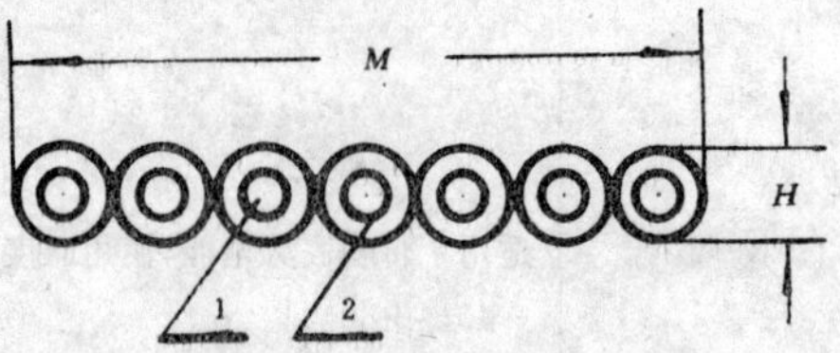

图 2－3　DVY－3－1 带状电缆结构示意

1－镀锡铜线芯　2－聚氯乙烯绝缘

其结构数据参见表 2－5

表 2－5

截面 mm²	线芯结构		电缆尺寸 mm		计算重量 kg/km
	根数/直径 mm	外径 mm	厚(*H*)	宽(*M*)	
0.12	7/0.15	0.45	1.2±0.05	nH	2.63n
0.20	7/0.20	0.50	1.45±0.05		4.09n
0.35	7/0.25	0.75	1.55±0.05		5.37n

注:*n* 为芯数

其色谱排列参见表 2－6。

表 2－6

	截面 mm²	芯　数	色　　谱
一般排列	0.12	2～100	棕、红、橙、黄、绿、蓝、紫、灰、白、黑、按此循环下去。
	0.20		
	0.35		
特殊排列	0.2	2	棕白;粉黄;黑绿;黑红;红白;黄橙
		4	橙黄黑红或红黄蓝白

下边分别介绍安装线缆及射频线缆型号编制方法,供参考。

一、安装线缆产品型号编制方法介绍

1. 安装线缆型号的组成分四部分

第一部分:分类代号或用途;第二部分:绝缘;第三部分:护套;第四部分:派生。

2. 各部分字母代号及其意义参见表 2－7

表 2－7

分类代号或用途		绝缘		护套		派生	
符号	意义	符号	意义	符号	意义	符号	意义
A	安装线缆	V	聚氯乙烯	V	聚氯乙烯	P	屏蔽
B	布电线	F	氟塑料	H	橡套	R	软
F	飞机用低压线	Y	聚乙烯	B	编织套	S	双绞

续

分类代号或用途		绝缘		护套		派生	
符号	意义	符号	意义	符号	意义	符号	意义
Y	一般工业移动电器用线	X	橡皮	L	腊克	B	平行
T	天线	ST	天然丝	N	尼龙套	D	带形
HR	电话软线	SE	双丝包	SK	尼龙丝	T	特种
HP	配线	VZ	阻燃聚氯乙烯	VZ	阻燃聚氯乙烯	P_1	缠绕屏蔽
I	电影用电缆	R	辐射聚乙烯				
SB	无线电装置用电缆	B	聚丙烯				

型号示例如下：

A F B P

A——分类代号或用途；F——绝缘；B——护套；P——派生

二、射频线缆产品型号编制方法介绍

1.射频电缆型号的组成

分类代号	绝缘	护套	派生	—	波阻抗	—	芯线绝缘外径	—	结构序号

其中芯线绝缘外径按四舍五入的原则修约为整数。

2.字母代号及其意义(参见表2—8)

表2—8

分类代号		绝　　缘		护　　套		派生特性	
符号	意义	符号	意义	符号	意义	符号	意义
S	同轴射频电缆	Y	聚乙烯	V	聚氯乙烯	P	屏蔽
SE	对称射频电缆	W	稳定聚乙烯	Y	聚乙烯	Z	综合式
SJ	强力射频电缆	F	氟塑料	F	氟塑料	D	镀铜屏蔽层
SG	高压射频电缆	X	橡皮	B	玻璃丝编织浸硅有机漆		
SZ	延迟射频电缆	I	聚乙烯空气绝缘	H	橡套		
ST	特种射频电缆	D	稳定聚乙烯空气绝缘	M	棉纱编织		
SS	电视电缆	R	辐照聚乙烯	VZ	阻燃聚氯乙烯		
		YF	泡沫聚乙烯				
		YK	纵孔聚乙烯				

型号示例如下：

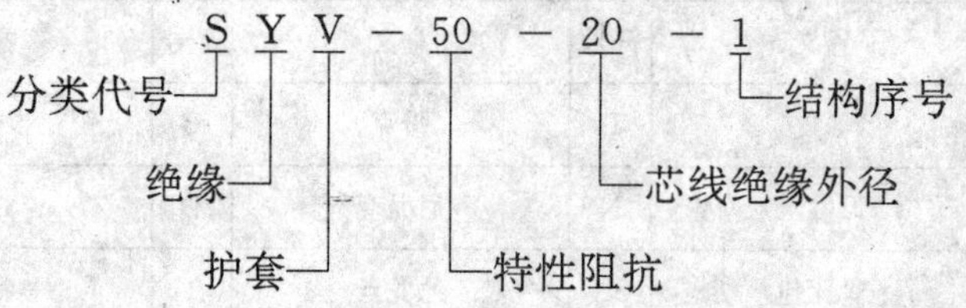

使用电线的主要目的是输送电能和电信号。在整机中，通常要求导线能如实地传输信号。但是事实上在传输过程中一定会产生信号失真和噪声等问题。使用和选择导线需要考虑以下一些条件。

1. 电路条件

(1)允许电流　导线的允许电流要比电路的最大电流大。线材的允许电流是指常温下的电流值。为保证温度升高时仍能正常使用，要有适当的安全系数。

(2)导线电阻的电压降　在一般情况下，导线的电阻很小，其电压降可以忽略。但在导线很长时，其电压降就应该考虑了。为了减小导线电阻的电压降，可以使用直径较大的电线或板材。

(3)额定电压和绝缘性　各种电线的试验电压(指在一分钟内没有变化的耐电压值)不同，从几百至几千伏，通常以此值的三分之一作为电线的额定电压。

在使用时，电路的最大电压应低于电线的额定电压。这样，才能保证电线具有良好的绝缘性。

(4)使用频率和高频特性　如果电路的频率较高，则选用电线时要考虑高频特性，即考虑到静电电容、介质损耗、导体的集肤效应等。此时，应选用高频电缆。为减小集肤效应，可选用粗裸铜线或铜管。

(5)特性阻抗　为了防止反射波，一般希望同轴电缆和馈电线具有一定的特性阻抗。选用射频电缆时，应注意阻抗的匹配关系。

(6)信号电平和屏蔽线　当信号较小，相对于信号电平的外来噪声电平不可忽略时，应选用屏蔽线。

2. 环境条件

(1)机械条件　所选择的电线应具备良好的拉伸强度、耐磨损性和柔软性，重量要轻，以适应环境的机械振动等条件。

(2)温度　由于环境温度的影响，会使电线的敷层变软、变硬以致于变形开裂造成短路，因此，所选线材应能适应环境温度的要求。

(3)耐候性和耐药品性　耐候性通常称为耐老化性。一般情况下，不能使线材受日光直射及长期置于高温下，也不能与有机溶剂和药品等接触。

选用线材还应考虑安全性、防止火灾和人身事故的发生。易燃烧的材料不能作导线的敷层。

在整机生产中，应根据设计文件规定的线材领料加工。如果用代用线材，一定要慎重，认真考虑以上问题。

表2－9列出不同截面积和线经所允许通过的电流值(电流密度为4A/mm^2)、供使用参

考。

表2－9　不同截面积、线径允许通过的电流值

芯线标称截面积(mm^2)	芯线标称直径(mm)	允许通过的电流值(A)
0.00196	0.05	0.00784
0.00785	0.10	0。03140
0.0117	0.15	0.07080
0.0314	0.20	0.1356
0.0491	0.25	0.1964
0.0953	0.35	0.384
0.152	0.44	0.608
0.238	0.55	0.952
0.322	0.64	1.288
0.430	0.74	1.720
0.581	0.86	2.320
0.724	0.96	2.900
0.916	1.08	3.660
1.13	1.20	4.520
1.43	1.35	5.720
1.77	1.50	7.080
2.06	1.62	8.240
3.30	2.05	13.200
4.34	2.35	17.360
6.38	2.85	25.630
8.04	3.20	32.200
9.62	3.50	38.400
13.20	4.10	52.800
21.24	5.20	84.900

§2－2　绝缘材料及塑料

一、绝缘材料

绝缘材料是电流很难通过的材料，其电阻系数一般大于 $10^9\Omega \cdot cm$。绝缘材料能把电气设

备中电位不同的带电部分隔离开来。绝缘材料应具有良好的介电性能，即具有较高的绝缘电阻和耐压强度。绝缘材料的耐热性能要好，在长期受热的情况下性能不发生变化。此外，绝缘材料还应具有良好的导热性、耐潮防霉性和较高的机械强度以及加工方便等特点。

1. 绝缘材料的分类

常用绝缘材料按其化学性质不同，可分为无机绝缘材料、有机绝缘材料和混合绝缘材料三种。无机绝缘材料有云母、石棉、大理石、瓷器、玻璃、硫磺等。主要用作电机、电器的绕组绝缘及开关底板和绝缘子等。有机绝缘材料有虫胶、树脂、橡胶、棉纱、纸、麻、蚕丝、人造丝等。混合绝缘材料是由以上两种材料经加工后制成的各种成形绝缘材料，用作电器的底座、外壳等。

2. 绝缘材料的性能指标

(1)绝缘耐压强度　绝缘物质在电场中，当电场强度增大到某一极限值时，就会击穿，这个绝缘击穿的电场强度称为绝缘耐压强度(又称介电强度或绝缘强度)，通常以每毫米厚绝缘材料所能耐受的电压千伏值表示。

(2)抗拉强度　绝缘材料的抗拉强度是指绝缘材料每单位截面积能承受的拉力。

此外，绝缘材料的性能指标还有比重、膨胀系数等等。

几种常用绝缘材料的名称、牌号、用途可参见表2—10。

表2—10　常用绝缘材料

名称及标准号	牌号	特性与用途
电缆纸 QB131—79	DLZ—08 DLZ—12 DLZ—17	作35千伏的电力电缆、控制电缆、通信电缆及其他电器的绝缘用纸
电容器纸 QB603—81	A—Ⅱ	在电子设备中作变压器的层间绝缘用
电话纸 QB218—80	DH—40 DH--50 DH—75	作多股电信电缆的绝缘用纸
电绝缘板纸 QB342—73	50/50 100/100	具有较高的强度，适用于低压系统中各种电器设备上。在电机、仪表、电气开关上作槽缝、卷线、部件、垫片、保护层用
粉末树脂		涂敷温度低、涂层坚韧、光亮、美观，机械强度高，可车削加工，用作不宜高温烘焙的电气元件及有关零件、部件的绝缘、密封、防腐等表面涂敷
厚片云母	3*、4*	厚片云母为工业原料云母，是剥制电容器介质薄片和电机绝缘片及大功率管与散热器间绝缘用薄片的原料
黄漆布与黄漆绸 JB2085—77	2010(平放)2210	适用于一般电机电器的衬垫或线圈绝缘
醇酸玻璃漆布 JB880—75	2412	耐热、耐糊及介电性能均优于黄漆布和黄漆绸，耐油性也好，用于在较高温度下工作的电机、电气设备的衬垫或线圈绝缘，以及在油中工作的变压器线圈的绝缘
黄漆管 JB883—75	2710	有一定的弹性。适用于作电机、电气仪表、无线电器件和其他电器装置的导线连接时保护和绝缘用
醇酸玻璃漆管 JB1551—75	2730	由编织的无碱玻璃丝管浸以醇酸清漆经加热烘干而成，在电子设备中作绝缘和导线连接端的保护用，耐热等级为B级(130℃)

续

名称及标准号	牌号	特性与用途
硅有机玻璃漆布		耐热性较高，可供电机电器中作衬垫或线圈绝缘用
环氧玻璃漆布		适用于包扎环氧树脂浇注的特种电器线圈
软聚氯乙烯管(带) SG79－75		作电气绝缘及保护用，颜色有灰、白、天蓝、紫、红、橙、棕、黄、绿色等
特种软聚氯乙烯耐寒管	5111	供低温下使用
聚四氟乙烯管 SG189－80	SFG－1 SFG－2	用来制造在温度为－180～＋250℃的各种腐蚀介质中工作的密封、减摩和绝缘零件
聚四氟乙烯电容器薄膜、 聚四氟乙烯电器绝缘薄膜	SFM－1 SFM－3	用于电容器及电空仪表中的绝缘，适用温度为－60～＋250℃
酚醛层压纸板 JB885－75	3021、3023	3023 具有低的介质损耗，适于在无线电电信和高频设备中做绝缘结构，由 3201 制造的零件可在变压器油中使用
酚醛层压布板 JB886－75	3025	有较高的机械性能和一定介电性能。适于在电气设备中做绝缘结构零部件，可在变压器油中使用
酚醛层压布板	320	有较高的介电性能及一定的机械性能，耐油性好，可在变压器油中使用
环氧酚醛玻璃布板 BG1303－77	3240	有较高的机械性能、介电性能和耐水性，适用于潮湿环境下做电气设备结构零件、部件，可在变压器油中使用
有机硅环氧层压玻璃布板 GB4206－84	SIGC1 SIGC2	有较高的机械强度、耐热性和介电性能，可在电机、电器中作槽楔、垫块和其他绝缘零件用
硬聚氯乙烯板 HG2－62－65		具有优良的电气绝缘性能，耐酸、碱、油，在－10～＋50℃范围内使用
有机玻璃板棒 HG2－343－66		用作仪器仪表部件、电气绝缘材料及光学镜片等
有机玻璃管 YHG62－66		是无色透光清晰的圆柱管，可用于各种工业设备、装置、仪器中，如离子交换树脂柱流体观察管

二、塑料

1. 塑料的组成及分类

塑料是以有机合成树脂为主要成分的材料。这种材料通常在加热、加压等条件下，可以塑制成一定的形状。合成树脂在加入某些添加剂以后，可以得到多种多样的改性品种。塑料的性能主要取决于树脂本身的特性，但有时添加剂也能起到很大的作用。添加剂包括填料和增强材料、固化剂、增塑剂、稳定剂、润滑剂、着色剂、阻燃剂等。

根据加工时的工艺性能，塑料可分为热固性和热塑性两大类。

热固性塑料大多是以缩聚树脂为基础，加入各种添加剂制成的。热塑性塑料是由聚合树脂加入少量稳定剂和润滑剂制成的。这类塑料在受热时会软化，冷却后又变硬，并可以多次反复成形。

2. 塑料的成形与加工

塑料成形工艺比较简单，方法多种多样。塑料可以在较低的温度下(一般在 400℃以下)采用注射、挤压、模压、浇铸、缠绕、烧结，真空成形、吹塑等方法制成塑料制品，其表面光洁美观、尺寸准确，不需要大量修饰加工。采用喷涂、浸渍、粘结等离子喷涂等方法，可将塑料覆盖在金属(或非金属)基体上，或在塑料表面镀金属，从而得到既有塑料的优点又有金属特性的制品。可以象金属材料一样采用连接、车、铣、刨、磨、刮、锉、钻以及抛光等方法对塑料进行二次加工。

热塑性塑料大多采用注射、挤压等方法成形，热固性塑料大多采用模压、浇铸方法成形。近年来，热固性塑料也开始采用注射方法成形，而热塑性塑料也有用浇铸法成形的，如浇铸单体尼龙等。

由于不断引用新技术来控制成形条件，提高制品质量和生产率，因而推动了塑料成形加工的进一步发展。

3. 工程塑料

工程塑料是指机械性能比较好，可以代替金属用作工程材料的一类塑料。尼龙、丙烯腈一丁二烯一苯乙烯(ABS)、聚碳酸酯、聚甲醛，聚砜以及聚苯硫醚(PPS)等，都是良好的工程塑料。

工程塑料发展很快，玻璃钢、聚苯硫醚(PPS)、增强涤纶(PET)、聚对苯二甲酸丁二醇酯等都是比较新的材料。

在使用塑料时，要根据使用的环境条件，结合各种塑料的性能特点，并考虑加工性及经济性等，正确地选用。在装配过程中，应防止烙铁烫伤或划伤塑料件表面。紧固时用力要得当，防止塑料开裂等现象发生。

§2—3 覆铜板

覆以金属箔的绝缘板称为覆箔板。其中，覆以铜箔制成的覆箔板称为覆铜板，它是用腐蚀铜箔法制作印制板的主要材料。覆箔板的种类很多，按增强材料分有纸基板、玻璃布板和合成纤维板三种；按粘结剂树脂分有酚醛、环氧、聚酯、聚四氟乙烯、聚酰亚胺、聚苯撑氧等；按结构分有单面、双面印制板、多层印制板和软印制板；按用途分有通用型和特殊型。

纸基板价格低廉，但性能较差，主要用在低频和民用产品中。玻璃布板与合成纤维板价格较贵，但性能较好，主要用在高频和军用产品中。当频率高于数百兆赫时，必须用介电常数和介质损耗更小的材料，如聚四氟乙烯和高频陶瓷作基板。下面介绍几种常用覆铜箔层压板

(1)TFZ－62、TFZ－63 覆铜箔酚醛纸基层压板　这是由绝缘渍纸(TFZ－62)或棉纤维(TFZ－63)浸以酚醛树脂经热压而成的层压制品，两表面胶纸可附以单张无碱玻璃浸胶布，其一面覆以铜箔，主要用作无线电设备中的印制电路板。目前有些工厂制出的 TFZ－64 覆铜箔酚醛纸基层压板，是用酚醛改性树脂两次浸渍棉绒纸后经热压而成的板状材料。其一面覆铜箔，具有较好的电气性能、良好的冲剪性及较低的翘曲度。

这些覆铜箔层压板所用铜箔原厚度为 0.05±0.005mm，其性能应符合冶金部标准 YB729－70 的规定，层压板厚度有 1.0、1.5、2.0mm 等几种。

(2)THFB－65 覆铜箔酚醛玻璃布层压板　这是用无碱玻璃布浸以环氧酚醛树脂经热压而成的层压制品，其一面或双面覆以铜箔。它具有质轻、电气和机械性能良好、加工方便的优点。其板面呈淡黄色(如用三氰二胺作固化剂，则板面呈淡绿色)，具有良好的透明度。主要用在工作温度较高、工作频率较高的无线电设备中作印制板。覆箔板上的铜箔厚度为 0.05±0.005mm，层压板的厚度有 1.0、1.5、2.0mm 几种。0.2、0.3、0.5mm 厚的为双面覆铜板。

(3)聚四氟乙烯覆铜板　这是以聚四氟乙烯板为基材，覆以铜箔经热压而成的一种覆铜箔板，主要在高频和超高频线路中作印制板用。

(4)聚苯乙烯覆铜箔板　这是用胶粘剂将聚苯乙烯板和铜箔粘接而成的覆铜箔板，主要用

作高频和超高频印制线路板和印制元件，如微波电路中的定向耦合器等。

(5)软性聚酯覆铜薄膜　这是用聚酯薄膜与铜箔热压而成的带状材料，主要用来制作柔性印制线路和印制电缆，可作为接插件的过渡线段。为了充分利用空间，在应用中常将它卷曲成螺旋形放在设备内部。为了加固或防潮常以环氧树脂将其灌注成一整体。

(6)多层印制板　多层印制板是指在单块印制板厚度相差不多的板上具有三层以上的印制电路系统。它是由较薄的几块单块印制板叠合而成的，只是制造工艺与单块印制板有所不同。

当板面上能容纳所有元件但容纳不下所有导线，或导线的密度太大而电气性能又不允许时，可采用多层印制板。采用多层印制板可使接线短而直并有利于屏蔽。

目前广泛使用的是四层印制板，此外也有六层、八层或更多层的印制板。

由于印制线路板的电绝缘和机械性能的优劣直接影响着产品的质量，必须根据不同的要求正确选用。

§2—4　金 属 材 料

金属是现代工业中最重要的材料，其应用极其广泛。在无线电整机制造生产过程中，也常常用到金属材料。为此，对金属材料也做一简单的介绍。

金属一般分为黑色金属和有色金属。通常把钢和铁称为黑色金属，而把钢、铁以外的其他金属称为有色金属。

一、黑色金属

1. 钢的简单分类

- 钢
  - 碳素钢
    - 普通碳素钢
      - 甲类钢(A)——按机械性能供应的钢
      - 乙类钢(B)——按化学成分供应的钢
      - 特类钢(C)——按机械性能及化学成分供应的钢
    - 优质碳素结构钢
    - 易切削钢
    - 碳素工具钢
  - 合金钢
    - 合金结构钢
      - 低合金结构钢
      - 合金结构钢
    - 合金工具钢
      - 合金工具钢
      - 高速工具钢
    - 特殊用途钢
      - 不锈耐酸钢、耐热钢
      - 高电阻合金、电工用钢
      - 磁性钢、抗磁性钢等

2. 钢和铁的区别及其特性

钢和铁的主要区别是含碳量。生铁的含碳量在1.7%～4.5%之间，其中硅、锰、硫、磷等杂质的含量比钢中也多。铁的性质脆，不能锻打轧制，没有韧性。但具有一定的机械强度，其熔点较低(1100～1250℃)，可以铸造。

钢的含碳量在1.7%以下，所含杂质控制在一定的范围以内。因此凝固后，具有高度韧性、延性和展性，其熔点较高(1400～1500℃)，可锻、可铸。通过热处理方法，还可以改善和提高其机械性能。根据含碳量的多少，钢通常分为低、中、高碳钢。在碳钢中增加各种合金元素的含量，可以炼制成具有各种特殊性能的合金钢。合金元素总量少于3%的钢称为低合金钢；合金元素总量为3～5%时称为中合金钢；合金元素总量超过5%时为高合金钢。合金元素有镍、锰、铬、硅、钼、钨等。这些合金元素都影响着合金钢的性能。钒、钛是钢中的脱氧剂和除气剂。铅在炼钢中用作脱氧定氮剂，同时也可提高钢的抗氧化性等。

3. 钢的热处理

钢的热处理有退火、正火、淬火、回火等。处理时的加热介质及目的等参见表2－11。

为了增加钢的表面硬度及其他性能，也常常对钢表面进行化学热处理。如：渗碳、氮化、氰化、渗铝、渗硅、渗铬等。

二、有色金属及其合金

除钢、铁以外其他金属均为有色金属。现就几种有色金属及其合金做一简单介绍。

1. 铜

纯粹的铜叫电解铜，是用电解方法制造出来的，纯铜又叫紫铜。工业上用的纯铜有T1、T2、T3、T4等四种牌号。

纯铜具有高的导电、导热和耐蚀性，在退火状态下具有很高的塑性，易于热压和冷压加工，但强度很低，故不能作结构零件，主要用于制造电线、电缆的导电体。

表2－11

名称	加热介质	操作	目的
退火	空气液体	加热到临界点以上的退火温度后，保温透烧，再在炉中或绝热物中缓慢在冷却下来	1. 降低硬度，改善加工性能 2. 增加塑性和韧性 3. 消除内应力 4. 改善内部组织，准备淬火
正火	空气液体	加热到临界点以上的正火温度后，保温透烧，再在空气中冷却下来	1. 得到细密的结构组织 2. 改善加工性能(低碳钢) 3. 提高硬度，强度等性能
淬火	空气液体	加热到临界点以上的淬火温度后，保温透烧，再在冷却剂——水、油或盐水中急速地冷却下来	1. 提高硬度和强度 2. 提高耐磨性 3. 满足所要求的其他机械性质
回火	空气液体	加热到临界点以下的回火温度后，保温透烧再迅速地或缓慢地在水、油或空气中冷却下来	1. 消除淬火时产生的内应力 2. 增加韧性 3. 满足所要求的机械性质
冰冷处理	用液体氧、氮、氨及干冰(固体CO_2)冷却	温度降低到－60℃－83℃时保温，再恢复到室温	减少合金钢组织中的残余奥氏体，以增高硬度和耐磨性(还须低温回火)
时效处理		天然时效：在空气中长时间存放 人工时效：在0～200℃这个温度内保持10～20h或更多的时间	使淬过火的工件，慢慢消除内应力而稳定其形状和尺寸

2. 黄铜

以锌作为主要合金化元素的铜合金叫做黄铜。仅由铜和锌组成的合金称为普通黄铜。在铜锌合金中添加锡、铅、铁、锰和铝等元素后，分别称为锡黄铜、铅黄铜、铁黄铜等。黄铜根据工艺性质、机械性能和用途的不同，又分为压力加工和铸造用黄铜两大类。

由于黄铜具有比纯铜高的机械性能，工艺性能也好，故广泛用于机器制造中各种结构件。

3. 青铜

青铜通常分为锡青铜和无锡青铜（特殊青铜）。以锡为主要合金化元素的铜合金称锡青铜。在铜基中不含锡而含有铝、铍、硅、镉和铬等元素作为主要合金元素的铜合金分别称为铝青铜、铍青铜、硅青铜等，统称为无锡青铜或特殊青铜。按照机械性能和用途不同，青铜又分为压力加工和铸造用的两大类。

青铜具有高的耐磨性能、机械性能、铸造性能以及良好的耐腐蚀性，无锡青铜比锡青铜具有更好的机械性能、良好的工艺性、高的抗腐蚀性以及某些特殊物理性能，所以广泛用在受力抗蚀，有弹性和摩擦要求的结构零件上。

4. 白铜

以镍作为主要合金化元素的铜合金叫白铜。单由铜和镍组成的铜合金称为普通白铜。添加锰和锌等元素的铜镍合金称为锰白铜和锌白铜。

白铜按用途又分为结构白铜和电工白铜。结构白铜的显著特点是具有高的机械性能和极高的抗蚀性，并具有耐热耐寒性，常用来制造高温和强腐蚀介质中工作的零件。电工白铜具有特殊的热电性质，在电工技术及仪表仪器制造中应用。

5. 铝

纯铝是用电解方法从铝矿中冶炼出来。它的特点是比重很低（只有铁的三分之一），熔点也低（657℃）。工业纯铝塑性高，焊接性好，导电、导热、耐蚀性都好，但是强度低，切削加工性不良，所以主要用作电线电缆的导体以及不承受载荷的零件，它与防锈铝均不可热处理强化。

6. 铝合金

铝合金可分为变形铝合金与铸造铝合金两大类。

变形铝合金，按其性能与用途可分为：

(1)防锈铝　性能基本与钝铝接近，强度比纯铝高，适用于制造轻负荷的深压延零件以及铆钉、线材。

(2)硬铝　其特点是，大部分合金可以进行热处理，有较高机械性能，在淬火后自然时效或人工时效状态下使用，有良好工艺性能，塑性中等。

(3)锻铝　其特点是，有较高的可锻性，较好的可焊性，故用于锻造及模锻件，挤压型材等。

(4)超硬铝　超硬铝合金是铝合金中强度最高的一类，在常温下其强度与35号钢相近，但抗腐蚀性、工艺性、焊接性、疲劳性能都比较差。

(5)特殊铝　特殊铝合金能满足某些特殊用途和特殊要求。有的用来制造焊棒焊条，在焊接铝合金时用作填料。

铸造铝合金，按化学组成可分为铝镁系合金、铝硅系合金、铝铜系合金、铝硅铜系合金、铝和其他元素合金等五类。

有色金属热处理包括退火、淬火、时效、回火等，不再介绍。详细情况可参考有色金属手册及有关材料。

§2—5 焊料及焊剂

一、焊料

凡是用来熔合两种或两种以上的金属面，使之成为一个整体的金属或合金都叫焊料。按组成成分，焊料可分为锡铅焊料、银焊料及铜焊料。按熔点，焊料又可分为软焊料（熔点在 450℃以下）和硬焊料（熔点高于 450℃）。在无线电整机装配中常用的是锡铅焊料。

通常所说的焊锡是指锡和铅的合金，它是一种软焊料。焊锡可以是二元合金、三元合金或四元合金。

纯锡能与多种金属反应，形成金属面化合物。这种化合物虽然强固，但较脆。如果用铅与锡制成锡－铅合金，则既可降低焊料的熔点，又改善了用纯锡较脆的缺点，增加了强度。图 2—4 示出了锡铅合金的熔化温度随着锡的含量而变化的情况，称其为锡铅合金状态图。从图中可以看出，只有纯铅（*A* 点）、纯锡（*C* 点）、易熔合金（*B* 点）是在单一温度下熔化的。其他配比构成的合金则是在一个温度区域内熔化的，其上限（*A*－*B*－*C* 称）称做液相线，下限（*A*－*D*－*B*－*E*－*C* 线）称做固相线。在两个温度线之间为半液体区，焊料呈稠糊状。在 *B* 点合金不呈半液体状态，可由固体直接变成液体，这个 *B* 点称为共晶点。按共晶点的配比配制的合金称为共晶合金。

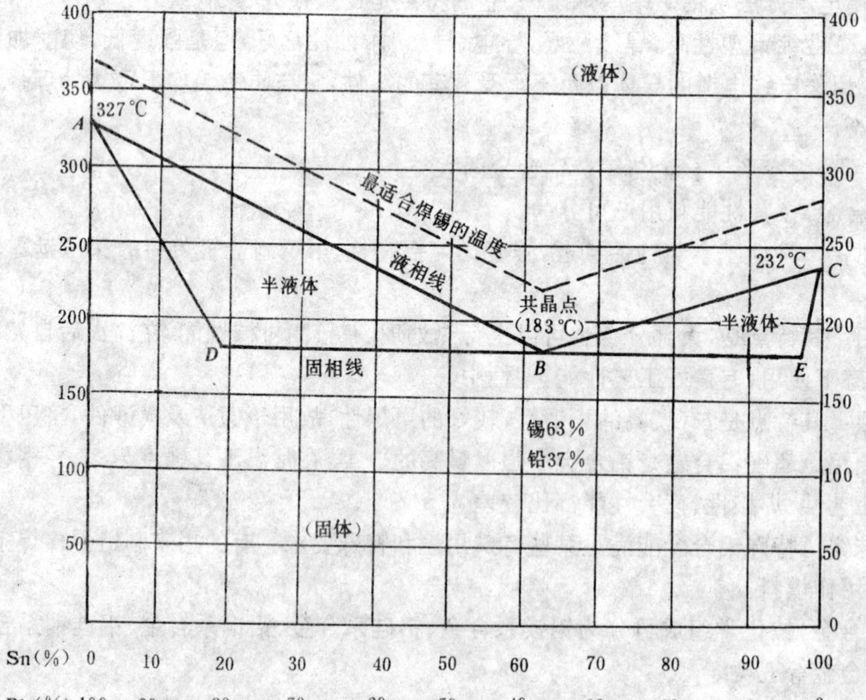

图 2—4 锡、铅合金的状态图

锡铅合金焊锡的共晶点配比为锡 63%、铅 37%，这种焊锡称为共晶焊锡。共晶点的温度为

183℃。当锡含量高于63%时，熔化温度升高，强度降低。当锡含量少于10%时，焊接强度差，接头发脆，焊料润滑能力差。最理想的是共晶焊锡。在共晶温度下，焊锡由固体直接变为液体，无需经过半液体状态。共晶焊锡的熔化温度比非共晶焊锡要低，这样就减少了被焊接的元器件受热损坏的机会。同时，由于共晶焊锡由液体直接变成固体，也减少了虚焊现象。所以，共晶焊锡应用得非常广泛。

以上说明了焊锡的组成与温度的关系。另外，焊锡的组成与其抗拉强度和电阻率也有一定的关系，选用时也应考虑。理想的焊锡应满足机械、电气等各方面的要求。

在焊锡中往往含有少量其他元素，如锑、铜、铋等。这些元素对焊锡的性能会有所影响，其影响结果可参见表2—12。

常用锡铅焊料的特性及用途可参见表2—13。

为了使用方便，在应用中常采用焊锡丝。焊锡丝是由锡铅焊料制成的。有的焊锡丝在丝中心加有助焊剂松香，则称为松香焊锡丝。如果在助焊剂松香中加入盐酸二乙胺，就构成活性焊锡丝。

焊锡丝的直径有0.5、0.8、0.9、1.0、1.2、1.5、2.0、2.3、2.5、3.0、4.0、5.0cm等多种。扁带焊料的规格尺寸也有很多种。

表2—12　　其他元素对焊锡的影响

元素	影响
锑	加入少量锑(5%)会使焊锡的机械强度增强，光泽变好，润滑性变差
铜	随着铜的含量增加，会使焊锡熔融温度增高。即使铜的含量增加0.1～0.2%，也会使焊锡变得硬而脆，一般焊锡中铜的允许含量为0.3～0.5%左右
铋	焊锡中加入5%以上的铋，就会使焊锡熔点下降，当添加10%以上时，有使焊锡变脆的倾向
锌	锌是最有害的金属之一，即使在焊锡中熔入0.005%的锌，也会使焊锡失去光泽，流动性变差
铝	铝也是有害的金属，即使熔入0.005%的铝，也会使焊锡出现麻点，粘接性变坏，流动性变差
铁	混入0.1%的铁会使焊锡粗涩

表2—13　　常用锡铅焊料的特性及用途

名称	牌号	主要成份(%)			熔点(℃)	杂质	电阻率($\Omega mm^2/m$)	抗拉强度	主要用途
		锡	锑	铅					
10锡铅焊料	HlSnPb10	89～91	<0.15	余量	220	铜、铋、砷		4.3	用于钎焊食品器皿及医药卫生物品
39锡铅焊料	HlSnPb39	59～61	<0.8		183	铁、硫、锌、铝	0.145	4.7	用于钎焊无线电元器件等
58—2锡铅焊料	HlSnPb58—2	39～41	1.5～2		235		0.170	3.8	用于钎焊无线电元器件、导线、钢皮镀锌件等
68—2锡铅焊料	HlSnPb68—2	29～31	1.5～2		256		0.182	3.3	用于钎焊电缆金属护套、铅管等
90—6锡铅焊料	HlSnPb90—6	3～4	5～6		256			5.9	用于钎焊黄铜和铜

二、焊剂

1. 对焊剂的一般要求

(1)常温时要稳定,焊剂的熔点要低于焊锡的熔点。在焊接过程中焊剂要具有较高的活化性,较低的表面张力,受热后能迅速而均匀地流动。

(2)不产生有刺激性的气味和有害气体。

(3)不导电,无腐蚀性,残留物无副作用,施焊后的残留物容易清洗。

(4)配制简便,原料易得,成本低廉。

2. 助焊剂的种类

助焊剂一般可分为无机系列、有机系列和树脂系列。

(1)无机系列 一般说来,无机系列助焊剂化学作用强,腐蚀作用大,锡焊性非常好。无机系列助焊剂包括无机酸和无机盐两类。无机酸和盐酸、溴化氢酸、氟化氢酸、磷酸等。无机盐有氯化锌、氯化铵、氟化钠、氯化锡等。无机盐类的代表助焊剂是氯化锌和氯化铵的混合物(氯化锌 75%,氯化铵 25%),其熔点约 180℃。这是一种适合钎焊的助焊剂,一般作为钣金焊接用的助焊剂。这种助焊剂有很强的活性,对金属的腐蚀性很强,挥发气体对电路元件有破坏作用,施焊后必须清洗干净。在无线电装配中一般禁止使用这种助焊剂。

(2)有机系列 有机系列助焊剂,其锡焊作用慢而弱,腐蚀性小。有机系列助焊剂包括有机酸、有机酸和氨的化合物及氨和卤素的化合物三类。其中,甲酸铵在有特殊用途的光亮镀锌的锡焊时使用最为合适。氨和卤素的化合物以少量水或丙三醇溶解,可以作为印制板滚镀锡时使用的助焊剂。

(3)树脂系列 树脂系列助焊剂在无线电设备的焊接中应用较广。树脂系列助焊剂包括松香、松香加活性剂、松香系列合成树脂加活性剂或消光剂、以及松香系列树脂加固体蜡再加活性剂等几类。常用的松香系列助焊剂有松香酒精、改性松香和活性化松香等。这类助焊剂腐蚀性很小,广泛用于印制板的焊接中。松香的电绝缘性能比较好,但是活性差。为了提高其活性,往往加入微量的三乙醇胺、水杨酸、溴化水杨酸等活性物质。三乙醇胺可以中和酒精松香中的游离酸。溴化水杨酸在焊接温度(240℃左右)下,可分解成溴化氢(气体)和水杨酸。溴化氢是一种强还原剂,能除去被焊件及焊锡表面的氧化层,有利于形成合金。水杨酸在焊接温度下能减小焊料的表面张力,增加流动性。

松香系列助焊剂在应用时可分为前涂覆和后涂覆两种。前涂覆用助焊剂多用于印制板焊接。在焊接前将助焊剂涂覆在印制线路板上,既可防止铜箔表面再氧化,又便于印制板的保存。后涂覆用助焊剂也称为装配用助焊剂,在焊接元件时与焊锡一起使用。

3. 几种助焊剂的简介

(1)松香酒精助焊剂 这种助焊剂中松香与酒精的重量比为 3∶1。为了改善助焊剂的活性,可添加适量的活性剂。活性剂可选用溴化水杨酸、蔗酸或蔗铜酸及氟碳表面活性剂等。例如,采用松香 15～20g,酒精 70g,再加入 10～15g 的溴化水杨酸,即可制成一种活性助焊剂。

(2)“三 S”溴光助焊剂 这种焊剂的配方如下:

甲组分中溴化水杨酸 6%,松香 12%,改性酚醛树脂 22%,酒精 60%。

乙组分中添加剂 S0.5～5%,混合溶剂(酒精与四氢呋喃)99.5～95%将甲乙组分别配制后,用甲∶乙=1∶1 的配比混合,即可制成焊剂。这种助焊剂具有一定的浸润性,可使焊点丰满,防止焊点密集处产生搭锡、拉尖现象,又有较好的消光作用。

(3)中性焊剂 这种焊剂适用于锡铅合金焊料对镍和镍合金、铜和铜合金、银和白金等的焊接。中性焊剂活化性强，焊接性能好，焊前不必清洗或浸锡，并能避免使用松香焊剂时产生的虚焊、假焊等现象。由于这种焊剂呈中性，因此能避免一般酸性焊接膏产生的锈蚀、发霉等现象。同时，这种焊剂在焊接时不产生刺激性气味，不影响焊接工人的身体健康。

中性焊剂的配方（按重量比）如下：

凡士林（医用）100份，三乙醇胺10份，无水乙醇40份，水杨酸10份。

(4)波峰焊防氧化剂　波峰焊防氧化剂具有较高的稳定性和还原能力，它是由聚苯醚和聚苯醚羧酸衍生物组成的，在常温下呈固态，在80℃以上呈液态。

4.使用注意问题

在助焊剂使用中应注意以下几个问题

(1)在使用焊剂的过程中，由于焊剂长期与空气接触会氧化，并吸收空气中的水蒸气，使焊剂浓度发生变化，致使性能下降，应引起注意。

(2)配制好的焊剂由于存放时间过长，会使焊剂成分发生变化，活化性能变坏，影响焊接质量。因而存放时间过长的焊剂不宜使用。

(3)焊剂在超过60℃的高温下绝缘性能急剧下降，使焊剂的残留物对发热元器件（如大功率晶体管、电阻等）影响很大，甚至造成短路现象。

5.阻焊剂

在进行浸焊、波峰焊时，往往会发生焊锡桥连造成短路的现象，高密度印制线路尤为突出。在不需要焊接的部分涂阻焊剂可以避免这种现象。阻焊剂是一种耐高温的涂料，可使焊接只在需要焊接的焊点上进行，而将不需要焊接的部分保护起来。应用阻焊剂可以防止桥连、短路等情况发生，减少返修，提高劳动生产率、节约焊料，并可使焊点饱满，减少虚焊现象，提高焊接质量。印制板板面部分由于受到阻焊膜的覆盖，焊接时受到的热冲击小，使板面不易起泡、分层。

阻焊剂的种类有热固化型阻焊剂、紫外线光固化型阻焊剂（又称光敏阻焊剂）及电子束辐射固化型阻焊剂等几种。热固化型阻焊剂是一种液体印料，通过丝网板漏印在印制板上，然后在烘箱内通过一定时间的加温固化，形成一层阻焊膜，光固化型阻焊剂又可分为液体印料型和干膜型两种。前者也是通过丝网膜版漏印在印制板上，然后在一定能量紫外线光源的照射下固化，形成一层阻焊膜。后者是一种干膜，需经过层压贴膜、紫外线曝光、显影，而后形成一层阻焊膜。电子束辐射固化型阻焊剂与紫外线固化型阻焊剂的基本原理相同，但其固化时无需光引发剂，只要在一定能量的电子束辐射激发下，就可形成固化膜。

热固化型阻焊剂在我国应用已有多年的历史，而且品种也较多。这类阻焊剂需要在100～140℃左右的温度下经过数小时的热烘才能固化。其生产周期较长、效率低、耗电大，不能适应自动化或半自动化连续生产的要求，将逐步为光敏阻焊剂所代替。

光敏阻焊剂的组成主要包括以下几个部分：树脂为含是不饱和键的不饱和树脂；交联剂为不饱和乙烯基单体；引发剂为光敏剂；颜料及其他填料。

光敏阻焊剂和一般热固化型阻焊剂比较，固化时间较短，适合自动化流水线生产。由于光敏阻焊剂的固化不依靠溶剂挥发，因此对空气污染较小。由于光敏阻焊剂固化时间短，可避免使印制板因受热冲击而变形翘曲。光敏阻焊剂的光照射设备较简单，价格较低廉，维护费少，占地面积不大。

目前，BH－1、BH－2光敏阻焊剂和BX－1丝网感光胶已被采用。几种阻焊剂的配方参见表2－14。

§2—6 粘合剂、漆料

一、粘合剂

粘合剂又称胶粘剂，简称为胶。日常生活中使用的胶水和浆糊就是粘合剂。随着高分子化学工业的发展，合成了一系列新型性能优良的粘合剂。这些粘合剂不仅能粘结非金属材料，而且也能粘结金属材料，在工农业生产等各领域中得到了日益广泛的应用。

1. 用胶粘剂粘结物质的优缺点

与铆接、螺栓连接、焊接等相比，用粘合剂粘结的优点是：重量轻，耐疲劳强度高，适应性强，能密封，能防锈。但其使用温度不高，若超过使用温度会使强度迅速下降。

某些粘合剂的耐老化、耐酸、耐碱等能力不够强。某些粘合剂粘合工艺较复杂，需加温加压，固化的时间较长，被粘物需经特殊表面处理。

2. 几种常用的粘合剂

(1)914 室温快速硬化环氧粘合剂　其特点是硬化速度快，粘合强度高。耐热、耐水、耐油、耐冷热冲击性能好。914 胶对金属、玻璃、陶瓷、木材、胶木和层压板等材料均有较好的粘合能力，适用于小面积快速粘合，不能用作聚烯烃类塑料的粘合。

(2)科化 501 胶　是无色或微黄色透明液体，适用于－50～70℃的各种材料的粘合，能抗普通有机溶剂，但不宜在酸、碱液中长期使用，也不宜在高度潮湿及强烈振动的设备上使用。科化 501 胶在室温下受空气中微量水分的催化能迅速硬化，比 502 胶粘度小，流动性好，但储存期短，易变质。科化 501 胶可用于钢、铜、铅、橡胶、塑料(聚乙烯，聚四氟乙烯除外)、玻璃、木材等材料的小面积粘合。

表 2—14　　几种阻焊剂配方

阻焊剂牌号	配方	配比
BH—1 光敏阻焊剂	苯乙烯	27
	增塑剂	7
	环氧丙烯酸树脂	52.6
	触变剂	8～10
	光敏引发剂	2.3～2.5
	颜　料	1
BH—2 光敏阻焊剂	交联剂	26
	环氧丙烯酸树脂	52.6
	触变剂	6～8
	光敏引发剂	3
	颜　料	1
	消泡剂	适量
BH—77 光敏阻焊剂	GM—SA—28 树脂	100
	313 稀释剂	20～35
	气相 SiO_2	5～7
	钛青绿	3～5
	硅　油	0.5
	安息香丁醚	2.5

(3)502 粘合剂　是无色或微黄色的透明液体，在室温下和很短的时间内即产生聚合反应

而硬化，故也称为502快干胶。502粘合剂储存期短，对各种金属、玻璃、塑料（非极性材料如聚乙烯、聚四氟乙烯等除外）及橡胶等都有较强的粘合作用，可用于大面积粘合。

（4）JW－1环氧树脂粘合剂　这种粘合剂耐水、耐煤油，在骤冷骤热的情况下剪切强度不变，对各种金属、玻璃钢、胶木等有良好的粘合力。

（5）101胶（又称乌利当胶）　这种胶用于金属及非金属粘合。

（6）XY104粘合剂　是灰色液体，用于橡胶与金属的粘接。

（7）XY401粘合剂　也称为88号胶，属于橡胶－树脂粘合剂，对钢、铝等金属无腐蚀，适用于橡胶与橡胶、橡胶与金属、橡胶与玻璃及其他材料的粘合。

（8）四氢化呋喃　是无色液体，能溶于水及有机溶剂，适用于塑料的粘合。

二、漆料

无线电整机装配中用到的漆料，按其用途可分为点头漆、紧固漆、防护漆等。下边分别加以介绍。

（1）点头漆　在元器件安装后进行检验时，常对合格焊点涂上点头漆，以作为标志。

点头漆通常是根据各厂的实际需要自行配制的，一般可采用硝基桃红0.5克与硝基胶液100克配制而成。

（2）紧固漆　在元器件装配后，常对某些螺母及易动的调谐部位加上紧固漆，以防止振动的螺母松动或调谐位置变动。

紧固漆通常也是根据各厂的实际需要自行配制的。一般可采用红硝基磁漆1克与清漆4克进行配制。

（3）防护漆　金属及其合金由于外部介质的作用会受到腐蚀。无线电整机的机箱、元器件的表面受潮后会发生锈蚀，必须加以防护。其措施之一就是采用油漆涂覆。涂防护漆既能防护，又能起绝缘作用。

以往防潮、防腐常采用风立水或1504清漆，效果不十分理想。现在，有些工厂使用SO1－3聚胺酯清漆、M－155丙烯酸树脂及PPS有机硅改性聚胺酯作为防潮、防盐雾、防霉菌的绝缘涂料，效果较为明显。常用绝缘漆的牌号、用途等可参见表2－15。

表2－15　常用绝缘漆

牌号	名称及标准号	组成成分	特性及用途
F30－13	酚醛绝缘漆 HG2－639－74	用酚醛树脂与琥珀、植物油熬炼制成	耐火、防潮性较好，机械强度较差，适用于浸渍和喷涂有耐水、防潮和绝缘性能要求的塑料及金属表面
C30－11	醇酸绝缘漆 HG2－644－74	用植物油及改性醇酸树脂，以二甲苯作为溶剂稀释而成	有较好的耐油性、耐电弧性。用于浸渍电机设备及变压器的绕组，也可做覆盖漆用
H30－12	环氧绝缘漆 HG2－631－74	用环氧树脂和植物油酸经过酯化后，加适当氨基树脂，用苯类溶剂及丁醇稀释制成	有良好的附着性，耐油、柔韧、耐强烈的化学气体，用于浸渍变压器及一般电机绕组和电信器材，也适用于金属表面处理
W30－12	有机硅绝缘漆 HG2－657－74	用聚甲基苯硅氧烷加二甲苯配制而成	为烘干型漆，浓膜具有较好的耐热性和绝缘防潮性能，用来浸渍玻璃丝包及玻璃布，并可用作半导体晶体管的保护层

某些漆在稀释时常用到一种叫做香蕉水的溶剂。这种溶剂无色、易燃、不溶于水，可与苯及二硫化碳等互溶。因其有香蕉的气味，故得名为香蕉水。

第三章 常用零、部件

§3—1 紧 固 件

在无线电整机装配中，各部分的连接、部件的组装、部分元器件的固定及锁紧、定位等常用到紧固零件。常用紧固零件有螺钉、螺母、螺栓、螺柱、垫圈、铆钉及销钉等。

一、螺钉

螺钉的种类很多，按头部形状可分为半圆头、平圆头、圆柱头、球面圆柱头、大圆柱头、沉头、半沉头、内六角头、滚花头、无头紧定螺钉、不脱出螺钉及自攻螺钉等。按头部起子槽形状可分为一字槽、十字槽、内六角、内花键等。其中，十字槽螺钉槽形强度高，拧紧时对中性好，易于实现自动化装配，外形美观。特别是十字槽沉头螺钉，能埋入零件内，外表平整。但十字槽螺钉装拆时须用相应规格的十字螺钉旋具。一字槽螺钉槽形强度比十字槽差，拧紧时对中性不好，适用于连接强度要求较低的场合。

常用部分螺钉形状及规格等可参见表 3—1。

表 3—1 常用螺钉的规格、特点及用途

图 形	名 称	标准代号	规 格	特点及用途
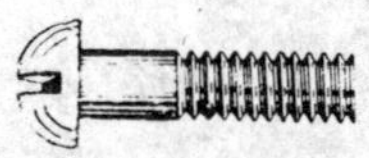	一字槽半圆头螺钉	GB67—85	M1～M20	钉头强度较好，应用最广。一般不用螺母，直接旋入制有螺纹孔的连接件
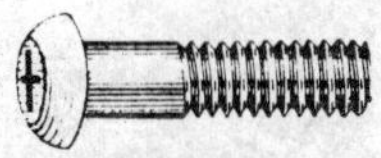	十字槽平圆头螺钉	GB818—85	M2～M12	槽形强度高，使用时应配合相应的螺钉旋具
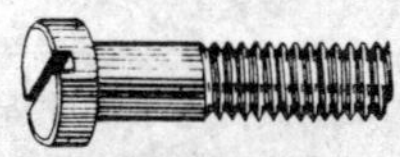	一字槽圆柱头螺钉	GB65—85	M1～M20	钉头强度较好，若在被连接件表面上刻出相应的圆柱形孔，可使钉头不露在外面
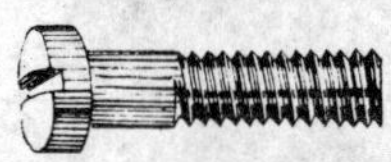	一字槽球面圆柱头螺钉	GB66—85	M1～M10	同上，但头的顶部呈弧形，比较美观和光滑
	一字槽沉头螺钉	GB68—85	M1～M20	适用于不允许钉头露出的场合
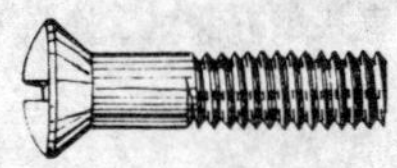	一字槽半沉头螺钉	GB69—85	M1～M20	同上，但头部弧形，顶端略露在外面，比较美观和光滑。多用于仪器或比较精密的机件上
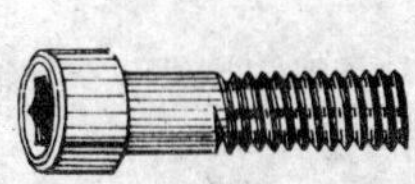	圆柱头内六角螺钉	GB70—85	M4～M42	连接强度高，头部能埋在零件内，但需用板手拧紧。可产生较大的拧紧力矩，用于要求结构紧凑、外形平整的连接处

续

图 形	名 称	标准代号	规 格	特点及用途
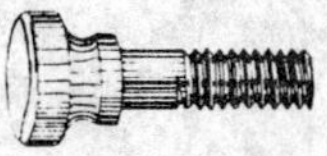	滚花高头螺钉	GB834－88	M1.6～M10	为了便于旋动，头部做得大，并滚有花纹。是用来调节零件位置的特殊螺钉
	锥端紧定螺钉	GB71－85	M1～M16	用来固定轴上不常拆的零件
	平端紧定螺钉	GB73－85	M1～M12	平端的接触面积大，不伤零件表面，用于经常拆卸的场合
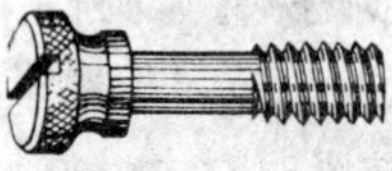	滚花头不脱出螺钉	GB839－88	M3～M10	一般用于面板的紧固，当拆下面板时，螺钉不脱出面板安装孔，可避免丢失
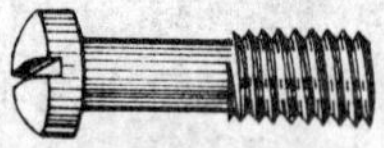	球面圆柱头不脱出螺钉	GB837－88	M3～M10	适用于收音机后盖的紧固，拆下后盖时螺钉不易丢失
	十字槽平圆头自攻螺钉	GB845－85	M2.5～M6	用于薄金属制件与金属制件之间的连接，螺钉本身具有较高的硬度，只须事先在主体制件上钻一相应的推荐孔即可将螺钉旋入

二、螺母

螺母的种类也很多，按外形可分为方形、六角形、蝶形、圆形、盖形等。螺母与螺栓、螺钉配合，起连接和紧固机件的作用。

常用部分螺母形状及规格等可参见表 3－2。

表 3－2 常用螺母的规格、特点及用途

外 型	名 称	标准代号	规 格	特点及用途
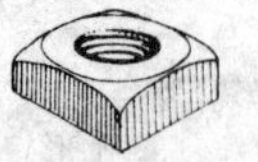	方螺母（粗制）	GB39－88	M3～M48	常与半圆头方颈螺栓配合，用于简单、粗糙的机件上，其特点是板手转动角度较大（90°），不易打滑
	六角螺母	GB52－86	M1.6～M48	应用较广，分很多品种，有扁的、厚的、小六角的、带槽形的等，分别用于不同的场合
	蝶形螺母	GB62－88	M3～M16	也称元宝螺母，用于直接装拆及对连接强度要求不高和经常装拆的场合
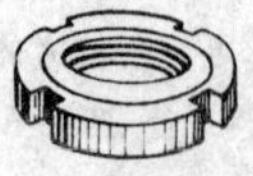	圆螺母	GB812－88	M10×1～M200×3	通常成对地用于轴类零件上，用以防止轴向位移，其装拆须用专用的钩形板手

续

外　型	名　称	标准代号	规　格	特点及用途
	盖形螺母	GB923－88	M3～M24	用此螺母紧固后，可盖上螺钉的突出部分。用做表面装饰螺母

三、螺栓和螺柱

螺栓有方头、六角头、沉头、半圆头、活节、地角等几种类型。这些类型中还有带单双榫、导颈、螺杆带孔、头部带孔几种形式。

螺柱有单头、双头，长双头等几种类型。

常用螺栓、螺柱的外形及规格等，可参见表 3－3。

表 3－3　　常用螺栓、螺柱的规格特点及用途

	图　形	名　称	标准代号	规　格	特点及用途
螺栓	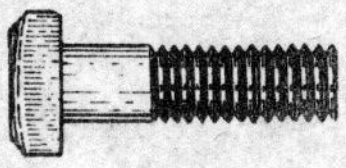	小方头螺栓	GB35－88	M5～M48	头部制成方形，适用于表面粗糙和对精度要求不高的钢铁或木质结构上
	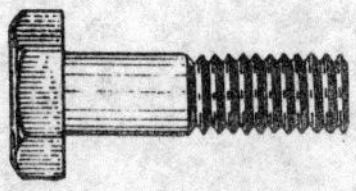	六角头螺栓	GB5－76	M10～M100	一般由热锻成形，除螺纹外，其余部分均不加工，用途同上
	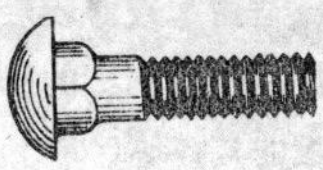	半圆头方颈螺栓	GB12－88	M6～M20	适用于铁木结构的连接
	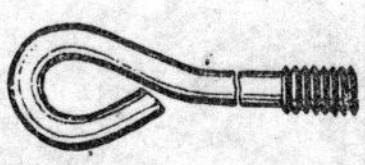	地脚螺栓	GB799－88	M6～M48	专供埋于混凝土地基中，固定各种机器或设备的底座
螺柱	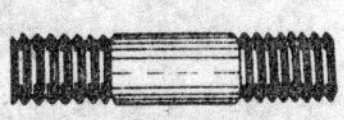	双头螺柱	GB897－88	M5～M48	两端制有螺纹，用于被连接件之一不能安装带头的螺栓的场合

四、垫圈

垫圈有圆形（包括大、小外径）、球面、锥面、开口几种类型及弹簧垫圈、止动垫圈等形式。

常用垫圈外形及规格等可参见表 3－4 所示。

表 3－4　　常用垫圈的规格、特点及用途

图　形	名　称	标准代号	公称直径(mm)	特点及用途
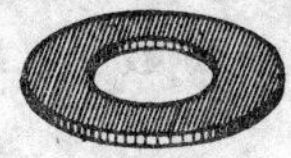	圆垫圈	GB97－85	1～48	垫于螺母下面，避免连接件表面擦伤，增大接触面积，降低螺母作用在被连接件表面的单位面积压力
	轻型弹簧垫圈	GB859－87	2～30	装置在螺母下面，用来防止螺母松动

续

图形	名称	标准代号	公称直径(mm)	特点及用途
	圆螺母用止动垫圈	GB858－88	10～200	是防止圆螺母松动的专用垫圈，主要用于制有外螺纹的轴或紧定套上作固定轴上零件或紧定套上的轴承用

五、铆钉和销钉

常用铆钉有半圆头、沉头、平锥头、管状等几种类型。还有专供钉标牌用的铆钉。

表3－5　常用铆钉、销钉的规格特点及用途

	图形	名称	标准代号	公称直径(mm)	特点及用途
铆钉	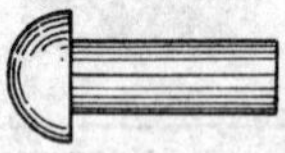	半圆头铆钉	GB867－86	0.6～16	是应用最广的一种铆钉。精制铆钉表面比较光洁，尺寸精度较高，适用于要求较高的场合
铆钉	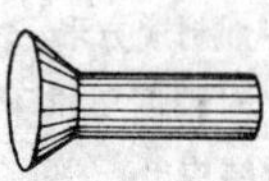	沉头铆钉(粗制)	GB869－86	1～16	也称埋头铆钉，用于表面需要平滑，不允许钉头外露的场合
铆钉	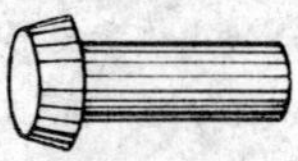	平锥头铆钉	GB868－86	2～16	用途与半圆头铆钉相同
铆钉		空心铆钉	GB876－86	1.4～6	适用于较薄较轻件的铆接，如焊片与胶木板的铆接，线路试验板的接点等
铆钉	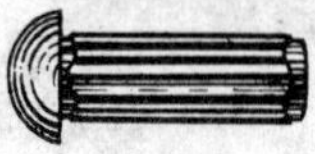	标牌用钉	GB827－86	2～5	用于装钉名牌
销钉	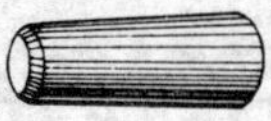	圆锥销	GB117－86	小端直径 0.6～50mm	销和销孔表面上制有1∶50的锥度，销与销孔之间连接紧密可靠。在承受横向载荷时，具有能自锁的优点。主要用于定位，也可固定零件、传递动力，多用于常拆卸的场合
销钉		圆柱销	GB119－86	0.6～50mm	在机器轴上作固定零件、传递动力用，在工具、模具上作零件定位用
销钉	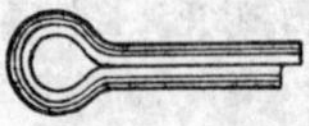	开口销	GB91～86	销孔直径 0.6～12mm	用于经常要拆卸的机件轴及轴杆带孔的螺栓上，使机件及螺母等不致脱落

销钉有圆柱销、圆锥销、开口销、带孔销和销轴等类型。其中圆锥销又有内螺纹圆锥销、开尾圆锥销之分，圆锥销又有螺纹圆柱销、弹性圆柱销之分。其外形和规格等参见表3－5。

制造以上几类紧固件所用材料有特种钢、碳素钢、合金钢、铜及其合金、铝及其合金等。不

同材料制成的紧固件用于不同的场合。为防护或装饰用，常将紧固件表面镀上不同的金属层。

六、焊片

焊片在无线电设备中应用很广，它可分为接线焊片和端套焊片两种。前者可供电气装配中将导线接至导电部分的连接用，后者可供电缆（导线）末端接头用螺母或螺旋夹子与导电部分连接用。

焊片的结构、外形尺寸、连接和安装尺寸等各不相同。接线焊片在结构上有单向、双向、双向直角、三向、四向等之分。固定孔有圆形及菊花齿孔之分，孔径大小也不一样。表 3－6 为部分接线焊片的型号及外形图。

表 3－6　　接线焊片的型号及图形

型　号	焊片类型	外　形　图	型　号	焊片类型	外　形　图
HP11	单　向		HP31	三向	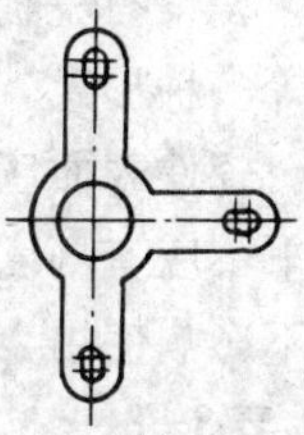
HP21	双　向		HP41	四　向	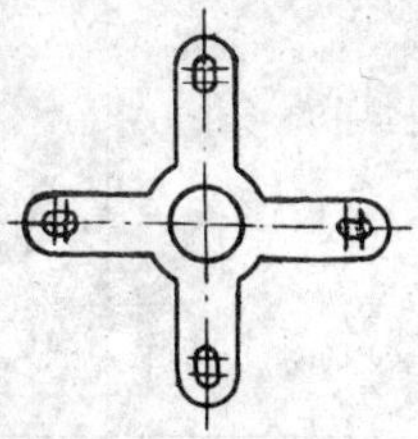
HP22	双向直角	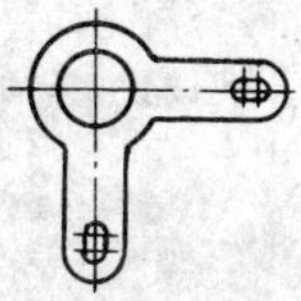	HP13	单　向	

端套焊片在结构上可分为闭口式、夹固导线绝缘闭口式、开口式及夹固导线绝缘开口式四类。各种焊片的固定孔直径不一样，闭口的长短、高矮不一样，开口的大小也不一样，应根据实际需要正确选用。其外形可参见表 3－7。

表 3－7　　端套焊片的型号及图形

型　号	端套焊片类型	外　形　图	型　号	端套焊片类型	外　形　图
DH1	闭　口　式	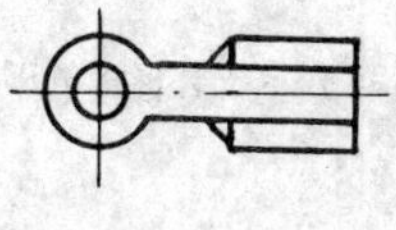	DH2	夹固导线绝缘闭口式	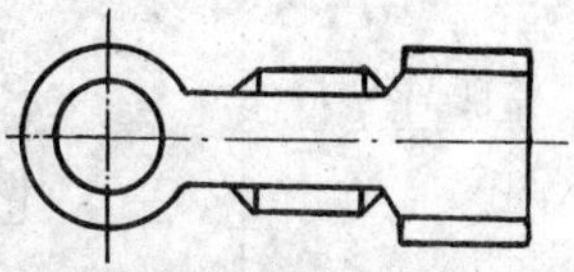

续

型　号	端套焊片类型	外　形　图	型　号	端套焊片类型	外　形　图
DH3	闭　口　式	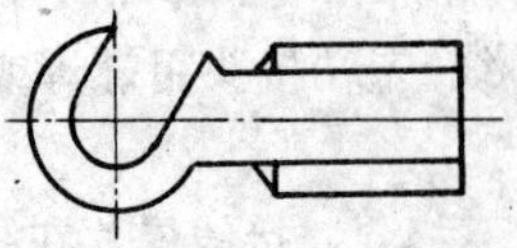	DH4	夹固导线绝缘开口式	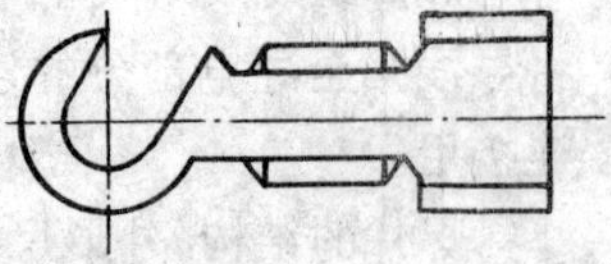

§3－2　瓷　　件

瓷件在无线电设备的装置零件中得到了广泛的应用。

瓷件有瓷板、瓷条、瓷管、瓷座、瓷帽、瓷盘、插头瓷体、绝缘子、天线拉线绝缘子、瓷柱及骨架等多种形式。

瓷件表面应清洁，无裂纹和擦伤痕迹、砂眼、瓷疤及斑纹等。瓷件的上釉表面应无龟裂纹，釉下不应有高度大于 0.2mm 的气泡，缺釉表面积应在规定的范围以内。瓷件表面色调不一致并不影响使用，常用瓷件的用途可参见表 3－8。

表 3－8　　常用瓷件的名称、外形及用途

名　称	示　意　图	用　途
瓷板、瓷条	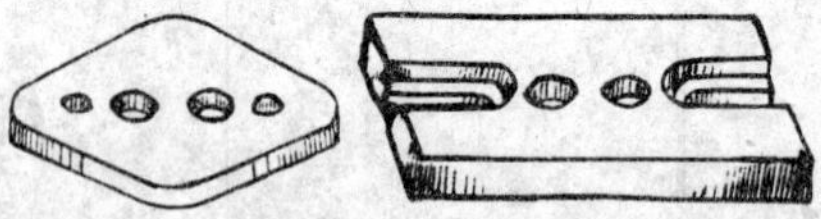	瓷板可做插座的绝缘体、底座装配板、微调电容器的端板。瓷条可做接线板的绝缘体
插　头　座	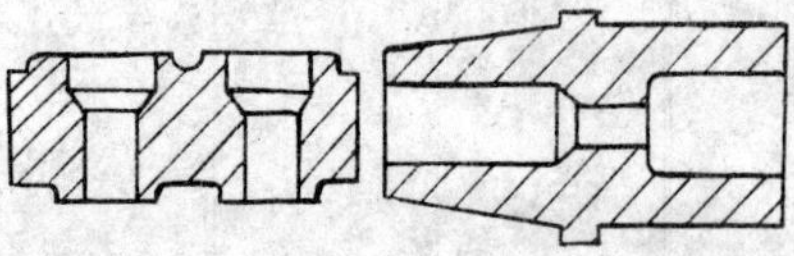	可做晶体管插座和高频插头座
管　　座		用作各种电子管瓷管座
屏极电压瓷帽		作电子管屏极电压瓷帽

续

名 称	示 意 图	用 途
绝 缘 子	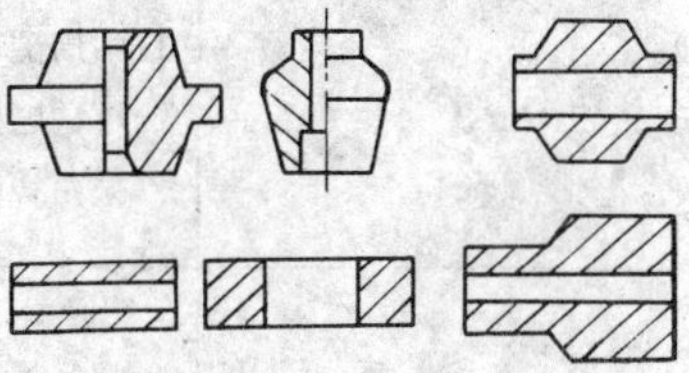	作载流导体的绝缘用
拉线绝缘子	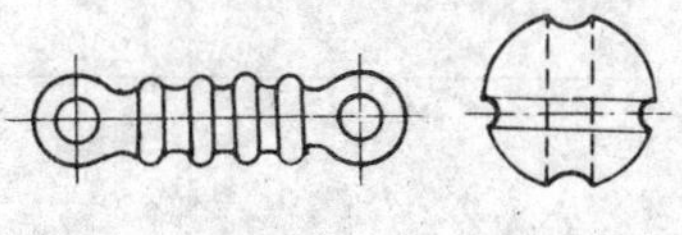	作天线的拉线绝缘用
骨 架	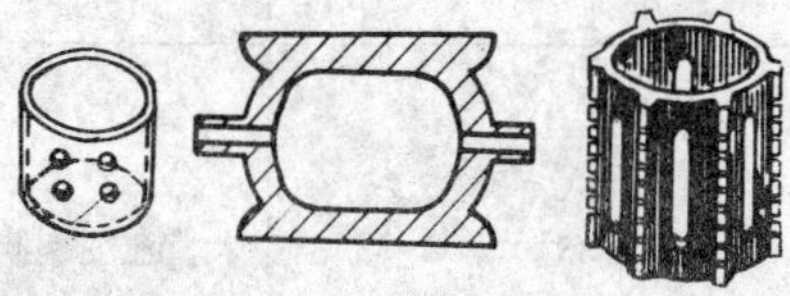	作电感线圈的骨架

§3—3 磁 性 件

磁性件由磁性材料制成。磁性材料可分为金属磁性材料和非金属磁性材料两类。

金属磁性材料又可分为软磁、硬磁、矩磁材料等。其中，软磁材料是一种容易磁化又容易退磁的材料，常用的有硅钢片、坡莫合金、羰基铁等。软磁材料可用来制造电动机、变压器、继电器和电磁铁的铁心。软磁材料适合在低频大功率情况下工作。

非金属磁性材料即铁氧体磁性材料。铁氧体按照磁性能的不同，可分为硬磁铁氧体和软磁铁氧体。硬磁铁氧体是一种不含镍、钴等贵重金属的非金属恒磁材料。与铝、镍、钴合金相比，它具有矫顽力大、电阻率高、密度小等优点。其缺点是剩磁感应较低、剩磁温度系数大、体积较大、不耐震。但如设计合理，仍能制成体积小、温度稳定性较好的磁性元件。目前硬磁铁氧体在电声器件中应用很广，可做扬声器、动圈式传声器、耳机的磁体。软磁铁氧体是一种新型的磁性材料，由于它是用陶瓷工艺制作而成的非金属磁性材料，所以又称为“磁性瓷”。它具有电阻率高、导磁率高、涡流损耗小等优点，并能压制成各种几何形状，特别适用于频率在几百赫到几百兆赫范围的收音机、电视机中使用，可做变压器、滤波器、振荡器、磁性天线、偏转线圈及可变电感的磁芯用。常用的有锰锌铁氧体（MX），呈灰黑色；镍锌铁氧体（NX），呈褐色；镁锌铁氧体；铜镁锌铁氧体等。常用非金属磁性件及其应用可参见表3—9。

表3—9 常用非金属磁性件及其应用

名 称	外 形	型 号 举 例	应 用 举 例
棒形		MX-400Yϕ10×20 NX-60-P80×16×5	1. 收音机接收天线磁棒 2. 固定电感磁芯

续

名称	外形	型号举例	应用举例
螺纹磁芯		ZL-4×8	1. 中周磁芯 2. 可调电感磁芯 3. 振荡线圈磁芯
帽形		M-M6	1. 收音机或电视机伴音中周磁芯 2. 可调电感磁帽
工形		G-ϕ12	1. 收音机中周磁芯 2. 电视机行线性校正线圈的磁芯
E形		E-5 E-36	1. 变压器磁芯 2. 直流变换器磁芯
U形		U12	电视机行输出变压器磁芯
偏转		PZ-31·2	电视机偏转线圈磁芯
双孔	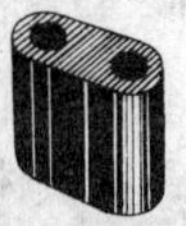	SK-1	电视机天线阻抗匹配变压器磁芯
环形			1. 中频变压器或脉冲变压器磁芯 2. 固定电感磁芯
罐形		GU-9×5	1. 高Q可调电感磁芯 2. 载波机滤波线圈磁芯 3. 变压器磁芯

§3—4 印 制 板

一、印制板的特点

印制板以绝缘板为基材，切成一定尺寸，其上至少附有一个导电图形，并布有孔（如元件孔、紧固孔、金属化孔等）以代替装置电子元器件的底盘，实现元器件之间的相互连接。这种布线板称印制线路板，简称印制板。

印制电路是指绝缘基板上的印制导线和印制元件系统。把印制线路板称为印制电路是不确切的，因为在印制板上并没有印制元件，而只有布线。

若在印制板上连接有电气元件和机械零件，并且已完成了安装、焊接、涂覆等全部工艺过程，则称该印制板为印制板组件或称印制装配板。

印制板的主要特点是：

(1)由于图形具有重复性（再现性）和一致性，减少了布线和装配的差错，节省了设备维修、调试和检查的时间。

(2)设计上可以标准化，利于互换。

(3)布线密度高、体积小、重量轻、利于电子设备的小型化。

(4)利于机械化、自动化生产，可提高劳动生产率，降低造价。

由于有上述优点，所以印制板在无线电设备中得到了广泛的应用。

二、印制板的分类

印制板按其结构可分为单面印制板、双面印制板、多层印制板、软性印制板几类。

1.单面印制板

绝缘基板上只有一面具有导电图形的印制板称为单面印制板，通常采用层压纸板和玻璃布板加工制成。

单面印制板的导电图形比较简单，大多采用丝网漏印法制成。

2.双面印制板

绝缘基板的两面都具有导电图形的印制板称为双面印制板。通常采用环氧纸板或玻璃布板加工制成。由于双面具有导电图形，所以一般采用金属化孔（即孔壁上镀覆金属层的孔）使两面的导电图形连接起来。因而双面印制板的布线密度比单面印制板更高，使用更为方便。双面印制板一般采用丝印法（也称丝网印刷法，即利用丝网镂孔版和印料，经刮印得到导电图形的方法）或感光法（也称光化法，即利用光敏抗蚀剂经光化反应制作印制板导电图形的方法）制成。

3.多层印制板

具有多于两层导电图形的印制板称为多层印制板。多层印制板的内层导电图形与绝缘粘结片相间叠置，外层为覆箔板，经压制成为一个整体。其相互绝缘的各层导电图形按设计要求通过金属化孔实现层间的电连接。其导电图形的制作以感光法为主。多层印制板的特点是：

(1)与集成电路相配合，可使整机小型化，减少了整机重量。

(2)提高了布线密度，缩小了元器件的间距，缩短了信号的传输路径。

(3)减少了元器件焊接点，降低了故障率。

(4)由于引入了屏蔽层，使信号失真减小。

(5)由于引入了接地散热层，故可减少局部过热现象，提高整机的可靠性。

4. 软性印制板

软性印制板是以软性材料为基材制成的印制板，也称挠性印制板或柔性印制板。其特点是重量轻、体积小，可折叠、弯曲、卷绕，可利用三度空间作成立体排列，能连续化生产。软性印制板的制造工艺与一般印制板大致相仿，使用的基材品种很多，如聚酯、聚酰亚胺、聚四氟乙烯等。印制电缆也是软性印制板的一种。随着电子设备向小型轻量化、高密度装配的发展，软性印制板在电子计算机、自动化仪表、通信设备中的应用也日益广泛。

三、印制板的加工工艺

目前印制板在工业化生产中大都采用腐蚀铜箔法来制取。这是一种典型的减去法(即指有选择地去除导电材料层不需要的部分，而获得导电图形的方法，又称减成法)。现以双面孔金属化板(孔壁涂覆金属的过程叫孔金属化)为例，介绍腐蚀铜箔法的工艺。这种工艺一般可分为切割工艺导线法(即正镀法)、耐蚀金属保护法(即反镀法)、堵孔法等三种。

(1)切割工艺导线法　为了进行电镀，要把印制板上导电图形的各个孤立部分互相导通，为此目的而暂时设置随后仍须去除的导线称为工艺导线。由于这种方法工艺较为烦琐，因此不利于自动化生产。特别是金属化孔多而密集时，切割工艺导线法的工作量就更显得大。

(2)堵孔法　此种方法的工艺流程是：双面覆箔板→打孔→孔金属化→堵孔保护→制图形→腐蚀→去除耐蚀剂→镀插头→外形加工→表面处理→成品。由于采用了堵孔保护措施，孔中的耐蚀材料不易清洗干净，特别是孔径小于 1mm 时更为突出。

(3)耐蚀金属保护法　采用这种方法时，先在覆箔板上打孔，进行孔金属化。而后用阳图底片和丝印法制做耐酸碱非电路图形膜(或贴干膜)，并在需要的电路图上电镀一层耐蚀性锡铅合金，用来代替正镀法中的抗蚀性干膜。接着除去非电路图形的保护膜，露出铜箔。再用不腐蚀锡铅合金的腐蚀液把露出的铜箔腐蚀掉，留下需要的电路图形。这种方法工序简单，便于操作，节省时间，既不需要添布和切除工艺导线，也不需要堵孔、洗孔。由于采用溶剂型或水溶性干膜，故可省去配制感光胶、涂胶、固膜、烘烤等工序。由于干膜性能稳定，易于控制，所以能制作高精度电路图形。因为是先打孔后孔金属化，避免了因线路密度高、焊盘直径小而造成打孔时焊盘脱落的现象，所以采用这种方法制造印制板效果比较好。

不论采用何种方法制造印制板，都得将与导电图形无关的铜箔腐蚀掉。常用的腐蚀剂有三氯化铁、氯化铜、过硫酸铵等。

在印制板上焊接元器件时，为了避免焊接中形成短路和误焊，需要涂覆一种耐热的有机涂料，即阻焊剂。一般是在焊接前采用丝网漏印法涂覆阻焊剂的。

四、印制板的检验

在使用印制板进行装配前，应对其外观等进行检验。检验内容如下：

(1)印制板板面应平整，无严重翘曲，边缘应整齐，不应有明显碎裂、分层及毛刺。表面不应有未腐蚀的残箔，线路面应具有可焊的保护层。

(2)导线表面应光洁，边缘不应有影响使用的毛刺和凹陷，导线不应断裂，相邻导线不应短路。

(3)金属化孔壁镀层无裂痕、黑斑现象，表面无严重的布纹。

(4)焊盘与加工孔中心应重合，外型尺寸、导线宽度、孔径位置及尺寸应符合设计要求。接点图形比较可参见表 3－10。

在特殊情况下，如板面安排不下印制导线时，可将接点的一边或两边切除，如图 3—1 所示。

除以上外观检查外，还应对孔化率、耐浸焊性、可焊性等进行检验和测试。

表 3—10　　印制板的接点图形比较

好	 R 为孔直径的 2～3 倍	 导线宽＝($\frac{1}{3}$～$\frac{2}{3}$)R（最小取 0.5mm）	 围绕孔圆形一致			
不好	 焊点面积不对称	 焊点与导线形状不分	 焊点上下不对称	 焊点间导线连接平直		 焊点不圆

图 3—1　特殊形式接点

第四章　常用工具及专用设备

装配工人在装配整机产品时，要使用一些工具和设备。目前常用的工具，大部分还是一些手工工具，如螺钉旋具、扳手、电烙铁、尖嘴钳、偏口钳等。为了提高生产效率，保证产品质量，对一些批量较大、要求一致性强的产品，设置了一些设备，如剥头机、捻头机、插件机及波峰焊机等。这些设备都是为了无线电整机装配加工需要而制造的，故称为无线电整机装配专用设备。

作为无线电整机装配工人，对这些常用工具和专用设备的性能应有所了解，熟练地掌握其使用方法、操作要领以及维护知识，才能得心应手地使其在生产中发挥作用。

随着电子工业的发展，大量新型多功能的无线电整机装配专用设备相应出现，绝大部分的手工操作将被专用设备所代替。但作为无线电整机装配工人，对普通常用工具和专用设备的使用，都应熟练掌握。

§4－1　常 用 工 具

无线电整机装配常用的工具，一般分普通工具和专用工具两大类。普通工具包括机械安装用的工具，如扳手、螺钉旋具、螺帽旋具等；电气连接用的工具，如电烙铁、尖嘴钳、偏口钳、镊子等。这些工具都是整机装配工人在装配及维修整机产品时，需要经常使用的工具。这些工具的使用方法，与其他工种基本上相同。但由于无线电整机产品本身的特点，在这些工具的使用方法和要求上也有一些特殊之处。除了普通工具外，还有一些适应整机装配特点的专用工具，如导线剥头钳、开口螺钉旋具、无锡焊接的压接钳与绕接工具等。

一、普通工具

1. 尖嘴钳

尖嘴钳也叫尖头钳。通常使用的尖嘴钳有两种：普通尖嘴钳及长尖嘴钳，见图4－1所示。

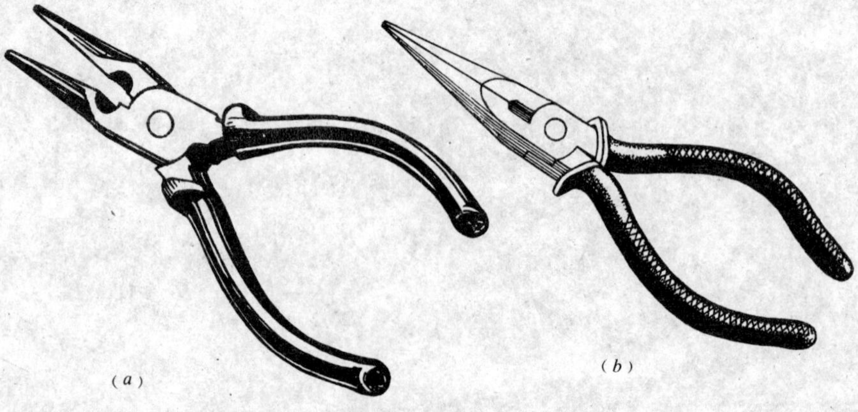

(*a*)　　(*b*)

图4－1　尖嘴钳

(*a*)普通尖嘴钳　(*b*)长尖嘴钳

尖嘴钳分铁柄与绝缘柄、带刀口与不带刀口几种类型。钳身长度有130、160、180、200mm四种。其中以钳身长160mm带塑胶绝缘柄的最常用。带刀口的尖嘴钳，其刀口一般不做剪切工具使用，只有在产品维修中，当没有专用的剪线工具时，才用来剪切一些较细的导线。

尖嘴钳的用途主要是在焊接点上网绕导线和元器件的引线及布线，以及小量导线及元器件的引线成形(按需要将导线或引线弯成各种形状)。为了不致损坏导线的表面和导线的绝缘层，可把钳嘴上的刻纹磨掉。在装配密度较大或在较深的底层网绕导线及布线时，宜选用长尖嘴钳。

尖嘴钳在使用时一般有两种握法，如图4－2所示。

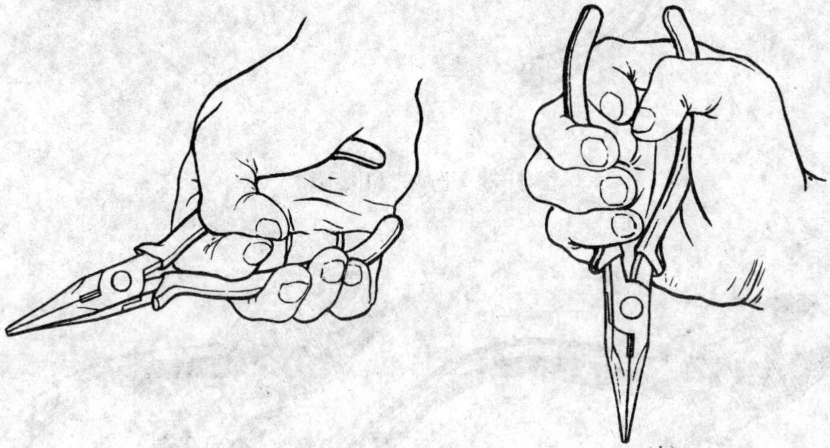

(a)　　(b)

图4－2　尖嘴钳的握法

(a)平握法　(b)立握法

为确保使用者人身安全，严禁使用塑料柄破损、开裂的尖嘴钳带非安全电压操作。不允许用尖嘴钳装拆螺母，也不允许把尖嘴钳当锤子使用，敲击它物。为防止钳嘴端头断裂，不宜用尖嘴钳，尤其是长尖嘴钳网绕、夹摄较粗较硬的金属导线及其他物体。要防止尖嘴钳头部长时间受热，如经常用其夹持焊片等在锡锅内热浸锡。这是因为，长时间受热容易使头部退火，降低钳头部分强度。同时，长时间受热也易使塑料柄熔化或老化。

2. 平嘴钳和圆嘴钳

平嘴钳(扁嘴钳)外形见图4－3(a)。平嘴钳主要用于拉直裸导线，将较粗的导线及元器件的引线成形。在焊接晶体管及其他怕热器件时，可用平嘴钳夹住管脚引线，以便于散热。

圆嘴钳(圆头钳)外形见图4－3(b)。由于钳头呈圆锥形，因此可以很方便地将导线端头、元器件的引线弯成一个圆环，以便于安装在螺钉及其他有关部位上。

平嘴钳和圆嘴钳的构造与尖嘴钳相似，只是钳头部分有所差异。其手柄分铁柄与带绝缘柄两种类型。钳身长度有130、160、180mm三种。钳身长160mm、带塑胶绝缘柄的平嘴钳、圆嘴钳最常用。平嘴钳、圆嘴钳的使用方法与注意事项同普遍尖嘴钳基本相似。它们的一些功能也可以由普通尖嘴钳代替。

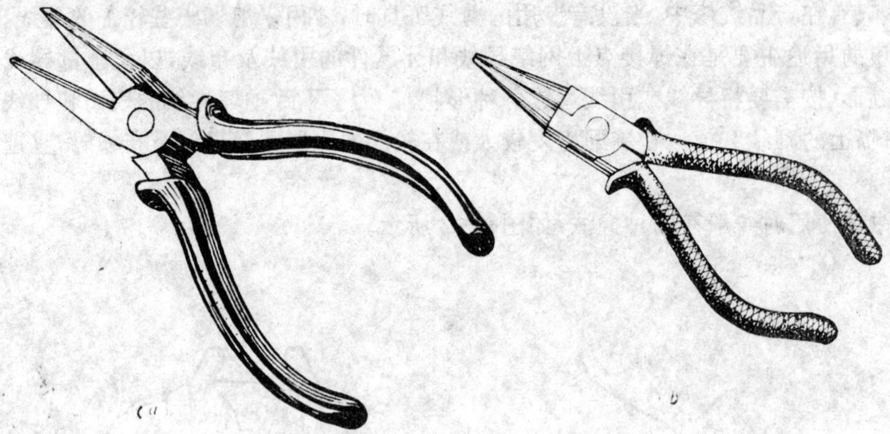

图 4－3 平嘴钳和圆嘴钳

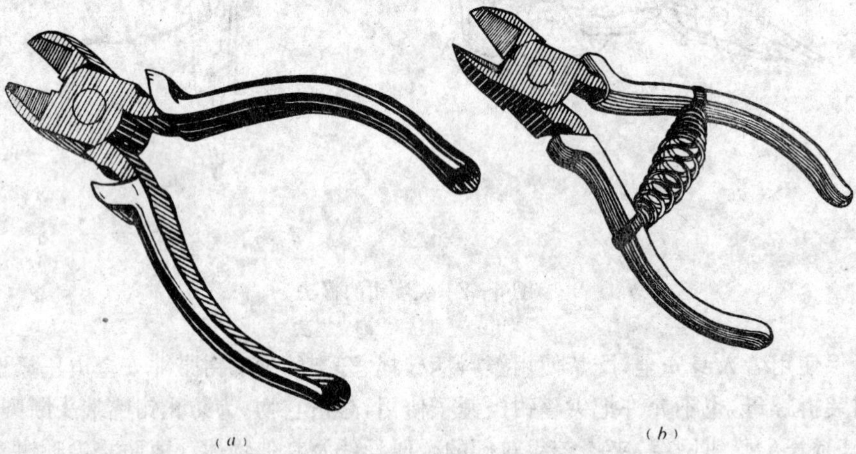

图 4－4 偏口钳

3. 偏口钳

偏口钳又名斜口钳，其外形见图 4－4。偏口钳主要用于剪切导线，尤其适用于剪掉焊接点上网绕导线后多余的线头及印制线路板安放插件后过长的引线。除了剪切金属导线外，偏口钳还常用来代替一般剪刀剪切绝缘套管、尼龙扎线卡等。

偏口钳的握法同于尖嘴钳的平握法。钳身长 160mm 带塑胶绝缘柄的偏口钳最为常用。为了使用方便，减轻手部疲劳，提高剪切效率，可在两个钳柄之间加上弹簧，如图 4－4(*b*)所示。

偏口钳的使用注意事项，大体与尖嘴钳相同。操作时，要特别注意防止剪下的线头飞出，伤人眼部。剪线时，双目不要直视被剪物。要使钳口朝下，当被剪物不易变动方向时，可用另一手遮挡飞出的线头。不允许用偏口钳剪切螺钉及较粗的钢丝等，以免损坏钳口。经常保持钳口结合紧密和刀口锐利，才能使剪切轻快，并使切口整齐。钳口如有轻微的损坏或变钝时，可用砂轮或油石修磨。

4. 剪刀(剪线剪)

常用的剪刀除普通剪刀外,还有剪切金属线材的剪刀,其外形见图 4－5。与普通剪刀相比,这种剪刀的头部短而宽,为的是使剪切方便有力。这种剪刀的把柄有两种形式,一种与普通剪刀相似,另一种加有弹簧。后者使用时可自动复原,方便灵活,可以代替偏口钳剪掉印制线路板安放插件后多余的线头。此种剪刀的握法与尖嘴钳立握法相同。

图 4－5　剪刀

使用时,要注意保持剪口部分的锋利和两侧剪口的平行。剪刀轴要松紧合适,保持两刃口结合紧密。

5. 镊子

常用的镊子有钟表镊子和医用镊子两种,见图 4－6 所示。

镊子的主要用途是在焊接时夹持导线和元器件,防止其移动。导线塑胶绝缘层的端头遇热要收缩,在焊点尚未完全冷却时,用镊子夹住塑胶绝缘层向前推动,可使塑胶绝缘层恢复到收缩前的位置。用镊子夹着小块泡沫塑料或小团棉纱,蘸上汽油或酒精,可清洗焊接点上的污物。

镊子还常用来摄取微小的器件,在装配件上网绕较细的线材,绑扎线把时夹置绑扎线等。

长度为 130～150mm 不锈钢制造的镊子较为常用。夹持较大的装配件宜选用医用镊子,网绕较细的线材宜选用钟表镊子。

使用时镊子的尖端要对正吻合,弹性要强,如有偏差应及时修理。

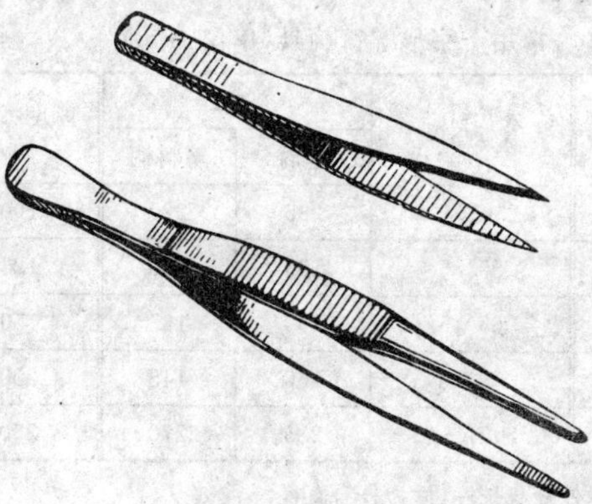

图 4－6　镊子

(a)钟表镊子　(b)医用镊子

6. 螺钉旋具

螺钉旋具也称为螺丝刀、改锥或起子，用于紧固或拆卸螺钉。常用的有一字形、十字形两大类和自动、电动、风动等形式。

(1)一字形螺钉旋具　这种旋具用来旋转一字槽形的机螺钉、木螺钉、自攻螺钉等。一字形螺钉旋具由旋杆和手柄组成。旋杆一般由 45 号碳素钢制造，端部经热处理硬度为 HRC48～54。手柄有木质与塑料两种。手柄上通常有较深的沟槽，以便旋转有力，手握方便。常用一字形螺钉旋具的外形见图 4－7。

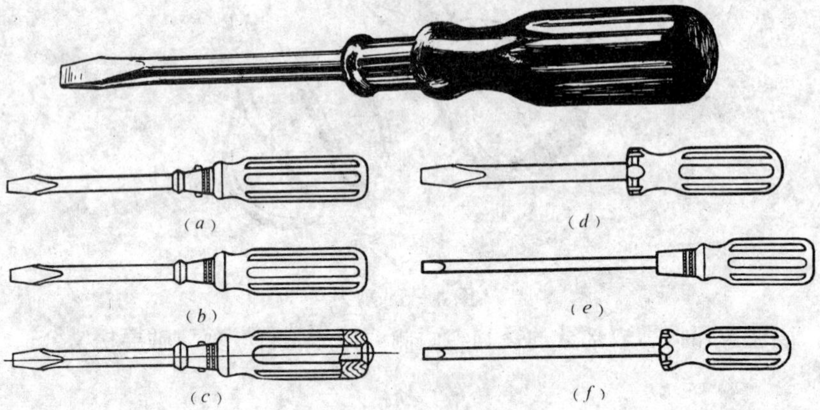

图 4－7　一字形螺钉旋具

(*a*)YM－Ⅰ型木柄螺钉旋具　(*b*)YM－Ⅱ型木柄无铆钉螺钉旋具　(*c*)YM－Ⅲ型木柄穿心螺钉旋具　(*d*)YS 型塑料柄螺钉旋具　(*e*)YDM 型电讯木柄螺钉旋具　(*f*)YDS 型电讯塑料螺钉旋具

选用一字形螺钉旋具时，应使其头部尺寸与螺钉槽相适应。如果螺钉旋具的端头宽度超过螺钉槽的长度，则在旋转沉头螺钉时容易损坏安装件的表面。如果螺钉旋具端头的宽度过窄，则不但不能将螺钉旋紧，还容易损伤螺钉槽。螺钉旋具端头的厚度比螺钉槽过厚或过薄，也是不好的。

在使用螺钉旋具时还应注意，一字形螺钉旋具的端头在长时间的使用后会呈现凸形，此时应及时用砂轮磨平，以防损坏螺钉槽。

表 4－1　　常用一字形螺钉旋具(单位:mm)

公称尺寸	全长		公称尺寸	全长		公称尺寸	全长	
	木柄	塑料柄		木柄	塑料柄		木柄	塑料柄
50×3*		100	150×4+	235	220	100×6	210	190
65×3*		115	50×5	135	120	125×6	235	215
65×3+		125	65×5	150	135	150×7	270	250
75×3*		125	75×5	160	145	200×8	335	310
100×3+	185	170	200×5+	285	270	250×9	400	370

注:1. 公称尺寸的两组数字，前为柄外杆身长度，后为杆身直径。

2. 带 * 号为小型塑料柄常用规格。

3. 带十号为 YDM、YDS 型电讯螺钉旋具。

YDM 与 YDS 型电讯螺钉旋具。由于旋杆较长，便于旋转较深部位的螺钉及电气调整器件，所以在无线电整机装配中采用较多。

一字形螺钉旋具有多种规格尺寸供选用，常用的一字形螺钉旋具的规格尺寸见表 4－1。

(2)十字槽螺钉旋具　十字槽螺钉旋具适用于旋转十字槽形机螺钉、木螺钉、自攻螺钉等，其外形见图 4－8。

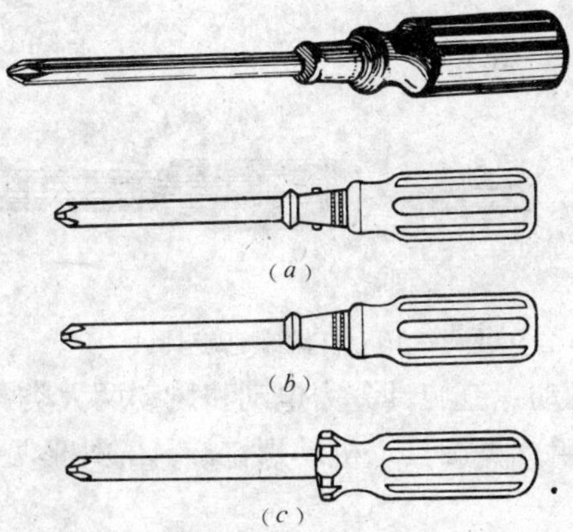

图 4－8　十字形螺钉旋具

(*a*)SM－Ⅰ型十字形木柄螺钉旋具　(*b*)SM－Ⅱ型十字形无铆钉木柄螺钉旋具　(*c*)SS 型十字型塑料柄螺钉旋具

在使用十字槽螺钉旋具时，应注意使旋杆端部与螺钉槽相吻合，否则易损坏螺钉的十字槽。十字槽螺钉旋具的端头分四种槽型：1 号槽型适用于 2～2.5mm 螺钉，2 号槽型适用 3～5mm 螺钉，3 号槽型适用于 5.5～8mm 螺钉，4 号槽型适用于 10～12mm 螺钉。

SM 型、SS 型十字槽螺钉旋具均可做成高强度螺钉旋具。此时型号前应加字母 G，成为 GSM 型、GSS 型。

使用一字槽及十字槽螺钉旋具时用力要平稳，推压和旋转要同时进行，参见图 4－9。

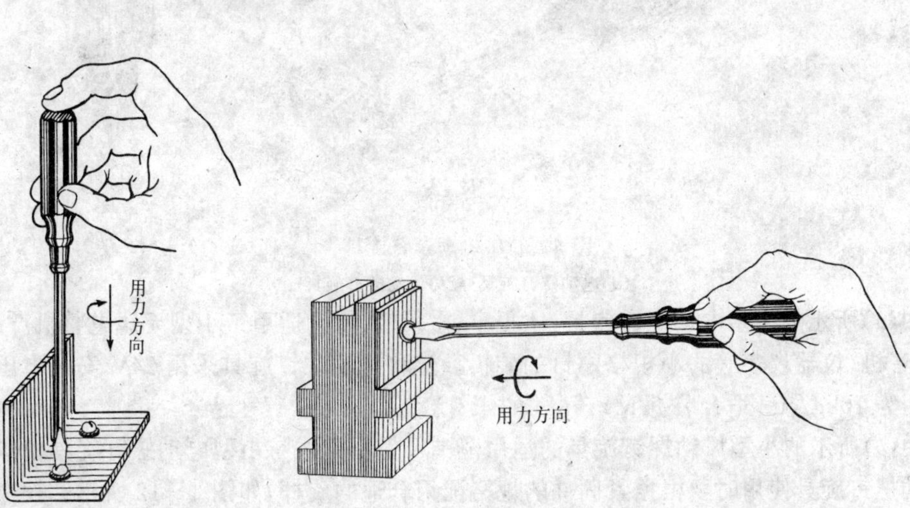

图 4－9　螺钉旋具用力示意图

(3)自动螺钉旋具(活动螺丝刀、自动改锥)　自动螺钉旋具适用于旋动头部带槽的机螺钉和木螺钉，其外形见图4－10。自动螺钉旋具内部装有弹簧、螺旋杆、开关等。这种旋具有顺旋、倒旋和同旋三种动作。当开关位于同旋位置时，使用方法与一般螺钉旋具相同。当开关位于顺旋或倒旋位置时，用力顶压旋具，旋杆即可连续顺旋或倒旋。这样就减轻了操作者的劳动强度，提高了生产效率。自动螺钉旋具具有达到一定力矩时自动停止的特点，特别适合在批量大、要求一致性强的条件下使用。

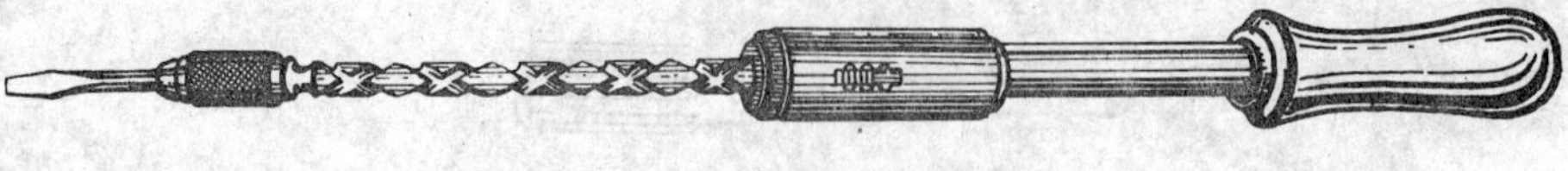

图4－10　自动螺钉旋具

(4)机动螺钉旋具　常用机动螺钉旋具分为电动和风动两大类。在大批量流水作业的装配线上，为了提高生产效率，常采用此类旋具。机动螺钉旋具的外形见图4－11。

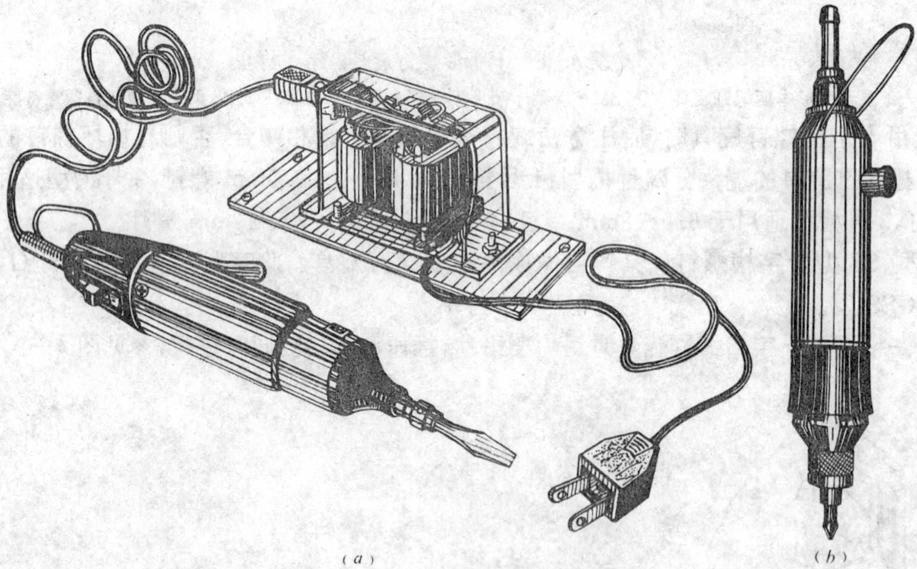

图4－11　机动螺钉旋具

(*a*)电动螺钉旋具　(*b*)风动螺钉旋具

图中(*a*)所示的小型电动螺钉旋具，体积小、重量轻，特别适用于小型无线电整机产品如电视机、录音机、仪器仪表等的小规格螺钉的装拆。这种电动螺钉旋具采用24V安全电压供电，额定力矩为10kg/cm，适合装拆M2～M4的螺钉。

图中(*b*)所示的小型风动螺钉旋具的适用范围及使用方法与小型电动螺钉旋具相似。

机动螺钉旋具使用时要根据紧固件的规格配用合适的旋杆，如图4－12所示。

7.螺帽旋具(螺帽起子、管拧子)

螺帽旋具外形见图4－13，它适用于装拆六方螺母或螺钉，比使用扳手效率高、省力，不易损伤螺母或螺钉。

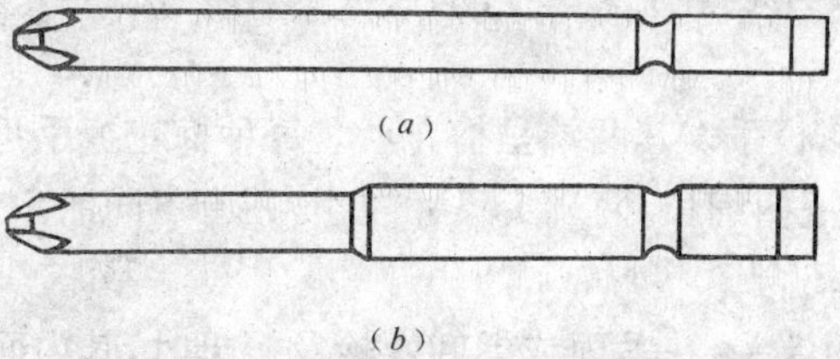

图 4－12　十字形螺钉机用旋杆

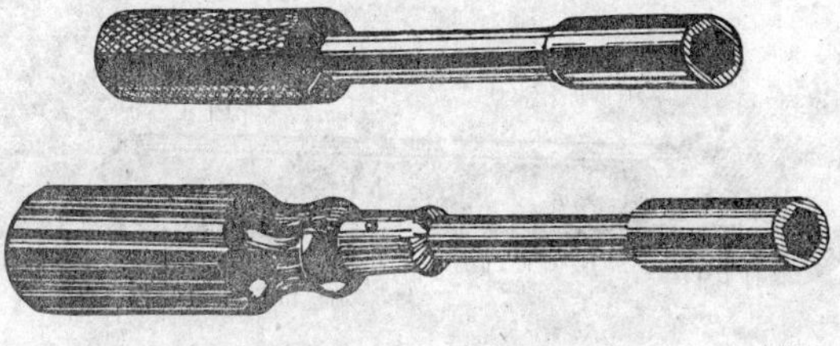

图 4－13　螺帽旋具

常用的螺帽旋具有 M2.5、M3、M4、M5、M6 等几种规格及用来紧固电位器、开关等大型螺母的多种型号。

螺帽旋具的套筒头部应标明所适用的螺钉尺寸，以便在操作时易与辨认。螺帽旋具的使用方法与螺钉旋具相同。这两种工具配合使用装拆螺钉与螺母时，其操作方法可参见图 4－14 所示。操作时应该用螺钉旋具顶着螺钉防止其转动，而依靠旋转螺帽旋具装拆螺母。如果与此相反，虽可同样装拆螺钉，但容易损伤螺钉槽。

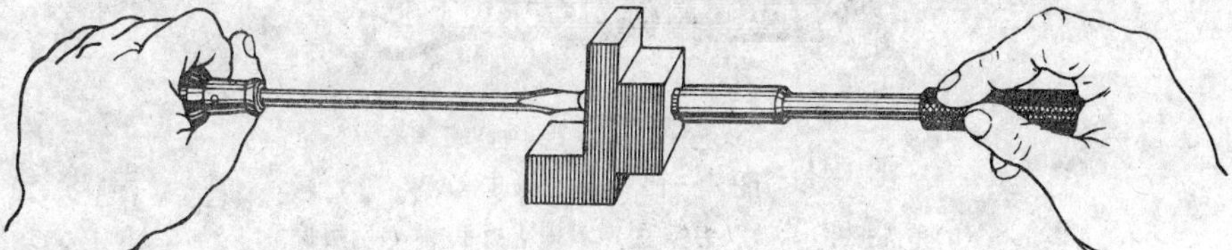

图 4－14　螺帽与螺钉旋具配合使用示意

8. 扳手

常用的扳手有固定扳手、套筒扳手、活动扳手三类。扳手是紧固或拆卸螺栓、螺母的常用工具。

(1)固定扳手　固定扳手(呆扳子)适用于紧固或拆卸方形或六角形螺栓、螺母。图 4－15 所示为各种固定扳手。

图 4－15(*a*)所示为单头扳手。这种板手本身只有一端开口，适用于紧固或拆卸一种尺寸的六角形或方形螺栓、螺母。对于不同规格的螺栓、螺母，应选用与之相应的单头扳手。

图 4—15(*b*)所示为双头扳手。其特点是扳手两端的开口宽度不同,每把扳手可适用于对边距离不同的两种六角形或方形螺栓及螺母。双头扳手有多种规格尺寸,并有成套的扳手供选用。

图 4—15(*c*)所示为梅花板手。其两端呈梅花状。每种梅花扳手可适用于两种不同尺寸的六角螺栓或螺母。此种扳手把柄细长,两端头尺寸较小,并有不同的角度,所以适用于工作空间狭小、不能容纳普通扳手的场合。

梅花扳手采用梅花形的端头,在紧固或拆卸螺栓及螺母时,其内面与螺栓或螺母之间配合紧密,接触面积大,受力均匀,从而减少了滑动和对被紧固器件表面涂复层的磨损。

图 4—15(*d*)所示为两用扳手。其特点是一端与单头扳手相同,另一端与梅花扳手相同。两用扳手的两端规格相同,但可适应不同的使用场合。

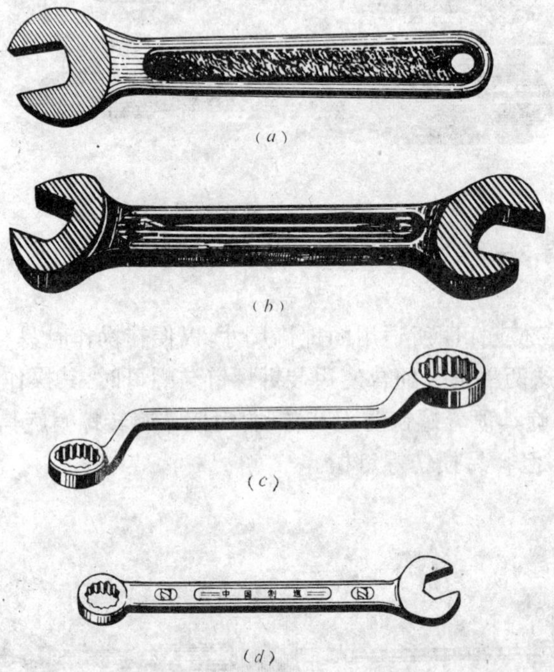

图 4—15　固定扳手

(*a*)单头扳手　(*b*)双头扳手　(*c*)梅花扳手　(*d*)两用扳手

(2)套筒扳手　套筒扳手外形见图 4—16。

这种扳手除具有一般扳手的功能外,特别适于在装配位置很狭小、凹下很深的部位及不容许手柄有较大转动角度的场合下紧固、拆卸六角螺栓或螺母使用。

每套套筒扳手配有不同规格的套筒头及不同品种的手柄连杆,供各种规格的紧固件在不同场合使用,如图 4—17 所示。

(3)活动扳手　活动扳手由于开口宽度可以调节,所以能扳动一定尺寸范围的六角头或方头螺栓、螺母。活动扳手的规格以最大开口宽度乘扳手长度来表示。其中以 14×100mm、19×150mm、24×200mm 三种规格在无线电整机装配中最常用。每种规格的扳手都有一定的适用范围,不要用大扳手去扳动过小的紧固件,否则容易损坏紧固件的表层,甚至将其拧断或使螺纹滑扣。活动扳手的开口宽度应与被紧固件吻合，切勿在很松动的情况下扳动，以防损坏被紧固件。要注意扳手的扳动方向，以免损坏扳手的调节螺丝或使扳手滑动。活动扳手及其扳动方向示意分别见图 4－18 和图 4－19。

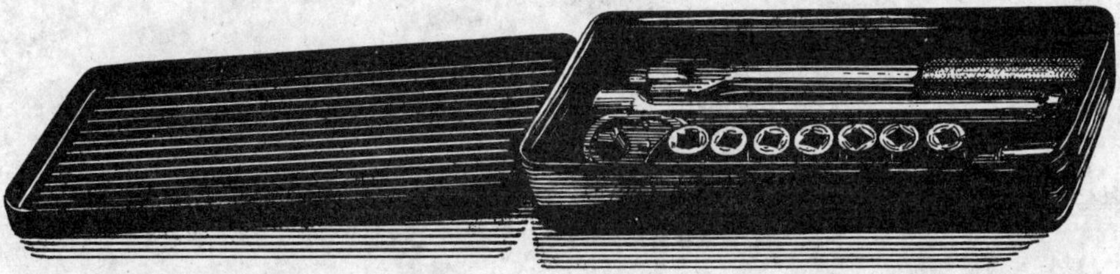

图 4－16　套筒扳手

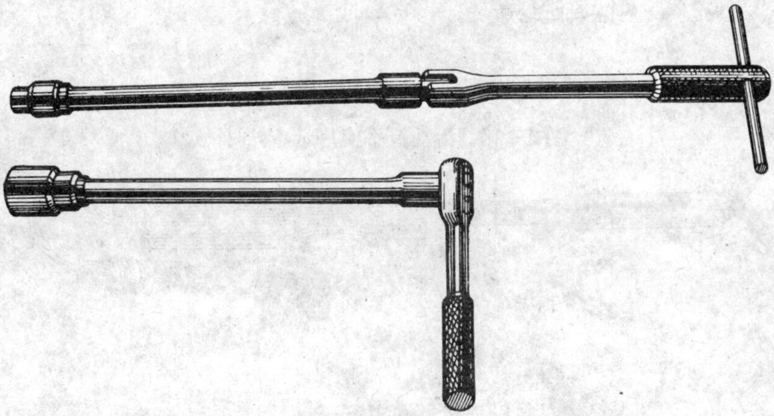

图 4－17　加接长杆示意图

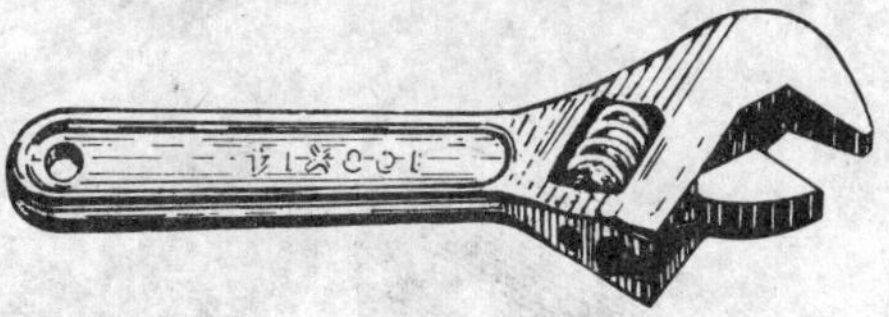

图 4－18　活动扳手

9. 电烙铁

电烙铁是无线电整机装配工人最常用的工具之一，用于各类无线电整机产品的焊接、维修及更换元器件。

常用电烙铁有外热式和内热式两种。根据被焊接产品的要求，近年来出现了吸锡电烙铁和恒温电烙铁。

(1)外热式电烙铁　图 4－20(*a*)所示的外热式直立型电烙铁是目前使用最为普遍的电烙铁。外热式电烙铁的另一种形式是 T 形电烙铁(见图 4－20b)，该品种虽然生产较少，使用不普遍，但它比较适合无线电整机产品的装配焊接。T 形电烙铁与直立型外热式电烙铁一样，是由烙铁头、烙铁身、烙铁柄及烙铁芯组成的。使用这种电烙铁，不论是焊接大型结构的无线电整机产品，还是小型化的印制线路板结构的产品，都比较适用。此种电烙铁烙铁头细而长，调整方便，可借此来控制焊接温度，保证焊接质量。T 形电烙铁易于焊接装配密度高的产品，不易烫坏焊点周围的元器件及导线。

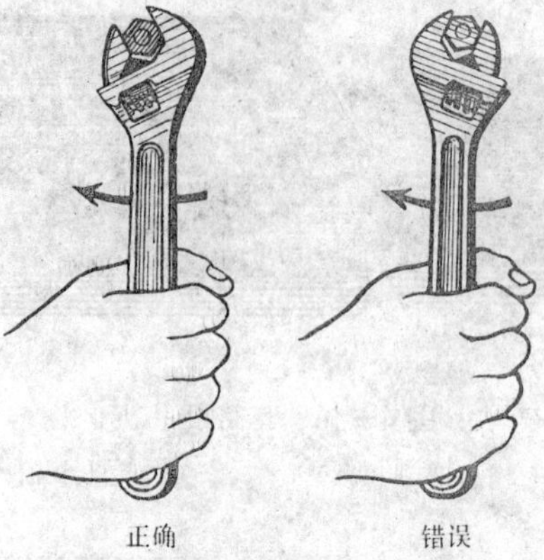

图 4－19　活动扳手使用示意

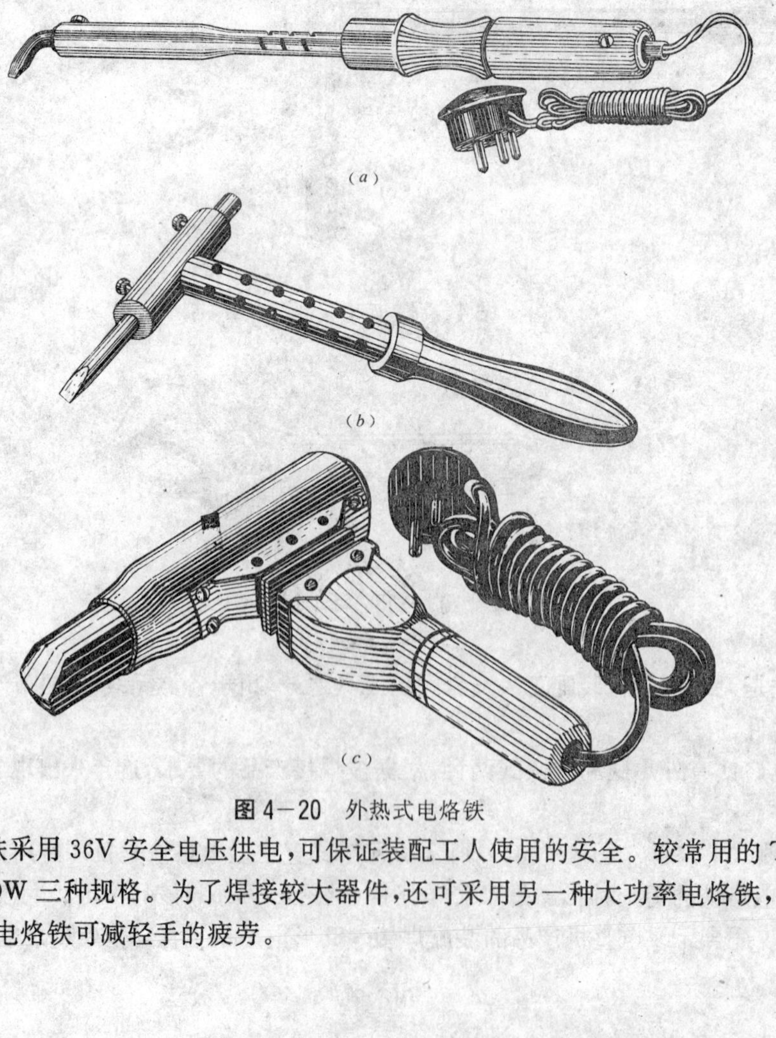

图 4－20　外热式电烙铁

T 形电烙铁采用 36V 安全电压供电，可保证装配工人使用的安全。较常用的 T 形电烙铁有 40、60 和 100W 三种规格。为了焊接较大器件，还可采用另一种大功率电烙铁，如图 4－20(c)所示。这种电烙铁可减轻手的疲劳。

外热式直立型电烙铁常用的规格按瓦数分有25、45、75、100、200、300W等多种。按电压分有用220V、110V和36V等几种。

外热式电烙铁的使用注意事项如下：

使用前，必须检查电源线与地线的接头，不要接错。接好电源线后，旋木柄盖时勿使电源线随着木柄盖扭转，以免将电源线接头部位扭坏，造成短路。木柄盖旋紧后，要将柄上的紧固螺钉旋紧，使其顶紧导线，以防止使用时从接线柱处拉断导线，造成短路。同时还应在电源线上套一段适当长度的塑料套管，防止电源线被紧固螺钉损坏或经长时间使用后从木柄端部折断，如图4－20(a)所示。通电前要注意，电烙铁的适用电压必须与供电的电源电压相同。

电烙铁初次使用时，要先将烙铁头浸上一层锡。使用过程中不能用来任意敲击，应轻拿轻放，以免损坏内部发热器件而影响使用寿命。

电烙铁的焊剂一般应使用松香或中性焊剂。不宜选用盐酸做焊剂，以免其蒸发后腐蚀烙铁的发热器件等。功率在100W以下的电烙铁宜采用松香焊锡丝做焊料。

烙铁头要经常保持清洁，在使用一个时期，表面不能再上锡时，应当用锉刀清除表面黑灰色的氧化层、重新镀锡。

使用一段时间后，应当将烙铁头取出，去掉氧化层，否则可能会出现取不出烙铁头的现象。若出现这种情况，切勿用力扭动烙铁头，以致损坏烙铁芯的引线。应当先旋开木柄盖，拆掉电源线，将烙铁芯连同烙铁头一并取出后夹在台钳上，用小于烙铁头直径的金属棒从后方将烙铁头顶出。

(2)内热式电烙铁　这种电烙铁的发热器件(烙铁芯)装置于烙铁头内部，故称为内热式电烙铁，其外形见图4－21。

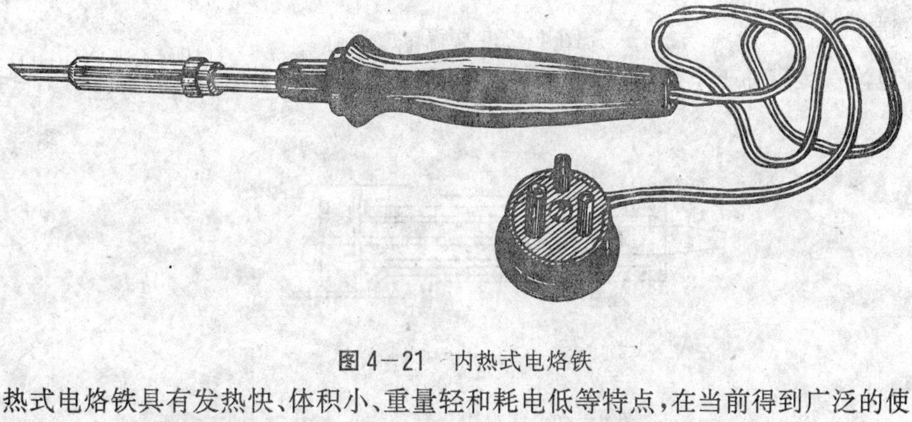

图4－21　内热式电烙铁

内热式电烙铁具有发热快、体积小、重量轻和耗电低等特点，在当前得到广泛的使用。它的结构比较简单，由连接杆、手柄、发热器件和烙铁头等四个主要部分组成。

由于发热器件在烙铁头内部，热量能完全传到烙铁头上，所以发热快而且热量利用率高，可达到85～90％以上。以20W内热式电烙铁为例，其实用功率可相当于25W到40W的外热式电烙铁，烙铁头部温度达350℃左右。内热式电烙铁最适用于晶体管等小型电子器件和印制电路板的焊接。

内热式电烙铁的使用注意事项与外热式电烙铁基本相同。由于其连接杆的管壁厚度只有0.2mm，内装发热器件的直径也只有4.4mm，所以更应注意不要敲击，不要用钳子夹连接杆。

(3)吸锡电烙铁　图4－22所示为一种吸锡电烙铁。

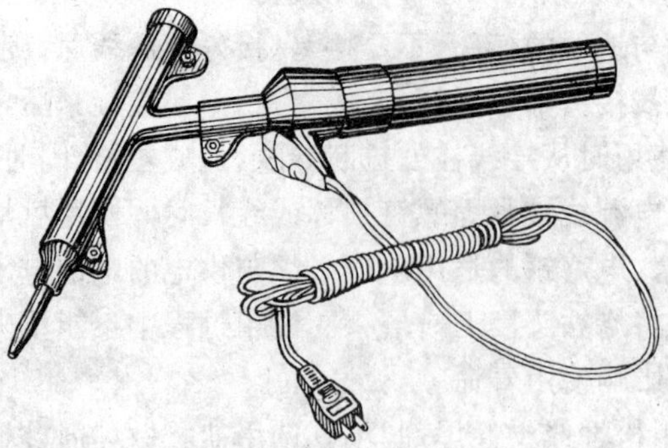

图 4－22　吸锡电烙铁

吸锡电烙铁用于拆焊(解焊)时除去焊接点上的焊锡。操作时,先用吸锡电烙铁加温焊点,待焊锡溶化后按动吸锡装置,即可将锡吸走。与普通电烙铁相比,吸锡电烙铁拆焊效率高,不易损伤元器件。特别是拆焊多接点的元器件时使用它更为方便。

(4)恒温电烙铁　图 4－23 所示为恒温电烙铁。

图 4－23　恒温电烙铁

恒温电烙铁是借助于电烙铁内部的磁性开关而达到恒温的目的,其结构参见图 4－24。

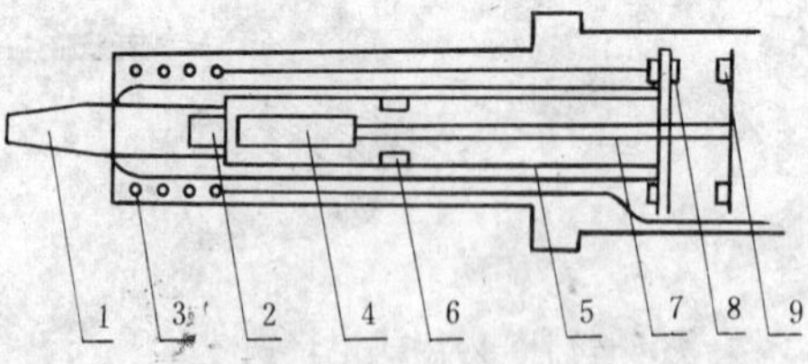

图 4－24　恒温电烙铁结构示意图

1－烙铁头　2－软磁金属块　3－加热器　4－永久磁铁　5－非磁性金属管(磁性开关)
6－支架　7－小轴　8－接点　9－接触簧片

这种磁性开关是利用软磁铁金属被加热到一定温度(居里点)时失去磁性的特点制做的。

在烙铁头 1 的右端镶有一块软磁金属 2。软磁金属应在烙铁头达到所要求的温度时失去磁性。烙铁头放在加热器 3 的中间,使软磁金属与磁性开关接触。非磁性金属的薄壁圆筒 5 的底部装有一块小永久磁铁 4,再用小轴 7 与接触簧片 9 连起来而构成磁性开关。

当电烙铁接通电源后,永久磁铁 4 被吸到软磁金属上,小轴 7 带动接触簧片 9 与接点 8 闭合。于是加热器被接通电源,开始加热。当烙铁头达到预定温度时,软磁铁失去磁性,永久磁铁

4 在支架 6 的吸引下脱离软磁金属，接点断开，加热器断电，于是烙铁头的温度下降。当降到低于居里点温度时，软磁金属又恢复磁性，永久磁铁又重新被吸回来，加热器又开始加热。如此往复，以使烙铁头的温度保持在一定范围内。

恒温电烙铁是断续加热，可比普通电烙铁节电二分之一左右。由于烙铁头始终保持在适于焊接的温度范围内，焊料不易氧化，可减少虚焊，提高焊接质量。由于温度变化范围很小，电烙铁不会产生过热现象，从而延长了使用寿命，同时也能防止被焊接的元器件因温度过高而损坏。

恒温烙铁头采用镀铁镍新工艺，使用寿命长，节约铜材，节省修整烙铁头的工时。此外，恒温电烙铁还有体积小、重量轻的优点，可以减轻工人的劳动强度。

以 50W 恒温电烙铁为例，它在电源电压从 180V 到 240V 的范围内均能恒温。通电 5min 内，烙铁头即能达到恒温温度 270^{+20}_{-10}℃。

由于塑胶绝缘的导线易被烙铁烫坏，因此各种电烙铁使用的电源线宜选用橡胶绝缘导线或带有棉织套的花线。

电烙铁在工作时要放在特制的烙铁架上，以免烫坏其他物品。常用的烙铁架如图 4－25 所示。

(*a*)　　(*b*)　　(*c*)

图 4－25　烙铁架

(*a*)简易形　(*b*)圆筒形　(*c*)多用形

图(*a*)为简易烙铁架，可用金属板材制做，也可用粗钢丝弯成一定形状固定在木板上构成。图(*b*)为筒形烙铁架，构造较复杂，板上小盒内放有湿碎布或海绵等，用于清洁烙铁头。图(*c*)为多用烙铁架，适用于各种电烙铁。

10. 手锤

手锤俗称榔头，是钳工的重要工具。凿削和装拆零件等钳工操作都必须用手锤敲击。

手锤由锤头和木柄两部分组成，如图 4－26 所示。钢制手锤的规格用锤头的重量表示，有 0.25、0.5、和 1kg 等几种。锤头用碳素工具钢 T7 锻制而成，并经热处理淬硬。木柄选用比较坚固的木材制成，常用的 1kg 锤头的柄长为 350mm 左右。锤头安装木柄的孔呈椭圆形，且两端大，中间小。木柄紧装在孔中后，端部应再打入金属楔子，以防松脱，如图 4－26 所示。

使用时，一般为右手握锤，常用的方法有紧握锤和松握锤两种。紧握锤是指从挥锤到击锤的全过程中，全部手指一直紧握锤柄。如果在挥锤开始时，全部手指紧握锤柄，随着锤的上举，逐渐依次地将小指、无名指、中指放松，而在锤击的瞬间，迅速将放松了的手指又全部握紧，并加快手腕、肘、以至臂的运动，则称为松握锤。松握锤可以加强锤击力量，而且不易疲劳。这种握锤法分别如图 4－27 和图 4－28 所示。要根据铆装、凿削等各种不同加工的需要选择使用手锤，使用中要注意时常检查锤头是否有松脱现象。

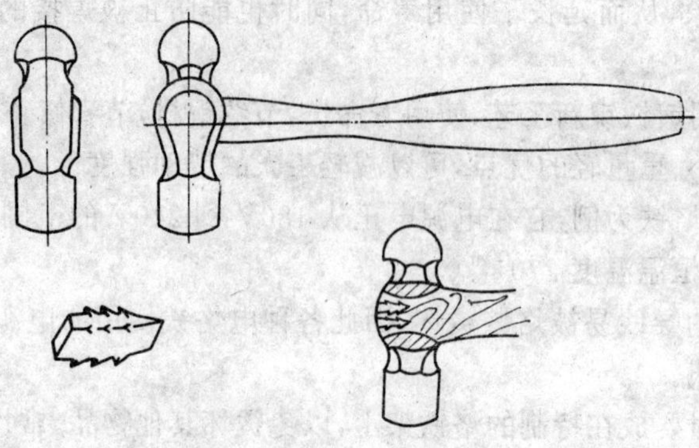

图 4－26　安装手锤

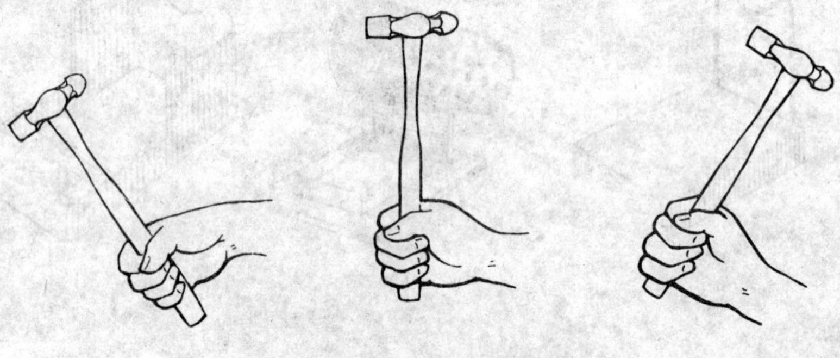

图 4－27　紧握锤

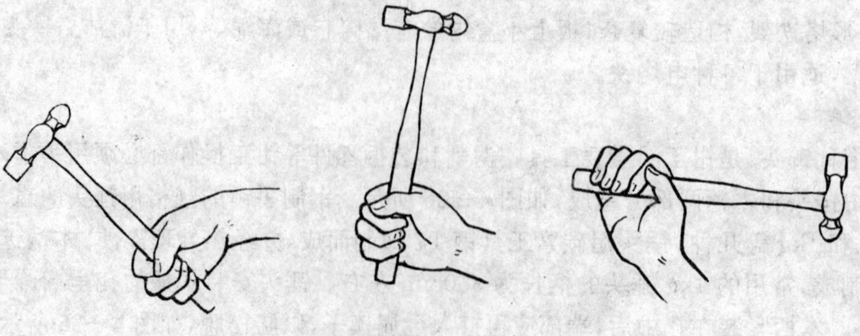

图 4－28　松握锤

11. 手锯

手锯是手工锯割的主要工具，锯割可以完成锯掉零件的多余部分或锯沟槽、台阶、角等项钳工加工。手锯的构造如图 4－29 所示。

手锯由锯弓和锯条组成。锯弓是用来安装并张紧锯条的。锯条用钢质材料制成，并经热处理淬硬。锯条的长度以两端安装孔的中心距表示，钳工常用的是 300mm 的一种。锯条的锯齿有粗细之分，通常以每 25mm 长度内所包含的齿数来表示，有 14、18、24、32 等几种。

锯条的安装如图 4－29 所示，应使齿尖朝着向前推的方向。锯条的张紧程度要适当。过紧，容易在使用中崩断；过松，容易在使用中扭曲、摆动，使锯缝歪斜，也容易折断锯条。握锯一般以右手为主，握住锯柄，加压力并向前推锯；以左手为辅，扶正锯弓。根据加工材料的状态（如板料、管材、圆棒），可以做直线式或上下摆动式的往复运动，如图 4－30。向前推锯时应均匀用力，向后拉锯时双手自然放松，不做切削。快要锯断时，应注意轻轻用力。锯割时要尽量利用锯条的使用长度。并注意合理选用锯条，以增加锯条的使用时间。锯割的速度应以每分钟往复 20～40 次为宜。无论坐或站立姿势操作，都应以有利双手运动、便于锯割为原则。被锯割的零件或物，要夹持紧或固定牢靠。

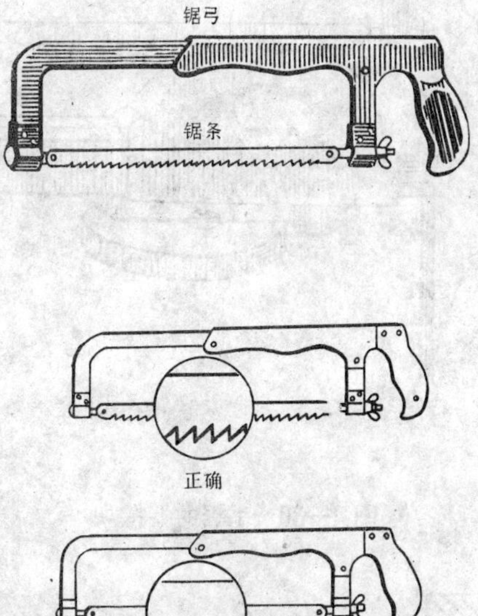

图 4－29　手锯的构造

12. 锉刀

锉刀是钳工锉削使用的工具。锉刀分普通锉、整形锉（又称组锉、什锦锉）、特种锉等三类。

普通锉按断面形状分为扁锉（又称平锉、板锉）、方锉、三角锉、半圆锉、圆锉等五种；按其齿数的粗细分为粗齿、中齿、细齿、双细齿、油光锉等五种；按锉刀的长度分为 100～450mm 间的九种尺寸规格，如图 4－31 和表 4－2 所示。

整形锉适用于修整精密表面或零件上难以进行机械加工的部位。整形锉有多种断面形状，其规格由 5、8、10、12 件成组。如图 4－31 和表 4－3 所示。

特种锉用于加工各种零件上特殊表面。它有直的和弯的两种，并有多种断面形状供选用，如图 4－32 所示。

一般锉刀用高碳工具钢 T13A、T12A 或 T12 制成，并经热处理淬硬，普通锉刀的构成如图 4－33 所示。

根据锉刀的种类、大小以及加工情况，锉刀有不同的握法，如图 4－34 所示。锉削时要掌握锉削力的运动和锉削速度。锉刀的推力由右手控制，而锉刀两端负载压力的大小是由两只手控制的。为了保持锉刀的平稳前进，两手作用在锉刀上的力，应保持锉刀平衡。因此，在锉削进程中，两手用的力随着锉刀与零件接触位置的变化而不断地变化，如图 4－35 所示。锉削时要充分利用锉刀的有效长度，锉削的动作应是由身体和手臂运动和谐而成的往复运动。去程用力做切削运动，回程身体和双臂要自然放松不做切割。锉削速度不宜太快，一般每分钟 40 次左右为宜。

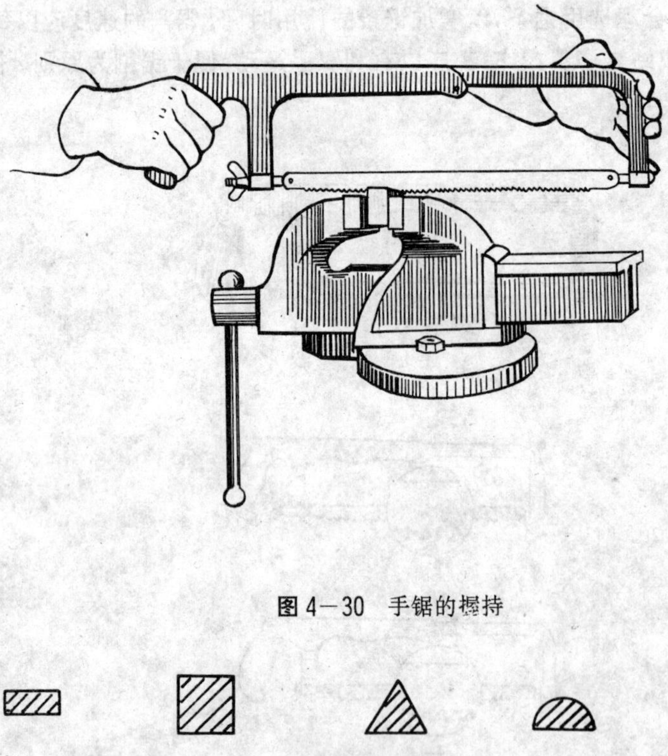

图 4－30　手锯的握持

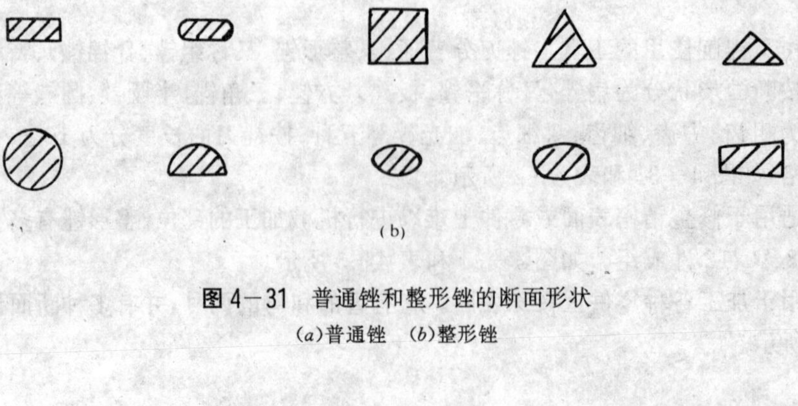

图 4－31　普通锉和整形锉的断面形状

(*a*)普通锉　(*b*)整形锉

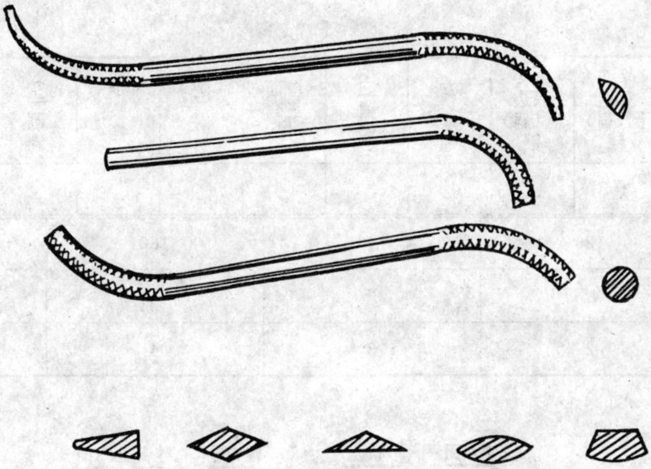

图 4－32　特种锉

表 4－2　　普通锉的规格表

<table>
<tr><td rowspan="3">品　　种</td><td colspan="4">锉身长度 mm</td></tr>
<tr><td>100,125,150,
200,250,300,</td><td>350</td><td>400</td><td>450</td></tr>
<tr><td colspan="4">锉　纹　号</td></tr>
<tr><td>齐　头　扁　锉</td><td>Ⅰ～Ⅴ</td><td rowspan="3">Ⅰ～Ⅳ</td><td rowspan="3">Ⅰ～Ⅲ</td><td rowspan="2">Ⅰ～Ⅱ</td></tr>
<tr><td>方　　　　锉</td><td rowspan="2">Ⅰ～Ⅳ</td></tr>
<tr><td>三角锉、半圆锉
圆锉、尖头扁锉</td><td>—</td></tr>
</table>

锉纹号	锉名	锉身长度 mm								
		100	125	150	200	250	300	350	400	450
		每 10mm 长度内的主锉纹条数								
Ⅰ	粗齿锉	14	12	11	10	9	8	7	6	5.5
Ⅱ	中齿锉	20	18	16	14	12	11	10	9	8
Ⅲ	细齿锉	28	25	22	20	18	16	14	12	—
Ⅳ	双细齿锉	40	36	32	28	25	22	20	—	—
Ⅴ	油光锉	56	50	45	40	36	32	—	—	—

表 4－3　　整形锉的规格表

组别	平头扁锉	尖头扁锉	平头双边圆(扁)锉	尖头双边圆(扁)锉	方锉	三角锉	单面三角锉	圆锉	半圆锉	双半圆锉	椭圆锉	刀形锉
5 件	○				○	○		○	○			
8 件	○			○	○	○	○	○	○			○
10 件	○			○	○	○	○	○	○	○	○	○

续

组别	平头扁锉	尖头扁锉	平头双边圆(扁)锉	尖头双边圆(扁)锉	方锉	三角锉	单面三角锉	圆锉	半圆锉	双半圆锉	椭圆锉	刀形锉
12件	○	○	○	○	○	○	○	○	○	○	○	○

全长(mm)	120	140	160	180
工作部分长度(mm)	45	65	75	85
尾部直径(mm)	2	3	4	5

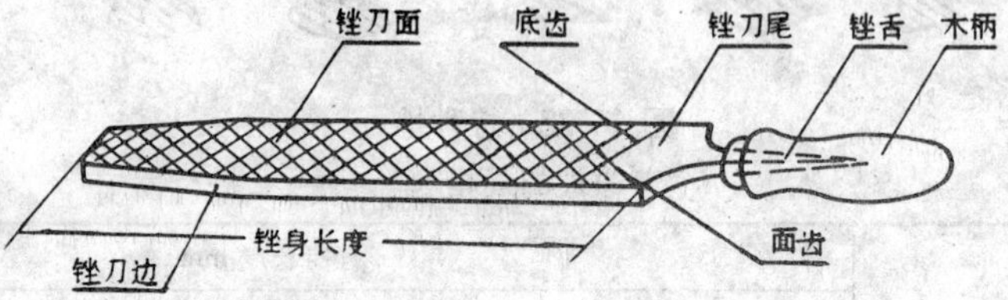

图 4-33 普通锉的构成

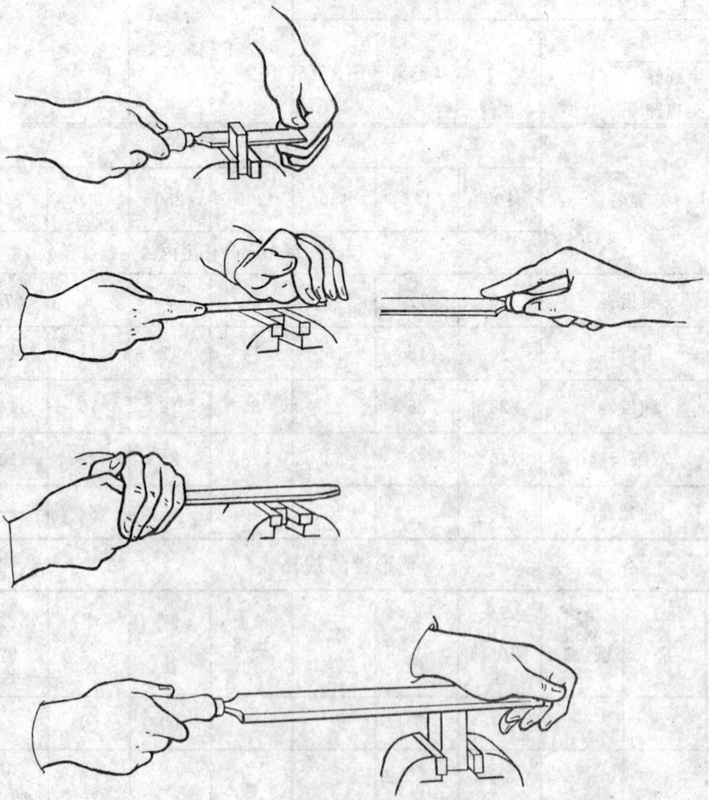

图 4-34 锉刀的不同握法

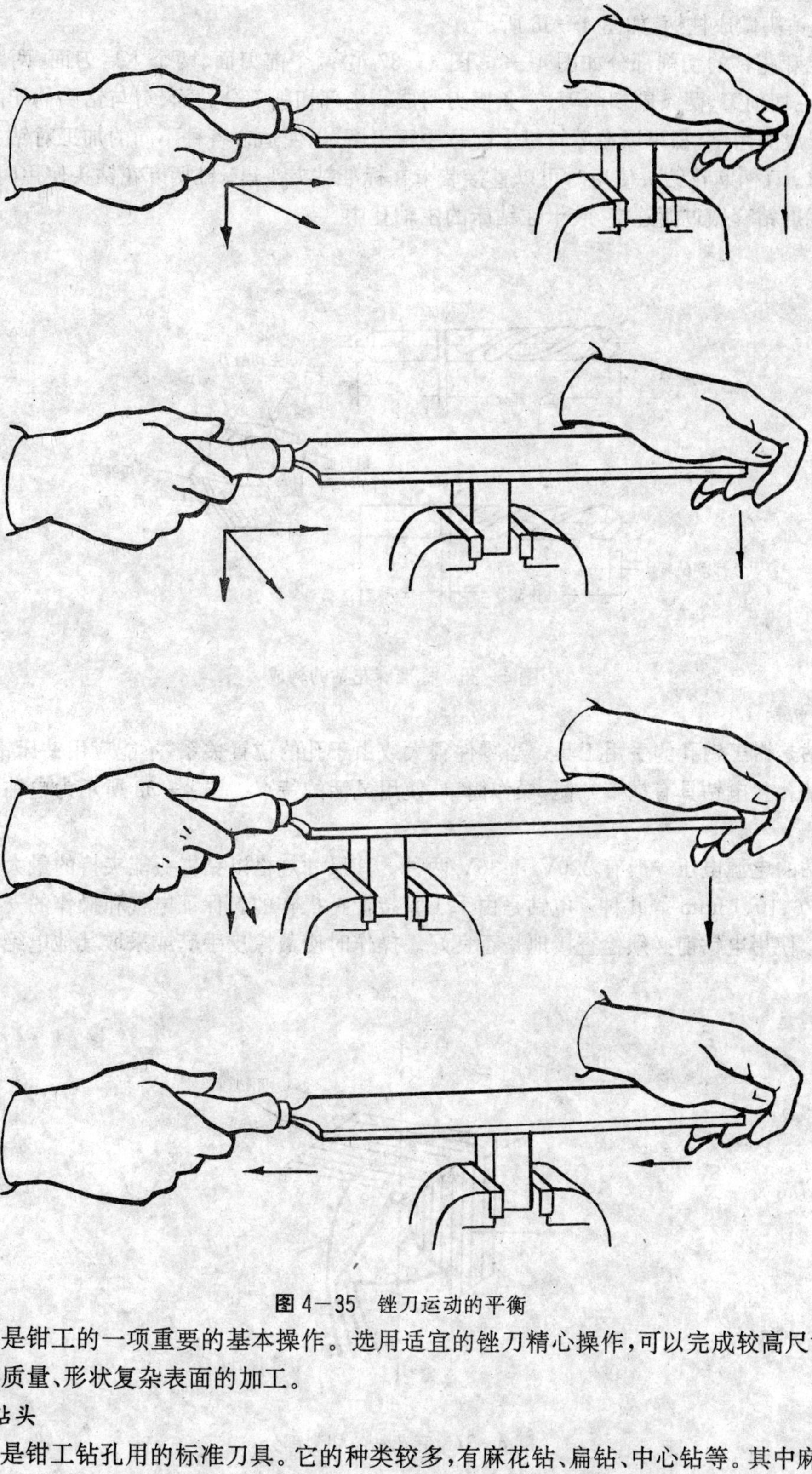

图 4－35　锉刀运动的平衡

锉削是钳工的一项重要的基本操作。选用适宜的锉刀精心操作，可以完成较高尺寸精度、较高表面质量、形状复杂表面的加工。

13. 钻头

钻头是钳工钻孔用的标准刀具。它的种类较多，有麻花钻、扁钻、中心钻等。其中麻花钻是最常用的。标准麻花钻由柄部、颈部及工作部分组成，其钻柄有锥柄和柱柄两种，一般直径小于13mm的钻头做成柱柄，如图4－36所示。

标准麻花钻的切削部分如图4－36，图4－37，由两个前刀面、两个主后刀面、两个副后刀面、两条主切削刃、两条副切削刃、一条横刃组成。全部切削部分的面、刃与钻头的切削平面和基面而形成的角度，都可以在砂轮机上随意手工刃磨，以便适合各种不同的加工对钻头切削性能的要求。直柄麻花钻头使用时可以直接装卡在标准钻夹头里。锥柄麻花钻头使用时，或直接或选用标准钻套做过渡连接，装卡在钻床的主轴孔中。

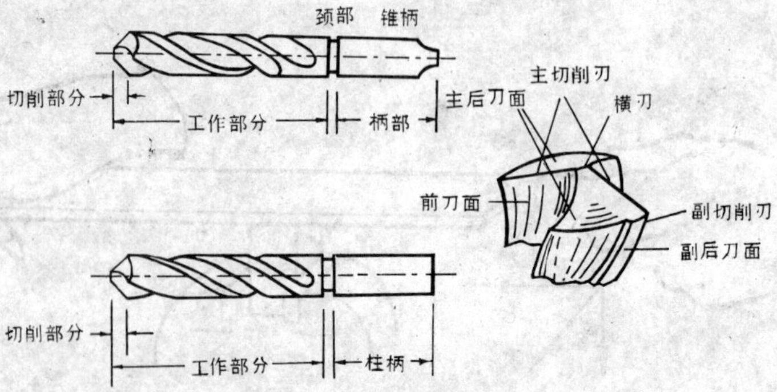

图4－36 标准麻花钻的构成

14. 电钻

电钻是钳工钻孔的手用工具。当零件很大或由于孔的位置关系，不能应用钻床钻孔时，常用电钻钻孔。电钻具有携带方便，操作简单，使用灵活的特点。图4－38所示为电钻的常用形式。

电钻的电源电压一般有220V和36V两种。其尺寸规格以钻夹头能夹持的最大直径钻头为准，有6、10、13mm等几种。电钻是由手工直接握持操作的。保证电气和操作的安全是极为重要的。使用电钻前必须检查接地是否良好。操作时应戴橡皮手套或采取其他电绝缘的安全措施。

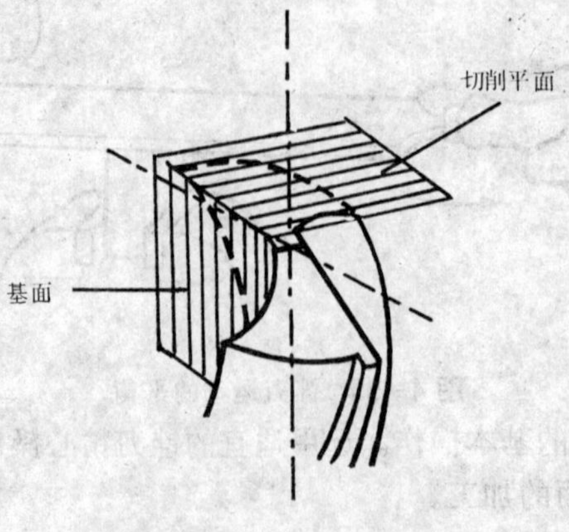

图4－37 麻花钻的切削部分

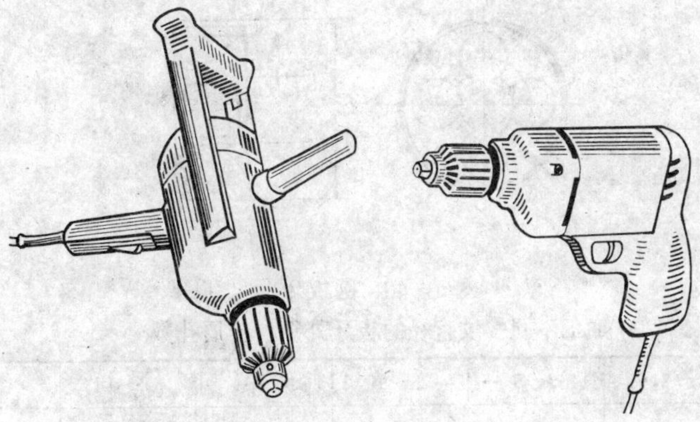

图 4－38　电钻

15. 丝锥

丝锥是钳工加工内螺纹的工具，有手用和机用两种，并分别有粗牙和细牙两类。螺纹的旋向有左旋、右旋。一般标准丝锥螺距小于或等于 2.5mm 的为单锥或头锥、二锥为一套；大于 2.5mm 的头锥、二锥和三锥为一套。细牙丝锥不论大小均二锥为一套。丝锥一般用合金工具钢（如 9SiCr）或高速钢（如 9W18Cr4V）制成，并经热处理淬硬。它的构造如图 4－39 所示。

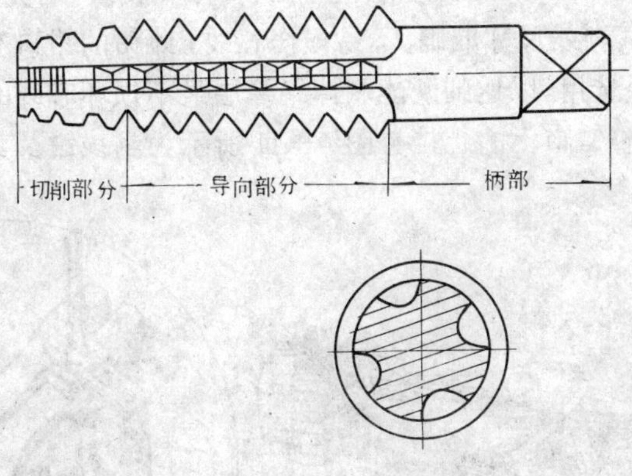

图 4－39　丝锥

丝锥的种类、规格较多，要根据螺纹的种类、构造和螺纹要素的不同，选用相应的丝锥进行加工。

16. 板牙

板牙是钳工加工外螺纹的工具。圆板牙如图 4－40 所示，就象一个圆螺母，只是在它的上面钻有几个排屑孔并形成刀刃。

普通螺纹 M3.5 以上的圆板牙，其外圆有四个紧定螺钉坑和一条 V 形槽。紧定螺钉坑用于将圆板牙固定在板牙架中而传递扭矩。圆板牙的外径和排屑孔数 Z 见表 4－4。从表中可以看出，在一定螺纹直径范围内，圆板牙的外径是一样的，这样可以减少圆板牙架的数目，增加通用性。

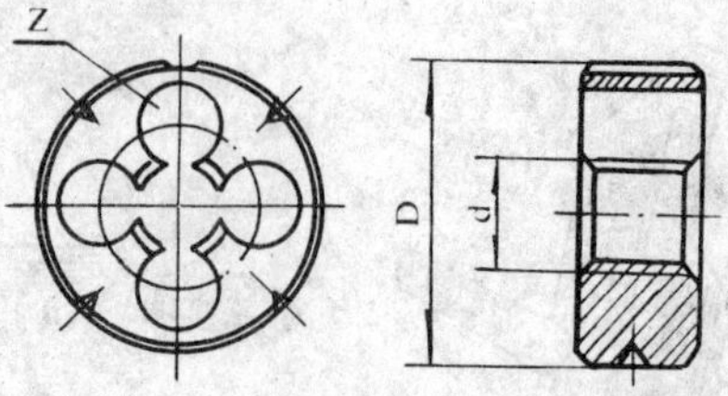

图 4－40　圆板牙

表 4－4　加工不同螺纹直径的板牙外径和排屑孔数

螺纹直径 d(mm)	1～2.6	3～5	6～9	10～11	12～14	16	18～20
板牙外径 D(mm)	16	20	25	30	38	45	45
排屑孔数 Z	3	3	4	4	4	4	5
螺纹直径 d(mm)	22～24	27	30～33	36	39～42	45～48	52
板牙外径 D(mm)	53	65	65	65	75	90	90
排屑孔数 Z	5	5	6	7	7	7	8

二、专用工具

专用工具的来源一般有购买制成品及自行制做两个部分。

1. 剥线钳

剥线钳有钳长 140 及 180mm 两种规格，适用于剥掉塑胶线、蜡克线等线材的端头表面绝缘层。剥线钳使用效率高、剥线尺寸准确、不易损伤芯线。此钳的钳口有数个不同直径的位置，应根据待剥头导线的线径选用，以达到既能剥掉绝缘层又不损坏芯线的目的。要根据导线去掉端头绝缘层的长度，来调整钳口上的止挡。图 4－41 所示为剥线钳及其使用情况。

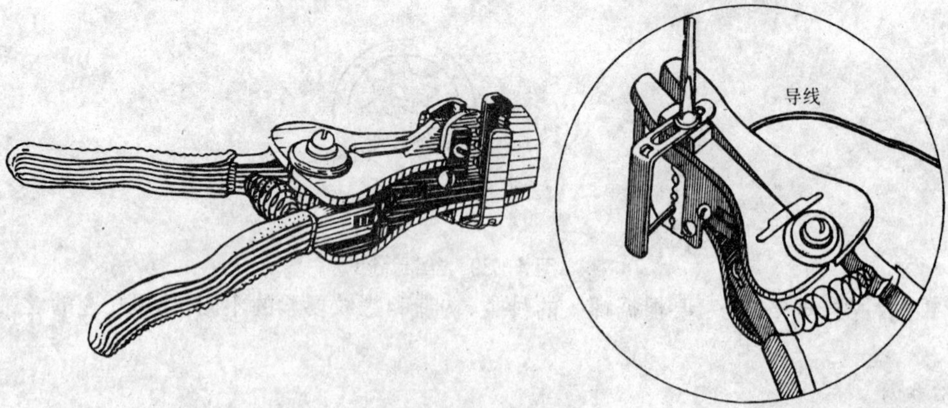

图 4－41　剥线钳

操作时一手握着待剥导线，另一只手握着钳柄。将导线放入选定的钳口内，紧握钳柄用力合拢，即可切断导线的绝缘层并将其拉出，然后将两钳柄松开取出导线。

用剥线钳剥掉导线端头绝缘层时，切口不太整齐，操作也较费力，故在大批量的导线剥头时应使用导线剥头机。

2.电剥头器

电剥头器是借助于电流加热金属丝，烧断导线绝缘物而去掉其绝缘层的，其外形见图4—42。

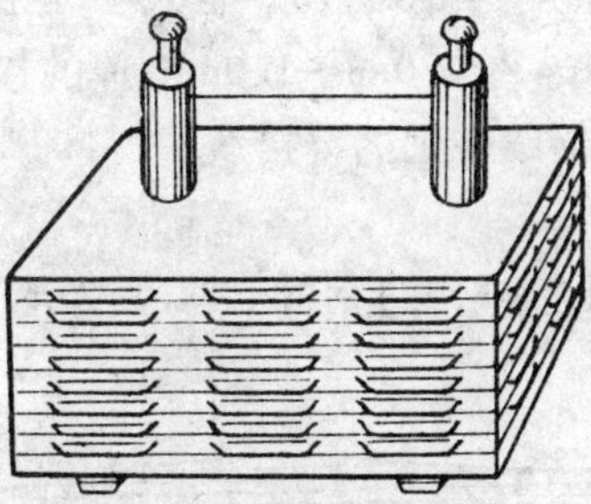

图4—42 电剥头器

采用此种方法去掉导线绝缘层时，不会损伤导线的芯线。因此，电剥头器特别适用于去掉带有人造或天然纤维层的塑胶导线(如ASTVR等)的绝缘层。

使用前，先根据加工导线的线径与绝缘层材料，调整发热器件(一般使用镍铬丝等金属丝)的温度。一般来说，发热器呈暗红色时为宜。温度过高，则易烧焦导线绝缘层；温度过低，则不易去掉绝缘层。操作时，双手握着导线在发热的金属丝上滚动。先烧断塑胶绝缘层，将其除去，再烧断纤维层，然后拉掉。

电剥头器也可配合机械剥头机使用。即先用机械剥头机去掉待加工导线的塑胶绝缘层，再用电剥头器烧掉纤维绝缘层。

3.绕接器

绕接器是无锡焊接中进行绕接操作的专用工具(见图4—43)。目前常用的绕接器有手动及电动两种。

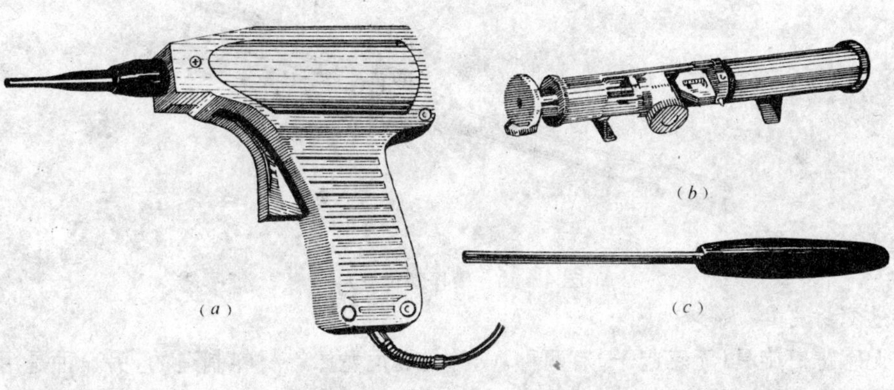

图4—43 绕接工具

(*a*)电动绕接器 (*b*)手动拉脱力测试器 (*c*)手动退绕器

使用绕接器时，首先应根据绕接导线的线径、接线柱的对角线尺寸与绕接要求选择适当规格的绕线头。接着，将单股实芯、去掉绝缘层的导线端头或裸导线插入绕接头中，套入带有棱角的接线柱上。起动绕线器，导线即受到一定的拉力，按规定的圈数紧密地绕在接线柱上，形成具有可靠电气性能和机械性能的连接。

电动绕接器内装有 27V 直流电机，并附有 27V 整流器，使用 220V 交流电压，可绕 ϕ0.25～0.8mm 的各种导线，并可换装各种绕线头，操作简单，使用方便，适于大批量生产使用。

手动绕线器重量轻，使用简便，但要加一定的压力，适用于小批量的绕接。台式手动拉脱力测试器及手动退绕器的外形见图 4－43(*b*)(*c*)。台式手动拉脱力测试器是用来测试绕接点是否合格的仪器，可测范围 0～15kg，可卡 0.5～1.0mm 厚的接线柱。常用手动退绕器有两种规格，可分别拆退绕接在不同规格接线柱上的绕接线。

4. 压接钳

压接钳是无锡焊接中进行压接操作的专用工具，其外形见图 4－44。

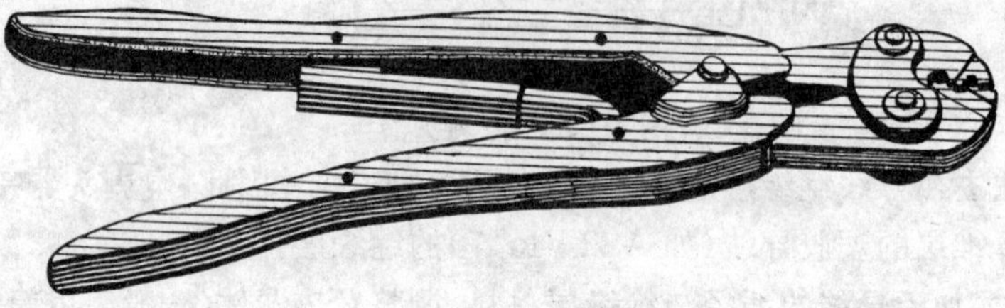

图 4－44　压接钳

压接钳的钳口应根据不同的压接要求制成各种形状。使用时，将待压接的导线插入焊片槽并放入钳口，用力合拢钳柄压紧接点即可实现压接。

5. 槽口螺母旋具

图 4－45 所示的槽口螺母旋具(槽口起子)适用于装拆带槽口的圆形螺母。套筒形槽口螺母旋具，其套筒中心制成通孔形或半通孔形，以便容纳螺钉超出螺母的部分而不影响旋紧、旋松螺母。

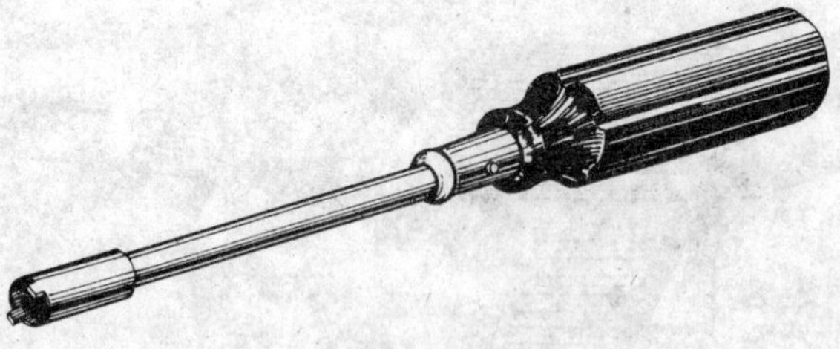

图 4－45　槽口螺母旋具

6. 无感螺钉旋具

常用无感螺钉旋具(无感起子)有两种，一种是用尼龙棒等材料制造的，另一种是用塑料压制而在顶部镶有一块不锈钢片的，见图 4－46 所示。

无感螺钉旋具是在整机调试时，调整高频谐振回路电感与电容的专用工具。高频回路的工作效率较高，如果用普通金属杆螺钉旋具去调整，金属体及人体会对电路产生感应，使得调整工作不能顺利准确地进行。收音机和电视机的高中频谐振回路、电感线圈、微调电容器、磁帽、磁芯的调整都应使用这种专用工具，才能获得满意的效果。频率较高时应选用尼龙棒制成的无感旋具；频率较低时，可选用头部镶有不锈钢片的无感旋具。

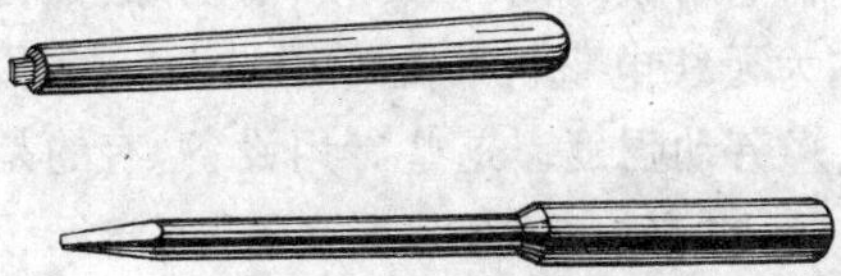

图 4－46　无感螺钉旋具

7. 元器件引线成形夹具

此类夹具可根据不同批量生产的需要和各种元器件引线的成形要求，制成不同的形状。简单的专用夹具只有上模，下模两部分，将元器件排好后把上、下模合拢，元器件的引线即可按一定的形状成形。这类夹具有手动的和手动小型台式的。如果批量较大，也可连同排件传动装置制成专用设备。

8. 固体器件引线成形夹具

图 4－47 是最简单的固体器件引线成形夹具。此夹具由装有弹簧及活动定位螺钉的上、下模组成。操作时，将固体器件放入夹具中，用力压紧，固体器件的引线即可折成一定的形状。

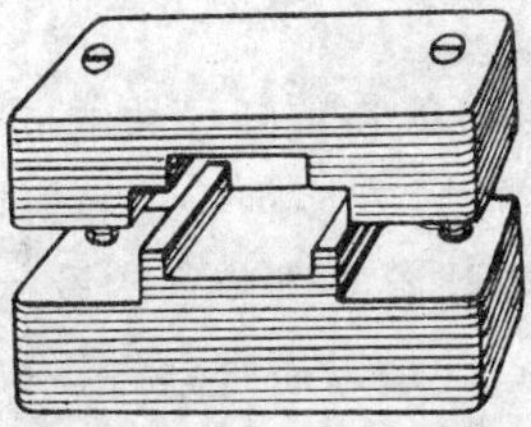

图 4－47　固体器件引线成形夹具

9. 手枪式线扣钳

手枪式线扣钳的外形见图 4－48。此种钳专门用于拉紧塑料线扣。操作时，将塑料线扣按要求固定在线把上，把线扣带放入线扣钳的工作部分，用手指扳动板机，便可拉紧线扣。扳动板动要均匀，不要用力过猛，否则会损坏钳子。在钳子的活动部分，可适量加注润滑剂，使其动作灵活。

图 4－48　手枪式线扣钳

§4—2 专用设备

在无线电整机装配过程中，一些批量大、要求一致性强的加工，如导线的剪切、剥头、捻线、打标记、元器件的引线成形、印制电路板的插件、焊接、清洗等，都可使用专门的设备去完成。这类供整机装配加工的设备统称为无线电整机装配专用设备。使用这些专用设备，既可提高效率、保证成品的一致性，又可减轻劳动强度。这些专用设备，有的是专用设备厂的产品，如超声波清洗机，搪锡机、自动切剥机等，也有的是整机厂根据需要自行设计制造的。

目前，这些专用设备大部分是单功能的。只有少数是多功能的。随着无线电电子工业的发展，无线电整机装配机械化、自动化水平的日趋提高，大量多功能的自动化专用设备将逐步代替单功能的设备。下面就目前使用比较普遍的一些专用设备分别加以介绍。

一、剪线机（自动切剥机）

剪线机主要用来剪切导线，有单功能的和可以同时完成剥头的自动切剥机等多种类型。单功能剪线机只能按需要将导线剪断成一定长度。这种剪线机是靠机械传动装置将导线拉到预定长度，由剪切刀去剪断导线的。剪切刀由上、下两片半圆凹形刀片组成。操作时，先将导线放置在架线盘上，根据剪线长度将剪线长度指示器调到相应位置上固定好。接着，将导线穿过导线校直装置，并引过刀口，放在止挡位置上，固定好导线的端头，并将记数器调到零。然后启动设备，即能自动按预定长度进行剪切。在首件剪切下来之后，要核对长度。如有误差，应随时调整。剪切长度符合要求后，即可使设备正常运行，直到按预定数量剪切完导线为止。在机器运转过程中要随时观察各部分的情况。

图 4—49 所示的多功能自动切剥机能在剪断导线的同时，完成剥掉导线端头绝缘层的工作。这种设备适用于塑胶线、腊克线等单芯、多芯导线的剪切与剥头。对 ASTVR 等带有天然或人造纤维绝缘层的导线，应使用装有烧除纤维装置的设备。在使用这类设备时，要同时调整好剪切导线的长度和剥头长度，并对首件加以检查，合格后方可开机连续切剥。

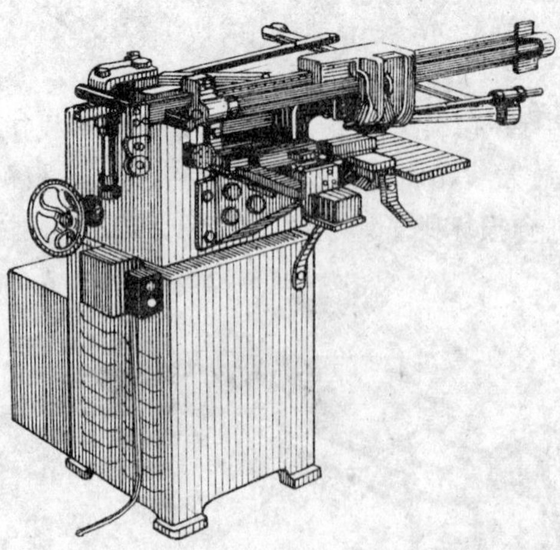

图 4—49 自动切剥机

二、剥头机

剥头机用于剥除塑胶线、蜡克线等导线端头的绝缘层。单功能的剥头机构造见图 4—50。

其机头部分有四把或两把刀，装在刀架上，并形成一定的角度。刀架后有可调整剥头长度的止挡。电机通过皮带带动机头旋转。操作时，将需要剥头的导线端头放入导线入口处，剥头机即将导线端头带入设备内，由呈螺旋形旋转的刀口将导线绝缘层切掉。当导线端头被带到止挡位置时，导线即停止前进。将导线拉出，被切割的绝缘层随之脱落，掉入收料盒内。剥头机的刀口可以调整，以适应不同直径芯线的需要。通常，这种设备上可安装数个机头，调成不同刀距，供不同线径使用。这种单功能的剥头机同样不能去掉 ASTVR 等塑胶导线的纤维绝缘层。

使用此种剥头机在剥掉导线绝缘层的同时，可借助于被旋转拉掉的绝缘层的作用将多股芯线捻紧。同时完成捻头操作。

图 4—50 剥头机

三、捻线机

捻线机用于捻紧松散的多股导线芯线。多股芯线的导线在剪切剥头等加工过程中易于松散，尤其是带有纤维绝缘层的多股芯线，在去掉纤维层时更易松散。这就必须增加捻线工序。使用捻线机比手工捻线效率高、质量好。图 4—51 所示为一种捻线机。其机头上有如同钻卡头似的三个瓣。每瓣均可活动，机架上装有脚踏闭合装置。使用时，将被捻导线端头放入转动的机头内，脚踏闭合装置的踏板，活瓣即闭合，将导线卡紧。随着卡头的转动，在逐渐向外拉出导线的同时，松散的多股芯线即被朝一个方向捻紧。捻过的导线如不合格，可再捻一次。捻线的角度、松紧度，与拉出导线的速度、脚踏用力的程度有关，应根据要求适当掌握。

捻线机还可制成与小型手电钻相似的手枪式，使用起来更为方便。

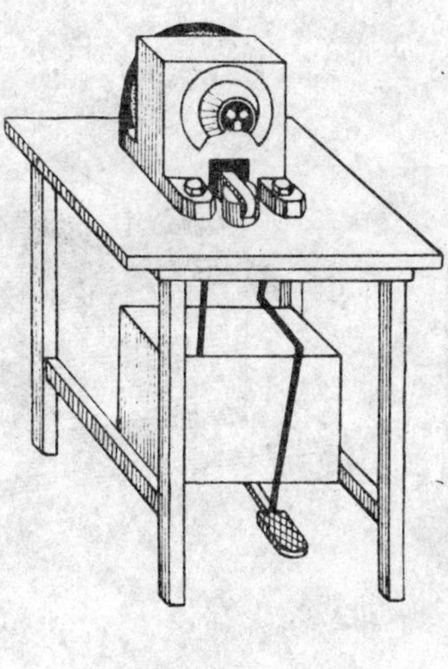

图 4—51 捻线机

四、套管剪切机

套管剪切机用于剪切塑胶管和黄漆管，其外形见图 4—52。套管剪切机刀口部分的构造与剪线机刀口相似。每台套管剪切机有几个套管入口，可根据被切套管的直径选择使用。操作时，根据要求先调整剪切长度，将记数器调零，然后开始剪切。对剪出的首件应进行检查，合格后方可开始批量剪切。

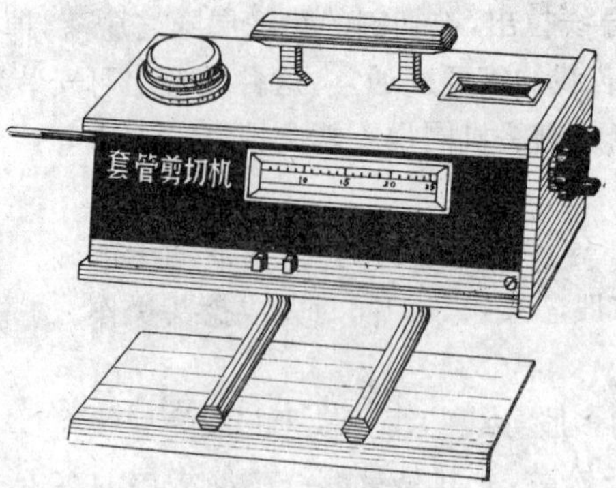

图 4－52　套管剪切机

五、打号机

打号机用于对导线、套管及元器件打印标记。常用打号机的构造有两种类型，一种类似于小型印刷机，由铅字盘、油墨盘、机身、手柄、胶轴等几部分组成，如图 4－53(*a*)所示。操作时，按动手柄，胶轴通过油墨盘滚上油墨后给铅字上墨，反印在印字盘橡皮上。将需要印号的导线或套管在着油墨的字迹上滚动，清晰的字迹即再现于导线或套管上，形成标记。另一种打号机是在手动打号机的基础上加装电传动装置构成的，如图 4－53(*b*)所示。对于圆柱形的电阻、电容等器件，打标记的方法与导线相同。对于扁平形元器件，可直接将元器件按在着油墨的印字盘上，即可印上标记。

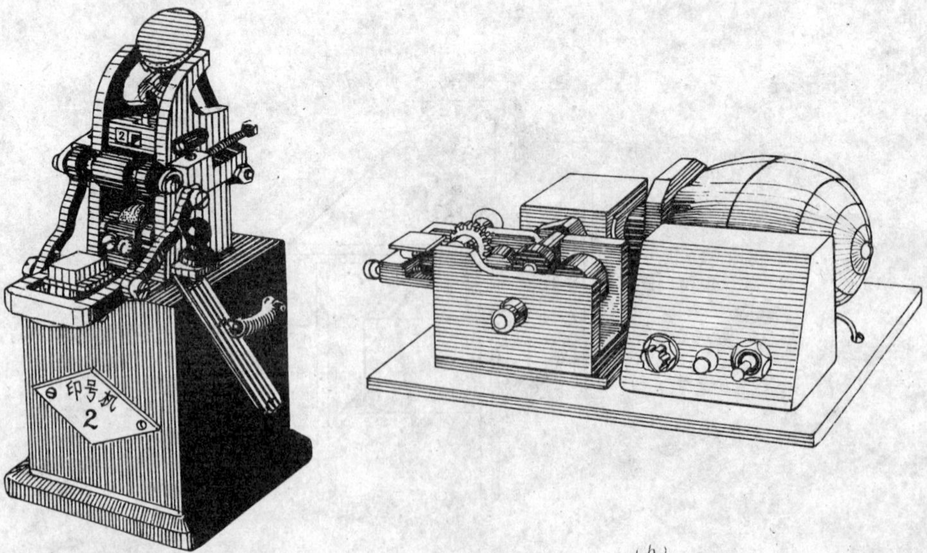

(*a*)　　(*b*)

图 4－53　打号机

塑胶导线及套管通常采用塑料油墨，元器件采用玻璃油墨。深色导线及元器件用白色油墨，浅色导线及元器件用黑色油墨。打号机在使用后要及时擦洗干净，铅字也要洗刷干净，以防时间长久油墨干燥后不易清除掉。

六、浸锡设备

浸锡设备用于焊接前对元器件引线、导线端头、焊片及接点等热浸锡。目前使用较多的有两种类型。

1. 普通浸锡设备(图 4－54)

这种设备是在一般锡锅的基础上加滚动装置及温度调整装置构成的,如图 4－54 所示。操作时,将待浸锡器件先浸焊剂,再浸入锡锅。由于锡锅内的焊料不停地滚动,增强了浸锡效果。浸锡后要及时将多余的锡甩掉,或用棉纱擦掉。

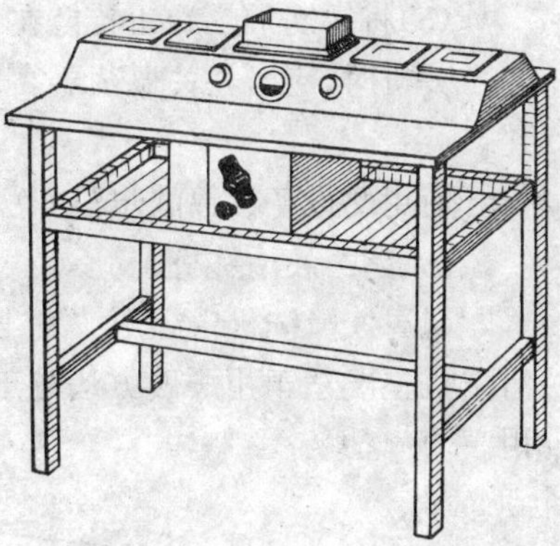

图 4－54　浸锡设备

操作时要注意调整温度。熔化焊料时应使用加温挡。这时两组电炉丝并联,温度较高,便于熔化焊料。当锅内焊料已充分熔化后,需及时转向保温挡。此时电炉丝从并联改为串联,电炉温度下降,维持焊料的熔化,供浸锡用。这样,既防止温度过高使焊料易氧化,保证了浸锡质量,又节省了电能消耗。

为了保证浸锡质量,还要根据锡锅内焊料的消耗情况,及时增添焊料,消除锅内焊料的灰渣污物,并适当加入一些松香。

有些浸锡设备配有传动装置,使排列好的元器件匀速通过锡锅,自动浸锡,这既可提高浸锡的效率,又可保证浸锡的质量。

2. 超声波浸锡设备(超声波搪锡机)

超声波浸锡设备,是通过向锡锅辐射超声波来增强浸锡效果的,适于用一般锡锅浸锡较困难的元器件浸锡之用,其外形见图 4－55。

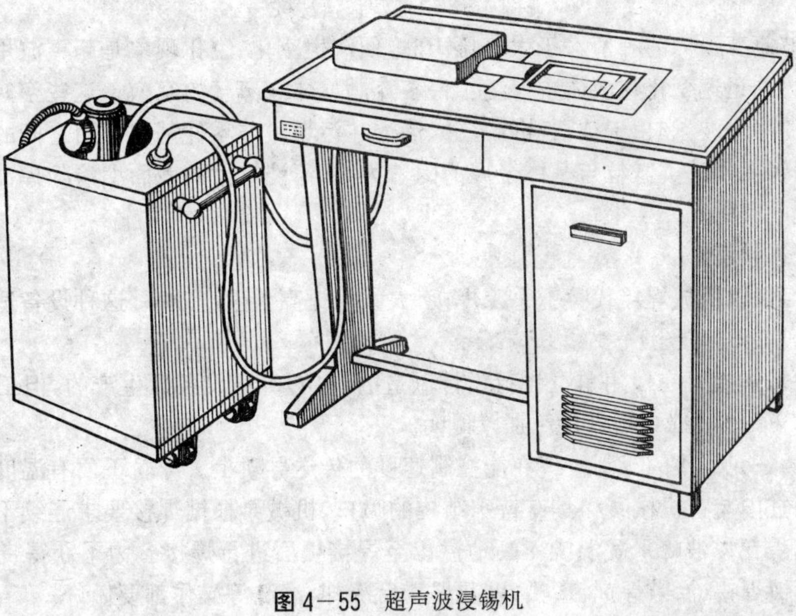

图 4－55　超声波浸锡机

此设备由超声波发生器、换能器、水箱、焊料槽、加温控制设备几部分组成。其操作程序是：

(1)检查水箱水位。

(2)将锡锅加热开关放在升温挡。

(3)待锡溶化后开启超声波发生器低压开关 2～3min，然后再开高压开关。

(4)把频率调在谐振点上，使锡锅中振动最大，声音最响。

(5)将锡锅加热旋钮转换在保温挡。暂不浸锡时应将高压关掉。

关机时，应当先关振荡器高压，后关低压，再关锡锅电源。必须等锡锅冷凝后再关掉泵源马达。

使用此设备浸锡的步骤方法同于一般浸锡设备。

七、超声波清洗机

超声波清洗机由超声波发生器、换能器及清洗槽三部分组成，其外形见图 4－56。超声波清洗机主要适于用一般方法难于清洗干净及形状复杂、清洗不便的元器件清除油类等污物之用。

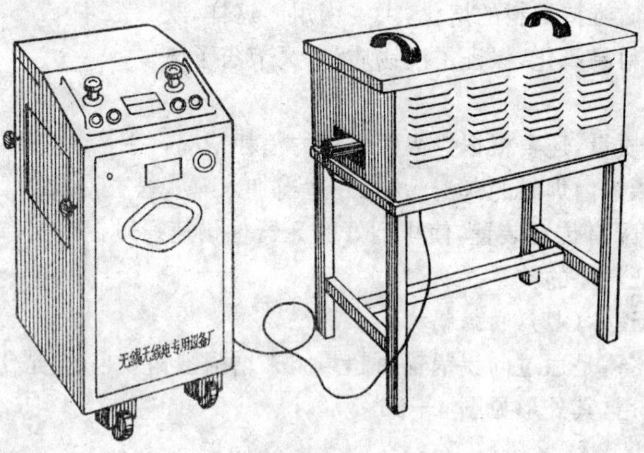

图 4－56　超声波清洗机

当超声波复变压力的峰值大于大气压力时，便产生空化。空化现象是超声波用于清洗的主要效应。压力的迅速变化在液体中产生了许多充满气体或蒸气的空穴。这些空穴的最终崩溃能产生强烈的冲击波，作用于被清洗的零件。渗透在污垢膜与零件基体表面之间的这一强烈冲击，足以消弱污垢和油类微粒与基体金属的附着力，从清洗零件的表面上清除掉油污或其它脏物，达到清洗的目的。

八、波峰焊接机

波峰焊接机以机械焊接代替了手工焊接，大大地提高了生产效率。这种设备适用于印制线路板的焊接，其外形见图 4－57。

目前，波峰焊接机有使用单位自行设计制造的，也有专用设备厂生产的，但工作原理基本相同。现以 BF－2 波峰焊接机为例加以说明。

将已装插好元器件的印制板放在能控制速度的传送导轨上。导轨下面有温度能自动控制的熔锡缸，锡缸内装有机械泵和具有特殊结构的喷口。机械泵根据焊接要求连续不断压出平稳的液态锡波，焊锡以波峰形式源源不断地溢出至焊接板面进行焊接。为了获得良好的焊接质量，焊接前预镀焊锡、涂敷焊剂、预热，以及焊接后冷却、清洗等操作都要做好。

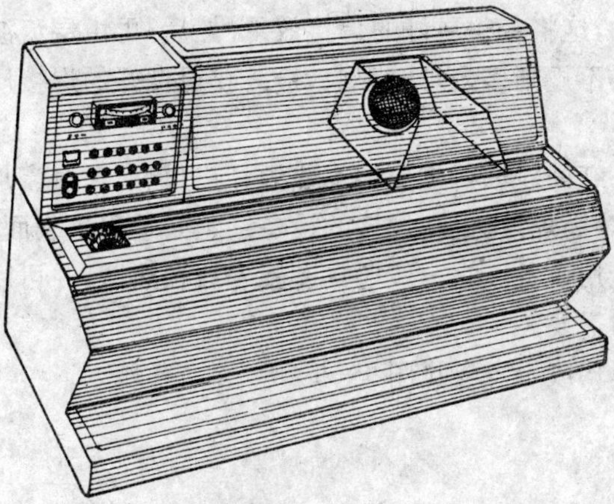

图 4－57　波峰焊接机

波峰焊机的焊料液在锡锅内始终处于循环流动状态，使工作区域的焊料表面无氧化层。由于印制板与波峰之间处于相对运动状态，所以焊剂蒸气易于挥发，焊接点上不会出现气泡。波峰焊接效率较高，适于大批量生产的需要。但由于多种因素，波峰焊易造成焊接点间短路等现象，补焊工作量较大。这些缺点，有待从多方面加以改进。

随着无线电技术的不断发展，为适应片状无引线（或超短引线）元器件贴装和有引线元器件插装，这两种元器件混装成的印制电路板对焊接技术提出了新要求。对波峰焊接机进行了波形和峰数的改进，实现了双波峰焊接技术，改善了对元器件安装排列密集、焊接点密度大的焊接条件，从而提高了焊接质量。

这项焊接技术的改进，产生了新型波峰焊接机——双波峰焊机。同时，也可以在原波峰焊机上，对锡缸和喷口加以改进，即能得以实现。改进后的双波峰焊接方式，如图 4－58 所示。

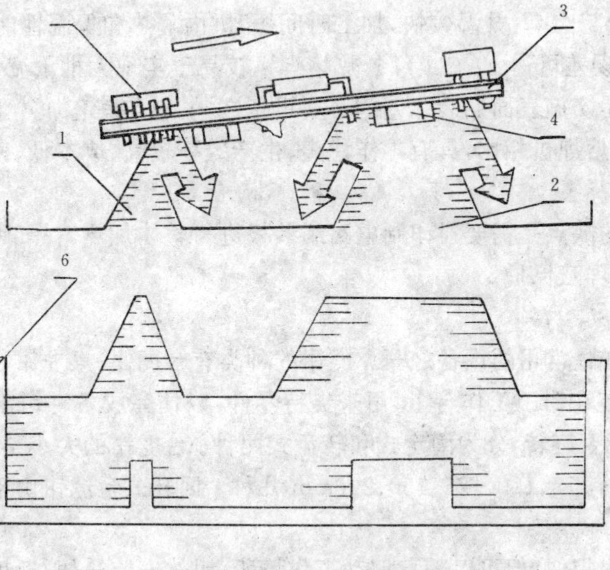

图 4－58　混装印制电路板双波峰焊示意图

1－紊流波　2－层流波　3－混装印制板　4－贴装元器件　5－插装元器件　6－锡缸及喷嘴

双波峰焊接的理想设计是：改进锡缸和双喷口方式。首先，以狭窄的喷口和较高的速度使焊料形成一个紊流波，以便确保足够的焊料充满组装板的密集空间，防止漏焊。改进的喷口甚至能使紊流波前后移动，这将获得更好的焊接效果。然后，再由层流波对焊点整形，消除紊流波焊接造成的桥接、拉尖、不规则多余焊料现象，最终获得良好的焊接质量。

九、红外热熔焊机

红外热熔焊机是以红外线辐射加热器为热源，应用辐射和对流加热方式，以控制加热温度（或能量）和时间，达到熔固焊点，进行焊接的设备。它是适用于表面贴装片状元器件印制电路板焊接的红外热熔焊专用设备。它一般还具有紫外线预热区，并可以实现双面组装板上、下两面同时完成焊接加工的需要。

红外热熔焊机主要构成示意参见图 4－59 所示。

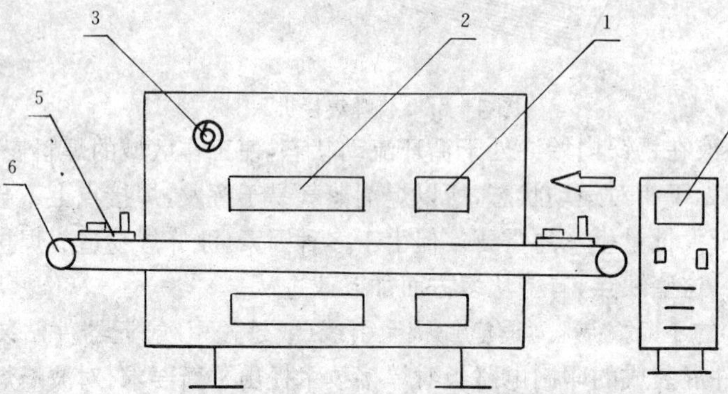

图 4－59　红外热熔焊机主要构成示意图

1－紫外预热区　2－红外辐射加热区　3－鼓风装置
4－控制系统　5－组装板　6－传输装置

红外热熔焊机是属于整体加热形式，在规范的温度、时间条件下，可以完成熔焊、固化、烘干等项加工。其主要特点是：升温较快，加工时间短，机内隔热和保温性能好。一般加热温度最高可达 450℃，温控误差可达±5℃。红外热熔焊机较易于实现大批量流水线生产。

红外热熔焊机是实施表面贴装工艺的必要设备之一。它与其它加热形式的热熔焊，例如汽相热熔焊机、激光热熔焊机相比，具有工作稳定、生产效率较高、成本低、使用经济、对环境污染较小等特点。

红外热熔焊机的缺点是需要对印制电路组装板进行整体加热熔焊。因此，热敏元件易产生热损伤，应注意对其屏蔽保护。

十、虎钳

虎钳是钳工操作最常用的设备之一。虎钳的种类有台虎钳、桌虎钳、手虎钳三种。

台虎钳固定安装在钳工工作台上，用来夹持零件，以便完成各种钳工操作，如图 4－60 所示。按其钳体位置能否旋转，分为固定式和转盘式两种。台虎钳的大小是以钳口的长度尺寸来表示的，常用的规格有 75、100、125、150、200mm 几种。回转式台虎钳由于使用方便，故应用较广。

桌虎钳与台虎钳相似，但可以随意挪动工作场所，钳体安装简便，适用于夹持小型零件。钳口的规格有 50、60mm 两种，如图 4－61 所示。

手虎钳与桌虎钳相似，是一种手持工具，用以夹持轻巧小型零件。钳口的规格有 25、40、50mm 几种。如图 4－62 所示。

使用虎钳夹持零件时，不应用力过猛。并应注意随时清洁、维护。

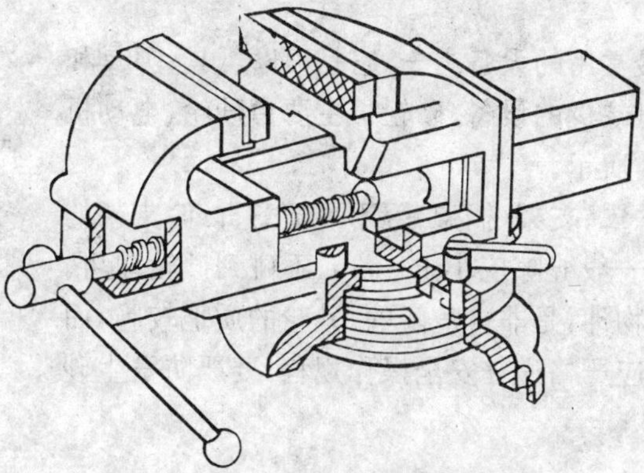

图 4－60　台虎钳

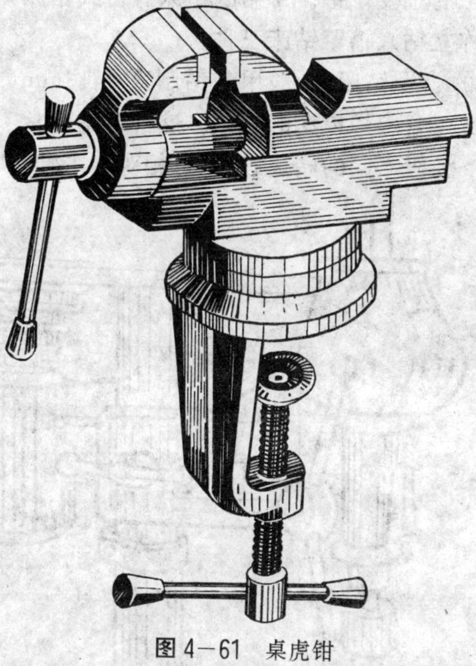

图 4－61　桌虎钳

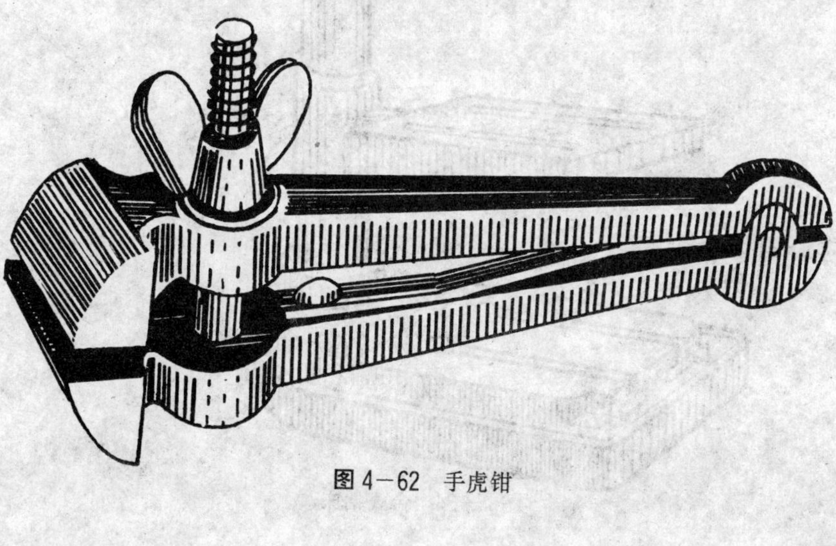

图 4－62　手虎钳

十一、砂轮机

砂轮机是钳工操作最常用的设备之一。它是刃磨工具、刃具和完成零件部分加工而不可缺少的设备。砂轮机主要由砂轮、电动机和机体组成。如图 4－63 所示。

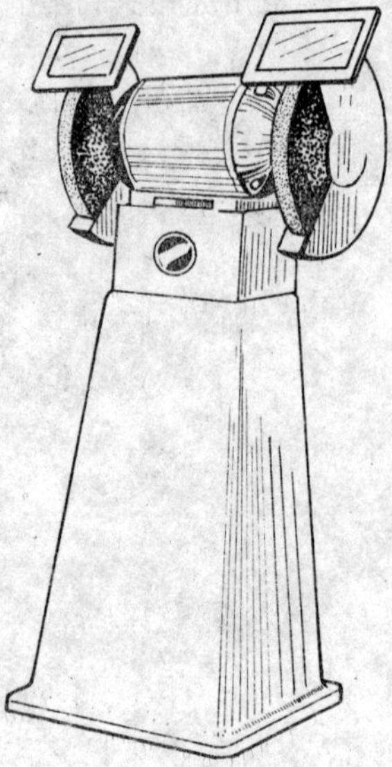

图 4－63　砂轮机

砂轮机上装备的防护罩、支架(搁架)万不可随意拆卸,支架的位置不要距离砂轮太远,一般缝隙应小于 3mm,不碰到砂轮即可。如果缝隙过大,易于掉进物件,是非常危险的。砂轮的质地较脆,而且转速高,使用砂轮机时应严格遵守安全操作规程,要严防发生砂轮碎裂和人身事故。

十二、钻床

钻床是钳工进行孔加工的主要设备。常用的钻床有台式钻床(简称台钻)、立式钻床(简称立钻)、摇臂钻床三种。

台式钻床是一种常用的小型钻床,一般用来钻制直径 13mm 以下的孔。图 4－64 所示是一台应用广泛的台钻。这种台钻通常是手动进给,主轴可变换 3～5 级不同的转速,工作台相对于主轴

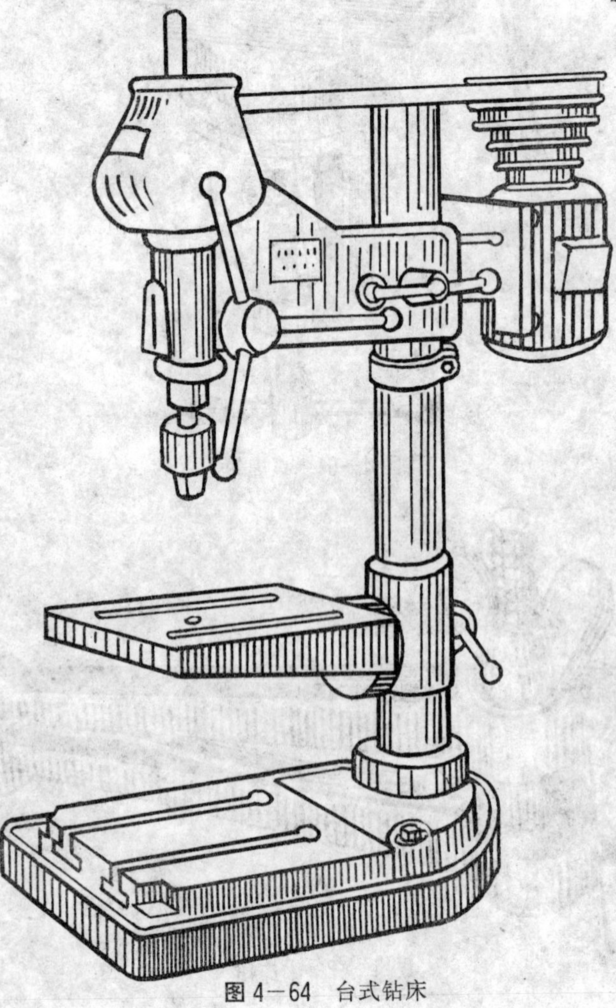

图 4－64　台式钻床

可上下和左右移动，并可向左右各倾斜45°，灵活性较大，可以适应多种情况钻孔的需要。但这类台钻的最低转速较高，往往在400r/min以上，因而不适于锪孔和铰孔。

立式钻床是一种应用广泛的孔加工机床，是钳工在进行机械加工时所用的主要机床。这类钻床最大钻孔直径有25、35、40、50mm等几种。图4－65所示是一台目前应用较广的立式钻床。这类钻床可以自动进给，主轴转速、进给量都有较大的变动范围，转换灵便，可适应各种钻孔的需要，并可进行锪孔、铰孔、攻丝等项加工。立式钻床一般都有冷却装置。

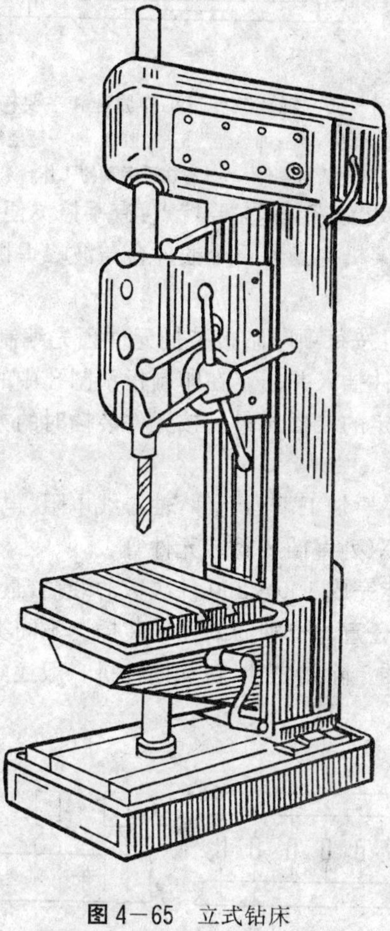

图4－65　立式钻床

十三、烫印机

烫印机是烫印金箔装饰工艺的新型加工设备。烫金工艺应用比较广泛。这里介绍的是适于电视机、录音机、收音机等家电产品塑料机壳、面板等类零件表面应用的通用烫印机。按烫印形式分为平面烫印机和辊式烫印机两类。平面烫印机适于小型平面的加工，辊式烫印机适于较大平面的加工，它们都易于实现流水作业和自动化生产。图4－66所示为辊式烫印机的工作原理和主要构成。通用烫印机一般都还有对温度、时间控制和对压力调节的机构。

烫印机属于高温加工设备，应注意防火和安全操作，严格管理易燃品和保持工作地整洁。

十四、插件机

插件机是对电子产品在印制电路板上装插元件所用的专用和通用设备的总称。近几年来，随着新规格、新品种电子元件的出现及印制板装插元件工艺和焊接工艺的发展，使装插元件所用的设备由一般专用设备向复杂通用设备，由手工、半机械化操作向机械化、自动化加工发展。

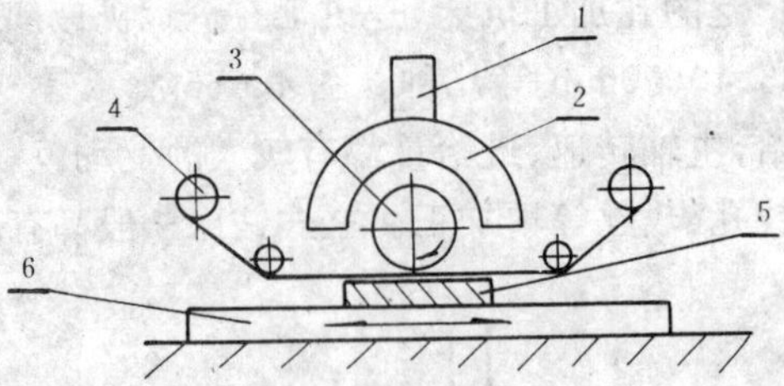

图 4－66 辊式烫印机工作原理和主要构成

1－可升降的压头 2－加热器 3－橡胶辊 4－烫金箔送输机构 5－塑料零件 6－可往返运动的工作台

插件台是一种手工插件专用设备。其主要特点：有手控灵便的回转存放电子元件的料盒装置；有便于操作的印制板装放架机构。若干个插件台与波峰焊机等有机地联接，便可形成印制板插焊流水生产线。

自动插件机是由微处理机按每项印制板装插元件预先编制好的程序，通过机械手和与其联动的机构，将规格的电子元件插入并固定在印制板预制孔中的。自动插件机不仅有较高的装插生产效率，而且可以保证稳定的装插质量。按元件装插时的方向，它分为轴向自动插件机和径向自动插件机两类。

自动插入元件工艺目前主要加工下列元件：轴心线电阻、电容、二极管和跨接线，形状酷似轴心线电阻的集成电路，以及双列直插式封装元件等。

自动插件机一般每分钟能完成 100～200 件次数的装插，最高可达每分钟 530 件次。自动插件机一般都可以完成 X、Y 任意一个轴向的元件装插。不同类型的自动插件机一次编程，可以完成几十种不同的元件装插。除此之外，自动插件机一般还具有微处理机控制的保证装插

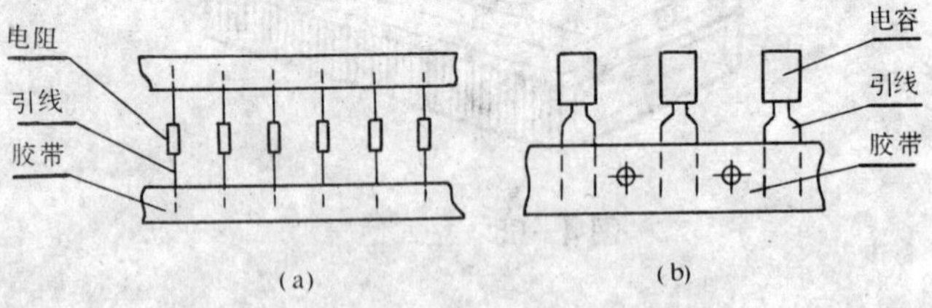

图 4－67 编带的元件

(a)轴向元件的编带 (b)径向元件的编带

质量的自动监测系统。自动插件机对印制板、元件的一般要求是：印制板应有符合插件机所要求的外形尺寸、装卡定位型孔和各项规定的精度；元件的安装孔距尺寸的要求为：5、7.5、10、12.5、15mm 等规格，孔径尺寸大于或等于 1.0mm，对轴、径向元件分别有允许最大长度、最大直径尺寸等要求；电子元件的规格应当满足不同机型的要求，例如元件按规定编带等，见图 4－67 所示。元件编带就是将每个规格元件的两条引线以胶带固定好，使各个元件彼此平行和保持相等的距离，以及所需要的供应长度。印制板上元件的安装间距应当满足该机型的机械手装插所需的尺寸要求。

十五、贴片机

贴片机是将片状结构的无引线(或短引线)电子元器件安装在印制电路板表面指定位置的自动拾放机,是无线电整机装配的新型现代化组装加工设备。其主要构成有;拾放头、规格元器件供料装置以及自动控制系统等,见图 4－68 所示。

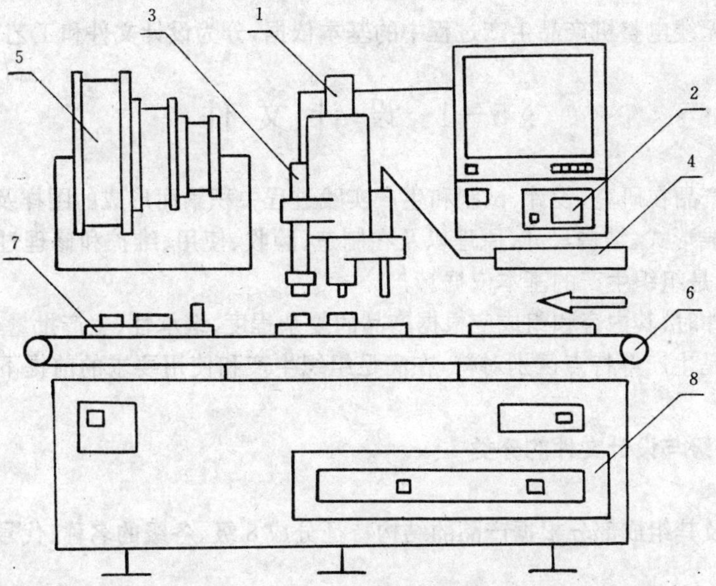

图 4－68 贴片机主要构成示意图

1－拾放头 2－操作控制部分 3－监测显示系统 4－点胶器 5－盘式供料装置
6－工作台及传输装置 7－组装印制板 8－微机程控系统

贴片机的机械安装过程是由微机系统自动控制的。全部安装过程是通过拾放头和与其联动的机构,先将规格元器件从供料装置(或附加装置)上拾取,随即安放在规格印制电路板表面预先编制的程序位置上。其安装的位置精度可达:$X-Y$ 坐标轴向位移±0.05mm;任意点 360°回转定向±0.05°。通用型机的一般安装效率为每分钟 500 件次以上。设备具有监测、警告、显示等自动控制功能,能指示设备正常状态,并提示需要及时维修、保养的故障情况,以保证设备连续、稳定地工作。

贴片机根据其所能完成的安装功能及自动化程度,可分类为:只满足几种片状元器件安装的专用自动(或半自动)机和能满足多种片状元器件安装的通用自动(或半自动)机。一般情况下,专用类机比通用类机具有更高的生产效率。

贴片机是实施表面贴装工艺的必要装置之一。它最大的特点是具有较高的安装精度、效率和自动化水平,最终保证了无线电整机装配大批量生产的质量可靠性。注意保持和维护贴片机的正常状态和工作稳定性是至关重要的。

贴片机的安全使用还应注意到:不同规格的贴片机,对印制板尺寸、精度和传输方式有不同的要求;安装的片状元器件类型、系列尺寸,以及胶结方法、供料方式、工作效率、计算机编程和容量、自动监测和维修功能等,都有不同的规定和要求。除此之外,贴片机的工作环境应具有良好的照明,并保证设备对温度、湿度、防尘等方面的要求。使用时,应严格按照设备使用、维护的规定和要求进行操作及保养。

第五章 整机技术文件

技术文件是无线电整机产品生产过程中的基本依据，分为设计文件和工艺文件两类。

§5—1 设 计 文 件

设计文件是产品在研究、设计、试制和生产实践过程中积累而形成的图样及技术资料。它规定了产品的组成形式、结构尺寸、原理以及在制造、验收、使用、维护和修理过程中所必须的技术数据和说明，是组织生产的基本依据。

编制设计文件时，其内容和组成应根据产品的复杂程度、继承性、生产批量、组成生产的方式以及是试制还是生产等特点区别对待，在满足组织生产和使用要求的前提下编制所需的设计文件。

一、产品的分级与设计文件的分类

1. 产品的分级

无线电产品及其组成部分根据产品的结构特征分成8级。各级的名称、代号及说明可参见表5—1。

表5—1 产品的分级

级的名称	级的代号	说 明
零 件	7、8	不采用装配工序而制成的产品
部 件	5、6	由材料、零件等组成的可拆卸或不可拆卸的产品。它是在装配较复杂的产品时必须组成的中间装配产品，部件亦可包括其他较简单部件和整件
整 件	2、3、4	由材料、零件、部件等经装配连接所组成的具有独立结构或独立用途的产品，如：收音机、电压表、微电机、电子管、电容器和变压器以及其他较简单的整件
成套设备	1	由若干单独整件相互连接而共同构成的成套产品（这些单独整件的连接一般在制造企业中不需要经过装配或安装）以及其他较简单的成套设备

随产品成套供应的成套备件、成套工具及附件和材料、成套安装件、成套装放器材等成套件可列为整件级。

在十进分类编号法中，产品除以上8级外，还规定0级为通用文件，9级为以后需要补充时用。

2. 设计文件的分类

设计文件是根据产品的分级，采用十进分类编号方法进行分类的。

十进分类编号方法，就是将全部无线电产品的设计文件，按规定的技术特征（主要根据产品的结构形状、材料、用途、工艺等特征），分为十级（从0～9），每级又分为十类（0～9），每类分为十型(0～9),每型又分为十种(0～9)。例如：

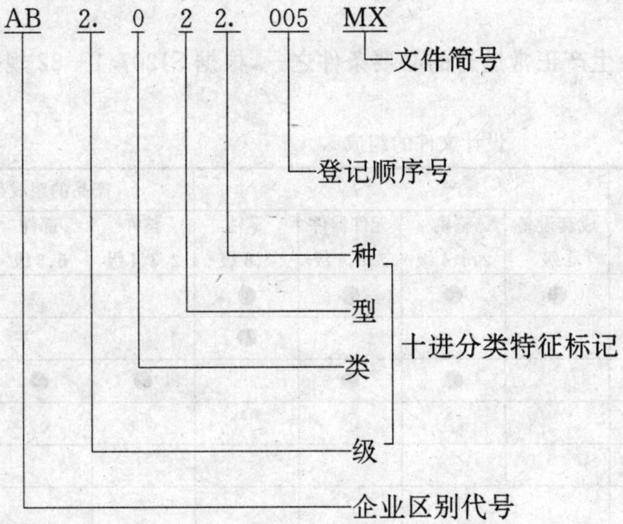

下边介绍设计文件的几种分类法。

(1)按表达的内容分

①图样　以投影关系绘制,用于说明产品加工和装配的要求。

②简图　以图形符号为主绘制,用于说明产品电气装配连接、各种原理和其他示意性内容。

③文字和表格　以文字和表格的方式说明产品的技术要求和组成情况。

(2)按形成的过程分

①试制文件　是指设计性试制过程中所编制的各种设计文件。

试制阶段是对新设计产品通过实践获得正确认识的过程,也是正确的设计图纸逐步形成的过程。试制阶段的设计文件,一般可能经过几次修改才能完成。因此,试制文件只要能说明问题,满足加工和装配的要求即可,一般以草图为主。有些部分可先不画图,有些部分可先画正式图;有的可先画装配图,有的可先画零件图。在试制过程中应着重注意积累资料,记录成果,采用现场设计、现场改图的办法,使之逐步完善。待试制完成后,再总结整理绘制正式图纸。

②生产文件　是指设计性试制完成后,经整理修改,为进行生产(包括生产性试制)所用的设计文件。

(3)根据绘制过程和使用特征分

①草图　是设计产品时所绘制的原始图样,是供生产和设计部门使用的一种临时性的设计文件。草图可用徒手方式绘制。

②原图　供描绘底图用的设计文件。

③底图　是作为确定产品及其组成部分的基本凭证图样。底图又可分为:

基本底图——即原底图,是经各有关人员签署而制订的。

副底图——是基本底图的副本,供印制复印图时使用。

④复印图——是用底图以晒制、照相或能保证与底图完全相同的其他方法所复制的图样,分为晒制复印图(蓝图),照相复印图、印制复印图。

⑤载有程序的媒体　是载有完整独立功能程序的媒体。例如：计算机用的纸带。

二、设计文件的组成

生产设计文件是组织产品生产正常进行的必要条件之一，根据 SJ207.1－82 规定，其主要组成可参见表 5－2。

表 5－2　　设计文件的组成

序号	文件名称	文件简号	产品				产品的组成部分		
			成套设备 1级	整机 2、3、4 级	元件器件 2、3、4 级	零件 7、8 级	整件 2、3、4 级	部件 5、6 级	零件 7、8 级
1	产品标准	—	●	●	●	●			
2	零件图	—				●			●
3	装配图	—		●	●		●	●	
4	外形图	WX		○	○		○	○	○
5	安装图	AZ	○	○					
6	总布置图	BL	○						
7	频率搬移图	PL	○	○					
8	框图	FL	○	○			○		
9	信息处理流程图	XL	○	○			○		
10	逻辑图	LJL		○	○		○		
11	电路图	DL	○	○	○		○		
12	接线图	JL		○	○		○	○	
13	线缆连接图	LL	○	○					
14	机械原理图	YL	○	○			○	○	
15	机械传动图	CL	○	○			○	○	
16	其他图样	T	○	○	○		○	○	
17	技术条件	JT					○	○	○
18	技术说明书	JS	●	●	○		○		
19	说明	S	○	○	○	○	○	○	
20	表格	B	○	○	○	○	○	○	
21	明细表	MX	●	●	●		●		
22	整件汇总表	ZH	○	○					
23	备附件及工具汇总表	BH	○	○					
24	成套运用文件清单	YQ	○	○					
25	其他文件	W	○	○	○	○	○	○	

表中"●"表示需要编制的主要文件；"○"表示应根据产品性质、生产和使用的需要而定的设计文件。

"其他图样"T、"说明"S、"表格"B 和"其他文件"W 这四个文件简号的后面，允许加脚注序号。脚注序号写在文件简号的右下角，并从本身开始算起，例如 S、S_1、S_2 等。

"表格"B，系指不属于表中所列文件而单独使用的、属于表格内容的设计文件。隶属于简图的表格可以用 4 号幅面的图纸单独编写（如电路图的元件目录、接线图的接线表等），可不给单独的文件简号，也可作为独立文件，给出表号。

对文字和表格内容的设计文件格式，在主标题栏内增加“标准化”栏。

三、标题栏和明细栏

设计文件每张图样的右下角都设有主标题栏。它可分为四种格式：

格式 1(见第 160 页)适用于零件图或外形图。

格式 2(见第 161 页)适用于装配图。

格式 3(见第 162 页)适用于简图、明细表、汇总表等设计文件的主页。

格式 3a(见第 163 页)适用于简图、明细表、汇总表等设计文件的续页。

标题栏是用来记载图名(产品名称)、图号、材料、比例、重量、张数、图的作者和有关职能人员的署名以及署名的年月等。填写说明如下：

第①栏内填写产品或其组成部分(零件、部件、整件)的名称。对于零件图、装配图以外的文件。在第①栏除填写产品名称外，尚需用小一号的字体写出该文件的名称，如明细表、技术说明等。

第②栏填写设计文件的编号和图号。此图号除在标题栏内记载外，还在图样的左上角倒置记载，以便在图样倒置时也可立即读出。

第③栏填写规定使用的材料名称和牌号。

第④栏为空白栏。

“第×张”栏内填写同一图号文件张数的顺序号。“共×张”栏内填写同一图号文件的总张数。“涂覆”栏内填写涂覆的标记。“重量”栏内填写产品的净重及重量单位代号。“比例”栏内填写基本视图的比例。“设计”、“审核”、“工艺”、“标准化”、“批准”等各栏分别由有关职能人员签字和签署日期。更改表的“更改标记”、“数量”、“文件号”、“签名”和“日期”各栏，供记录更改事项用。“底图总号”栏内，由各企业技术档案部门在接收底图时填写文件的基本底图总号。“旧底图总号”栏内，填写被本底图所代替的旧底图总号。

明细栏应放在主标题栏的上方(见格式 2)，仅用于填写直接组成该产品的整件、部件、零件、外购件和材料，亦即在图中有旁注序号的产品和材料。明细栏按装入所述装配图中的整件、部件、零件、外购件和材料的顺序，依照十进分类编号由小到大的顺序自下而上地填写。当位置不够时，可再向标题栏的左边延续。明细栏的填写方法如下：

“序号”栏内，填写所列产品和材料在图中的旁注序号。

“代号”栏内，对整件、部件、零件填写相应设计文件的十进分类编号，对按国家标准、部标准、企业标准以及供应方技术条件所生产和外购的产品及材料，填写相应的文件编号。

“名称”栏内，填写所列产品和材料的名称及型号(或牌号)。

“数量”栏内，填写所列产品和材料的数量。对于材料，尚需标注其计量单位。

“备注”栏内，供填写补充说明。

只有了解和熟悉以上内容，才能更好地识别和使用设计文件。

四、整机装配常用设计文件介绍

1. 装配图

装配图是表示产品组成部分相互连接关系的图样。装配图一般包括下列内容：

(1)必要数量的各种视图，以保证获得产品组成部分的位置和相互连接关系的完整概念。

(2)装配后需要保证的尺寸与偏差。

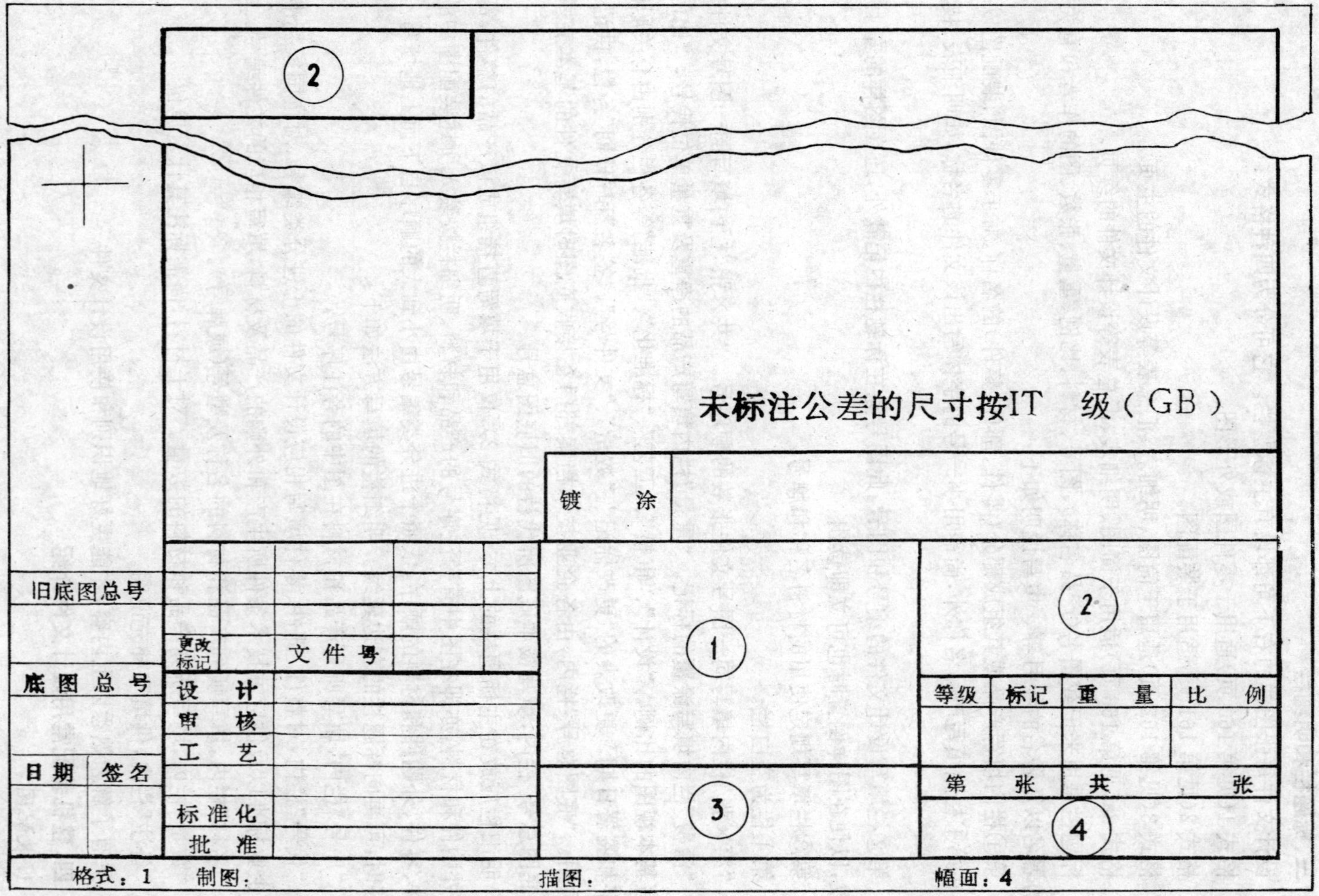
2
未标注公差的尺寸按IT 级（GB）
镀 涂
旧底图总号
更改标记
文件号
底图总号
设计
审核
工艺
标准化
批准
日期
签名
1
2
3
4
等级
标记
重量
比例
第 张
共 张
格式：1
制图：
描图：
幅面：4

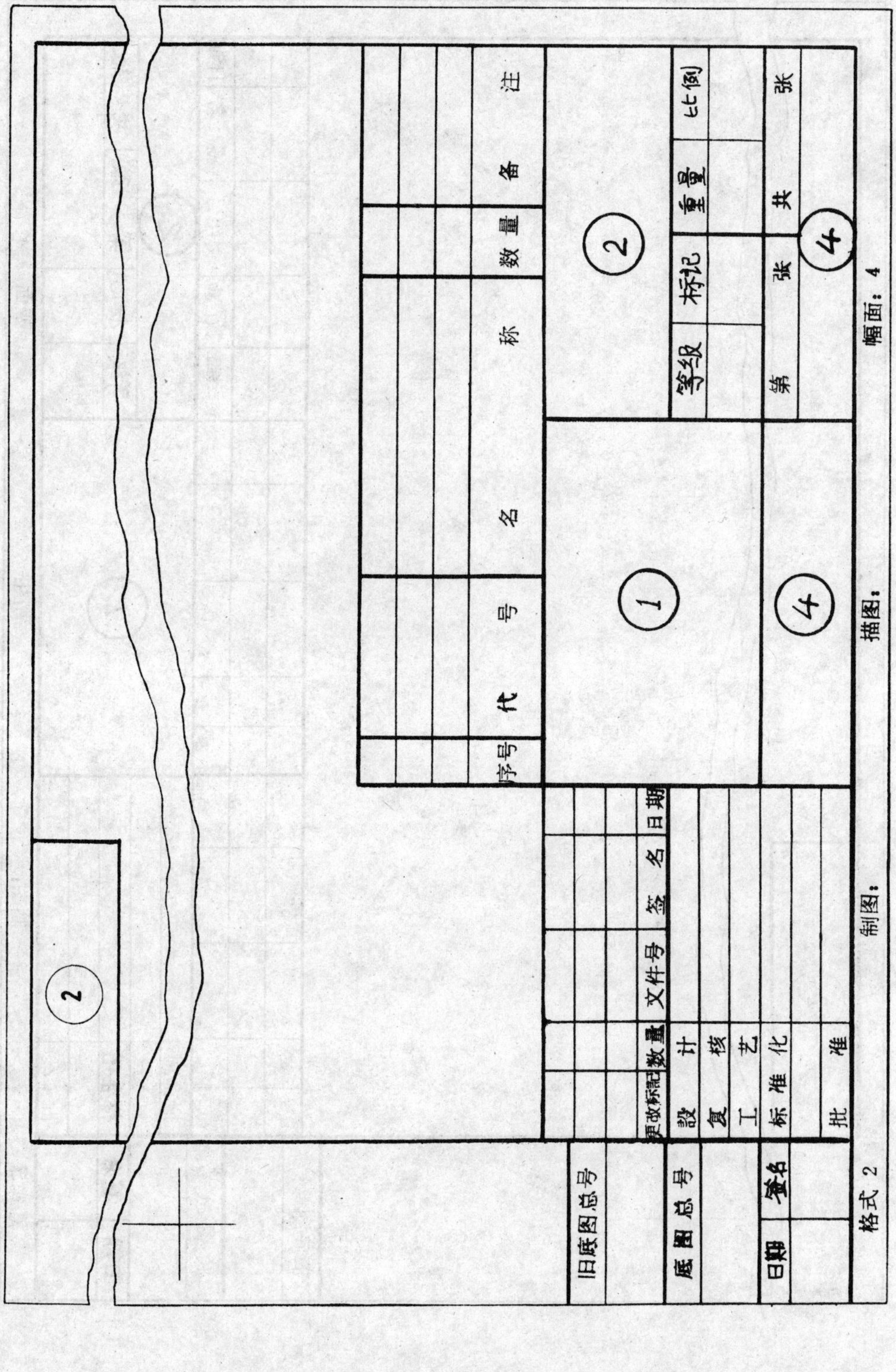

格式 2
幅面：4
描图：
制图：
旧底图总号
底图总号
日期
签名
更改标记
数量
文件号
签名
日期
设计
复核
工艺
标准化
批准
序号
代号
名称
数量
备注
①
②
④
标记
重量
比例
第 张
共 张

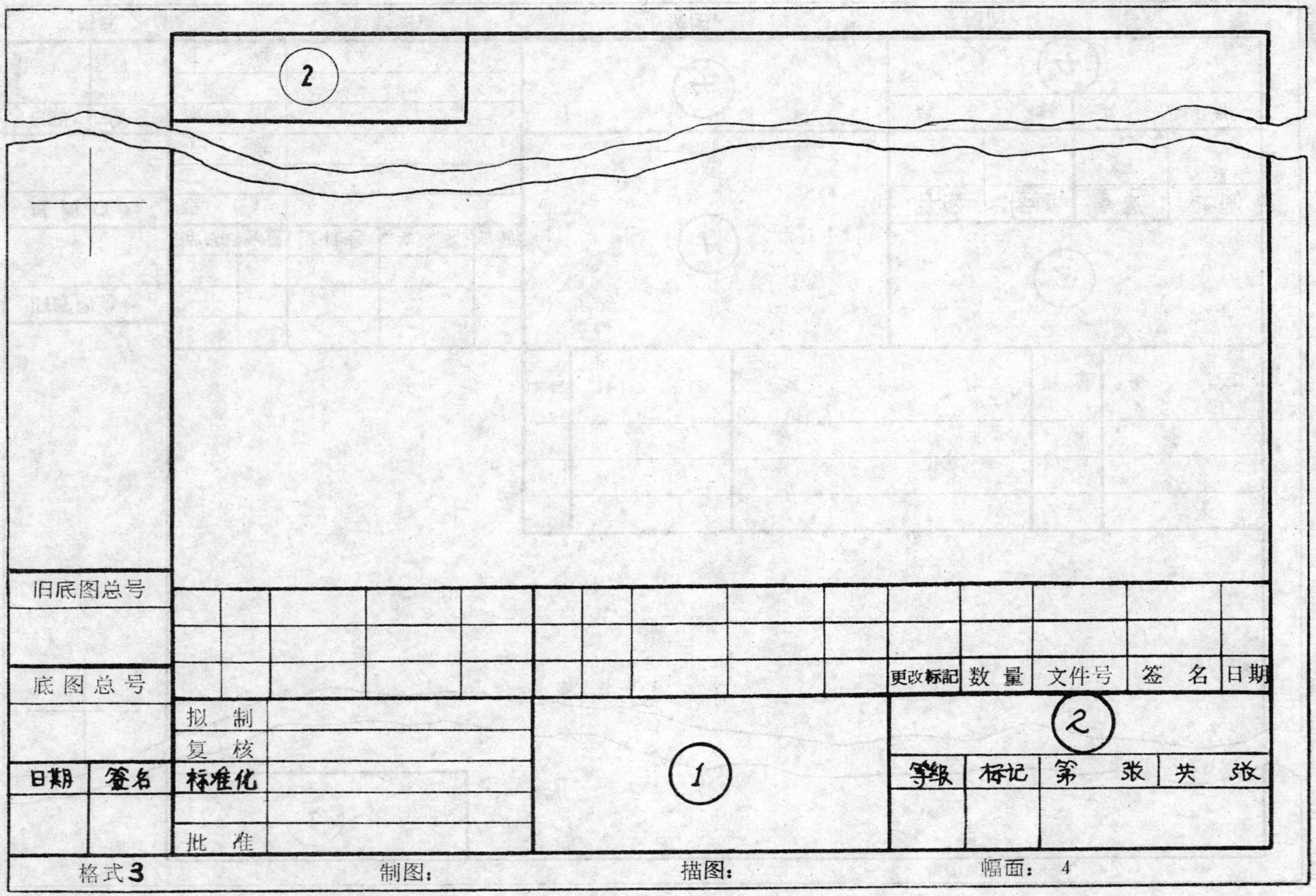
2
旧底图总号
底图总号
日期
签名
拟制
复核
标准化
批准
1
更改标記
数量
文件号
签名
日期
2
等级
标记
第 张
共 张
格式3
制图：
描图：
幅面： 4

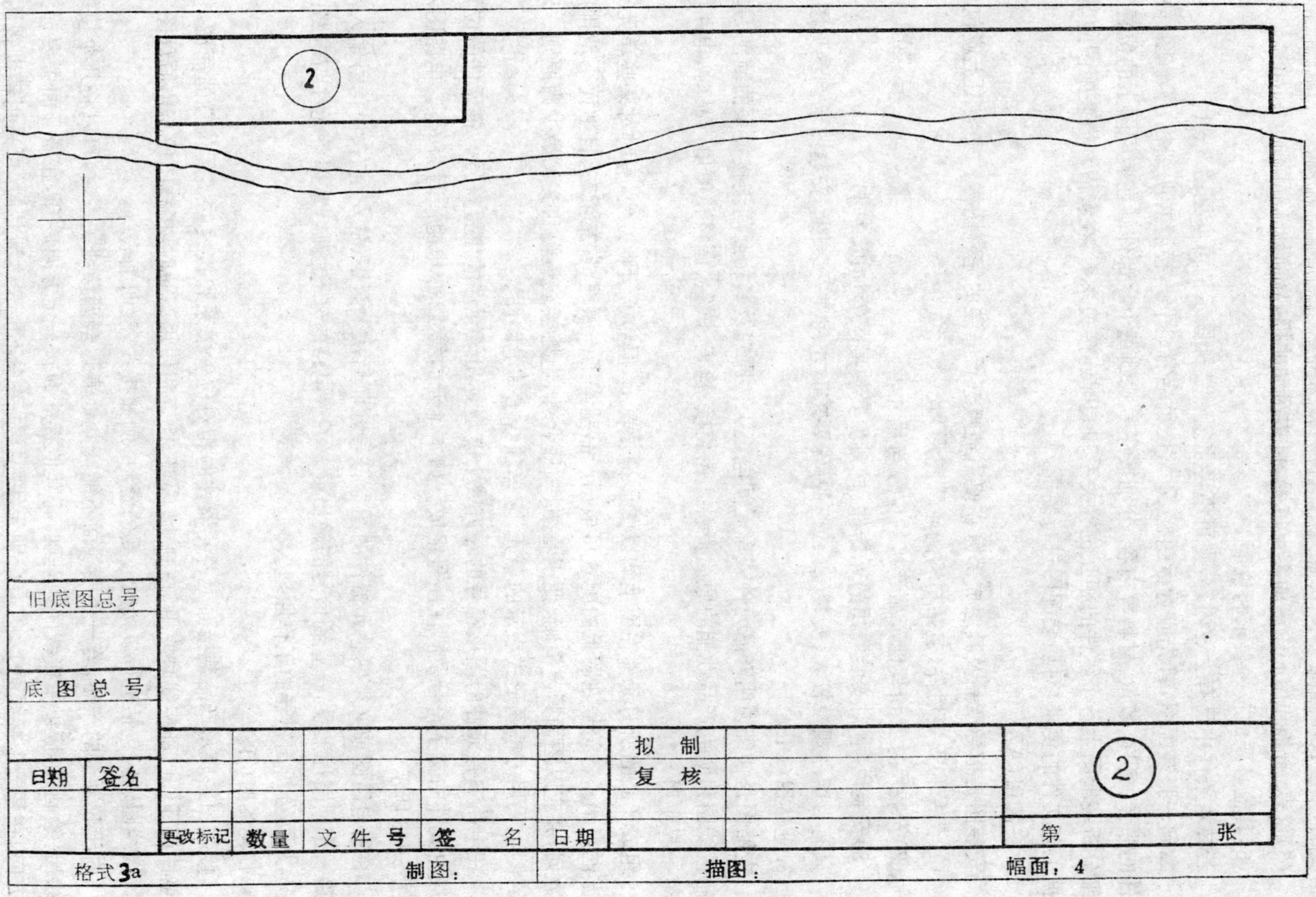
2
旧底图总号
底图总号
日期
签名
拟制
复核
2
更改标记
数量
文件号
签名
日期
第 张
格式3a
制图：
描图：
幅面：4

(3)外形尺寸、安装尺寸、与其他产品连接的位置和尺寸。

(4)装配过程中或装配后的加工要求。如在装配过程中需要用选配或配制等方法来保证配合精度的，则应说明选配要求、配置方法及检验方法等。

(5)仪表、滑板和偏心轮等的零点位置，机构活动的极限位置。

(6)其他必要的技术要求和说明。

若技术条件中已有上述内容，则可不再重复。装配图示例可参见图 5－1。

拿到一张装配图，首先应看标题栏，了解图的名称、图号，接着看明细栏，了解图样中各零部件的序号、名称、数量、材料等内容，分别按序号找到每个零部件画在装配图上的位置。然后仔细分析装配图上各个零件的相互位置关系和装配连接关系等。在看清看懂装配图的基础上，根据工艺文件的要求，对照装配图进行装配。

2. 安装图(AZ)

安装图是指导产品及其组成部分在使用地点进行安装的完整图样。安装图上应包括：

(1)产品和安装用件(包括材料的轮廓图形)。

(2)安装尺寸及和其他产品连接的位置与尺寸。

(3)安装说明(对安装需用的元器件、材料和安装要求等加以说明)。

只有当产品规模较大、安装复杂或有特殊要求时才需要安装图。安装图示例参见图 5－2。

3. 电路图(DL)

电路图是详细说明产品元件或单元间电气工作原理及其相互间连接关系的简图，是设计、编制接线图和研究产品性能的原始资料。在装接、检查、试验、调整和使用产品时，电路图与接线图一起使用。

组成产品的所有元件在图上均以图形符号表示，但为了清晰方便，有时对某些单元亦可以用方框表示。各符号在图上的配置可根据产品基本工作原理，自左至右、自上而下地排成一列或数列，并应以图面紧凑清晰、便于看图、顺序合理、电连接线最短和交叉最少为原则。对于在电路图上采用方框图形式表示的单元，应单独给出其电路图。

在电路中各元件的图形符号的左方或上方应标出该元件的位置符号。各元件的位置符号一般由元件的文字符号及脚注序号组成。如本单元的第 12 个电阻应写为 R_{12}。电路图示例参见图 5－3 所示。

在看电路图前必须熟悉元器件的图形符号。而后从上至下、从左至右、由信号输入端一个回路一个回路地熟悉，一直到信号的输出端。了解电路的来龙去脉，掌握各元件与电路的连接情况，从而分析出机器的工作原理。

4. 接线图(JL)

接线图是表示产品装接面上各元器件的相对位置关系和接线的实际位置的简图，供产品的整件或部件内部接线时使用。在制造、调整、检查和使用产品时，接线图应与电原理图一起使用。接线图还应包括进行装接时必要的资料，例如接线表、明细表等。

对于较复杂的产品，若一个接线面不能清楚地表达全部接线关系时，可以将几个接线面分别绘出。绘制时，应以主接线面为基础，将其他接线面按一定方向展开，在展开面旁要标注出展开方向。在某一个接线面上，如有个别元件的接线关系不能表达清楚时，可采用辅助视图(剖视图、局部视图、向视图等)来说明，并在视图旁注明是何种辅助视图。接线图的示例参见图 5－4。

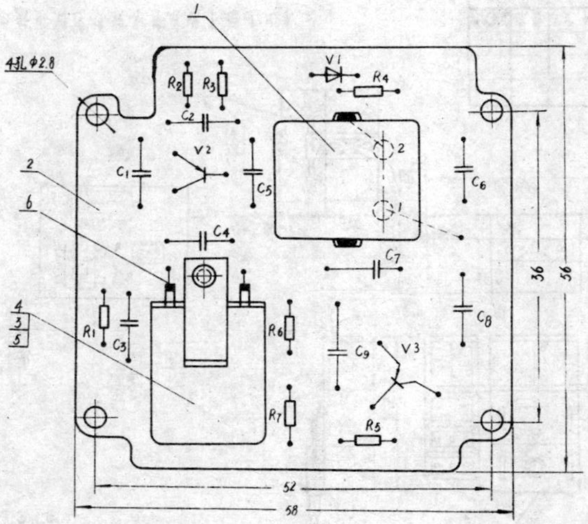

注：1. 半导体管V_2、V_3的e极套绿色套管b极套白色套管c极套红色套管
2. 元件装配后高度不大于15mm

序号	代号	名称	数量	备注
	SG79－75	绝缘套管φ1×7(绿)	2	
	SG79－75	绝缘套管φ1×7(红)	2	
6	JB647－67	铜线 TR0.5×30	2	D·Ag10
V3	SJ757－74	半导体管 3AG53A(红)	1	
V2	SJ757－74	半导体管 3AG53A(红)	1	
V1		半导体管 2CC1E	1	X厂生产
C9	SJ2390－83	电容器 CC2-1a-Q-160V-15±10%	1	
C8		CC2-1a-Q-160V-30±10%	1	
C7		CC2-1a-Q-160V-120±10%	1	
C6		CC2-1a-Q-100V-120±10%	1	
C5		CC2-1a-H-160V-200±10%	1	
C4		CC2-1a-L-160V-15±10%	1	
C3		CC2-1a-Q-160V-30±10%	1	
C2		CC2-1a-Q-160V-30±10%	1	
C1	SJ2390－83	电容器 CC2-1a-H-160V-3.9±10%	1	
R7	GB8551－87	电阻器 RT13－82K±10%	1	
R6		RT13－510±5%	1	
R5		RT13－20K±10%	1	
R4		RT13－20K±10%	1	
R3		RT13－3.9K±10%	1	
R2		RT13－68K±10%	1	
R1	GB8551－87	电阻器 RT13－150K±10%	1	
5		晶体 JA－58	1	X厂生产
4	GB66－85	螺钉 M2×5(10)	1	D·Zn·9
3	XX8.665.451	卡子	1	
2	XX7.820.120	印制板	1	
1	XX4.777.001MX	高频线圈	1	

阻容单元	XX5.064.001		
标记 数量 更改单号 签名 日期	等级 标记 重量	比例 2:1	
设计 审核 工艺 标准化 批准	第 1 张	共 1 张	

旧底图总号 底图总号 日期 签名

格式(2) 描图： 描图： 幅面：3

图 5－1 装配图

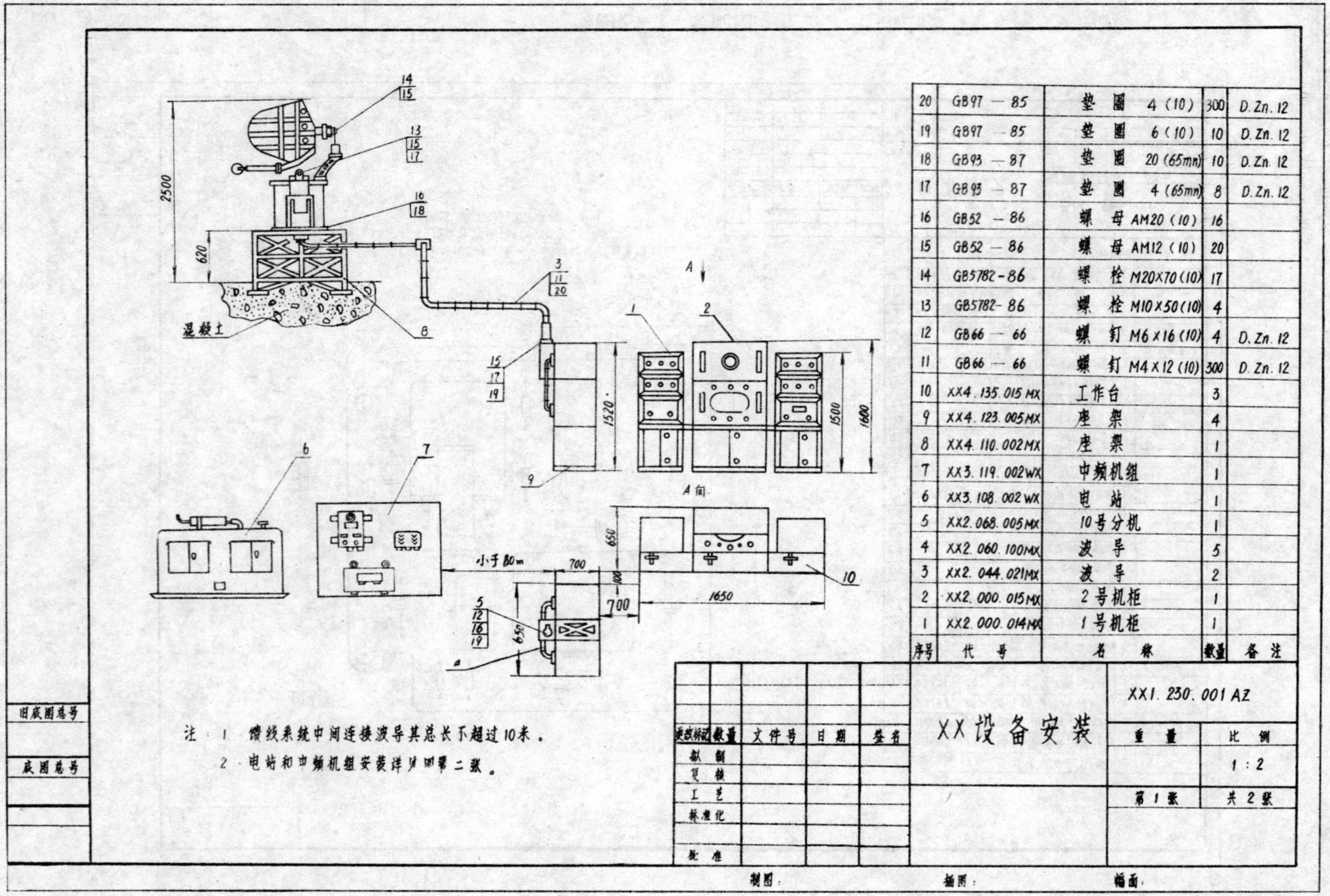
注：1 馈线系统中间连接波导其总长不超过10米。
2 电站和中频机组安装详见四第二张。
XX设备安装
XX1. 230. 001 AZ
重量
比例
1 : 2
第1张
共2张
20 GB97—85 垫圈 4（10） 300 D. Zn. 12
19 GB97—85 垫圈 6（10） 10 D. Zn. 12
18 GB93—87 垫圈 20（65mn） 10 D. Zn. 12
17 GB93—87 垫圈 4（65mn） 8 D. Zn. 12
16 GB52—86 螺母 AM20（10） 16
15 GB52—86 螺母 AM12（10） 20
14 GB5782-86 螺栓 M20×70（10） 17
13 GB5782-86 螺栓 M10×50（10） 4
12 GB66—66 螺钉 M6×16（10） 4 D. Zn. 12
11 GB66—66 螺钉 M4×12（10） 300 D. Zn. 12
10 XX4. 135. 015 MX 工作台 3
9 XX4. 123. 005 MX 座架 4
8 XX4. 110. 002 MX 座架 1
7 XX3. 119. 002 WX 中频机组 1
6 XX3. 108. 002 WX 电站 1
5 XX2. 068. 005 MX 10号分机 1
4 XX2. 060. 100 MX 波导 5
3 XX2. 044. 021 MX 波导 2
2 XX2. 000. 015 MX 2号机柜 1
1 XX2. 000. 014 MX 1号机柜 1
序号 代号 名称 数量 备注
更改标记 数量 文件号 日期 签名
拟制
复核
工艺
标准化
批准
旧底图总号
底图总号
制图：
描图：
幅面：
混凝土
A向
小于80m
2500
620
1520
1500
1600
650
700
100
1650

图 5—2 安装图

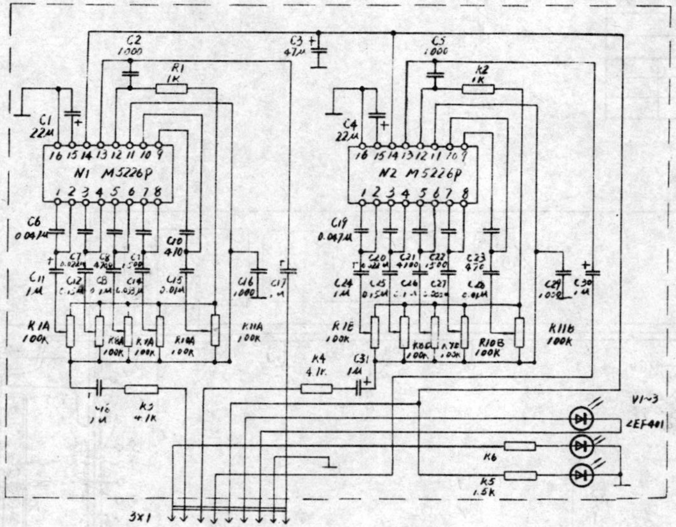

代号	代号	名称和型号(基本数据)	数量	备注	更改
R1. R2. R6	GB8551—87	电阻器 RT13—1K±10%	3		
R3. R4	GB8551—87	电阻器 RT13—4.7K±10%	2		
R5	GB8551—87	电阻器 RT13—1.5K±10%	1		
R7. R8. R9					
R10. R11		电位器 RSCA2(S202B)100K(W)	5		
C1. C4	GB5995—86	电容器 CD11—10V—22μ	2		
C2. C5 C16. C29	GB6349—86	电容器 CL11—63V—1000P±10%	4		
C3	GB5995—86	电容器 CD11—10V—47μ	1		
C6. C19	GB6349—86	电容器 CL11—63V—0.047μ	2		
C7. C20	GB6349—86	电容器 CL11—63V—0.022μ	2		
C8. C21	GB6349—86	电容器 CL11—63V—4100P	2		
C9. C22	GB6349—86	电容器 CL11—63V—1500P	2		
C10. C23		电容器 CC12-5-L-63-470±10%	2		
C11. C17. C18 C24. C30. C31	GB5995—86	电容器 CD11B—50V—1μ	6		
C12. C25		电容器 CT4D—4D—0.15$^{+80}_{-20}$%	2		
C13. C26	GB6349—86	电容器 CL11—63V—0.1μ	2		
C14. C27	GB6349—86	电容器 CL11—63V—0.033μ	2		
C15. C28	GB6349—86	电容器 CL11—63V—0.01μ	2		
V1. V2. V3		晶体管 2EF401 方(红)	3	威海无线电二厂	
N1. N2		集成电路 M5226P	2		
3X1		插头 CJ3—9S		富阳无线电元件厂	

旧底图总号	拟制	电平指示 电路图	XX3·590·009 DL
底图总号	审核		等级 | 标记 | 第 张 | 共 张
日期 签名	标准化		更改标记 | 数量 | 更改单号 | 签名 | 日期
	批准		

制图： 描图： 幅面：

图 5—3 电路图

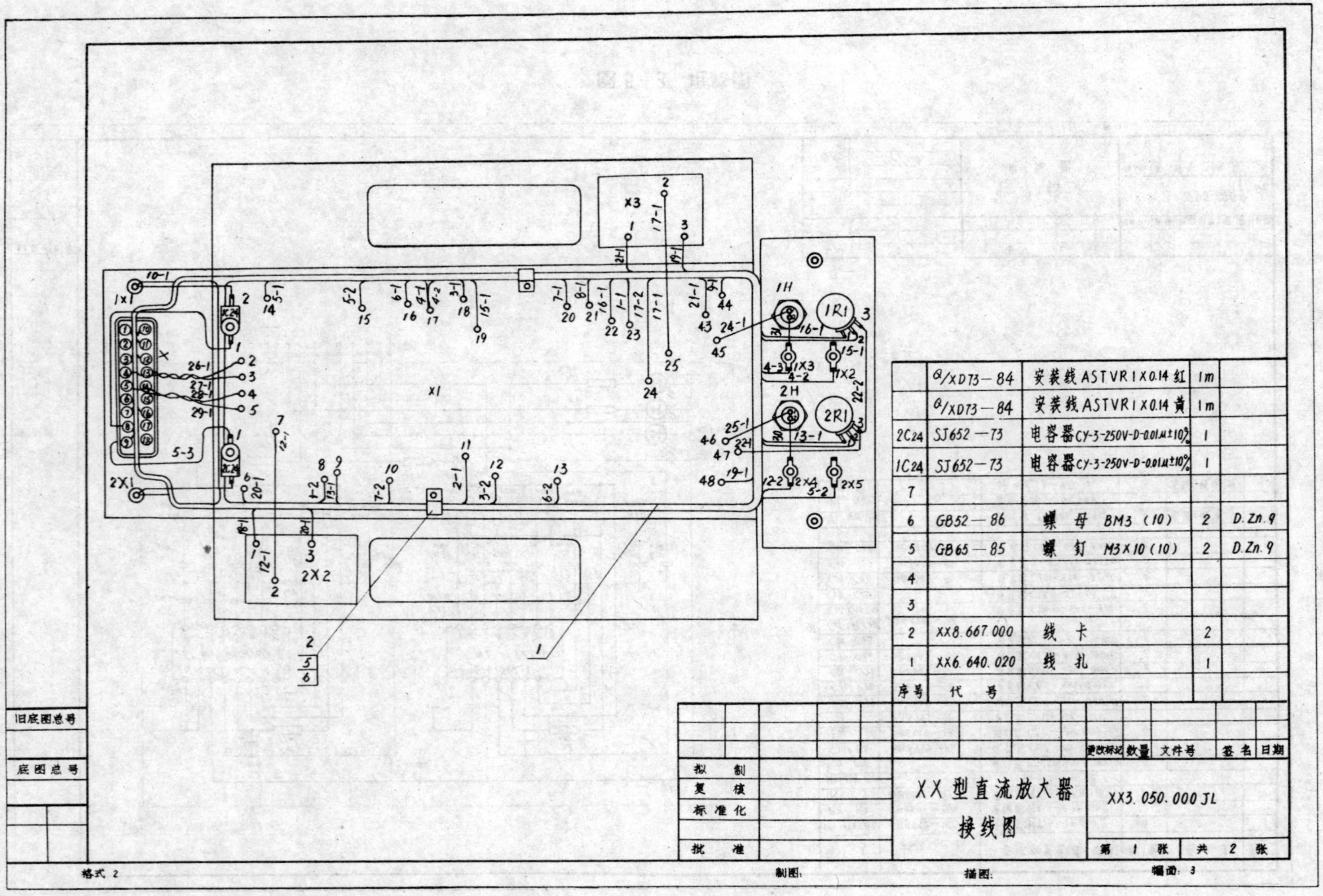
X3
X1
1X1
2X1
X
2X2
1H
2H
1R1
2R1
1X2
1X3
2X4
2X5
5-3
Q/XD73—84 安装线ASTVR1X0.14 红 1m
Q/XD73—84 安装线ASTVR1X0.14 黄 1m
2C24 SJ652—73 电容器CY-3-250V-D-0.01μ±10% 1
1C24 SJ652—73 电容器CY-3-250V-D-0.01μ±10% 1
7
6 GB52—86 螺母 BM3（10） 2 D.Zn.9
5 GB65—85 螺钉 M3X10（10） 2 D.Zn.9
4
3
2 XX8.667.000 线卡 2
1 XX6.640.020 线扎 1
序号 代号
旧底图总号
底图总号
更改标记 数量 文件号 签名 日期
拟制
复核
标准化
批准
XX型直流放大器
接线图
XX3.050.000 JL
第 1 张 共 2 张
格式 2
制图:
描图:
幅面: 3

图 5—4 接线图

线缆号	线号	连接点Ⅰ		连接点Ⅱ		导线、电缆型号及规格	长度	备注
		项目代号	端子代号	项目代号	端子代号			
	1-1	2×1	1	X1	23			
	1-2	2×1	1	X1	8			
	2-1	2×1	2	X1	11			
	3-1	2×1	6	X1	18			
	3-2	2×1	7	X1	12			
	4-1	2×1	9	X1	17			
	4-2	2×1	17	2×2		XX6.640.020		
	4-3	2×1	9	2×3				
	5-1	2×1	10	X1	14			
	5-2	X1	15	2×4				
	5-3	2×1	9	2×24	1			
	6-1	2×1	11	X1	16			
	6-2	2×1	11	X1	13			
	7-1	2×1	12	X1	20			
	7-2	2×1	12	X1	10			
				等				
	12-1	2×2		X1	7	安装线ASTVR1×0.14黄	120	
	25-1	2H	1	X1	46	安装线ASTVR1×0.14红	150	
				等				

旧底图总号

底图总号

				拟制 复核	XX3.050.000JL	
更改标记	数量	文件号	签名	日期	第 2 张	共 2 张

描图:　　幅面: 4

在看接线图时同样应先看标题栏、明细表。然后参照电路图，看懂接线图。而后按工艺文件的要求将导线接到规定的位置上。

复杂的机器或单元，用的导线较多，走线复杂。为了便于接线，使走线整齐美观，可将导线按规定和要求绘制成线扎装配图，标题栏采用格式 2 的形式。线扎装配图有两种画法，一种是结构式画法，即反映出线扎的实际粗细；一种是图例式画法，即线扎全部用单线表示。两种画法都用 1∶1 绘制，以便于布线和扎线。图 5－5 所示线扎是结构式画法。图中符号⊙表示向上折弯 90°；符号⊕表示向下折弯 90°；⊶表示向上折弯后的方向。当导线过长，线扎图无法按实长绘制时，可采用断开画法，但必须标出实际尺寸。在装配时，应将线扎固定在机器底板上，按导线表的规定，将导线接到相应的位置上。导线表的形式见第 167 页。

5. 产品标准

产品标准是指对产品质量、规格及其检验方法等所作的技术规定。产品标准是产品生产和使用应当共同遵循的技术依据。

产品标准的内容一般应包括：概述；分类；外形尺寸及主要参数；技术要求；例行和交收试验；试验方法；包装和标志；贮存和运输。

概述：用以说明本产品标准的适用范围、产品用途和使用条件等。

分类、外形尺寸及主要参数：用以说明产品按其技术性能、结构、使用或其他特征可以分为哪几类，以及产品的外形尺寸和安装尺寸等主要参数。

技术要求：用以说明决定产品质量的主要要求、指标及其允许偏差。

例行和交收试验：用以说明对产品质量必须进行试验的种类、分组方法、抽样方法和试验程序，以及产品验收的规则等。

试验方法：用以说明对产品各项技术要求进行试验的方法和条件。

包装和标志：用以说明产品包装的要求，以及对产品和产品包装上进行标志的要求。

贮存和运输：用以说明在库房中保管产品的要求以及产品在运输过程中防护的要求。

对产品的组成部分，如整件、部件、零件，一般不单独编写技术条件。

6. 技术说明书(JS)

技术说明书用于说明产品用途、性能、组成、工作原理和使用维护方法等技术特性，供使用和研究产品之用。

技术说明书的内容一般应包括：概述、技术参数、工作原理、结构特征、安装及调整。

概述：用以概括性地说明产品的用途、性能、组成、原理等。

技术参数：应列出使用、研究本产品所必须的技术数据以及有关计算公式和特性曲线等。

工作原理：应从本产品的使用出发，通过必要的简图(包括电路图以及其他示意图)，以通俗的方法说明产品的工作原理。

结构特征：用以说明产品在结构上的特点、特性及其组成等。可借外形图、装配图和照片等来表明主要的结构情况。

安装及调整：用以说明正确使用产品的程序，以及产品维护、检修、排除故障的方法、步骤和应注意的问题。

在必要时，根据使用的需要可同时编制使用说明书，其内容主要包括产品的用途、简要技术特性及使用维护方法等。对于简单产品只编使用说明书即可。

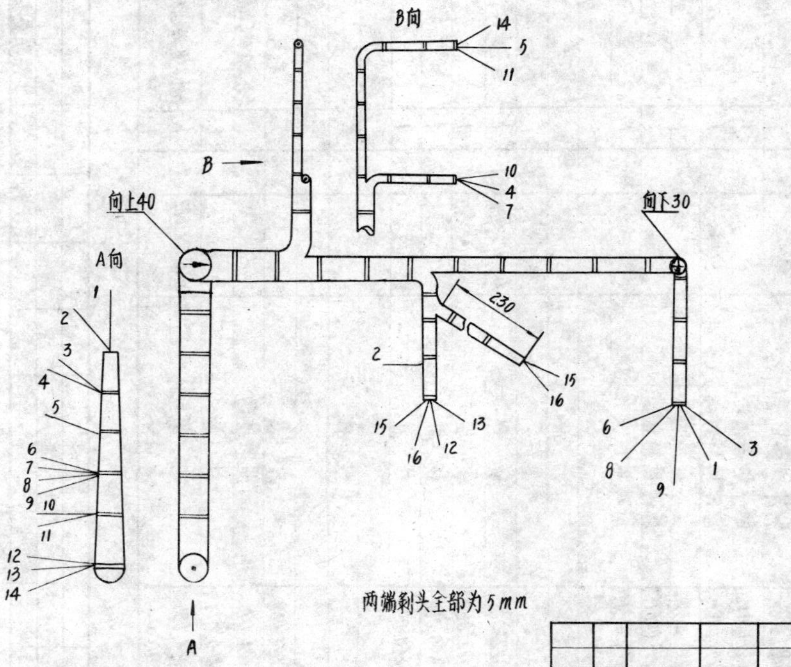

编号	代号	名称	数量	备注
		锦纶丝 φ0.5	5m	
16	Q/XD73-84	安装线 ASTVR 1×0.14 蓝	345	
15		ASTVR 1×0.14 蓝	355	
14		ASTVR 1×0.14 红	455	
13		ASTVR 1×0.14 红	455	
12		ASTVR 1×0.14 红	465	
11		ASTVR 1×0.14 黑	475	
10		ASTVR 1×0.14 白	405	
9		ASTVR 1×0.14 黄	665	
8		ASTVR 1×0.14 白	665	
7		ASTVR 1×0.14 白	425	
6		ASTVR 1×0.14 黄	670	
5		ASTVR 1×0.14 棕	530	
4		ASTVR 1×0.14 黑	490	
3		ASTVR 1×0.14 白	705	
2		ASTVR 1×0.14 棕	460	
1	Q/XD73-84	安装线 ASTVR 1×0.14 棕	730	

更改标记	数量	文件号	签名	日期
设计				
审核				
工艺				
标准化				
批准				

线扎	XX6.640.000	
	重量	比例尺
		1:1
	第1张	共1张

旧底图总号

底图总号

制图　　描图　　3号图幅

图 5—5　线扎图

序号	幅面	代号	名称	装入		总数量	备注	更改
				代号	数量			
1								
2			文件					
3								
4	1	XX2.066.002	装配图					
5	2	XX2.066.002DL	电原理图					
6	1	XX2.066.002JL	接线图					
7	4	XX2.066.002JT	技术条件					
8	4	XX2.066.002S	调试说明					
9								
10			整件					
11								
12	4	XX2.087.006MX	脉冲电路电源			1		
13	4	XX3.299.001MX	脉冲电路振荡板			1		
14	4	XX3.299.002MX	脉冲电路外触发			1		
15	4	XX3.299.003MX	脉冲电路延迟板			1		
16	4	XX3.299.005MX	脉冲电路输出板			1		
17	4	XX4.702.003MX	脉冲电源变压器			1		
18								
19			部件					
20								
21	2	XX6.122.081	底座	XX6.122.082	1	1		
22	1	XX6.122.082	底座			1		
23	3	XX6.640.000	线扎			1		
24	3	XX6.640.001	线扎			1		
25								
26			零件					
27								
28	4	XX7.021.069	度盘			3	毛坯	
29	4	XX7.021.071	圆形度盘			1	毛坯XX7.021.069	
30	4	XX7.860.071	衬套			2		
31	2	XX8.054.035	面板	XX6.122.082	1	1	毛坯XX8.054.034	
32	3	XX8.110.174	弯角件			1		

旧底图总号					
底图总号			更改标记	数量	文件号 签名 日期
	拟制		脉冲单元	XX2.066.002 MX	
	复核		明细表		
	批准			第 1 张	共 2 张

格式5 制图: 描图: 幅面: 4

编号	幅面	代号	名称	装入 代号	装入 数量	总数量	备注	更改
1								
2	4	XX8.600.259	垫 板	XX6.122.071	4	4		
3				XX6.122.082	4	4		
4						8		
5								
6		XX8.604.185	压 板			2		
7		XX8.667.000	固定夹			1		
8		XX8.671.024	拉 手	XX6.122.082	2	2		
9		XX8.940.022	垫 圈	XX6.122.082	4	4		
10								
11								
12			标 准 件					
13								
14		Q/XX7.854.004	圆 环					
15		Q/XX7.854.005	圆 环					
16								
17			外 购 件					
18								
19	4	XX3.602.001WX	波段开关			1		
20		GB65-85	螺钉 M4×14 (10)	XX6.122.082	4	4	D.Zn9	
21		GB68-85	螺钉 M2×5 (10)			9	D.Zn9	
22			M3×6 (10)	XX6.122.082	4	4	D.Zn9	
23		GB901-88	螺柱 M3×70 (10)			8	D.Zn9	
24		GB52-86	螺母 BM3 (10)			32	D.Zn9	
25			BM4 (10)			6	D.Zn9	
26		GB93-87	垫圈 3 (65Mn)			27	D.Zn12	
27		GB7275-87	电阻器 RJ15-4.3K±5%			4		
28		SJ78-78	电位器 WTH-I-1A-15K-D-20ZS-I			1		
29		SJ652-73	电容器 CY-2-500V-D-1000±5%			1		
30		SJ500-83	插座 Q9-50KY			4		
31								
32			材 料					
33								
34		Q/XD507-86	安装线 AVR(锡) 0.12 红			8m		

旧底图总号

底图总号

更改标记	数量	文件号	签名	日期	拟制 / 复核	XX2.066.002MX
						第 2 张

格式 2a 制图： 描图： 幅面：4

7. 明细表(MX)

明细表是表格形式的设计文件,内容包括成套设备明细表、整件明细表、成套件明细表(包括成套安装件、成套备件、成套工具和附件、成套装放器材、成套包装器材)。

现以整件明细表(MX)为例加以说明。

整件明细表是确定整件组成部分的内容和数量的基本文件,是各企业组织生产和进行生产管理的基本依据。

一般整件明细表按文件、整件、部件、零件、标准件、外购件、材料等节顺序填写。

在整件、部件、零件节中,按十进分类编号的递增顺序相应地填写直接装入及通过部件装入本整件的整件、部件和零件。

在标准件一节中,应填写企业自制的标准件。外购件一节中填写外购的标准件及非标准件。其填写顺序为:首先,已编有外形图的外购件,填写其外形图的十进分类编号。接下去是紧固件(按常规顺序,如螺钉、螺栓、垫圈、铆钉、销钉等)、电气元件(按文字符号顺序)和材料。必要时,材料可以单独作为一节填写。明细表示例参见第 172 页和第 173 页,其中第 172 页所示的为正页,第 173 页所示的为附页。当正页填不下的时候,应采用附页继续填写。

§5-2 工 艺 文 件

一、工艺工作

1. 工艺工作的重要性

一个工业企业如果没有工艺工作,没有一个合理的工艺工作程序,就很难想象会搞出高质量、高水平的产品来,企业的管理必然混乱。工艺工作在电子工业中占有重要位置。

工艺文件是工业企业部门必备的一种技术资料。它是加工、装配、检验的技术依据,是生产路线、计划、调度、原材料准备、劳动力组织、定额管理、工模具管理、质量管理等的主要依据和前提。只有建立一套完整的、合理而行之有效的工艺工作程序和工艺文件体系,才能保证实现企业的优质、高效、低消耗和安全生产,才能使企业获得最佳的经济效益。

2. 工艺工作的程序

在工业企业中,最基础的工作是产品的生产和生产技术管理工作。在一个企业中,把原材料制成零件,把零件组装成部件、整件,是一项复杂的工作,必须通过一种计划的形式来组织和指导。为了使生产活动有秩序按计划进行,各企业应有一个符合本企业客观规律的工艺工作程序。

典型工艺工作程序框图见 175 页。

3. 工艺工作程序的说明:

(1)工艺性调研和访问用户　由主管工艺人员参加新产品的设计调研和老产品的用户访问工作,了解国内外同类产品的性能指标及用户对该产品的意见和要求。

(2)参加新产品设计方案的讨论和老产品改进设计方案的讨论　针对产品结构、性能、精度的特点和企业的技术水平、设备条件等进行工艺分析,提出改进产品工艺性的意见。

(3)审查产品设计的工艺性　由有关工艺人员对产品设计图样进行工艺性审查,提出工艺性审查意见书。

(4)编制工艺方案　工艺方案是工艺技术准备工作的重要指导性文件,由主管工艺人员负责编写。

工艺工作程序框图

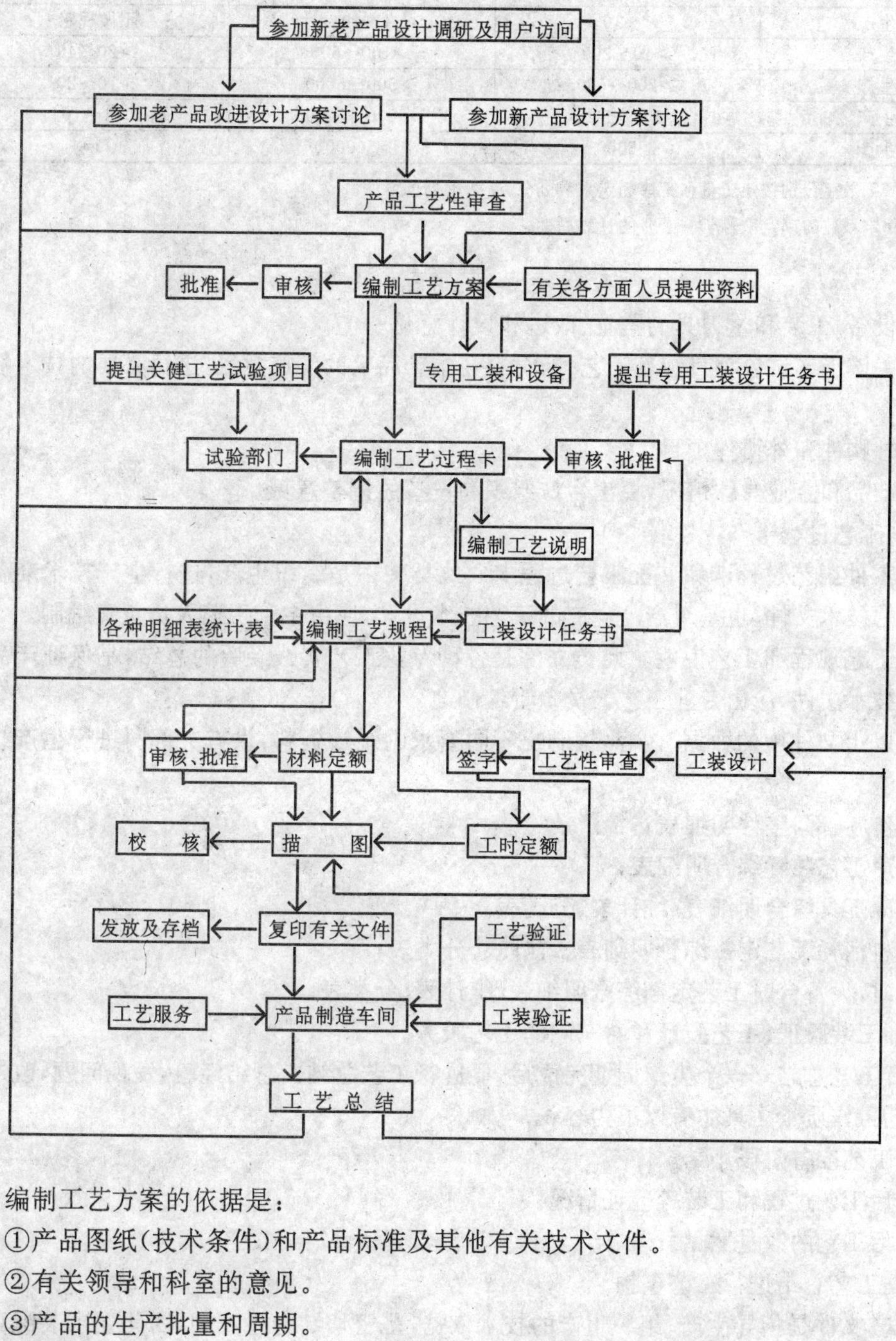

编制工艺方案的依据是：

①产品图纸(技术条件)和产品标准及其他有关技术文件。

②有关领导和科室的意见。

③产品的生产批量和周期。

④有关工艺资料，如企业的设备条件、工人技术等级和技术水平等。

⑤企业现有工艺技术水平和国内外同类产品的新工艺新技术成就。

工艺方案的一般内容是：

①根据产品的生产性质、生产类型(见表 5—3)，规定工艺文件的种类，并规定工装系数。

表5-3 生产类型的划分

生产类型	年产量(台、件)		工序固定系数
	(重、大产品)	(轻、微产品)	
单件生产	1～10	1～100	不做规定
小批生产	>10～200	>100～500	>20～40
中批生产	>200～500	>500～5000	>10～20
大批生产	>500～5000	>5000～50000	>1～10
大量生产	>5000	>50000	1

注:①表中所列数字分别按年产量和工序固定系数划分,属两种划分方法。

②工序固定系数的确定取等于一个月的计划周期。

$$工序固定系数=\frac{各种工序数目}{完成各种工序的工作地点数}$$

②专用设备、工装和量刃具的购置、改进和设计意见。

③提出关键工艺试验项目和新工艺、新材料在本产品上的实施意见,进行必要的技术经济分析。

④提出外购件和外协件项目。

⑤根据产品和企业具体情况,提出生产组织和设备的调整意见。

(5)编制工艺过程卡

①编制零件工艺过程卡和装配工艺过程卡　此类文件是组织生产,进行生产技术准备工作的最基本的技术文件,也是对产品生产的工艺技术设计,应由主管工艺人员负责编制。

②编制工艺规程和工艺说明　此类文件是各种专业工艺实践经验的总结,是保证产品质量的指导性技术文件,应由专业工艺人员负责编制。

③根据以上文件中的数据、内容,编制出不同要求的统计资料,供有关部门进行生产技术准备工作:

编制协作零、部、整件明细表;

编制专用工艺装置综合明细表;

编制标准工具综合明细表、统计表、分类表;

编制材料消耗工艺定额综合明细表、统计表、分类表;

编制工时,设备台时工艺定额综合明细表、统计表、分类表。

(6)参加工装验证、工艺验证和对车间的工艺服务。

(7)进行工艺总结　一个生产周期完成后,要进行工艺总结。总结经验,发现问题,改进工艺,提高工艺工作质量。具体有以下内容:

①编写工艺准备阶段小结。

②投产后工艺过程和工装等验证情况。

③对今后工艺的改进意见。

(8)根据工艺总结进行工艺整顿。

由于工艺文件是指导生产、组织生产的技术依据,是密切结合生产的,因此要求装配工人要掌握有关工艺文件知识,按工艺文件要求去操作。

二、编制工艺文件的原则

工艺文件是指导生产又是组织生产的技术资料,对提高工人技术水平,保证产品的质量,提高生产效率,保证安全生产,降低材料消耗及成本等都有重要作用。

编制工艺文件，应以保证产品质量，稳定生产为原则，应以用最经济最合理的工艺手段进行加工为原则。为此，要做到以下几点：

(1)编制工艺文件，要根据产品批量大小和复杂程度区别对待。生产一次性产品时可不编写工艺文件。

(2)编制工艺文件要考虑到车间的组织形式和设备条件，以及工人的技术水平等情况。

(3)对于未定型的产品，可不编制工艺文件。如果需要，可编写部分必要的工艺文件。

(4)工艺文件应以图为主，使工人一目了然，便于操作，必要时可加注简要说明。

(5)凡属装配工人应知应会的工艺规程内容，工艺文件中不再编入。

三、整机工艺文件编制方法和要求

编制整机工艺文件时要仔细分析设计文件的技术条件、技术说明、电路图、安装图、接线图、线扎图及有关的部件图零件图等。先将这些图中的安装关系与焊接要求仔细分析清楚。必要时对照一下定型样机，以便对整机结构印象更清晰些。

先考虑准备工序，如各种导线的加工处理、线把扎制、地线成形、器件焊点浸锡、各种组合件的装焊、电缆制作、印标记等，编制出准备工序的工艺文件。凡不适合直接在流水线上装配的元器件，可安排在准备工序里去作。有些复杂机器准备工作量要大些。准备工作充分，流水线工作才能顺利。

接下来考虑总装的流水线工序。首先确定每个工序的工时。一般大型机每工序的工时不应超过 30 分钟，小型机在大批量生产时每工序的工时不超过 5 分钟。然后确定需要用几个工序(工时与工序的多少主要考虑日产量和生产周期)。一定要仔细考虑流水线各工序的平衡性，安排要顺手，最好是按局部分片分工，尽可能不要上下翻动机器，前后装焊。安装与焊接工序尽可能分开，使工人操作简化。无论是准备工序还是流水线各工序，所用的材料、器件、特殊工具、设备等，排列要有顺序。调试检验工序所用的仪表设备、技术指标、测试方法也要在工艺文件上反映出来。

整机工艺文件编制有以下几项要求：

(1)工序安装图有两种情况。一种是按照工序全部绘出安装图；另一种情况，当安装件是平面布置或是安装时互不影响，焊接方便的，则工艺文件不绘出安装图，只安排各工序安装件的顺序，可参照设计图纸安装。当结构复杂的机器安装顺序要求严格时，需要绘出安装图。焊接工序都要画出接线图。各元器件的焊接点的方向位置，应画出投影图或示意图。器件号与导线号应写清楚，使工人看图即能了解。

(2)线扎图要用 1：1 的图纸，这是因为直接在图纸上排线比较方便。对于大型线扎图，在图纸幅面不够用时，可续接图纸，亦可利用中断图注示长度尺寸。

(3)工艺文件所用的产品名称、编号、图号、符号、材料和器件代号等，应与设计文件一致。但各种导线的标记号可由工艺文件决定。

(4)各工艺文件需装订成册，配齐成套。

(5)编制工艺文件要执行审核、会签、批准手续。

(6)工艺文件要字体正规，书写清楚，图形正确，工艺图上尽量少用文字说明。

(7)工艺文件幅面应统一，图幅大小应符合规定，以便于装订。

四、工艺文件格式

工艺文件格式根据电子部制定的标准 SJ/T10320—92《工艺文件格式》规定，有 32 种(另含两种续页)其中属工艺技术用的格式有16种(另含两种续页),为管理部门提供管理资料用的有10种,用于工序质量控制点的有4种,用于管理工艺文件的有2种,这些格式满足了电子工业全行业的需要,做到少而精,体现共性。

工艺文件格式分横式和竖式两种,分别用GH和GS表示,字母含义为:

G——工艺文件代号;

S——竖式;

H——横式。

根据企业使用格式习惯可任选一种横式或竖式,但两种在一企业中不能混合使用。

示例中选用的格式填写如下:

1. GH1 工艺文件封面

用于编制工艺文件装订成册的封面,简单的机器可按整机装订成册,复杂的机器可按分机单元等装订成册。

"产品型号、产品名称、产品图号"填写产品的型号、名称及图号。如:9D3型电视机、807型收音机,图号填写十进分类编号或隶属编号如××2.087.009或807-2-1等。

其他各项要求填写参见第181页所示。

2. GH2 工艺文件明细表

用于编制产品工艺文件的明细表,它反映了该产品工艺文件的成套性。明细表各栏填写方法如下:

"序号"栏:采用阿拉伯数字填写顺序号。如1、2、3……。

"零、部、整件图号及名称":按产品设计文件明细表的顺序(整、部、零件)依次填写其相应的设计文件的图号及名称(全称)。

"文件代号""文件名称":填写工艺文件代号和工艺文件名称。

"页数":应按各种工艺文件的格式分别填写用此格式的页数。

"备注":按需要填写。参见第182页。

3. GH20 配套明细表

用于编制装联时需要用的零、部、整件、外购件汇总的工艺文件,明细表各栏填写方法如下:

"序号"栏:采用阿拉伯数字填写顺序号。如1、2、3……。

"代号"栏:按设计文件填写装配时需要用的零、部、整件、外购件的代号。

"名称"栏:按设计文件填写装配时需要用的零、部、整件、外购件的名称。

"数量"栏:按设计文件填写装配时需要用的零、部、整件、外购件的数量。

"来自何处""交往何处"栏:分别填写提供零、部、整件、外购件的部门和接收部门的名称和代号。

"备注"栏:按需要填写。参见第183、184页。

4. GH17 工艺说明

用于编制零、部、整件产品提出具体技术要求或工艺规程的文件。可供绘制工艺简图、编制文字说明及作其它表格的补充文件用。也可供编制规定格式以外其他工艺文件使用。如装配或调试说明等。

应用注意事项:

(1)加工复杂零件时，对各工序和工步的技术要求如在工艺过程卡片中无法表达清楚，可用文字和简图作补充说明，也可以绘制各种曲线。如热处理工艺曲线等。

(2)对复杂的部件或整件产品应增加装配说明，以及生产过程中的调整说明或调试说明。

(3)执行某个加工工序对机床设备、工装的调整说明应当注出。

(4)对其它工艺文件内容需加以继续说明和提出要求的，也应注出。

(5)为了方便使用者应用工艺说明，应在工艺说明的一开始，将本工艺说明的命题列出，如“键合工艺说明”或“黑白电视机装配调试工艺说明”等。

(6)工艺说明应当作为某个具体零、部、整件产品工艺过程卡片的补充性工艺文件。

(7)工艺说明的编制内容通常应包括如下几个主要章条：

①目的和用途；

②使用材料及配方；

③设备、仪器和工具等；

④工艺过程内容及要求；

⑤检验；

⑥其它：如安全、卫生等级等。

上述典型章、条只是作为推荐性的内容，应根据具体用途来增减。参见第185页。

5. GH14 导线及线扎加工卡片

用于编制产品、整件、部件内部电路连接所需的导线或线扎加工的工艺文件。各栏填写如下：

“序号”栏：采用阿拉伯数字1、2、3……填写。

“线号”栏：按产品设计图纸中导线编号或代号进行编制，也可按类别进行编号。

“名称、牌号、规格”栏：对于无独立图样的原材料则按原材料的规定填写，对于有独立图样的导线或线缆等按其设计图样上规定的进行填写。

“颜色”栏：按设计文件分别填写。

“数量”栏：指该导线的根数。

“导线长度”栏：指产品设计图样上规定的长度(全长)，包括剥头后的尺寸(以毫米计)。

“AB剥头”栏：A、B端修剥长度尺寸。

“连接点Ⅰ、Ⅱ”栏：指该导线所连接的始端和终端。

“设备及工装”栏：填写该导线加工时所用的专用工装、标准工具、检测器具等。

“工时定额”栏：指准备工作和结束工作的时间和操作所需的工时的总和。

“空白处”绘制导线及线扎的工艺简图，参见图5－6。

6. GH16 装配工艺过程卡片

用于编制产品、整件、部件装联工艺过程的工艺文件。各栏填写如下：

“序号”栏：按1、2、3……顺序填写。

“代号、名称、规格”及“数量”栏：分别填写装入及辅助材料的代号、名称、规格及数量。

“工作地”栏：该道工序所属车间(部门)名称或代号。

“工序号”栏：该工序编号。

“工种”栏：该工序工种名称的简称。

“工序(步)内容及要求”栏：该工序(步)内容及要求。

"设备及工装"栏:该道工序所需设备及工装的名称或编号。

"工时定额"栏:工艺工时定额。

"空白处"绘制工艺简图及表图。参见图 5－7 及图 5－8。

五、工艺文件的成套性

工艺文件的成套性是指电子产品在生产定型时应该具备的工艺文件。根据 SJ/T10324－92 的规定,其组成见表 5－4。

表 5－4

序号	工艺文件名称	设计性试制				生产性试制			
		产品	产品的组成部分			产品	产品的组成部分		
		整机	整件	部件	零件	整机	整件	部件	零件
1	工艺文件封面	—	—	—	—	●	○	—	—
2	工艺文件明细表	—	—	—	—	●	○	—	—
3	工艺流程图(Ⅰ)	○	○	○	○	○	○	○	○
4	加工工艺过程卡片	—	—	—	●	—	—	—	●
5	塑料工艺过程卡片	—	—	●	●	—	—	○	○
6	陶瓷、金属压铸、硬模铸造工艺过程卡片	—	—	—	○	—	—	—	●
7	热处理工艺卡	—	—	—	○	—	—	—	●
8	电镀及化学涂覆工艺卡片	—	—	—	●	—	—	—	●
9	涂料涂覆工艺卡片	—	—	○	●	—	—	—	●
10	元器件引出端成形工艺表	○	○	○	—	●	●	●	—
11	绕线工艺卡片	—	○	○	—	—	○	○	—
12	导线及线扎加工表	—	—	—	—	—	○	●	—
13	贴插编带程序表	—	○	○	—	—	●	●	—
14	装配工艺过程卡片	○	○	○	—	●	●	●	—
15	工艺说明	○	○	○	○	○	○	○	○
16	检验卡片	○	○	○	○	○	○	○	○
17	外协件明细表	○	○	—	—	●	○	—	—
18	配套明细表	○	○	○	—	○	○	○	—
19	自制工艺装备明细表	●	●	—	—	●	●	—	—
20	外购工艺装备汇总表	○	○	—	—	○	○	—	—
21	材料消耗工艺定额明细表	○	○	—	—	●	●	—	—
22	材料消耗工艺定额汇总表	○	○	—	—	●	●	—	—
23	能源消耗工艺定额明细表	—	—	—	—	○	○	—	—
24	工时 设备台时 工艺定额明细表	—	—	—	—	●	○	—	—
25	工时 设备台时 工艺定额汇总表	—	—	—	—	●	○	—	—
26	镀涂件明细表	○	—	—	—	●	—	—	—
27	热处理件明细表	○	—	—	—	●	—	—	—
28	工艺关键件明细表	○	—	—	—	●	—	—	—
29	仪器仪表明细表	○	—	—	—	●	—	—	—
30	工位器具明细表	○	—	—	—	●	—	—	—
31	工序控制点明细表	○	○	○	○	●	—	—	—
32	工序质量分析表	○	○	○	○	●	●	●	●
33	工序控制点操作指导卡片	○	○	○	○	●	●	●	●
34	工序控制点检验指导卡片	○	○	○	○	●	●	●	●
35	专业工艺规程	○	○	○	○	○	○	○	○

注:表中"●"表示必须编制的文件;"○"表示根据需要而定;"—"表示不应编的文件。

GH1

电子工业

工艺文件

第 x 册

共 x 页

共 x 册

产品型号 xxxx

产品名称 电源箱

产品图号 xx2.087.009

本册内容

批准 xxx

xx 年 x 月 x 日

国营 xxx 厂

旧底图总号	
底图总号	
日期	签名

封面 GH1

GH2

工艺文件明细表				产品名称	电源箱	
				产品图号	XX2.087.009	
序号	零部整件图号	零部整件名称	文件代号	文件名称	页数	备注
			G20	配套明细表	1	
			GH17	工艺说明	1	流水工序方框图
			GH14	导线及线扎加工卡片	16	准备工序5同高频箱准备5
			GH16	装配工艺过程卡片	30	安装焊接工序1-13

旧底图总号												
底图总号										拟制	X X X	XXXXX
										审核	X X X	XXXXX
日期	签名									标准化	X X X	XXXXX
		更改标记	数量	更改单号	签名	日期	更改标记	数量	更改单号	签名	日期	批准 X X X XXXXX

第 1 页 共 1 页

描图 X X XXXXX 描校 X X X XXXXX

明细表 GH2

配套明细表

产品名称	电源箱
产品图号	XX2·087·009

序号	代号	名称	数量	来自何处	交往何处	备注
1	XX3.647.081	继电器	2	齐套库	装配二车间	
2	XX4.025.123	变压器	1	〃	〃	
3	XX4.036.201	阻流圈	1	〃	〃	
4	XX5.011.134	插座	2	〃	〃	
5	XX6.667.236	装置板	1	〃	〃	
6	XX8.672.143	固定卡	2	〃	〃	
7		管座 G2S7—J—310	4	元件库	〃	
8		电阻器RJ15—1K±10%	1	〃	〃	
9		电阻器RJ15—150K±10%	1	〃	〃	
10		电阻器RJ15-47K±10%	1	〃	〃	
11		电容器CY-5-500-A-3900±10%	1	〃	〃	
12		电容器CZM-C-400-0.047μ±10%	1	〃	〃	
13		螺钉 M3×10	85	〃	〃	
14		螺母 M3	85	〃	〃	
15		垫圈 ϕ3	80	〃	〃	
16		弹簧垫圈 ϕ3	70	〃	〃	
17		镀银铜线 ϕ0.8	10M	线材库	〃	
18		塑胶线 AV—0.5	50M	〃	〃	
19		导线标志漆（红）	3g	中心试验室	〃	
20		导线标志漆（黑）	3g	〃	〃	

旧底图总号

底图总号

日期	签名

更改标记	数量	更改单号	签名	日期	更改标记	数量	更改单号	签名	日期

拟制	X X X	XX X XX
审核	X X X	XX X XX
标准化	X X X	XX X XX
批准	X X X	XX X XX

第 1 页 共 2 页

描图 X X XX X XX　　描校 X X X XXXX

配套明细表 GH20

GH20

配套明细表					产品名称	电源箱
					产品图号	XX2.087.009

序号	代号	名称	数量	来自何处	交往何处	备注
21		导线标志漆（黄）	3g	中心试验室	装配二车间	
22		紧固漆(红色硝基磁漆)	50g	〃	〃	
23		黄蜡绸 2210	500cm²	材料库	〃	
24		39焊锡丝 ф1.5	200g	车间库	〃	
25		松香	20g	〃	〃	
26		酒精	1kg	〃	〃	
27		汽油	1Kg	〃	〃	
28		黑色油墨	50g	〃	〃	
29		聚氯乙烯泡沫塑料	2g	〃	〃	
30		亚麻线 10/3FJ	50g	〃	〃	

旧底图总号	底图总号	日期	签名

更改标记	数量	更改单号	签名	日期	更改标记	数量	更改单号	签名	日期

拟制	XXX	XX X XX
审核	XXX	XX X XX
标准化	XXX	XX X XX
批准	XXX	XX X XX

第 2 页共 2 页

描图 XXX XXXXX　描校 XXX XXXXX

配套明细表 GH20

GH17

工艺说明		名称	电源箱	编号	
		图号	X X 2.087.009		

工序1：安装 1. 管座4个 2. 插座1个 3. 变压器1个	工序2：安装 1. 2. 3. 4.	工序3：安装 1. 2. 3.	工序4：安装 1 2. 3. 4.	工序5：安装 1. 2. 3.
工序6：焊接 按工序6图纸焊接导线	工序7：焊接 按工序7图纸焊接导线及元件	工序8：焊接 按工序8图纸焊接导线及元件	工序9：焊接 按工序9图纸焊接导线	工序10：安装 1. 2. 3.
工序11：焊接 按工序11图纸焊接元件	工序12：焊接 按工序12图纸焊接导线及元件	工序13：检验 检查导线及元件位置及焊接质量，布线整齐点检验漆		

旧底图总号	
底图总号	
日期	签名

										设计	X X X	XX X XX	
										审核	X X X	XX X XX	
										标准化	X X X	XX X XX	第 1 页 共 1 页
更改标记	数量	更改单号	签名	日期	更改标记	数量	更改单号	签名	日期	批准	X X X	XX X XX	

描图 X X XX X XX　　描校 X X X XX X XX

工艺说明 GH17

GH14

导线及线扎加工卡片

产品名称	电源箱	名称	
产品图号	××2·087·009	图号	

序号	线号	名称代号规格	颜色	数量	导线长度 mm L 全长	A 剥头	B 剥头	连接点 Ⅰ	连接点 Ⅱ	设备及工装	工时定额	备注
1	2-14	ASTVR－0.35mm²	白		200	8	8	L15	R20	自动剥线机		
2	2-15	ASTVR－0.35mm²	白		230	8	8	R21	C30	〃		
3	2-11	ASTVR－0.35mm²	白		230	8	8	L15	R20	〃		
4	2-6	ASTVR 0.35mm²	白		300	8	8	L8	R12	〃		
5	2-8	ASTVRP 0.35mm²	白		310	10	10	R1-2	V1-3	〃		
6	2-9	ASTVRP－0.35mm²	白		310	10	10	R1-1	V2-3	〃		
7	2-10	AXLR —0.35mm²	白		310	10	10	T1-6	R10	〃		Ⅰ端加焊焊片
8	2-12	ASTVR —0.35mm²	白		340	8	8	P16	C12	〃		
9	2-13	ASTVR —0.35mm²	白		350	8	8	R19	P17	〃		
10	2-4	ASTVR —0.35mm²	白		360	8	8	V4-2	T1-2	〃		
11	2-3	ASTVR—0.35mm²	白		380	8	8	R42	S16-1	〃		
12	2-5	ASTVR —0.35mm²	白		410	8	8	V4-7	T1-3	〃		
13	2-7	ASTVR — 0.35mm²	白		420	8	8	C9	P11	〃		
14	2-2	ASTVR — 0.35mm²	白		440	8	8	C14	S16-1	〃		
15	2-1	ASTVR — 0.35mm²	白		520	8	8	C7	S	〃		

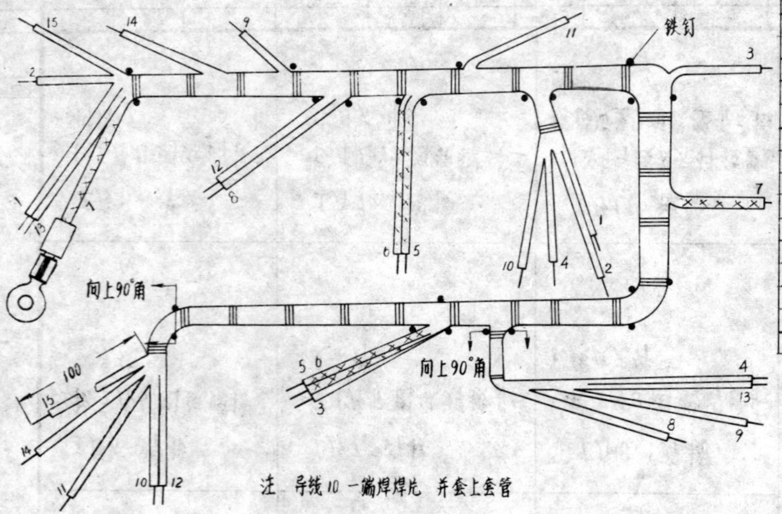

注 导线10一端焊焊片 并套上套管

工艺过程 剪裁—捆扎（丝线捆扎，间距20mm）—剥头—浴锡（HlSnPb58－2）—焊焊片。

旧底图总号	
底图总号	
日期	签名

更改标记	数量	更改单号	签名	日期	更改标记	数量	更改单号	签名	日期			
										设计	××	××××
										审核	×××	××××
										标准化	×××	××××
										批准	×××	××××

第 1 页 共 1 页

图 ×× ×××× 描：××× ×××× 幅面

图5-6 导线及线扎加工卡片

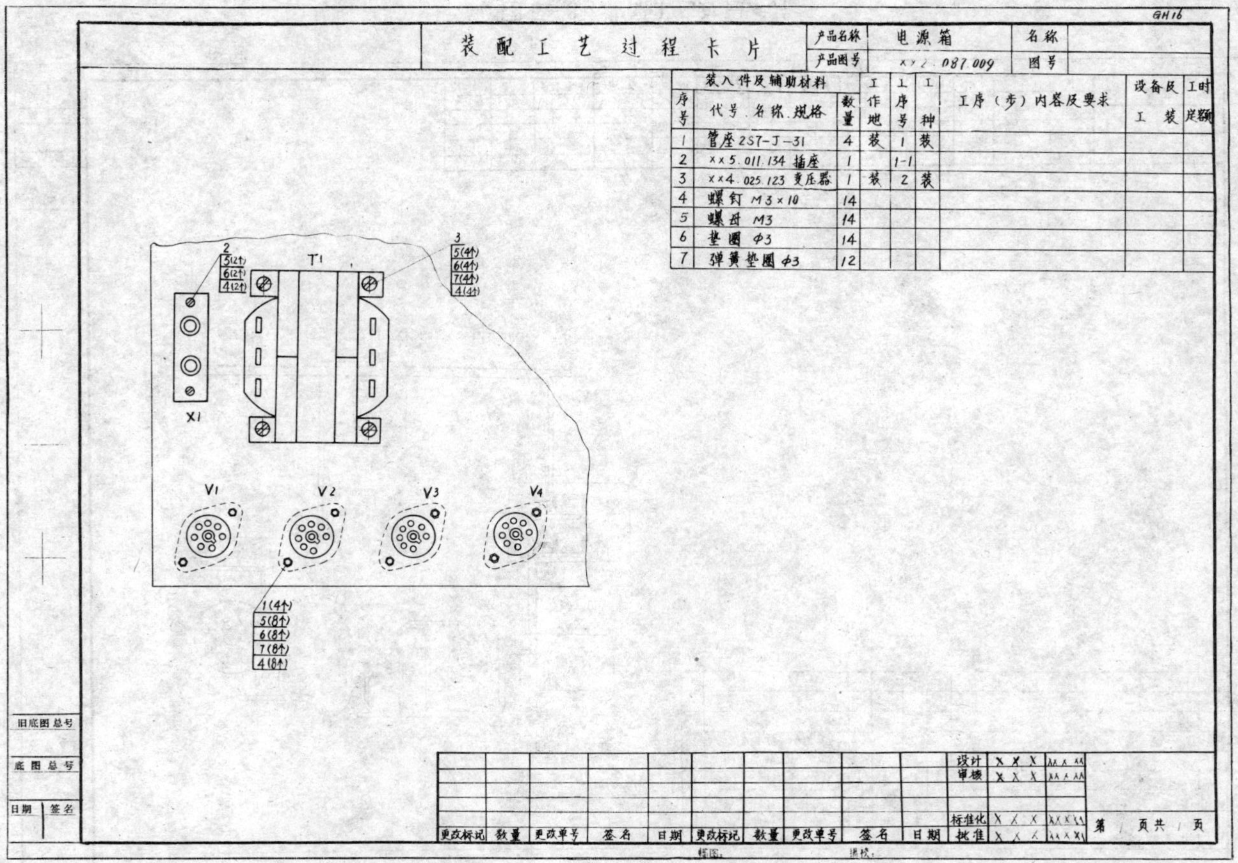

装配工艺过程卡片

产品名称	电源箱	名称	
产品图号	××2.087.009	图号	

序号	装入件及辅助材料 代号.名称.规格	数量	工作地	工序号	工种	工序（步）内容及要求	设备及工装	工时定额
1	管座 2ST-J-31	4	装	1	装			
2	××5.011.134 插座	1		1-1				
3	××4.025.123 变压器	1	装	2	装			
4	螺钉 M3×10	14						
5	螺母 M3	14						
6	垫圈 φ3	14						
7	弹簧垫圈 φ3	12						

图 5-7 装配工艺过程卡片

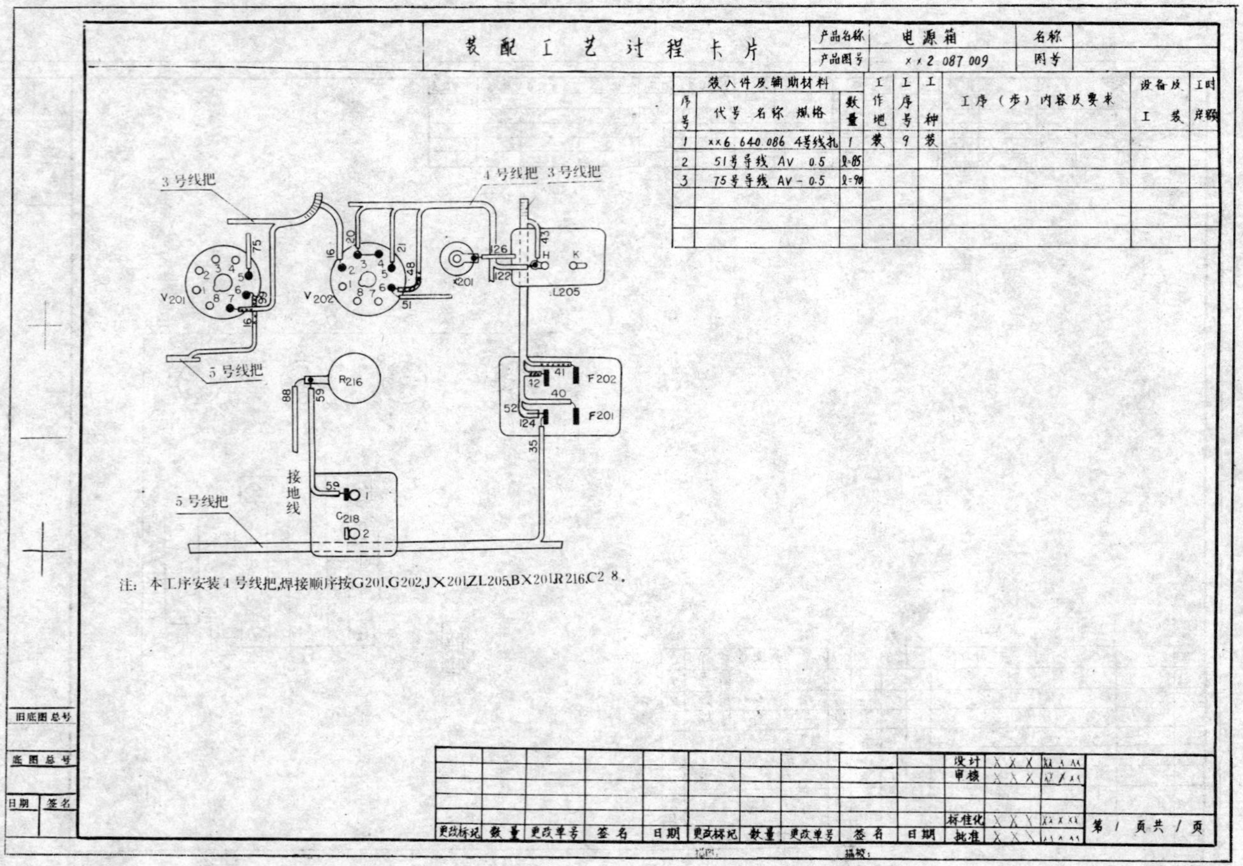

装配工艺过程卡片	产品名称	电源箱	名称	
	产品图号	××2 087 009	图号	

序号	装入件及辅助材料 代号 名称 规格	数量	工作地	工序号	工种	工序（步）内容及要求	设备及工装	工时定额
1	××6 640 086 4号线扎	1	装	9	装			
2	51号导线 AV 0.5	l=85						
3	75号导线 AV-0.5	l=90						

注：本工序安装4号线把,焊接顺序按G201,G202,J×201,ZL205,B×201,R216,C2 8。

更改标记	数量	更改单号	签名	日期	更改标记	数量	更改单号	签名	日期			
										设计	×××	
										审核	×××	
										标准化	×××	
										批准	×××	第 1 页共 1 页

旧底图总号 | 底图总号 | 日期 | 签名

图 5-8 装配工艺过程卡片

第六章　准备工序的加工工艺

无线电整机准备工序的加工工艺是指整机总装配之前并与总装配工艺相衔接的各项加工过程。它是整个生产过程中很关键的生产阶段。本章将简要介绍准备工序加工的基础知识以及几项常见的加工工艺。

§6－1　准备工序加工的基础知识

一、准备工序加工的重要性

无线电整机装配过程中的各个生产阶段之间是密切相关的。与整机总装配之前最密切相关的是各项准备工序的加工(又称装配准备或预加工),它是整机总装配顺利进行的重要保障。特别是进行成批大型电子设备的总装配以及组织大量生产流水线作业的整机装配,都必然有许多总装配之前各项准备工作的完成做为其基础的。

无线电整机总装配前的准备工序加工的质量,对整机总装配的质量有直接的影响,特别是那些为保证整机质量所采取准备加工工艺措施的,就更有它的重要性,如:浸锡工艺、组合件加工工艺等。

二、准备工序加工的特点

准备工序加工周期的终结,是由整机总装配的需要决定的,尤其是流水线作业对这种加工周期的要求就更加严格,因为它最终要保证与流水线作业相衔接。准备工序加工周期的长短是工序内容的需要来决定的,而流水线作业的工序内容则是由节拍的需要决定。这可以说是准备工序加工周期性的一个特点。

准备工序涉及的加工工艺有广泛性的特点。从目前大型电子设备、家电产品,如:电视机、录音机、收音机等的准备工序加工工艺内容来分析,除它本身所具有的特殊性的加工工艺,如:导线加工、线把扎制等以外,还涉及焊接工艺;螺装、铆装、粘接等安装工艺;甚至涉及到零件、整件的各种制造以及装配和调试工艺,如:组合件加工工艺等。

此外,准备工序加工工艺有更多的条件易于实现单项加工机械化、自动化生产的特点等。

总之,无线电整机总装配之前的准备工序加工工艺,无论从它涉及到的加工内容的广泛性,生产工作量的繁重,尤其须与整机总装配流水线作业相衔接的加工周期性的要求,都显示着它是整个生产过程中很关键的生产阶段。

三、确定准备工序内容的几个因素和原则

无线电整机总装配的准备工序加工内容的确定主要根据不同类型的产品和生产组织形式。就某一产品来说,是经过对多种因素的综合、平衡、择优等方法而确定这一产品准备工序加工内容的。这里,最直接的因素有:产品的复杂程度;生产所具备的实际条件(包括人员素质、工人技术水平等);采取的生产组织形式;生产管理水平(包括技术管理);效益因素等。还应当明确:确定某一产品的准备工序内容是编制产品工艺文件的一个首要步骤。产品各个生产阶段之间以至各工序之间的密切相关的联系,最终应在产品工艺文件中得到最合理、最实际的反映。

为此，应根据准备工序加工的特点以及生产的各种实际因素，在提高产品质量、满足加工周期的需要、提高劳动效率和保障安全生产等原则下，确定准备工序加工的内容。

§6－2 导线的加工工艺

绝缘导线加工可分为以下几个过程：剪裁、剥头、捻头(指多股芯线)、浸锡、清洁、印标记等。

一、剪裁

绝缘导线在加工过程中，其绝缘层不允许损坏，否则会降低绝缘性能。应先剪长导线，后剪短导线，这样可不浪费线材。手工剪裁绝缘导线时要拉直再剪。细裸铜导线可用人工拉直，粗裸导线可用调直机调直。铜管一般用锯剪裁，扁铜带一般在剪床上剪裁。剪线要按工艺文件的导线加工表的规定进行，长度要符合公差要求。如无特殊公差要求，则可按表 6－1 选择公差。

表 6－1

长度(mm)	50	50～100	100～200	200～500	500～1000	1000 以上
公差(mm)	＋3	＋15	±5～＋10	＋10～＋15	＋15～＋20	＋30

剪线用工具和设备包括偏口钳、克丝钳、钢锯、自动剪线机、半自动剪线机等。

二、剥头

将绝缘导线的两端去掉一段绝缘层而露出芯线的过程叫作剥头。剥头时不应损坏芯线。使用剥头钳时要对准所需要的剥头距离，选择与芯线粗细相配的钳口。腊克线、塑胶线可用电剥头器剥头。剥头长度应符合工艺文件(导线加工表)的要求。无特殊要求时可按照表 6－2 选择剥头长度，见图 6－1 所示。

表 6－2

芯线截面积(mm^2)	1 以下	1.1～2.5
削头长度(mm)	8～10	10～14

剥头所使用的工具有剥头钳、电剥头器、剥头机等。

图 6－1 绝缘导线剥头长度

三、捻头

多股芯线经过剥头以后，芯线有松散现象，需要再一次捻紧，以便于浸锡及焊接。捻线时用力不宜过猛，否则细线易捻断。捻过之后的芯线，其螺旋角一般在 30°～45°之间，如图 6－2 所示。

捻线时可使用捻头机。

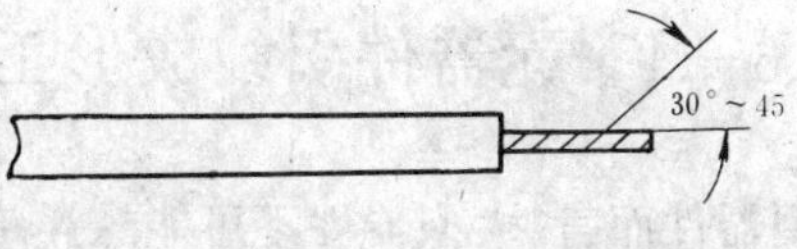

图 6－2　多股芯线的捻线角度

§6－3　浸锡工艺

浸锡是提高焊接质量、防止产生虚假焊的措施之一。

一、芯线浸锡

绝缘导线经过剥头和捻头以后，应在较短的时间内进行浸锡。时间间隔过长会出现氧化层，造成浸锡不良。在霉雨季节更应尽量缩短剥头到浸锡的时间。芯线浸锡时不应触到绝缘层端头，浸锡时间一般为 1～3s。

二、裸导线浸锡

裸导线、铜带、扁铜带等在浸锡前要先用刀具、砂纸或专用设备等清除浸锡端面的氧化层污垢，然后再蘸助焊剂去浸锡。镀银线浸锡时，工人应带手套，以保护镀银层。

三、元器件的焊片、引线浸锡

各种元器件需要浸锡时，有氧化层应先用刀具除掉。无孔焊片浸入锡锅的深度要根据焊点的大小或工艺的规定。有孔的小型焊片浸锡要没过孔 2～5mm，如图 6－3 所示。浸完锡不要将孔堵塞，如果堵塞可再浸一次锡，然后立即下垂甩掉，否则芯线将不能穿过焊片孔绕接。

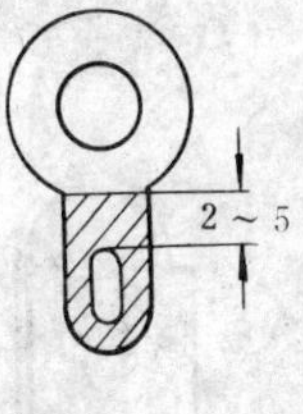

图 6－3　焊片浸锡

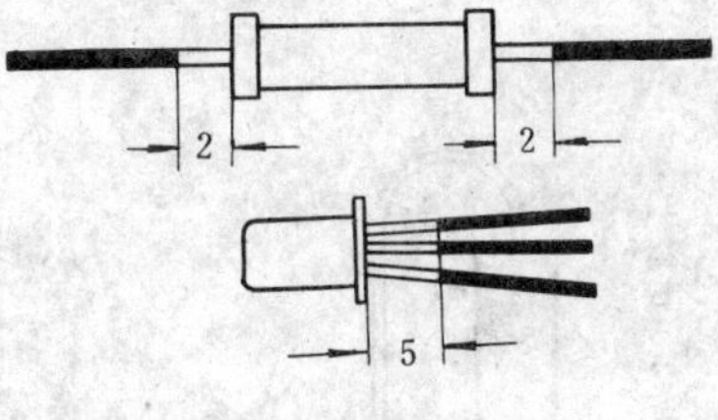

图 6－4　元件引线浸锡

元器件（如电阻、电容、电感、晶体管等）的引线如果弯曲了，可用平口钳或专用设备调直，然后再用刀具清除氧化层。应在距离器件的根部 2～5mm 处开始除氧化层，如图 6－4 所示。除氧化层时见到原金属本色即可。从除氧化层到浸锡的时间一般不要超过几个小时。浸锡以后立刻浸入酒精散热。浸锡的时间要根据焊片大小和引线的粗细来掌握，一般在 2～5s。时间太短，焊片或引线未能充分预热，易造成浸锡不良。时间过长，大量热量传到器件内部，易造成器件变质、损坏。有些晶体管、集成电路或其他怕热器件，浸锡时应当用易散热工具夹持其引线上端。这样可防止大量热量传导到器件内部。

经过浸锡的焊片、引线等，其浸锡层要牢固均匀，表面光滑、无孔状、无锡瘤。

浸锡所用的工具、设备有刀具、除氧化层机器、电炉、锡锅或超声锡锅。焊料可选用锡铅焊料 HlSnPb39。助焊剂可选用松香酒精(比例为 3 : 7),个别器件可选用镍铬焊剂,但应严格清洗干净。清洗及散热液可选用酒精。

§6—4 元器件引线成形工艺

元器件引线成形是指小型器件而言。大型器件不可能悬浮跨接,单独立放,必须用支架、卡子等固定在安装位置上。小型元器件可用跨接、立、卧等方法焊接,并要求受震动时不变动器件的位置。引线折弯成形要根据焊点之间的距离,做成需要的形状。图 6—5 为引线折弯的各种形状。(*a*)(*b*)(*c*)为卧式形状,(*d*)(*e*)(*f*)为立式形状。引线折弯处距离根部至少要有 2mm,弯曲半径不小于引线直径的两倍,以减小机械应力,防止引线折断或被拔出。图 6—5 的(*a*)(*f*)可直接贴到印制板上。(*b*)(*d*)要求与印制板有 2~5mm 的距离,用于双面印制板或发热器件。(*c*)(*e*)引线较长,有绕环,多用于焊接时怕热的器件,如有些晶体管的焊接。元器件引线成形以后,其标称值应处在查看方便的位置。

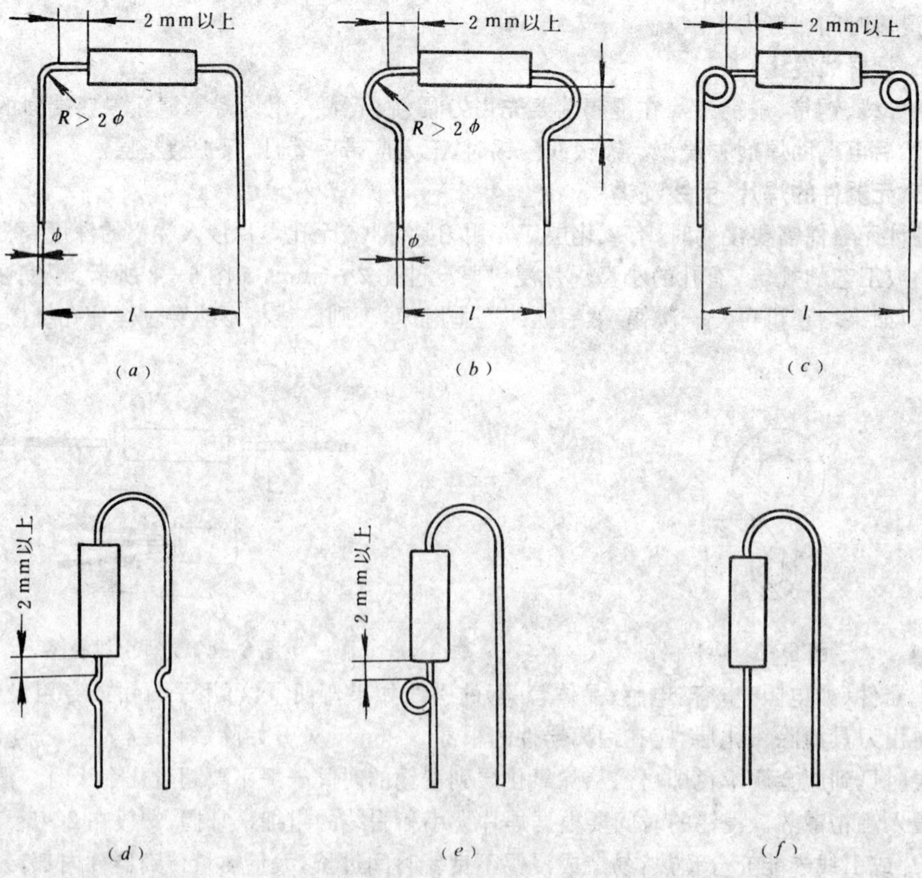

图 6—5 元器件引线折弯形状

(*a*)卧式可贴印制线路板 (*b*)卧式不贴印制线路板 (*c*)卧式加长引线

(*d*)立式不贴印制线路板 (*e*)立式加长引线 (*f*)立式可贴印制线路板

折弯所用的工具有自动折弯机、手动折弯机、手动绕环器和圆嘴钳等，用圆嘴钳折弯时勿用力过猛。

§6－5　打印标记工艺

一、打印标记的位置

打印标记是为使安装、焊接、调试、检验和维修时较为方便而采用的措施。

标记通常打在机箱分箱的面板上、机箱分箱元器件附近或元器件上、组件板上、各种接线板上和绝缘导线两端等位置上。

二、标记的要求

所有标记都应与设计图纸的标记一致。

字体书写应符合国家标准 GB4457·3－84 以及无线电专业标准 SJ2715－86《电子产品用字体和符号》的有关规定，即字体端正、笔画清楚、排列整齐、间隔均匀。简化字以国务院正式公布使用的为准，字体用长仿宋体(字体的宽度等于高度的三分之二)。字体号数为七种，其高度(mm)分别为：20、14、10、7、5、3.5、2.5。在小型元器件上注标记时可只记元器件的序号。如电阻 R6 只标出 6 即可。当 6 与 9 不易分清时，可在字的右下方打点，以示读数方向，如图 6－6 所示。

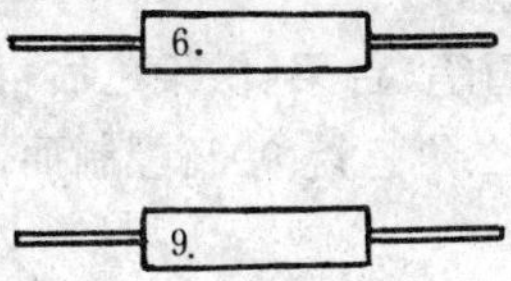

图 6－6　小型件序号的标注

标记应处在明显易见的位置，不为其他导线、器件等所遮盖。标记的读数方向要与机座或机箱的边线平行或垂直，同一个面上的标记，读数方向要统一。

标记一般不要印在元器件上，否则元器件更换时比较麻烦。在保证不更换的元器件上印标记是允许的。

三、绝缘导线端印标记

简单的无线电机用的导线很少，靠塑胶线的颜色即能分清连线去向，可不印标记。复杂的机器要使用很多导线，单靠塑胶线的颜色已不能区分清楚，需要在导线两端印上线号或色环标记(亦有将标记印在套管上，再把套管套在导线上的)。

1. 导线端印字标记

导线标记位置应在离绝缘端 8～15mm 处(有特殊要求的按工艺文件执行)，如图 6－7 所示。

印字要清楚，印字方向要一致，字号应与导线粗细相适合。零加导线(即机内跨接导线)不在线扎内，数量较少，可不印标记。短导线数量较多，可只在一端印标记。在印标记时先将印号机墨盘上的油墨滚成均匀的一薄层，然后再开始印。深色导线可用白色油墨，浅色导线用黑色油墨，以使字迹清晰。

2. 绝缘导线染色环标记

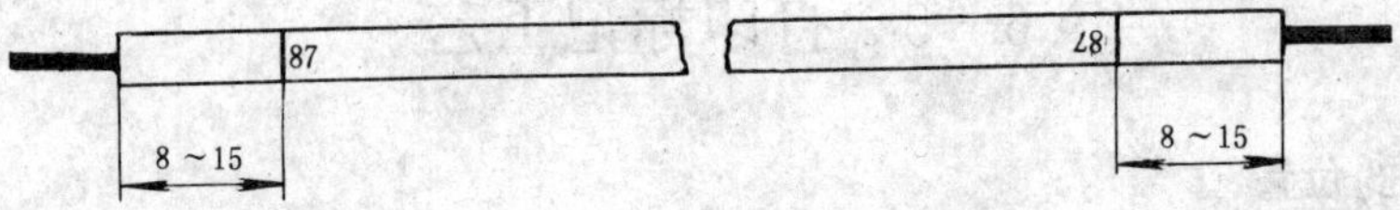

图 6－7 导线端印标记

色环位置根据线的粗细，从距导线绝缘端 10～20mm 处开始，色环宽度为 2mm，色环间距离 2mm，参见图 6－8 所示。

各色环的宽度、距离、色度要均匀一致。导线色环并不代表数字，而是区别不同导线的一种标志，色环读法是从线端开始向后顺序读出，如图 6－8 所示。用少数颜色排列组合可构成多种色标。例如用红、黑、黄三色即可组成下列色标：只用一个色环的，有红、黑、黄三种。用两个色环的，有红红、黑黑、黄黄、红黑、黑红、黄红、红黄、黑黄、黄黑等九种。用三个色环的，有红红红、黑黑黑、黄黄黄、红红黑、黑黑红、黄黄红、红红黄、黑黑黄、黄黄黑、红黑红、黑红黑、黄红黄、红黄红、黑黄黑、黄黑黄、红黑黑、黑红红、黄红红、红黄黄、黑黄黄、黄黑黑、红黑黄、黑红黄、黄红黑、红黄黑、黑黄红、黄黑红等二十七种。

三种颜色可组成 39 种色环，对一般小线扎已经够用。如果导线超过 39 根，可用四色组合排列，亦可多用几种颜色而少用几种组合。

染色环时所用设备为染色环机、眉笔、台架（供染色后自然干燥用的简单设备）。所用颜色由各色盐基性染料加聚氯乙烯 10％、二氯乙烷 90％配制而成。

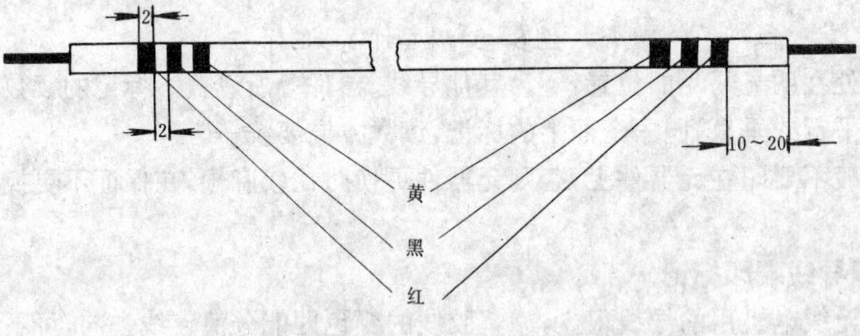

图 6－8 导线端染色环标记

四、手工打印标记

手工打印标记，一般都用有弹性的印章（戳子），如橡皮印章、塑料印章、明胶印章等。不能使用硬质材料做的印章，因为要印标记的位置通常本身都是硬质的。打印标记前应先去掉印标记位置上的灰尘和油污。将少量油墨放在油墨板上，用小油滚将油墨滚成均匀的一薄层，把印章蘸上油墨。打印时，印章要对准打印位置，先向外稍倾斜，再向里侧稍倾斜压下，如图 6－9 所示。用力不能过大，也不能太小，可先在不需要的件上试试看再正式打印。如果标记不清晰要马上擦掉重印。

五、标记的种类及用途

打标记的方法很多，用处各不相同，现列举如下：

丝网漏印标记——用在印制线路板上。

塑料印章标记——用手工打印在机箱内部和底座上。

化工腐蚀标记——用化工方法在机箱上、面板上、度盘上腐蚀成各种标记。

热压标记——用在塑料件及塑料导线上，由热压而成。

印字标记——用在各种导线及套管上，用印号机印出。

色环标记——用在导线端上。

名牌标记——用在机箱面板上、分箱上，一般是用照相腐蚀方法制得。

刻字标记——用刻字机在机箱面板或胶木板上刻字而成。

聚酯塑料薄膜标记——贴在机箱面板或机箱内部。

压塑标记——在些机箱里塑料压注成形，标记可同时压出。

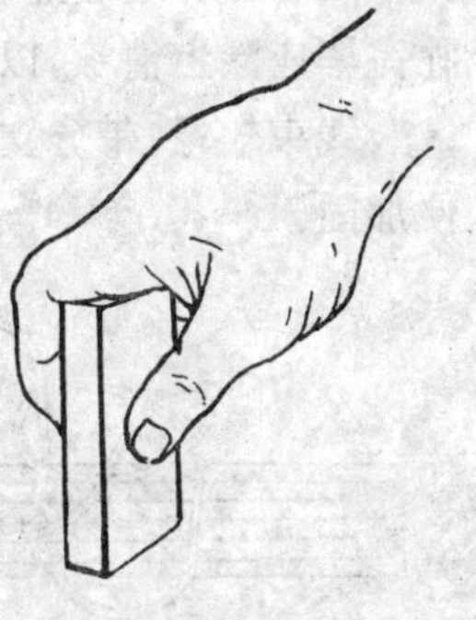

图 6-9 打印标记操作

§6-6 线把的扎制及电缆的加工工艺

一、线把的扎制

一部无线电机的线路往往很复杂，电路连接所用的导线很多，如果不加任何整理，就会显得十分混乱，既不美观，也不便于查找。为了解决这个问题，在无线电整机装配工作中，常常用线绳或线扎搭扣等把导线扎制成各种不同形状的线扎（亦称线把、线束）。线扎图采用 1：1 的比例绘制，以便于在图纸上直接排线。线扎拐弯处的半径应比线束直径大两倍以上，并在主要拐弯处钉上去掉帽的铁钉。导线的长短合适，排列要整齐。线扎分支线到焊点应有 10～30mm 的余量。不要拉得过紧，免得受振动时将焊片或导线拉断。导线走的路径要尽量短一些，并避开电场的影响。输入输出的导线尽量不排在一个线扎内，以防止信号回授。如果必须排在一起，则应使用屏蔽导线。射频电缆不排在线扎内。电子管灯丝线两根应拧成绳状之后再排线，以减小交流声干扰。靠近高温热源的线束容易影响电路正常工作，应有隔热措施，如加石棉板、石棉绳等隔热材料。

在排列线扎的导线时，应按工艺文件导线加工表的排列顺序。导线较多时，排线不易平稳，可先用废铜线或其他废金属线临时绑扎在线束主要位置上，然后再用线绳从主要干线束绑扎起，继而绑分支线束，并随时拆除临时绑线。导线较少的小线扎，亦可按图纸从一端随排随绑，不必排完导线再绑扎。绑线在线束上要松紧适当，过紧易破坏导线绝缘，过松线束不挺直。

每两线扣之间的距离可以这样掌握：线束直径在 10mm 以下的为 15～22mm，线束直径在 10～30mm 的为 20～40mm，线束直径在 30mm 以上的为 40～60mm。绑线扣应放在线束下面。

绑扎线束的材料有棉线、亚麻线、尼龙线、尼龙丝等。

棉线、亚麻线、尼龙线，可在温度不高的石蜡或地蜡中浸一下，以增强线的涩性，使线扣不易松脱。

下面介绍几种绑扎线束的方法。

1. 线绳绑扎

图 6－10(*a*)是起始线扣的结法。先绕一圈拉紧，再绕第二圈，第二圈与第一圈靠紧。(*b*)、

(c)两图是中间线扣的结法。(b)所示为绕两圈后结扣，(c)所示是绕一圈后结扣。终端线扣如图 6－10(d)所示，先绕一个象图(b)那样的中间线扣，再绕一圈固定扣。起始线扣与终端线扣绑扎完毕应涂上清漆，以防止松脱。

线束较粗、带分支线线束的绑扎方法如图 6－11 所示。在分支拐弯处应多绕几圈线绳，以便加固。

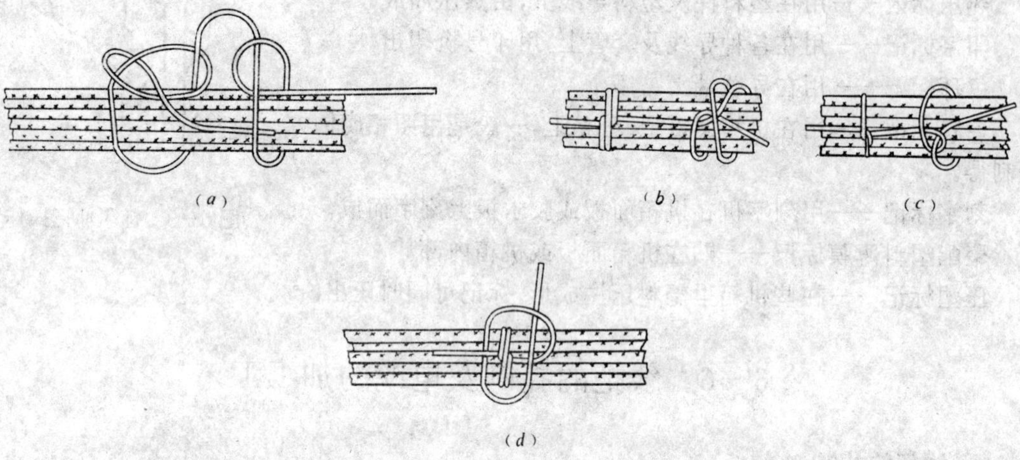

图 6－10　线束线扣的绑扎

(a)起始线扣　(b)绕二圈的中间线扣　(c)绕一圈的中间线扣　(d)终端线扣

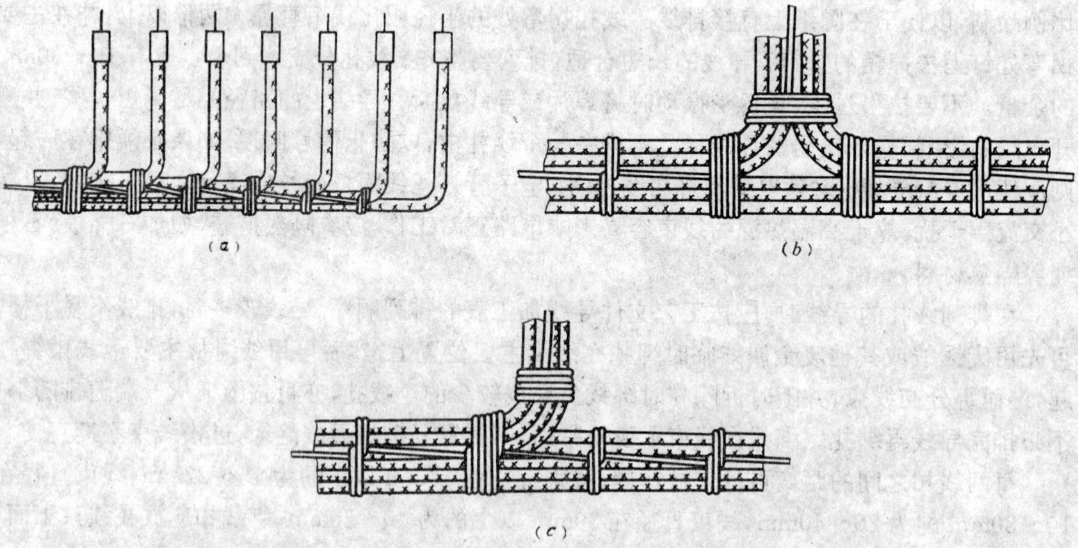

图 6－11　分支线的绑扎

(a)向接线板去的分支线的绑扎　(b)两分支线合并成一支线的拐弯处的绑扎　(c)一分支线拐弯处的绑扎

2. 粘合剂结扎

导线很少时，可用粘合剂四氢化呋喃粘合成线束，如图 6－12 所示。粘合完不要马上移动线束，要经过 2～3min 待粘合剂凝固以后再移动。

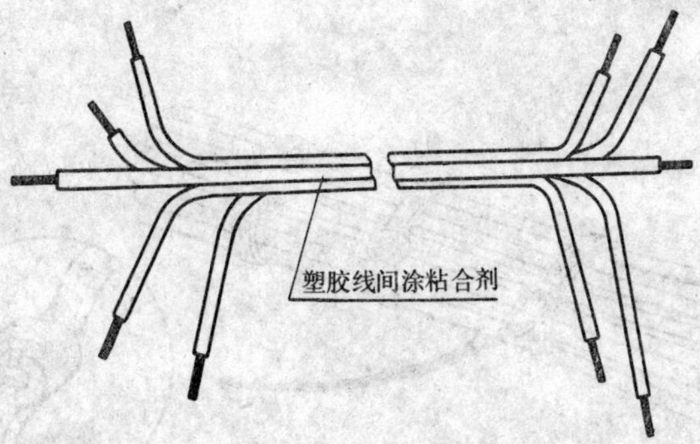

图 6－12　导线粘合

3. 线扎搭扣绑扎

线扎搭扣有许多式样，如图 6－13 所示。用线扎搭扣绑扎导线时，可用专用工具拉紧，但不能拉得过紧，过紧会破坏搭扣锁。在适当拉紧后剪去多余长度即完成了一个线扣的绑扎，如图 6－14 所示。

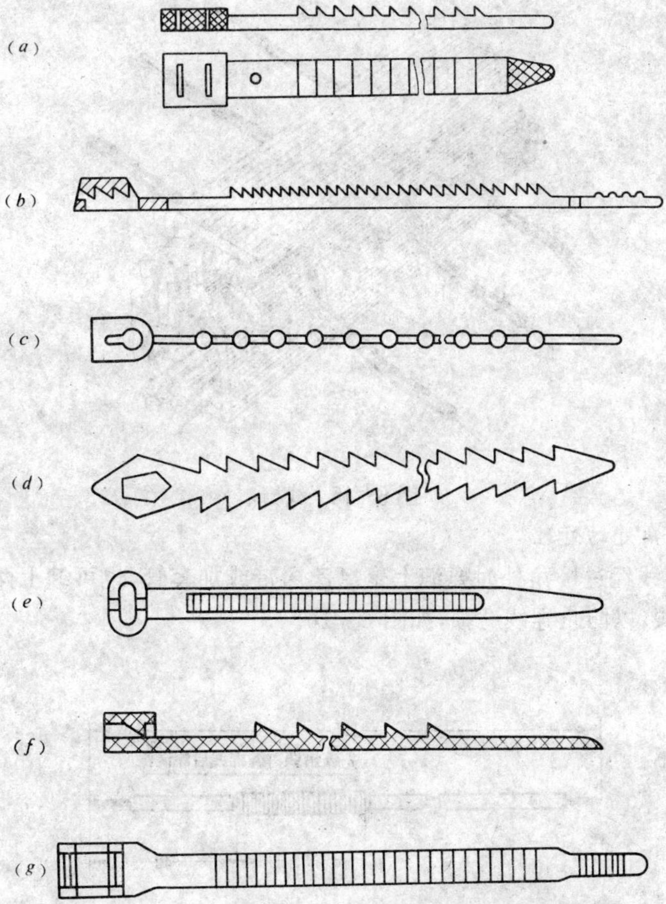

图 6－13　搭扣形状

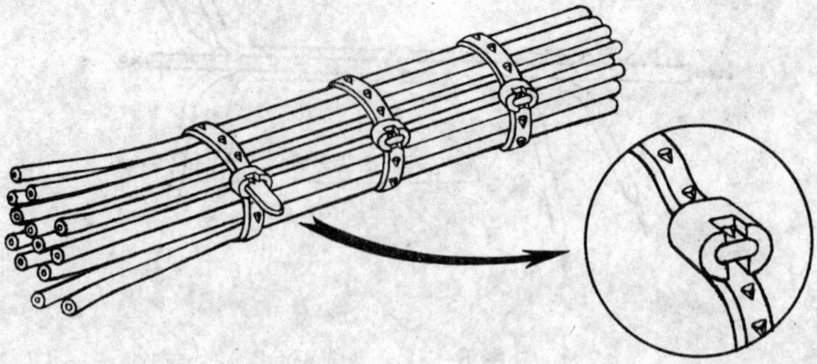

图 6－14　线扎搭扣绑扎

4. 塑料线槽排线

有些大中型机用塑料线槽排线。线槽固定在机箱上，槽两侧有很多出线孔，将准备好的导线一根一根排在槽内，可不必绑扎。导线排完再盖上盖，亦很整齐，参见图 6－15 所示。

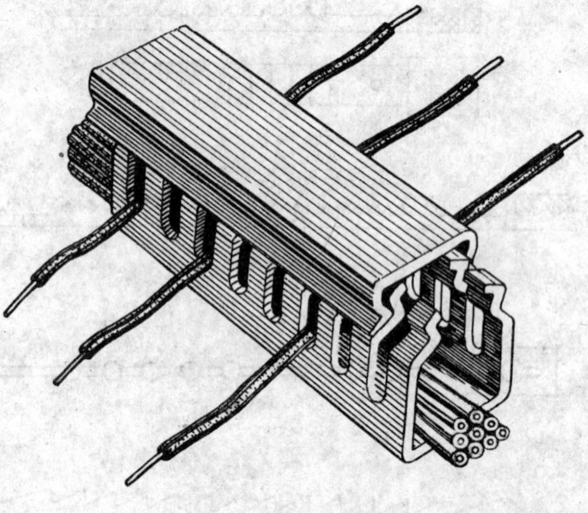

图 6－15　线槽

5. 导线经过棱角处的处理

线扎或单根导线经过棱角处时要缠上聚氯乙烯带或加套管，也可缠上两层蜡绸后缠一层亚麻线，再涂上清漆，以防止导线磨损，如图 6－16。

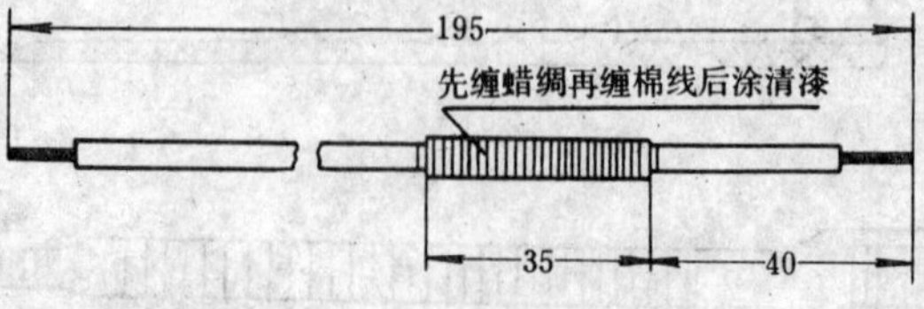

图 6－16　导线经过棱角处的处理

6. 经常活动的线束的处理

经常活动的线束应拧成15°左右的角度，如图6－17。这样做，当线把弯曲时各导线能受力均匀。为了防止磨损，可在线束外加缠聚氯乙烯胶带，亦可用尼龙卷槽绕在活动线束上，如图6－18所示。

以上几种线束处理方法各有所长，各有所短。用线绳绑扎比较经济，但在批量大时工作量比较大。用线槽成本要高些，但排线比较省事，换导线也比较方便。粘合剂粘接只能用于少量导线束，也比较经济，但换线非常不便。用线扎搭扣绑扎比较省事，更换导线也方便，但搭扣只能用一次。

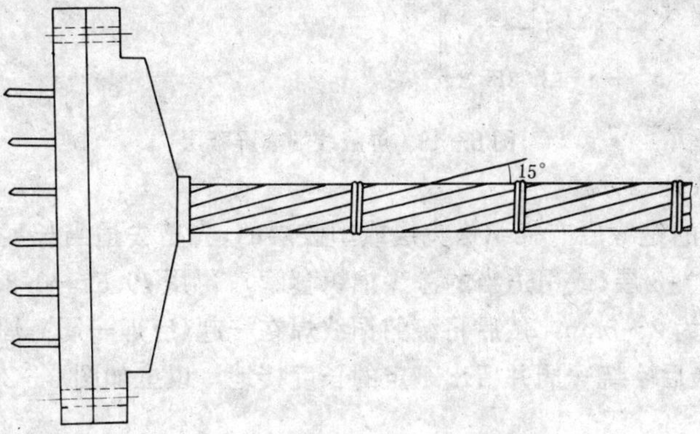

图6－17 活动插头或插座线束扭成15°角

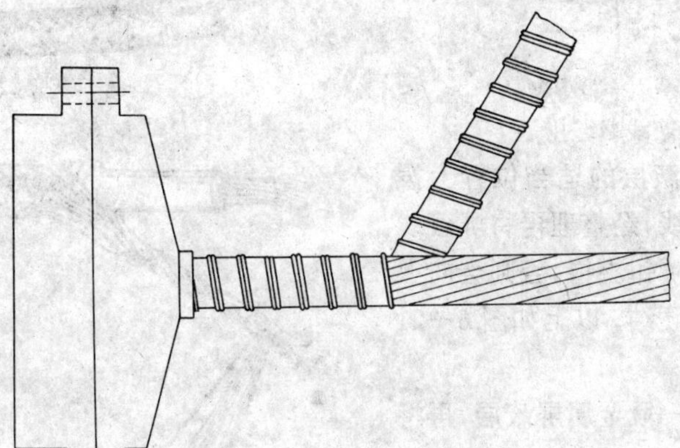

图6－18 活动插座线束加尼龙卷槽

二、屏蔽导线与电缆的加工

为了防止因导线周围电场或磁场的干扰而影响电路正常工作，可在导线外加上金属屏蔽层，这样就构成了屏蔽导线。屏蔽导线的端头露出的绝缘层不宜过长，过长即失去屏蔽效果。屏蔽线是两端接地还是一端接地要根据设计要求来定。一般短的屏蔽线，可以一端接地。

1.屏蔽导线端去屏蔽层

屏蔽导线的屏蔽层端到绝缘层端的距离，应根据导线工作电压而定，如图6－19所示，通常可按下面的数值选取：

工作电压	去屏蔽层长度
600V以下	10～20mm
600V～3000V	20～30mm
3000V～10000V	30～50mm

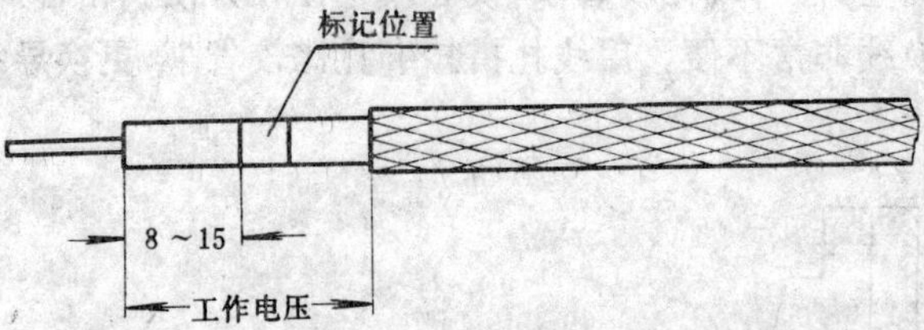

图6－19 屏蔽线端去屏蔽层

2.屏蔽导线端头处理方法

(1)对屏蔽导线的绝缘层有棉织蜡克层或塑胶层的，先剪去适当长度的屏蔽层以后，在屏蔽层下面缠黄绸布2～3层(或用适当的涂漆棉织套管)。再用ϕ0.5～ϕ0.8mm的镀银铜线密绕在屏蔽层端头，宽度为2～6mm。然后将绕的铜线焊在一起(应焊一周)，焊接时间不宜过长，否则绝缘层要烫坏。最后空绕一周并留出一定的长度接地。以上如图6－20所示。

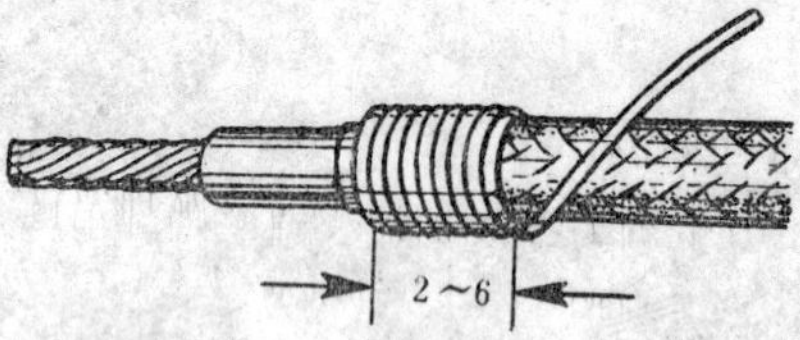

图6－20 屏蔽线端绑扎

(2)先用划针在屏蔽层的适当位置上拨开一个小孔，抽出绝缘线，经整理再将屏蔽线端浸锡。浸锡时要用尖嘴钳夹持，否则会向上渗进很长一段锡，形成硬结。以上如图6－21所示。

(3)根据耐压剪去一段金属屏蔽层，再将屏蔽层端金属线拧在一起，用镀银铜线ϕ0.5～ϕ0.8mm绕接2～3圈焊牢，如图6－22。

(4)根据耐压剪去一段金属屏蔽层，然后用一根准备好的绝缘导线焊在金属屏蔽线上，再套上绝缘套管或套上热缩性套管。如图6－23所示。

3.低频电缆制作

(1)棉织线套电缆端头绑扎　棉织线套多股电缆一般用作经常活动器件的连线，如电话线、航空帽上耳机及送话器线等。绑扎端

(*a*)

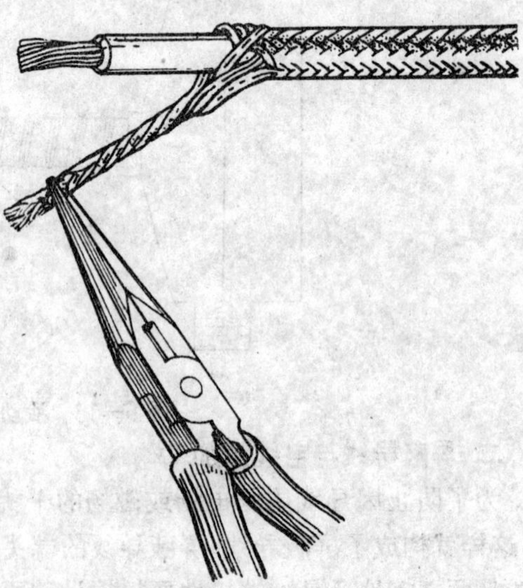

(*b*)

图6－21 屏蔽线中间抽头
(*a*)屏蔽线抽头　(*b*)屏蔽线端浸锡

头时，根据工艺要求先剪去适当长度的棉织线套，然后用棉线绑扎棉织套端。缠棉线宽度在4～8mm，缠绕方法见图6－24所示。拉紧绑线后将多余绑线剪掉，在绑线上涂以清漆Q98－1。

(2)多根绝缘屏蔽安装线(ASTVRP)制作线扎或电缆　绝缘屏蔽安装线(ASTVRP)在低频电路中用于防止机内外较强的干扰，其制成线扎的方法与各种绝缘安装线相同。绝缘屏蔽安装线也可做成各种低频电缆。每根屏蔽线在两端剪去屏蔽层、绑扎、剥头、捻芯线、浸锡、打印标记之后，再按图排线绑扎成线扎，做成电缆。其两端用棉线绑扎的方法可参照图6－25。

图6－22　剪去一段屏蔽线焊接地线

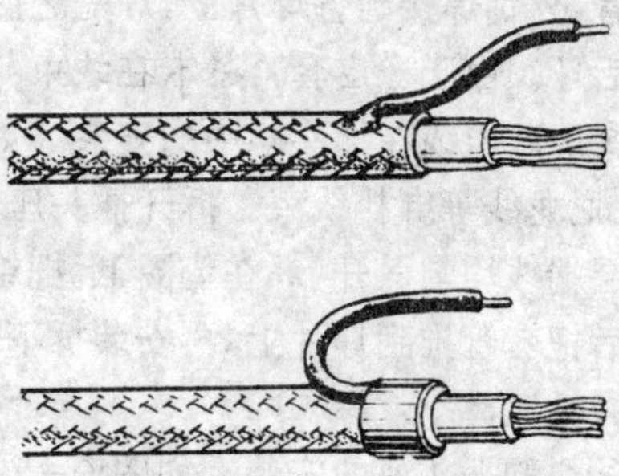

图6－23　屏蔽线端焊接绝缘导线

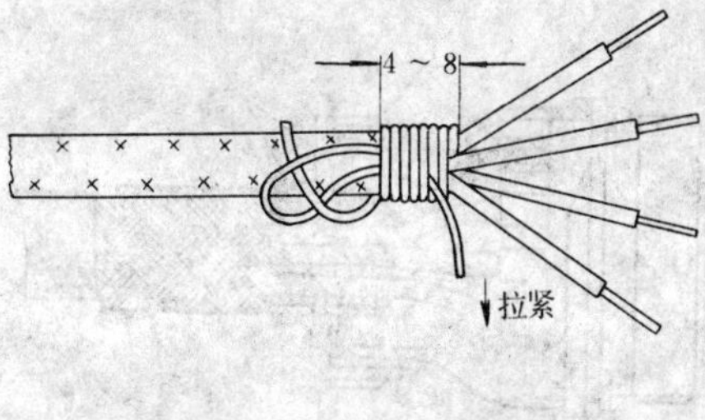

图6－24　棉织线套电缆端头绑扎

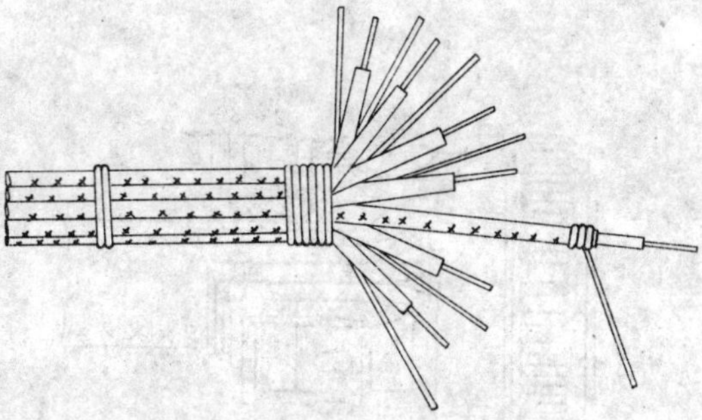

图6－25　屏蔽线端用绵线绑扎

(3)用防波套(P)制成的电缆端头绑扎　此种电缆多用于胶木插头或金属插头、插座上做分箱与机箱的连线。加工时只绑扎电缆两端，参见图6－26。每根导线的剪裁剥头、捻芯线、浸锡、打标记等如前。电缆线较多较长很难直接穿过防波套时，可将每根导线先焊在较粗的一根铜线上，在导线上涂一些滑石粉。然后先将这根铜线穿过防波套，导线即可被穿入防波套之中。在防波套端头用ϕ0.5～ϕ0.8mm镀银铜线缠绕、焊接之后即成为地线，其方法参照图6－26。

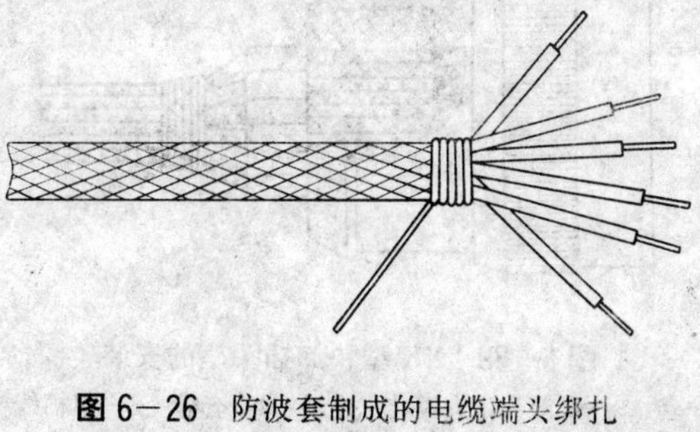

图6－26　防波套制成的电缆端头绑扎

(4)电缆与插头、插座的连接　电缆插头、插座的型号较多，结构各不相同，加工方法也有差异，但主要要求是一致的。各导线在焊到焊片上之前所留长短应合适，自制电缆线束在防波套内应整齐地扭成15°左右的角度。已安装完的电缆线束在插头座上不能再产生自由松动的现象。电缆线束的弯曲半径不得小于线束直径的两倍，在插头座根部的弯曲半径不得小于线束直径的五倍，以防止电缆折损。下面举几个例子。

①非屏蔽电缆在插头、插座的安装　如图 6－27，在“3”处将棉织套剪去适当的一段，用棉线绑扎，涂以清漆，再套上橡皮圈 2。将插头座拆开，把后环先套在电缆上。将每根导线套上绝缘套管，分别焊接到各焊片上，焊完之后将套管推到焊片上。最后安装插头座外壳，拧紧螺钉，旋好后环。由于橡皮套紧紧卡在线束与后环之间，使线束不易松动。

②屏蔽电缆在插头座中的安装　如图 6－28，先剪去适当长度的屏蔽层，用浸蜡棉线或亚麻线、尼龙线等绑扎线束。拆开插头座，将后环套在电缆线上，然后将一圆垫圈套过屏蔽层，使屏蔽层端线均匀散开，焊在垫圈上。把绝缘套管套在各导线上，将导线分别焊接在各焊片上。焊完之后把套管推到焊片上，再安装拆下的外壳，紧固好螺钉，将后环拧在一起，最后在后环外缠棉线并涂漆。

③快卸插头座的安装　如图 6－29，先将各导线端头处理好。拧下插头座的尼龙套，将每根导线套上套管，把卸下的尼龙套套过导线。在各导线焊接完毕后，把尼龙套拧上，将导线排列整齐，浇注常温熟化有机硅。待有机硅凝固后，放好套管，用棉线绑扎线束，涂上清漆。

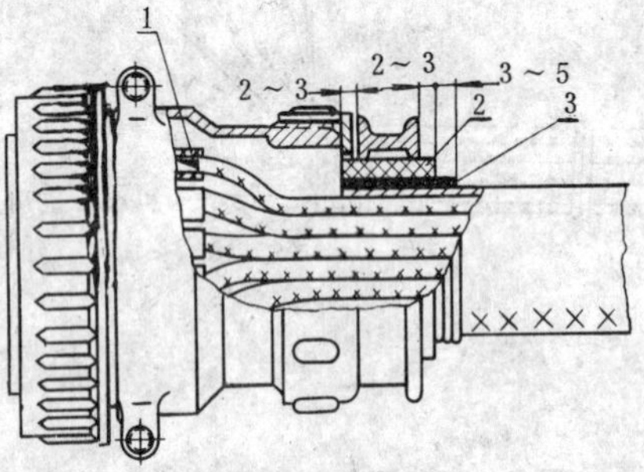

图 6－27　非屏蔽电缆在插头座的安装

1－绝缘套管　2－电缆用橡皮套　3－用棉线或锦纶线绑扎并涂 Q98－1 漆

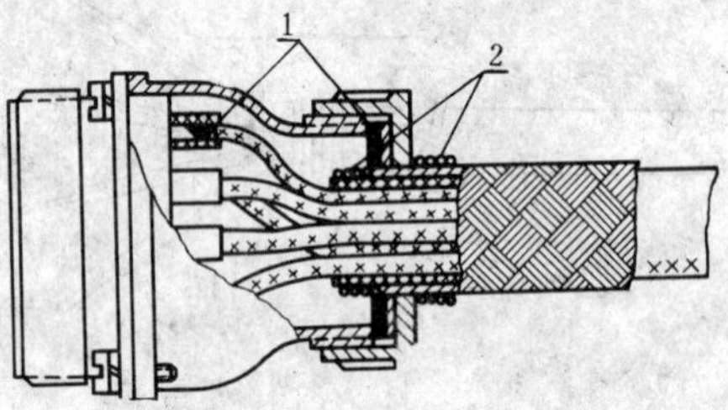

图 6－28　屏蔽电缆在插头座的安装

1－锡焊　2－用棉线或锦纶线绑扎，绑扎宽度依插头结构决定，不应小于 4mm

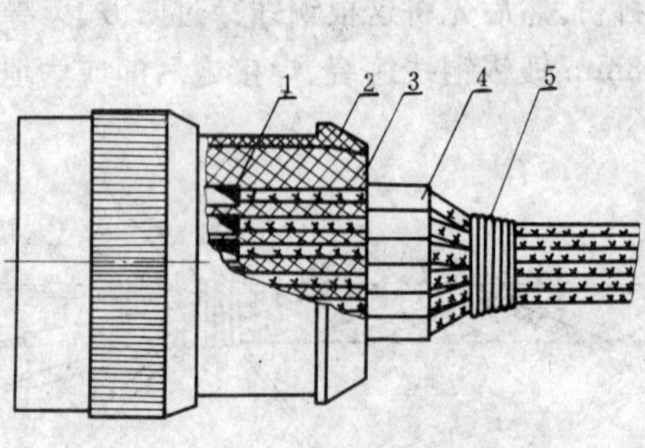

图 6－29　XK 型快卸插头座的安装

1－锡焊　2－尼龙套　3－常温熟化有机硅浇注料　4－套管　5－用棉线或锦纶线扎紧并涂清漆

4. 射频电缆的加工和要求

(1)绝缘同轴射频电缆的加工和要求　因流经芯线的电流频率很高，加工时应特别注意芯线与金属屏蔽层间的距离。如果芯线不在屏蔽层的中心位置，会造成特性阻抗不准确，信号传输受到损耗。当芯线焊在高频插头插座时也要与射频电缆相匹配，如 50Ω 的射频电缆应焊在 50Ω 的射频插头或插座上。焊接的芯线应与插头座同心，如图 6－30 所示。射频同轴电缆特性阻抗计算公式如下：

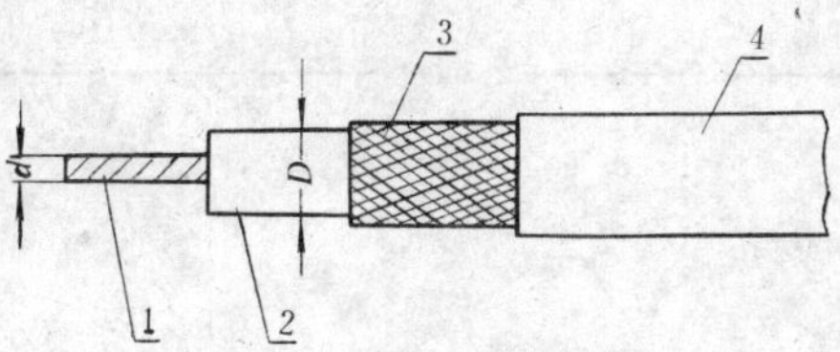

图 6－30　同轴电缆

1－芯线　2－高频绝缘介质　3－金属屏蔽层　4－塑胶层

$$Z=\frac{138}{\sqrt{\varepsilon}}\lg\frac{D}{d}$$

式中　Z——特性阻抗(Ω)；

D——金属屏蔽层直径；

d——芯线直径；

ε——介质损耗。

从公式可知，d 与 D 保持不变，Z 的数值才能准确。从结构来讲，d 保持在 D 的中心位置时传输信号最大。因此在加工前应先检查电缆有无损坏，再开始加工。

(2)射频电缆加工　图 6－31 是射频连接电缆加工的例子。先按图纸剪裁 3m 长的电缆线。按图纸规定剥去电缆两端的外塑胶层，剪去屏蔽层，剥去绝缘层，然后捻头、浸锡。两端都准备完毕后，将插头的后螺母拧下，套在电缆线上。用划针将屏蔽线端分开，将屏蔽层线均匀地焊在圆形垫片上，要焊得光滑、平整、无毛刺。将芯线一端穿过插头孔焊接，另一端焊在插头中心线上，一定要焊在中心位置上。焊完后拧紧螺母，勿使电缆线在插头上活动。

图 6－32 是射频测试电缆的加工实例。按图纸剪裁一米长的电缆线，两端根据需要剥去适当长度的外塑胶层。剪去屏蔽层，剥去绝缘层，然后捻芯线、浸锡。将插头的后螺母拧下，套过电缆线。将屏蔽线的一端焊在垫圈上，芯线焊在插头中心线上“锡焊 3”处，装好插头，拧紧后螺母。将事先准备好的 0.5mm^2 塑胶线 ASTVR 取红、黑两色各一根，各长 120mm。经剥头、捻芯线、浸锡处理，把红、黑两导线分别焊在红、黑两鳄鱼夹上，套上黑色聚氯乙烯管 $\phi12\times40$。然后把红线另一端焊在电缆的芯线上，黑线另一端焊在电缆线的屏蔽层上。芯线与屏蔽层的焊点要错开 10mm，可先缠上聚氯乙烯胶带。将黑色聚氯乙烯塑料管推到两个接点上，用高频压塑机热压塑成形，剪去毛边，射频测试电缆的加工即完成。

三、裸导线及地线成形

裸导线是指单股裸铜线、多股裸铜线和扁铜带等材料，地线是指机器内部电路接地的共用导体。地线材料的选用要根据电路部位情况来确定。如自制无屏蔽的电缆，其地线用绝缘导线，易震动部位用多股编织线。有些分机内用粗铜线或细铜线，有些大型机箱内则有扁铜带做地线。

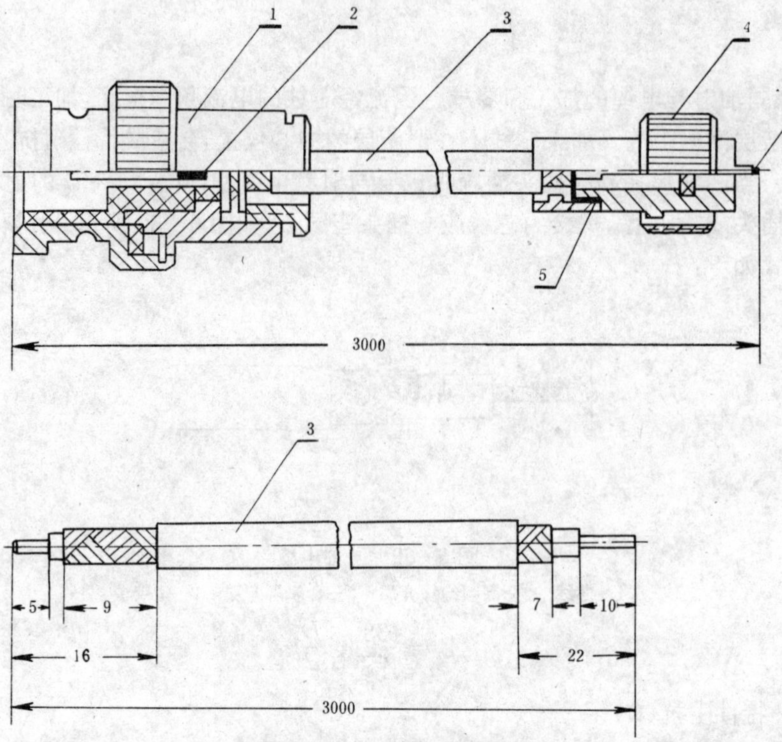

图 6—31　射频电缆的加工

1—高频插头 Q9—J21　2、5、6—焊接　3—高频电缆线 SYV—75—4　4—高频插头 FL10—J13

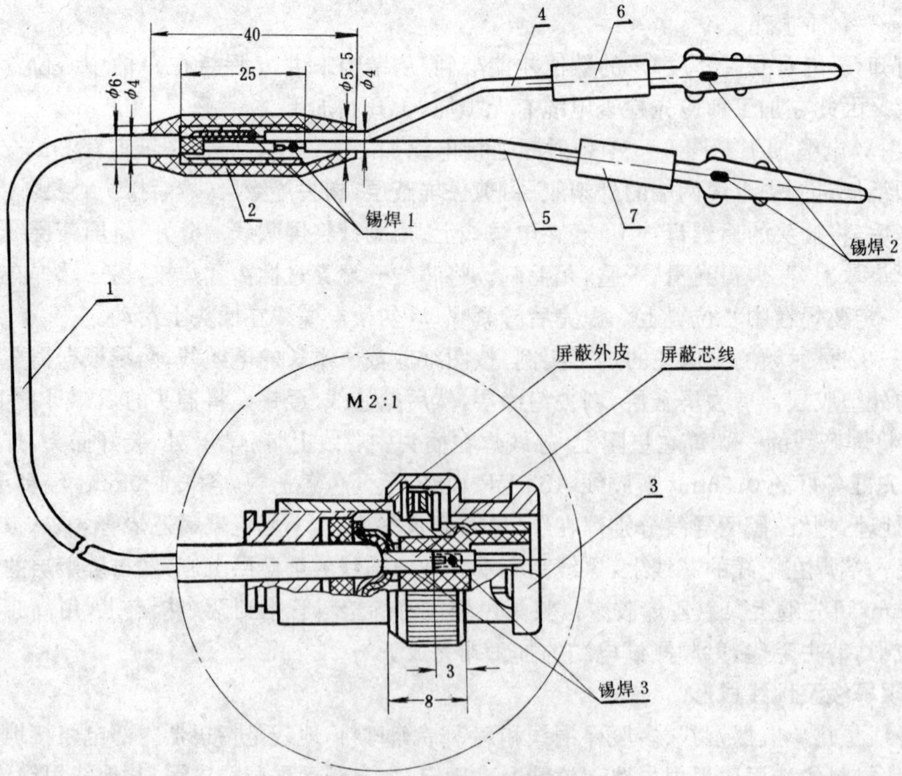

图 6—32　高频测试电缆

1—电缆 SYV—50—2—2　2—软聚氯乙烯塑料管 φ12×40　3—插头 ZGQ9T—4　4—黑导线 ASTVR
5—红导线 ASTVR　6—鳄鱼夹(黑)　7—鳄鱼夹(红)

扁铜带一般都是用铜板在剪床切成带状，然后再制成需要的形状。多股编织线两端要焊上焊片再去安装。

图6－33所示为粗铜线制成的地线。粗铜线在小批量生产时一般用手工弯曲，大批量生产时宜用成形折弯模具。如用手工弯曲成形（一般铜线直径在3mm以下），可先将图纸放在木板上或在木板上画上地线图形。在图形的弯曲处钉一个铁钉，将准备好的裸铜线从一端开始按图成形，然后再按图焊接其他分支地线。

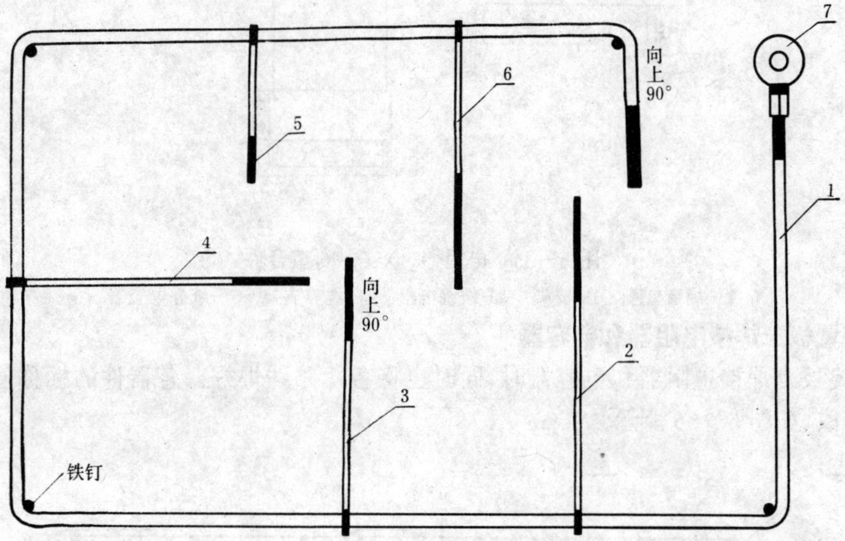

图6－33　地线折弯成形及焊接

1－镀银铜线 $\phi2$　2、3、4、5、6－镀银铜线 $\phi1$　7－端套焊片DH1

多股软铜线制成的地线，一般在两端皆焊有焊片，以便于螺装。在高频大功率机器内，有些活动引线采用多股软铜线，但必须套上瓷珠（因瓷具有耐热和绝缘损耗小的优点），如图6－34所示。如果多股铜线是松散的，应先捻成30°左右的角度，不松散的软铜线可保留其原捻线角度。导线两端浸锡后在一端焊上焊片，而后穿瓷珠。瓷珠穿得不要太满，给软线留有活动余量，以免将瓷珠挤碎。穿完瓷珠再焊另一端焊片。

图6－34　多股引线穿瓷珠

§6－7　组合件的加工工艺

两个以上的零、器件经安装、焊接等方法组合在一起构成的件称为组合件。组合件的种类很多,举不胜举,这里只举几例,说明其组合的情况。

一、电阻器、电容器的组合

图 6－35(*a*)为线绕电阻用绝缘垫圈、支架、螺栓、弹簧垫圈、螺母等安装成组合准备件的例子。

图 6－35(*b*)为纸介电容器用固定卡、纸垫、螺钉、弹簧垫圈、螺母等安装成组合准备件的例子。

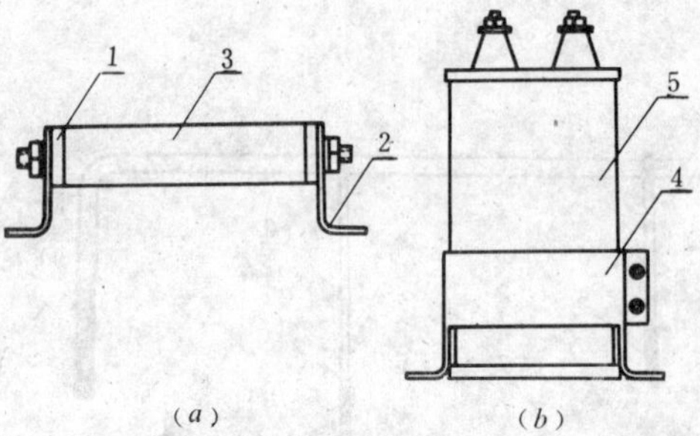

图 6－35 电阻器、电容器的组合件

1－绝缘垫圈 2－支架 3－线绕电阻 4－电容支架 5－纸介电容器

二、装置板上焊接电阻器和电容器

在装置板上焊接电阻器和电容器时,同时也将各短路线焊好。各器件的标称值应露在上面,以便读取,如图 6－36 所示。

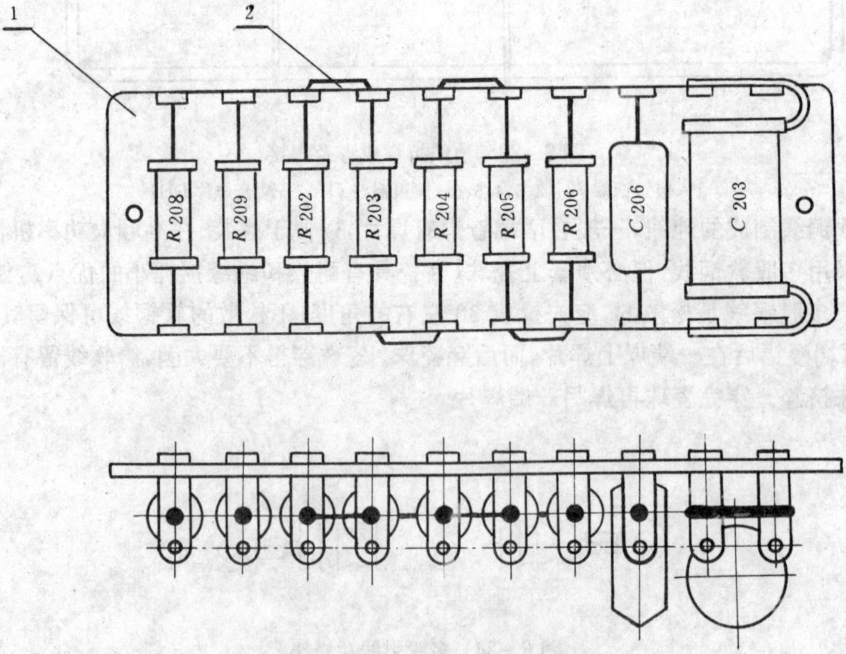

图 6－36 装置板上焊接电阻器和电容器

1－装置板××6・672・143 2－镀银铜线 $\phi0.8$

三、FU－50 管座焊接裸导线

将已准备好的裸导线焊接在各管座上,如图 6－37 所示。

四、小型印制线路板焊接器件

图 6－38 所示为将已准备好的电阻器、电容器、运算放大器等器件焊接在印制线路板上的情形。用手工焊接时，先在已插完器件的板上加上泡沫塑料，然后翻起，用烙铁焊接，再剪去较长的引线。用波峰焊接机焊接时，要先剪去较长的引线，再放在波峰焊机的轨道架上进行焊接。

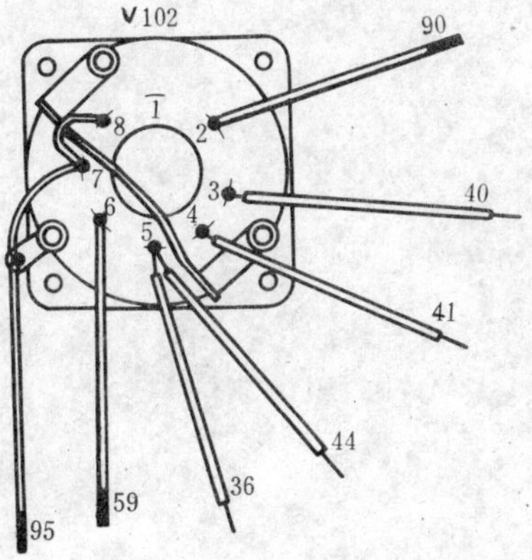

图 6－37　FU－50　管座焊接裸导线

图 6－38　印制板焊接运算放大器、电阻器、电容器

图 6－39　双面印制板装焊固定分频器

五、固定分频器装焊

图 6－39 所示为双面印制线路板上装焊固定分频器的情形。此件可由数人组成的小流水线焊装。由于集成电路器件的焊接要求比较严格，因此焊接温度不宜过高，以防止损坏器件内部的电路。

第七章 安装工艺

无线电整机安装工艺是产品生产的法规，也是整机生产中的一项基础技术。本章将着重讲述整机机械结构的装配，介绍有关安装工艺的基础知识、几种主要联接方式的安装工艺(螺装工艺、铆装工艺、粘接工艺、贴装工艺等)以及安装质量对整机性能的影响。

§7－1 安装的基础知识

一、安装的概述

1.产品安装的重要性

安装是无线电整机生产过程中一个极其重要的环节。如果整机的结构设计和安装工艺不相适应的话，就可能使预定的各项技术指标无法实现或不能用最合理、最经济的方法实现。

整机的安装通常是指用紧固件、粘接剂、或其它连接件等将产品的元器件和零、部、整件按图样要求装接在规定位置上。概括地说，是将产品各个构件之间通过用各种联接方式，组装成为一个新的构件，直至最终组装成为产品。例如：将材料、零件装接为部件等。由于产品中各种联接方式的加工都有它们特定的工艺过程，如：螺装工艺，铆装工艺、粘接工艺、贴装工艺等，所以产品安装应当是正确地实现各种联接方式的一个有着合理顺序的过程。

2.安装工艺的联接种类和安装方法

(1)联接种类　整机安装过程中，材料、零件、部件、整件等各种构件之间，有各种各样的联接方式。这种相互联接的性质，会直接影响安装的顺序和安装方法。按照联接方式的不同，可分为固定联接与活动联接。固定联接时，各种构件之间没有相对运动；活动联接时，各种构件之间有即定的相对运动。按联接能否拆卸又分为可拆卸的和不可拆卸的两类。联接种类和典型的联接方式，见表7－1所示。

表7－1　　联接的种类

固定联接		活动联接	
可拆卸的	不可拆卸的	可拆卸的	不可拆卸的
螺装、销装、键、楔等	铆装、焊接、压合、粘接、贴装、热压等	轴与滑动轴承、柱塞与套筒间隙配合零件等	滚动轴承、任何活动联接的铆合等

(2)安装方法　这里指的是安装中使得零件(或部件)达到最终配合精度要求的方法。为了保证无线电整机的质量，必须根据整机结构、零件加工精度、生产组织形式和生产批量等因素，选择适宜的安装方法，常用的有以下四种：

①完全互换法　即在安装时，对零件的制造精度，不需任何修配、选择以及其他辅助工作。其主要特点是：各个零件能完全互换，安装操作简单，零件的更换方便，利于组织流水线作业，生产效率高。这种安装方法对零件的制造精度要求较高。

②选配法(不完全互换法)　即将零件的制造公差适当放宽。在安装时，可凭经验和感觉直

接选配安装；或事先将零件按类、按实际精度分组选配，安装时，相配件与相应组之间进行安装。

③修配法　即将零件按比较经济的精度制造，安装时，用修整某配合零件尺寸的方法，达到最终配合精度。这种方法可以使零件在安装中达到较高精度的配合。但是，不易于组织流水线作业。

④调整法　安装时，调整一个或几个零件的位置，以消除零件间的积累误差，从而达到最终配合精度。其主要特点是：安装时，不需要修配加工；可以进行定期调整，以保持和恢复配合精度。

二、安装中的钳工加工工艺

无线电整机安装过程中，决定安装质量的各个因素，除了设备、工具、设计和工艺文件、安装构件的质量等外部条件以外，最重要的就是装配工人的操作技能。各种联接方式和安装方法的实施，大都对操作技能有基本的要求，而钳工加工工艺是安装中的基本技能之一。

1. 钳工凿、锯、锉加工工艺

无线电整机各个构件简单装配过程包括：构件位置、方向的安放——构件之间相对位置的调整，以至精度的选配、修配——构件之间的联接、紧固。复杂的整机在组织单件、小批量形式生产时，装配过程也相对地复杂，凡适宜组织大批量、流水线生产的整机，一般来说构件的装配过程比较简单。根据构件装配过程可以看出，安装中的钳工加工工艺是很重要的，钳工操作技能水平直接影响整机装配的质量。

凿、锯、锉加工是钳工主要和基本的技能。凿削靠用手锤打击凿子完成切削加工，锯割靠用手锯加压力完成锯切加工，锉削靠用锉刀加压力完成锉削加工。如果称凿子是“单刃”刀具，则锯条好象是凿子的组合“单排多刃”刀具，而锉刀好象是凿子的组合“多排多刃”刀具。按一次动作所做加工来比较，若称凿削是“点”加工的话，则可称锯割是“线”加工，而锉削可称是“面”加工。凿、锯、锉加工比较和加工范围见表7－2所示。

2. 其他钳工加工工艺

在无线电整机安装中的钳工加工工艺除了凿、锯、锉以外，还有划线、钻孔和铰孔、攻丝和套扣、刮削、研磨加工工艺以及测量技术等。钻孔、攻丝和套扣在有关章节中已做介绍，这里对钳工划线和测量、铰孔、刮削和研磨加工工艺加以简介。

(1)划线和测量　钳工划线是根据图样的规定在坯料、零件上划出各部尺寸、几何形状和相对位置的标界线，以便于进行各种加工。划线有：平面划线即对坯料、零件上的一个表面的划线；立体划线即对坯料、零件上的多个表面的划线。

划线时使用的常用工具主要有：划线平板、方箱、钢尺、角尺、划线规、划针和划针盘、手锤、高度游标尺等。

划线是钳工和其他机械加工之前的重要准备工作。

测量是进行各种钳工和其他机械加工中对制件的尺寸精度、几何形状以及表面粗糙度等各项技术要求的检查和测定。根据各种加工和各项技术测量的需要，有专用的和标准的计量工具以及相应的检测方法。标准量具有：钢尺、游标卡尺、千分尺、螺纹塞规和环规等，专用量具有专用形状样板、专用尺寸环规等。

(2)铰孔、刮削和研磨　铰孔是钳工用铰刀对预制孔的加工。铰孔可以用手工或机床加工来完成。标准的铰刀分手铰刀和机铰刀两类。

表 7－2 凿、锯、锉加工的比较

类别 内容	凿　削	锯　割	锉　削
工具、刀具	手锤、凿子	手　锯	锉　刀
加工关系示意图	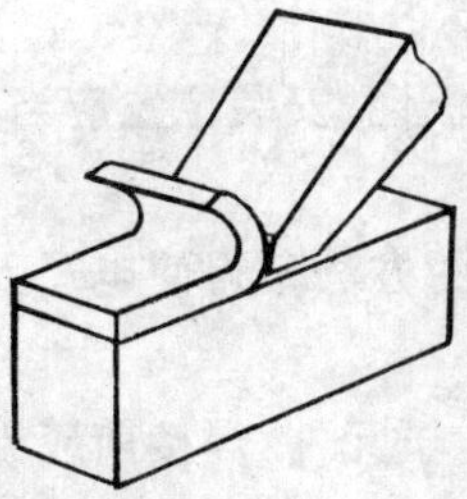	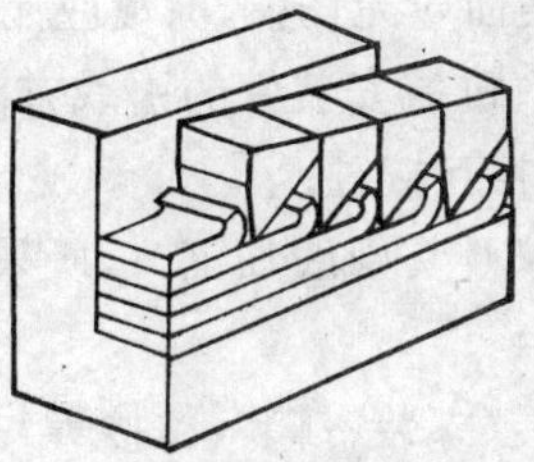	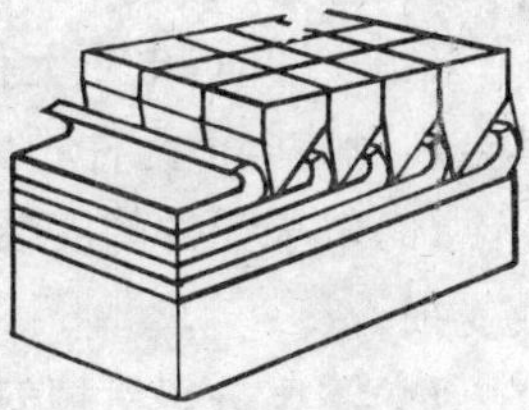
加工的力	敲　击	手　力	手　力
刀具比较	单刃凿子	单排多刃凿子	多排多刃凿子或多排锯条
主要加工范围	不便机床加工的场合；清除凸缘，毛刺、浇口、焊口；分割材料；凿油槽、键槽以及较小表面的粗加工等	分割材料、锯沟槽、台阶；切角等	零件的外表面、内孔、曲面；沟槽和各种形状复杂表面的精、细加工等

铰孔属于钳工精加工。它可以使孔的加工精度达到 4～2 级，表面粗糙度达到 $R_a3.2$～$R_a0.8$。

刮削是钳工用各种不同形状的刮刀进行的微量切削加工，它可以提高制件的形状、精度和表面粗糙度，还可以在外露表面形成装饰性花纹。刮削是钳工手工操作的精密加工。

刮刀分为平面刮刀和曲面刮刀。其他常用工具有：标准平板、校准直尺、心棒等。

研磨是钳工用研磨工具和研磨剂从制件表面上磨掉一层极薄的金属，使制件表面达到准确的几何形状、精确的尺寸和很高的表面粗糙度的加工。

研磨工具有：研磨平板、研磨棒。研磨剂是磨料和研磨液调合而成的混合剂，其中磨料在研磨时起切削作用。

研磨是钳工精密加工，有手工操作和机械操作。经过研磨后制件的表面粗糙度可达 $R_a0.8$～$R_a0.05$，尺寸精度可达 0.001－0.005mm。

钳工铰孔、刮削和研磨加工工艺在无线电整机安装中可以完成对构件的平面和曲面（如孔型表面等）高度配合精度的加工。

愈来愈复杂、精密的无线电整机机械结构联接，也愈来愈要求最终钳加工能达到精密、复杂的配合。钳加工工艺也应适合这种装配技术发展的需要。

三、安装工艺的原则和基本要求

1. 安装工艺的原则

安装工艺原则是指在编制安装工艺规程时，应当遵循的原则。一部无线电整机的安装，是一个较为复杂的过程，是将品种、数量繁多的电子元器件、机械安装件、导线、材料等，采取不同联接方式和安装方法，分阶段有步骤结合在一起的一个工艺过程。因此，除了应当遵循各种联接方式以及相互间的合理顺序外，一般还应注意以下安装原则：先轻后重，先小后大，先铆后装，先装后焊，先里后外，先下后上，先平后高，上道工序不得影响下道工序，下道工序不应改动上道工序等。这些原则总的目的是：安排合理的顺序、安装得手，工效大，各工序有机地衔接，保证安装质量。特殊情况下，还应当注意灵活安排。

2. 安装工艺的基本要求

安装工艺的基本要求是指在安装时，操作应当遵循的基本要求。这方面，产品的设计图纸、文件和工艺规程都有规定，是必须遵循的，以下列出的则是常见的基本要求：

(1)未经检验合格的零、部、整件(包括自制件与外购件)不许安装。已检验合格的零、部、整件在安装前要检查外观，表面应无伤痕，涂覆应无损坏。

(2)安装时，电子元件、机械安装件的引线方向、极性、安装位置应当正确，不应当歪斜，尤其金属封装电子元件不应相互接触。

(3)电子元件的安装以及其引线加工时，所采取的方法不得使电子元件的参数、性能变化或受损。

(4)需要进行机械安装(螺装、铆装、粘接等)的电子元件，焊接前应当固定，焊接后则不应再调整安装。

(5)安装中的机械活动部分，如控制器、开关等必须使其动作平滑、自如，不能有阻滞的现象。

(6)安装各种封装件时不宜拆封(图纸另有规定的例外)。

(7)止动锁紧件(如传动轴上的止动锁紧器、旋钮顶丝等)、锁紧件(如电子管的固定夹等)在止动锁紧以后，在运输的震动下应保持原止动锁紧状态。

(8)用紧固件(螺钉、螺母、铆钉等)安装地线焊片时，在安装位置上要去掉涂漆层和氧化层，使接触良好。

(9)绝缘导线穿过机座孔时，孔上要安装绝缘圈(橡皮圈、塑胶圈、胶木圈等)，防止磨损导线的绝缘层。

(10)密封垫圈和密封环应当无损、干净，以免影响密封性能，安装时应注意让密封口上所受的力分布均匀。

(11)对载有大功率射频电流的器件，用紧固件安装时，不许有尖端毛刺，以防止尖端放电。

(12)整机安装中需要钻、铰和配打圆锥销孔时，加工后要细心清理切屑。

(13)粘接安装部位应当洁净、平整，胶剂不应外溢和不足，粘接后的初期不应受震动和冲击。

(14)铆装应当紧固、不允许有松动现象。铆钉不应偏斜，铆钉头部不应开裂、不光滑等。

(15)安装时勿将异物遗忘在整机里，应当在安装中注意随时地清理。如焊锡渣、螺钉、螺母、垫圈、导线头、废屑以至元件、工具等。

(16)安装中需要涂敷润滑剂、紧固漆、粘合剂的地方，应当到位、均匀和适量。

§7—2 螺装工艺

用螺钉(螺柱、螺栓等)、各种螺母及各种垫圈将各种元器件和零件、部件、整件之间紧固地安装在整机各个位置上的过程，为螺钉联接安装工艺，简称螺装。螺装属于可拆卸的固定联接，它便于更换器件，联接方式比较灵活，宜于多次拆装。

一、螺钉联接安装的方法

1. 螺装的特点和要求

(1)螺装的特点　通常螺钉联接结构的方式有：用螺钉与相联件的螺纹孔，直接联接成为一体的方式;用螺钉和螺母与相联件,联接成为一体的方式。另外,根据螺钉联接的要求,可以分别选择不同种类的紧固件完成联接。所以,螺装具有不同联接方式的选择性、固定联接的可拆性的特点。同时,与其它安装工艺相比,更具有装配灵活的特点。

(2)螺装联接要紧固　安装要按工艺顺序进行,被安装件的形状方向或电子元器件的标称值的方向应符合图纸的规定。对电子管座、插头、插座、相同形状的电阻、电容等,应特别注意其定位方向或标称值的方向,避免装错。

安装部位全是金属件时,应使用钢垫圈,其目的是保护安装表面不被螺钉帽或螺母擦伤,增加螺母的接触面积,减小连接件表面的压强。弹簧垫圈或内齿弹性垫圈可防止螺母或螺钉松动,起止动作用。有些安装件要同时加垫圈与弹簧垫圈(弹簧垫圈要在垫圈上面)。

用两个螺钉安装元器件时,不要先把其中一个拧紧之后再安装另一个,应当将安装件仔细摆正位置后对两个螺钉均匀紧固。用四个螺钉安装元器件时,可先按对角线的顺序分别半紧固,然后再均匀拧紧。紧固时不宜用冲击力,最好使用限力扳手或限力螺钉旋具。翼形螺母不许用扳手或钳子去紧固。双头螺栓在紧固后要使两端露出的螺纹尽量一样长,如图7－1所示。

(3)防止联接松动的几项措施　根据安装要求,为了防止紧固件的松动或脱落,可分别采取如图7－2所示的几项措施。

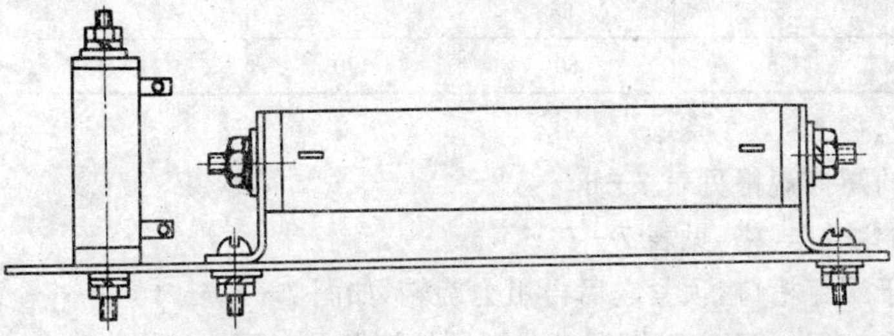

图7－1　电阻安装

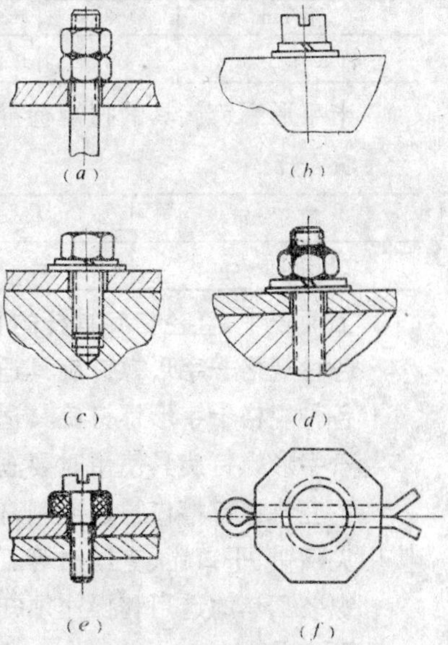

图7－2　防止紧固件松动的措施

图7－2(*a*)是利用两个螺母互锁起到止动作用的,一般在机箱接线板上用的较多。

图7－2(*b*)是用弹簧垫圈制止螺钉松动的,常用于紧固部位为金属的元器件。

图7－2(*c*)是靠加弹簧垫圈同时在螺孔内涂紧固漆(*Q*98－1)起止动作用的。

图7－2(*d*)是靠加弹簧垫圈及在露出的螺钉头上涂紧固漆来止动的,涂漆处不少于螺钉半周及两个螺纹高度。这种方法在一般安装件上常用。

图7－2(*e*)是靠橡皮垫圈起止动作用的。

图7－2(*f*)是靠加开口的销钉止动的,多用于有特殊要求器件的大螺母上。

2. 螺装工具的规定和选用

根据部标JB720～721－65的规定,使用活动扳手紧固螺钉、螺母的扭矩应符合表7－3。

表 7—3

公称规格(mm)	荷　重(kg)		负荷半径(mm)
	轻级	重级	
100×14	41	55	86
150×19	61	84	131
200×24	86	120	175
250×30	114	159	220
300×36	157	221	267
375×46	226	316	332
450×55	329	462	398
600×65	339		539

表中,荷重是指最大负荷力,轻级、重级指两种扳手,负荷半径指活动扳手把处至螺母中心的距离。

一字形螺钉旋具的扭矩标准应符合国家标准 GB1432—78 的规定,见表 7—4。

表 7—4

直径 mm	3	4	5	6	7	8	9
扭矩 kg·cm	5	10	25	45	60	90	125

十字形螺钉旋具的扭矩标准应符合国家标准 GB1438—78 的规定,见表 7—5。

表 7—5

直径 mm	4	5	6	8	9
扭矩 kg·cm	15	35	60	120	150

上两表中,直径指旋具杆的直径。

各种规格一字形螺钉旋具适用的螺钉规格见表 7—6。

各种规格十字形螺钉旋具适用的螺钉规格,见表 7—7。

一字形螺钉旋具使用时要垂直于螺钉槽口,顶紧之后再用力旋转,如图 7—3。

不应将螺钉槽口拧起毛刺,使槽口变形。不应破坏螺母或螺帽的棱角及表面电镀层。禁止使用尖嘴钳、平口钳、克丝钳等工具紧固螺帽、螺母。

螺装工具的选用和操作须知请参照第四章的有关介绍。

表 7—6

螺钉规格	螺钉旋具厚度与宽度(mm)	螺钉旋具规格(mm)	备　注
M1、M2	0.3×3	50	塑料柄
M2.5	0.4×4	65	塑料柄
M3	0.6×5.6	75～100	木柄或塑料柄
M4	0.8×7	100～125	木柄或塑料柄
M5	1.0×9	125～150	木柄或塑料柄
M6	1.2×9.5	150～200	木柄或塑料柄
M8	1.5×11	200～350	木柄或塑料柄
M10 以上	1.5×11	200～400	木柄或塑料柄

表 7－7

槽　号	规格(mm)	适用的螺钉
Ⅰ	Ø5×75 Ø5×125	M2.5～M3
Ⅱ	Ø6×125 Ø6×150	M4～M5
Ⅲ	Ø8×200 Ø8×250	M6～M8
Ⅳ	Ø10×250 Ø10×300	M10～M12

二、常用普通螺纹的加工

无线电整机安装中螺装工艺的螺钉有切制的外螺纹，螺母有切制的内螺纹，常用的螺钉、螺母都是标准的普遍螺纹。螺纹的切制可以在机床上加工或手工加工。以下简要介绍螺纹的手工加工。

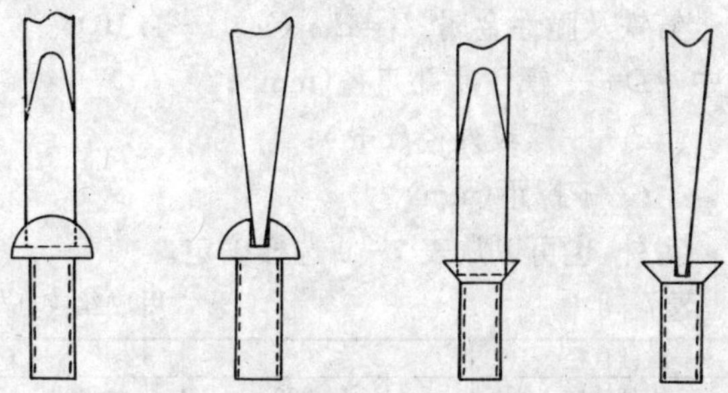

(a)　(b)

图 7－3　螺钉旋具要垂直于螺钉槽口

1. 内螺纹的加工

内螺纹的加工，俗称攻丝。它是指用切削刀具——丝锥和工具——铰杠，在预制孔(螺纹底孔)内表面上切制内螺纹。

(1)攻丝时铰杠的选用　铰杠是夹持丝锥进行攻丝的工具，常用的有普通铰杠(如图 7－4)和丁字铰杠(如图 7－5)两种。使用时应当根据所用的丝锥进行合理的选用，见表 7－8 所示，

(2)攻丝前螺纹底孔的确定　螺纹底孔的直径是根据螺纹直径大小、被加工零件的材料和切削过程中因素确定的。

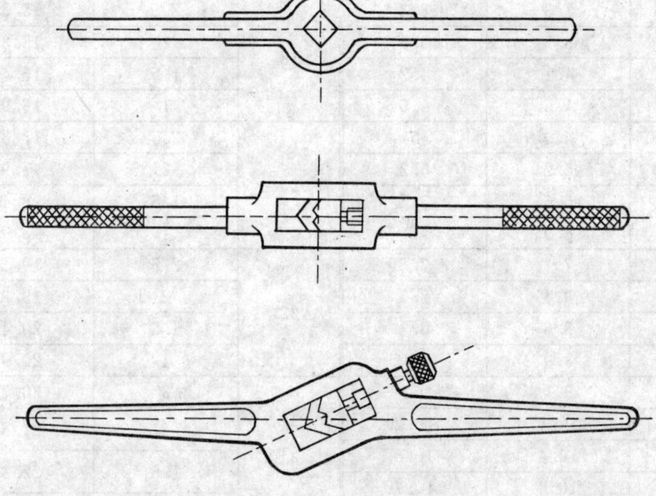

图 7－4　普通铰杠

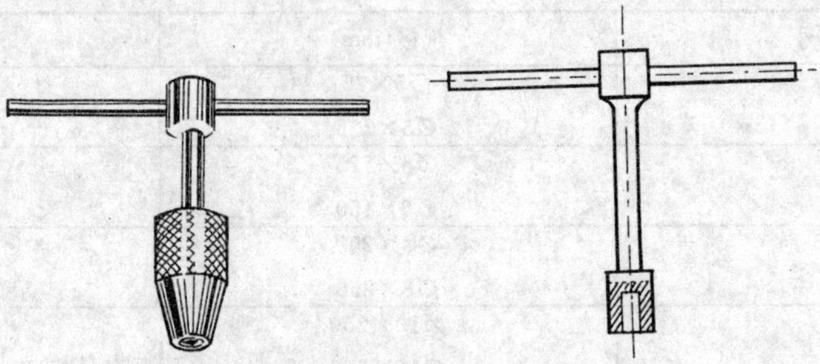

图 7－5　丁字铰杠

常用公制标准的普通内螺纹的预制孔直径的大小，可根据经验公式计算：

钢料及韧性金属：$D=d-t$；

铸铁及脆性金属：$D=d-(1.04\sim1.10)t$。

式中　D——螺纹底孔直径(mm)；

d——螺纹外径(mm)；

t——螺距(mm)。

另外，也可以从表 7－9 选择确定。

表 7－8　　常用攻丝铰杠规格(mm)

丝锥直径	≤6	8～10	12～14	≥16
铰杠长度	150～200	200～250	250～300	400～500

表 7－9　　钻普通螺纹底孔的钻头直径(mm)

螺纹直径 d	螺　距 t	钻头直径 D		螺纹直径 d	螺　距 t	钻头直径 D	
		铸铁、青铜、黄铜	钢、可锻铸铁、紫铜、层压板			铸铁、青铜、黄铜	钢、可锻铸铁、紫铜、层压板
2	0.4	1.6	1.6	14	2	11.8	12
	0.25	1.75	1.75		1.5	12.4	12.5
2.5	0.45	2.05	2.05		1	12.9	13
	0.35	2.15	2.15	16	2	13.8	14
3	0.5	2.5	2.5		1.5	14.4	14.5
	0.35	2.65	2.65		1	14.9	15
4	0.7	3.3	3.3	18	2.5	15.3	15.5
	0.5	3.5	3.5		2	15.8	16
5	0.8	4.1	4.2		1.5	16.4	16.5
	0.5	4.5	4.5		1	16.9	17
6	1	4.9	5	20	2.5	17.3	17.5
	0.75	5.2	5.2		2	17.9	18
8	1.25	6.6	6.7		1.5	18.4	18.5
	1	6.9	7		1	18.9	19
	0.75	7.1	7.2	22	2.5	19.3	19.5
10	1.5	8.4	8.5		2	19.9	20
	1.25	8.6	8.7		1.5	20.4	20.5
	1	8.9	9		1	20.9	21
	0.75	9.1	9.2	24	3	20.7	21
12	1.75	10.1	10.2		2	21.8	22
	1.5	10.4	10.5		1.5	22.3	22.5
	1.25	10.6	10.7				
	1	10.9	11		1	22.9	23

2. 外螺纹的加工

外螺纹的加工，俗称套扣（套丝）。它是指用切削刀具——板牙和工具——板牙架，在预制圆杆的外表面上切制外螺纹。

（1）板牙架（套扣用的铰杠） 是用以安装圆板牙进行套扣的工具，如图 7－6 所示。

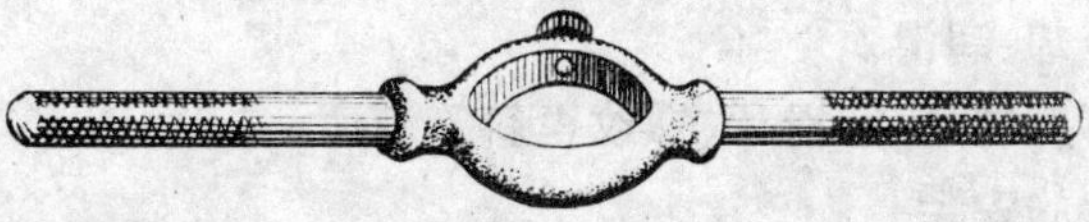

图 7－6 板牙架

（2）套扣前预制圆杆直径的确定 套扣和攻丝的工作原理和切削情况基本上是相同的。所以套扣预制圆杆直径与攻丝预制底孔直径大小确定的依据也是基本一致的。

常用公制标准的普通外螺纹的预制圆杆直径大小，可以根据经验公式计算：

$$D \approx d - 0.13t$$

式中 D——套扣前预制圆杆直径（mm）；

d——螺纹外径（mm）；

t——螺距（mm）。

另外，也可以从表 7－10 选择确定。

表 7－10 套扣前预制圆杆直径（mm）

粗牙普通螺纹	螺纹直径		6	8	10	12	14	16	18	20	22	24	27	30	36	42	48	52
	螺　距		1	1.25	1.5	1.75	2	2	2.5	2.5	2.5	3	3	3.5	4	4.5	5	5
	预制杆直径	最小直径	5.8	7.8	9.75	11.75	13.7	15.7	17.7	19.7	21.7	23.65	26.65	29.6	35.6	41.55	47.5	51.5
		最大直径	5.9	7.9	9.85	11.9	13.85	15.85	17.85	19.85	21.85	23.8	26.8	29.8	35.8	41.75	47.7	51.7

3. 螺纹加工应注意的事项

（1）攻丝、套扣时，预制底孔、预制圆杆的尺寸和加工精度、表面粗糙度应符合要求，孔缘和圆杆端部应有规定大小的锪孔和倒角，如图 7－7 所示，以便于初始操作和保证螺纹加工的质量。

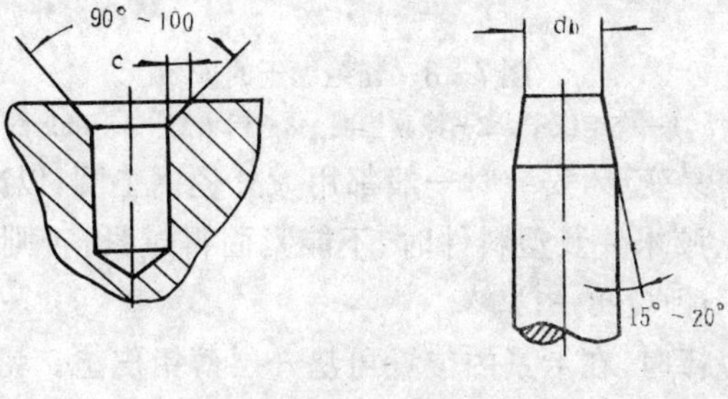

图 7－7 锪孔、倒角加工

（c 取 1～1.5 螺距 t，d_o＞螺纹内径 d）

(2)攻丝时注意丝锥的合理使用，先攻头锥后攻二锥；套扣时注意板牙正确安装、不应歪斜；锥管螺纹板牙安装应注意反正面。

(3)攻丝、套扣的零件应在虎钳上夹持牢固，大型零件则要稳固好。攻丝和套扣的初始操作很重要，要扶正铰杠小心均匀向下加压力并正转（顺时针），待已切制出螺纹时，就不应再加压力而只转动铰杠，但要时常倒转一下，以便断屑。

(4)注意加工中的冷却、润滑。

(5)加工后的螺纹不应有烂牙、滑牙、螺纹歪斜等疵病。

三、几种常用元器件的安装

1.瓷件、胶木件、塑料件的安装

瓷件和胶木件脆而易碎，安装时应在接触位置上加软垫、如橡皮垫、软木垫、纸垫、铝垫、石棉垫等，以使其承受压力均匀，不可使用弹簧垫圈。图7－8为绝缘子的安装，其中心螺母与瓷件之间用薄铝垫圈，瓷碗与安装面接触处用橡皮垫圈，三个固定螺钉上用纸垫圈（也有的在纸垫圈上再加一钢垫圈）。

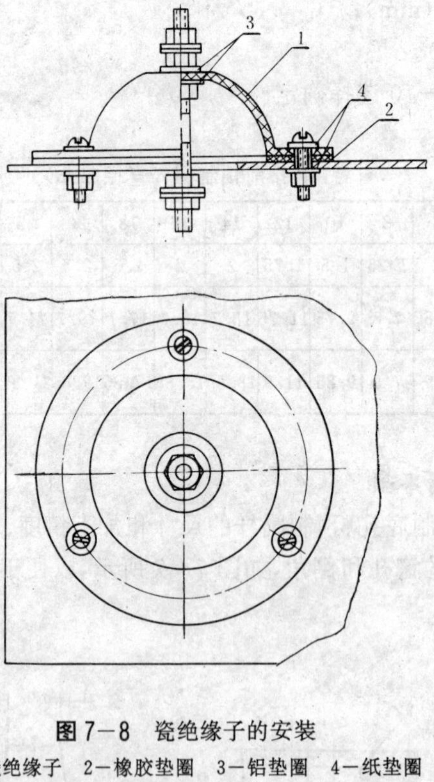

图7－8　瓷绝缘子的安装

1－瓷绝缘子　2－橡胶垫圈　3－铝垫圈　4－纸垫圈

塑料件一般较软，容易变形，安装时一般都用大外径钢垫圈，以减小单位面积的压力。

安装带螺扣的瓷件、胶木件及塑料件时，不能紧固得过紧，否则易造成滑扣。为了防止松动，可在螺孔内涂些紧固漆（Q98－1）。

安装较粗的瓷管、瓷棒时，在卡紧的位置可垫一层薄铅皮垫。铅皮不滑，亦不老化，比塑料垫更好。

2.大功率晶体管安装散热器

大功率晶体管一般都安装在散热器上，如图 7－9 所示。有些晶体管出厂时即装有散热器，有些则要在装配车间安装散热器。安装时，散热器与晶体管的接触面应接触良好，表面要清洁。如果在二者之间加云母片，则云母片的厚度要均匀。在云母片两面涂些硅油，可以使接触面密合，提高散热效率。

3. 屏蔽件的安装

无线电产品中有些器件需要加屏蔽罩，有些单元需要用屏蔽盒，有些件需要加隔离板，有些导线要选用金属屏蔽线。采用屏蔽措施是为了阻止电磁能量的传播或将电磁能量限制在一定的空间范围之内。

在用铆装与螺装的方式安装屏蔽件时，安装位置一定要清洁。可用酒精或汽油清洗干净，漆层也要去掉。如果接触不良，产生缝隙分布电容，就起不到屏蔽作用了。

4. 单一螺母的安装件和旋钮、手柄的安装

电位器、纽子开关、波段开关、传动轴等，一般都是用一个螺母安装在面板上的。安装电位器、钮子开关时应加平垫圈与内齿弹性垫圈。安装波段开关时，里面靠近面板处应加双耳止动垫圈或单耳止动垫圈，外面靠近面板处应加平垫圈。当轴上安装有旋钮或手柄时，旋钮指示的起点与终点位置一定要准确，如图 7－10 所示。

(a)

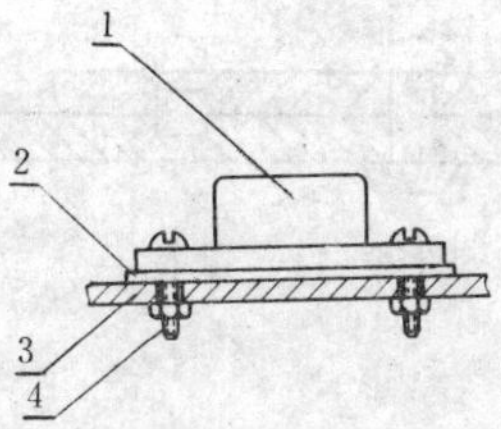

(b)

图 7－9　大功率晶体管安装散热器

1－晶体管　2－云母片　3－散热器　4－螺钉、螺母、垫圈

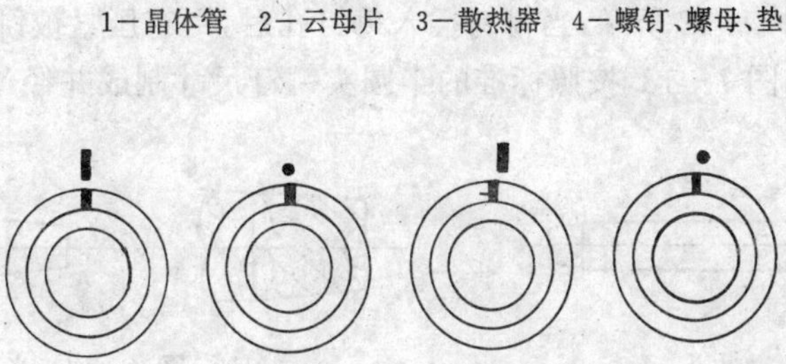

图 7－10　旋钮指示位置

旋钮在轴上的固定有靠弹簧片与靠顶丝两种方式。

用弹簧片固定时，旋轴与旋钮有共轭定位槽，旋钮孔内有弹簧片，将旋钮直接插入轴上即可。用顶丝固定时，顶丝有三种形式，一种顶丝是平顶；另一种是尖顶，还有一种顶丝端部要加一粒小钢珠。后两种形式紧固效果较好。手柄的安装根据结构不同，有用顶丝固定，有用键槽固定，也有用销子固定的。各种旋钮与手柄在安装后要与面板有一定距离，转动时应与面板保持平行。

5.弹性件的安装

弹性件在无线电整机中起减震、稳定、安全的作用。例如，安装空气可变电容器时加橡皮垫，可防止机震；收音机外壳与底板上加橡皮垫，可减轻运输存放的振动；晶体管脚上加橡皮垫，可使装焊稳定；等等。

安装弹性件时，不能破坏其弹性，不应超过规定负荷，安装位置尽量避开振动较强的部位。

6.端子板上安装导线

使用时带电的紧固螺钉、螺母、垫圈等宜用铜质制作。在端子板上安装各种导线时一定要紧固好，否则会引起接触不良和发热现象，影响电路正常工作。电源线不宜只是绕在螺钉上，而应焊在适当的焊片上。每个紧固螺钉上安装的焊片不宜超过三个。安装与紧固时不要划伤端子板表面。

§7—3 铆 装 工 艺

用各种铆钉将各种元器件和零件或部件之间联接在一起的过程，为铆钉联接安装工艺，简称铆装。铆装属于不可拆卸的固定联接，其特点是安装紧固、可靠。铆钉有半圆头铆钉、平锥头铆钉、沉头铆钉等几种，其铆装后的形状如图 7—11 所示。

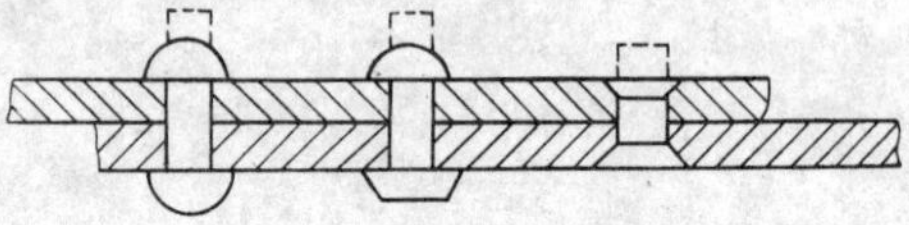

图 7—11 铆装

一、手工铆装的方法

1.铆装工具

铆装的主要工具有以下几种：

(1)手锤 通常用圆头手锤，其大小应按铆钉直径的大小来选定。

(2)压紧冲头 如图 7—12 所示，当铆钉插入铆钉孔后，用它压紧被铆装的件。

(3)半圆头冲头 如图 7—13，按照标准的半圆头铆钉尺寸制成并经过淬火、抛光。

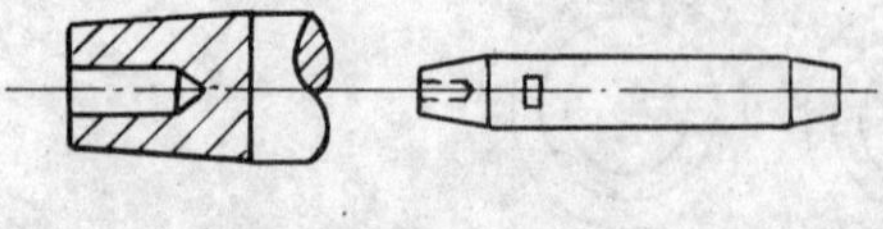

图 7—12 压紧冲头

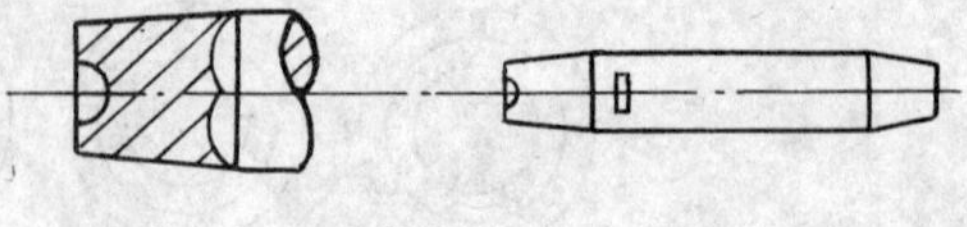

图 7—13 半圆头冲头

(4)垫模 其形状与铆钉头的形状一致。在铆装时把铆钉头放在垫模上，可使受力均匀，防止铆钉头变形。

(5)平头冲 铆装沉头铆钉用。

(6)尖头冲　空心铆钉扩孔用。

(7)凸心冲头　空心铆钉扩边成形及轧紧用。

2.铆装方法

各种铆钉镦铆成形的好坏与铆钉留头长度及铆装方法有关。铆钉长度应等于铆台厚度与留头长度之和。半圆头铆钉留头长度应等于其直径的4/3～7/4。铆钉直径应大于铆装厚度的1/4,一般应为板厚度的1.8倍。

表7－11　　半圆头铆钉留头尺寸(mm)

d(公称尺寸)	1	1.4	2	2.5	3	4	5	6	8	10				
L_1	2	2.2	2.5	3.2	4	5	6	7	9	12				
L_2	0.8	1.2	1.3	2	2.5	3	4	5	6	9				

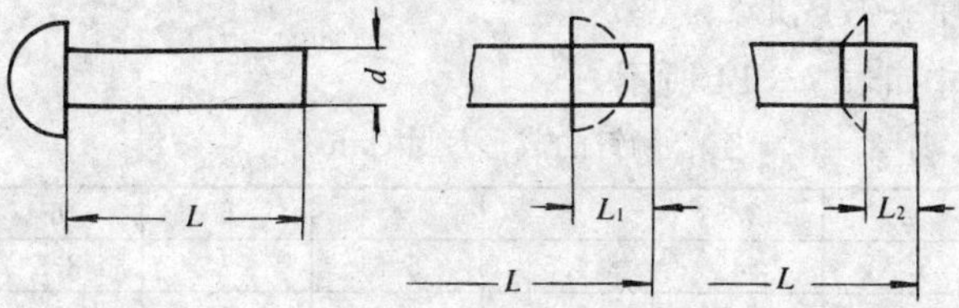

半圆头、平锥头、沉头铆钉的留头尺寸分别见表7－11、表7－12和表7－13。

表7－12　　平锥头铆钉留头尺寸(mm)

d(公称尺寸)	2	2.5	3	4	5	6	8	10						
L_1	2.5	3.2	4	5	6	7	9	12						
L_2	1.5	2	2.5	3	4	5	6	9						

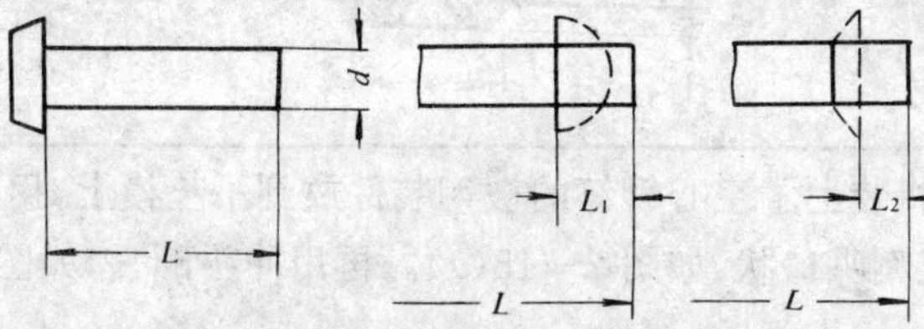

表7－13　　沉头铆钉留头尺寸(mm)

d(公称尺寸)	1	1.4	2	2.5	3	4	5	6	8					
L_1	2	2.2	2.5	3.2	4	5	6	7	9					
L_2	0.8	1.2	1.3	2	2.5	3	4	5	6					

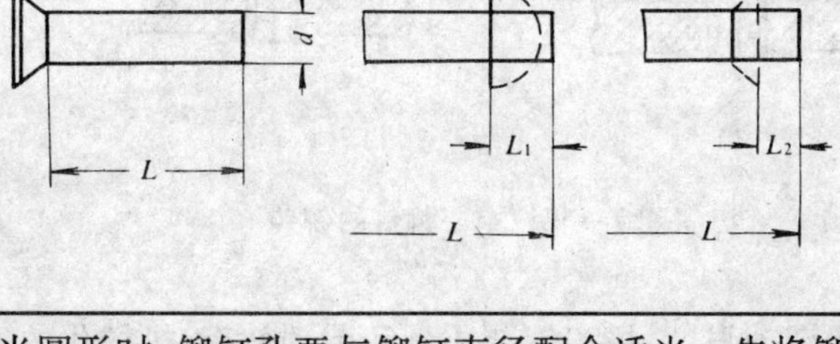

铆钉头镦铆成半圆形时,铆钉孔要与铆钉直径配合适当。先将铆钉放到孔内,铆钉头放到垫模上,压紧冲头放到铆钉上,砸紧两个被铆装件,如图7－14(a)。然后拿下压紧冲头,改用半圆头冲头镦铆露出的铆钉端,如图7－14(b)。开始时不要用力过大,最后用力砸几下即可以紧

固。

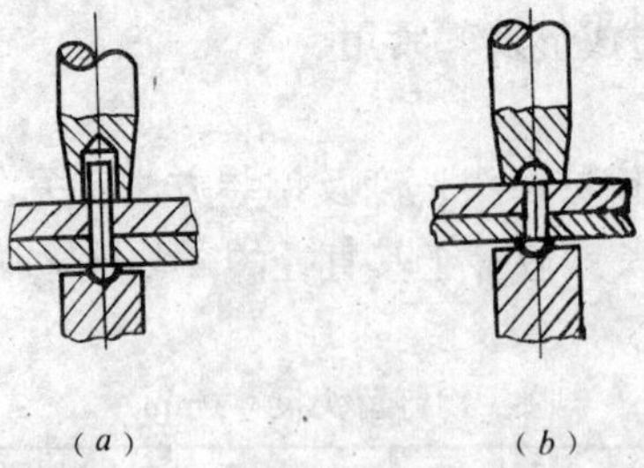

图 7－14　铆钉头镦铆成半圆形

铆钉头镦铆成沉头时，先将铆钉放到被铆装孔内，铆钉头放在垫模上，用压紧冲头压紧两个被铆装件。然后用平冲头镦成形。

空心铆钉成形的尺寸如表 7－14 所示。

表 7－14　　空心铆钉的成形尺寸(mm)

d	1.4	2	2.5	3	4	5	6		
D	2.6	3.2	4	4.5	5.5	7	8.5		
h	0.4	0.5	0.5	0.8	0.8	1	1		
C(参考)	0.6	0.8	0.8	1.5	1.5	2.5	2.5		

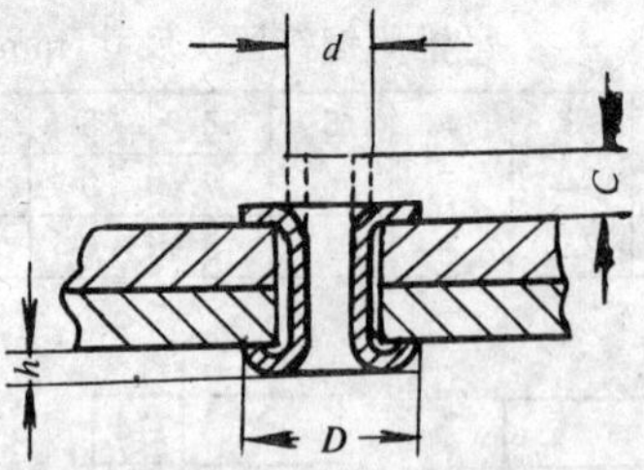

铆装空心铆钉时，先将装上了空心铆钉的被铆装件放到平垫模上，用压紧冲头压紧。然后用尖头冲头将铆钉孔扩成喇叭口状，如图 7－15(*a*)。再用冲头砸紧，如图 7－15(*b*)。

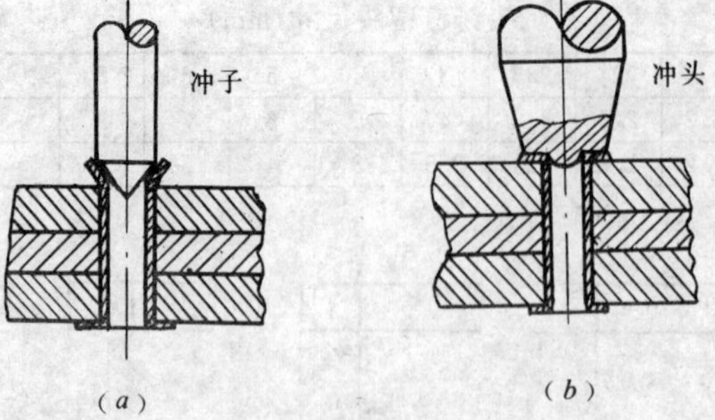

图 7－15　空心铆钉的铆装

二、机械旋铆

为了减轻手工铆装的劳动强度，提高铆装质量和劳动效率，机械化的铆钉枪、铆接机已逐步替代手工铆装，而旋铆机就是一种可完成机械旋铆的新型铆装机。

机械旋铆是由旋铆机完成的。旋铆机主要由可旋转的旋铆头和气动加压机构组成。旋铆头可以根据需要更换安装在旋铆头上的各种不同的旋铆芯棒，从而可以实现各种铆钉头加工的要求，如图 7—16 示例。

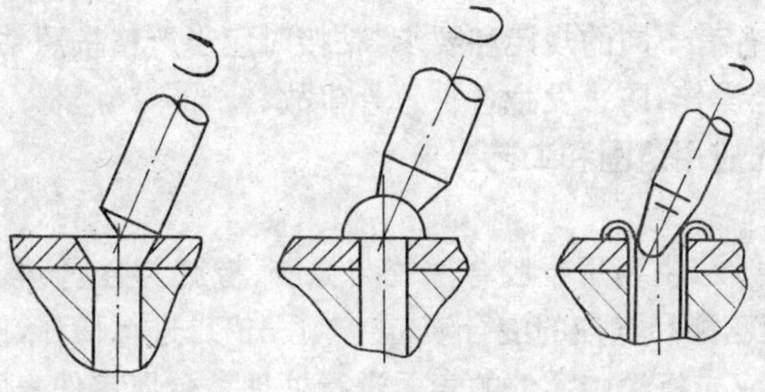

图 7—16 旋铆头应用示例

旋铆机工作时平稳、无冲击，铆装质量和加工效率高，并可实现流水线作业。

三、铆装预制孔的加工

预制孔直径的大小应随着联接要求不同和铆钉直径大小而有所变化，可按表 7—15 在加工时进行选择。

表 7—15 标准铆钉直径及通孔直径(mm)

铆钉公称直径		2.0	2.5	3.0	4.0	5.0	6.0	8.0	10.0
通孔直径	精装配	2.1	2.6	3.1	4.1	5.2	6.2	8.2	10.3
	粗装配	2.2	2.7	3.4	4.5	5.6	6.6	8.6	11.0

几个零件叠加铆装时，它们的预制孔同心度应当好，否则会影响铆装质量。

§7—4 粘接工艺

用各种适宜的粘合剂(又称：胶合剂、胶接剂、粘接剂等)将零件、材料或元器件粘接在一起的过程，称为粘接。粘接属于不可拆卸的固定联接。由于它所特有的优点，在无线电整机安装中逐步被日益广泛地应用。从发展来看，粘接在一定条件下，可以代替螺装、铆装、焊接等联接，它能用于常规安装无法联接的零、部件，从而简化了复杂的联接结构和安装工艺。

一、粘接工艺的主要优点

粘接工艺操作简便，成本低廉，密封性好，适应性强。由于粘合剂新品种、规格的不断研制成功，已能满足耐水、耐油以及具有导电性能的要求。品类繁多的粘合剂的应用，使得粘接工艺能够联结多种不同种类的材料。各种粘合剂都有较好的粘接强度，而且粘接处的应力分布均匀。

虽然粘接具有上述许多优点，但也存在一些弱点和由于工艺不完善产生的问题。例如：粘接质量不够稳定，而且对粘接质量的检测比较困难；粘接时对零件表面洁净程度以及工艺过程的控制，要求比较严格；粘接不适用于高温。这些都有待解决。

二、粘接工艺的一般要求

粘接的简单工艺过程包括：粘合剂的合理选用——粘接表面的清理——调胶——涂胶——粘合——固化(加温或加压)等。工艺过程中的每道工序，每项工作的质量都直接影响到粘接质量，特别是粘合剂的选用，往往还需要经过多次地试验才能最后选定。应当特别注意粘合剂的保管质量，几乎所有的粘合剂都规定有贮藏期限和贮存温度等的要求。粘接表面必需经过认真地清理，而且经过清理的表面还必须在规定的时间之内进行粘接。不同种类、型号粘合剂的调胶、涂胶、粘合、固化，各有不同的规定和要求，粘接时应当严格按照粘接工艺规程进行。最后，粘接时要特别注意安全操作，防止发生各种意外事故。

三、几种常用粘合剂的应用范围和工艺要求

1. XY401 胶

这种胶通常称为 88 号胶，主要用于胶合橡胶与橡胶、橡胶与金属、橡胶与玻璃、橡胶与木材等。XY401 胶可用乙酸乙酯和汽油的混合液(重量比 2∶1)进行稀释，使用前应当用玻璃棒仔细搅拌均匀。在涂胶前应先将涂胶零件的表面进行处理。金属零件表面可用砂纸打磨或进行喷砂处理，有油漆表面的应先用刮刀除掉漆层。由布料、纸板、毛毡、呢绒、皮革、木材、陶瓷等构成的零件表面不需要打磨，只要将表面清洁即可。然后用汽油擦净表面，在室温下晾干。粘接时，用毛刷在器件表面均匀涂一层胶液，在室温下放置 5～10min，然后将两个被胶合表面贴在一起，并迅速用压铁或专用工具加压。零件在室温下固化 24h 以后，才能去掉加压器，然后在同样室温条件下再干燥 24h。

2. X98－1 树脂胶粘剂

这种胶粘剂主要用于金属、玻璃、陶瓷及层压塑料等的粘接，但不适用于聚氯乙烯材料之间的相互粘接。X98－1 树脂胶液不腐蚀金属，同时能保护金属不受腐蚀。

在未涂胶以前先将金属表面用砂纸打磨好(对其他种类的表面，只需将脏物擦洗干净)，再用丙酮或酒精擦净，在室温(15～25℃)下晾干。用毛刷在要粘合的表面上均匀涂一层胶液，在室温下放置 30min 后，移到烘箱内，在 50～60℃下保温 15min，取出冷至室温。这样就在零件表面上涂好了一层胶。然后，重复上述操作过程，在零件表面再涂上一层胶。胶层的厚度以合缝后达到 0.1～0.28mm 为宜。如果涂胶面不平，可多涂几次，以保证胶合强度。

将经过两次以上涂胶的零件合在一起，迅速加压。将加压器件放到烘箱内，升温进行聚合固化，升温速度为 40～50℃/h。聚合所需的温度和保温时间见表 7－16。

表 7－16 聚合温度与保温时间

材料名称	聚合温度	保温时间
金属、玻璃、陶瓷	140～150℃	1～2h
金属、玻璃、陶瓷、胶木件	100～110℃	3～4h
皮革、木材	60℃	5～6h

3. Q98－1 胶

这种胶通常用来封固螺钉和螺母。

用香蕉水将 Q98－1 胶稀释。取红色硝基磁漆一份，与九倍重量的 Q98－1 胶混合在一起，搅拌均匀。将清洁的螺钉或螺母涂上一层上述混合胶液，立即旋入配合件中。当即将旋紧时，拧至未到在螺钉或螺母下端面上滴入 1～2 滴混合胶液，然后旋紧。旋紧后挤出的胶液应在螺钉螺母的周围，如果太少可再补充一滴。

将紧固好的零件在室温下自然干燥 24h，即完成了操作。

4. 环氧树脂胶

环氧树脂胶可粘接各种金属，如铝、铜、钢等，以及各种非金属材料，如橡胶、塑料(聚氯乙烯、聚苯乙烯、聚乙烯、有机硅树脂除外)、木材、玻璃、云母、陶瓷等。

将环氧树脂1010与固化剂聚酰胺H-4按1∶1的配比仔细搅拌均匀,需要多少就配制多少,因为放置时间长了会固化而不能使用。

在粘接前先将要粘接的表面用酒精、汽油清洗干净,在室温下晾干,然后将配制好的环氧树脂均匀地涂一薄层,粘合后加压,放置24h即可。亦有涂完环氧树脂胶以后立即螺装的。

5.101胶(乌利当胶)

101胶可胶接金属、塑料、陶瓷、橡胶、皮革、木材等材料。

此胶分为甲组与乙组两组,使用时要将两组胶液混合,搅拌均匀。对于不同的胶结件,配比是各不相同的。

在涂胶前先将要涂胶的表面搞干净。用毛刷均匀涂一层胶液,立即粘合加压,在常温下放置5～6天后可固化。若加热到100℃,经1.5～2h即可固化。若加热到130℃,经0.5h时即可固化。

101胶有良好的粘附性和绝缘性,耐水、耐磨、耐稀酸油脂。

6.呋喃化西林胶

塑胶导线可用呋喃化西林胶粘接成线束。在塑胶导线的粘合处均匀涂上一层西林胶,使几根导线互相粘合,在室温下经过几分钟以后即可粘固。

7.压敏胶

压敏胶为可剥性胶粘剂,粘合后可以剥开,也可再重新粘合,常温下即能起到粘合作用。压敏胶可单独使用,也可涂布在各种基材(塑料薄膜、纸张、织物、海绵、金属箔等)上制成胶粘带使用。压敏胶能在较长时间内不变干,并保持一定粘附力,可以反复使用。无线电整机上的聚酯塑料薄膜标记上就是涂的压敏胶。

§7—5 贴装工艺

贴装工艺是表面贴装(或表面安装)工艺的简称,是将片状结构的无引线(或超短引线)电子元器件,用相应的焊膏,直接贴合在印制电路板表面上的相应位置的安装过程。

贴装工艺安装的电子元器件主体部分和电子元器件端子焊接点,都在印制电路板的同一个表面上。贴装工艺是元器件安装位置具有较高精度的安装工艺。贴装经过固化后,属于不可拆卸的固定联接。

一、表面贴装工艺的特点和一般过程

1.表面贴装工艺的特点

概括地说,无线电整机装配发展中的新型表面贴装技术,是一项综合工艺。它所涉及的微小型片状电子元器件制造技术、贴装电子产品设计以及适于大批量生产的贴装工艺和材料技术、高度自动化贴装设备、热熔焊装置以及其它辅助设置应用等等,完全改变了电子元器件与印制电路板常规的安装方法,而使无线电整机装配出现了全新的面貌。现仅就涉及到表面贴装工艺的几个突出特点,分述如下:

(1)片状电子元器件无需引线加工　片状电子元器件无引线和微小型化与常规带引线的电子元器件相比,显示了体积小、重量轻、功能强的特点。此外,一般都适应热熔焊接的加工特性。片状元器件的应用,取消了原工艺的引线预成形加工过程。

(2)印制电路板无需引线安装孔　贴装片状结构无引线或具有超短引线的电子元器件，在印制电路板上不再需要预制安装常规的元器件引线的通孔(在此意义上，一般则称安装有引线的元器件为通孔安装，以便与表面贴装相区别)简化了印制板的加工过程。

(3)元器件的安装位置精度高　与通孔安装相比，表面贴装更能满足电子元器件在印制电路板上的高精度的密集位置排列，利于实现双面以及多层板的复杂印制电路设计、制造技术。

(4)应用新型焊接技术　片状元器件的安装，其焊接端子是用焊膏直接与印制电路的焊盘牢固相连的方式。这对于印制电路板的组装来说，提高了焊点的可靠性、改善了电路的高频特性，增加了整机的耐震性能。

(5)实现高效率生产　表面贴装工艺更易于实现高效率的、高度自动化的无线电整机装配。因此，它促进了新型的、现代化的无线电专用设备的出现。

2.表面贴装工艺的一般过程

目前，片状电子元器件制造技术的发展，还没有达到完全使得常规电子元器件的技术改进，都适于贴装工艺的最理想状况。所以，印制电路板装配(指单面印制板而言)大致可以分为以下几类：

Ⅰ类：全部为片状电子元器件与印制电路板贴装的组装板。

Ⅱ类：全部为常规电子元器件与印制电路板安装的组装板。

Ⅲ类：片状和常规电子元器件与印制电路板混装的组装板。

这三种类型的组装板，各有其不同的装配工艺过程。Ⅰ类组装板最理想化的过程是：

涂胶 → 贴装 → 焊接 → 清洗

Ⅱ类组装板，就是传统的装配方式。Ⅲ类组装板则是目前实际采用的装配方式，我们可以从Ⅰ、Ⅱ类装配方式中，寻求较为适宜的装配工艺过程。

Ⅰ、Ⅲ类双面印制电路组装板，更有其特殊性，这里不再详述。

二、表面贴装工艺的内容和要求

表面贴装工艺，可分为手工贴装和机械贴装两种形式。实际上，无论从微小型片状元器件本身，还是从贴装工艺特点以及生产、工作效率考虑，表面贴装工艺必须实施机械贴装形式，这是不容置疑的。甚至可以说，表面贴装工艺的生产方式，不是用手工操作所能完成的。但是，手工贴装又是新产品研试阶段和产品维修不可缺少的和不容忽视的形式。

以下主要介绍手工表面贴装工艺内容和要求。

1.手工表面贴装工艺内容和要求

(1)手工表面贴装工艺内容和操作方法　手工表面贴装，最重要的是依靠装配工人的操作技艺。这是由于贴装本身的要求决定的。对于片状元器件最好的操作，是一次性完成精确的位置安放。

整个贴装过程，自涂胶、贴装、焊接直至清洗，用手工操作必须是敏捷而连续地进行。

①贴装　在完成涂胶之后进行手工贴装时，要保证片状元器件方向和位置精度的贴装准确性。手持片状电子元器件最常用的工具是镊子。使用真空吸管，则更有助于手工贴装，它能任意扭转元器件的方向，且便于置放。

②焊接　手工贴装后的焊接，仍沿用通孔安装的手工焊接方法，它对焊接工艺的要求与通孔安装也基本上是一致的。重要的是选择好适宜的电烙铁，尤其是烙铁头。在操作中过热以及无意中碰撞元器件的主体，都会使其产生热损伤。所以，在手工贴装焊接和维修中拆除元器件

时(尤其是多引线数的元器件)往往使用热风设备,并选用合适的热风嘴,以保证安全操作和工作质量。

③涂胶和清洗　手工贴装的涂胶,除了选用适宜的粘接剂、焊膏外,在操作时,对涂敷的剂量、位置都有精确的要求。手工贴装的清洗,与通孔安装也是一样的。清洗的质量尤其取决于清洗剂的选择。

(2)手工表面贴装工艺的要求　手工表面贴装,最重要的是避免和消除手工操作各种人为因素的影响和工作失误。

①由于片状元器件与常规元器件相比,外型微小,包装特殊,所以保管中要特别注意规格品种和类别,防止混淆和受损。

②维修后的元器件若需重新贴装,要严格清洗、鉴定。严格地说,贴装后拆除和更换元器件的次数,最多只能两次。

③使用镊子夹取元器件时,应夹持其主体部位,不要夹持元器件的短引线和焊接端子部位。在操作中注意镊子不要沾上焊膏、粘接剂等物,并应经常清洁,保持干净。

④无论手工贴装焊接或拆焊,使用电烙铁(高达 360℃)或热风设备(高达 380℃)时,均要注意防止对印制电路板以及密集排列的相邻元器件的热损伤。

⑤贴装前,对于可编程序元件,应注意其特殊要求。

2.机械表面贴装工艺内容和要求

(1)机械表面贴装工艺主要内容和方法　全面实施表面贴装工艺,是以全部工艺过程的机械化、自动化为基础的。否则便不能适应大批量生产的需要。

①机械涂胶　贴装前的涂胶,常用丝印法(即丝网漏印方法)将焊膏(和粘接剂)一次性涂敷在印制电路板的焊盘和片状元器件主体的贴合位置上。这种方法的特点是:具有较高的生产效率,并可以保证所有涂敷位置的精确性和相对一致性以及焊膏(和粘接剂)涂层厚度的均匀性。其它的涂胶方法还有:针式转移法、注射点胶法等。这些机械涂胶方法,都是手工操作所不及的。

②机械贴装　贴片机是将片状结构的电子元器件与印制电路板,以机械方式贴装的新型设备。一般都是单机就可以完成全部贴装过程,甚至同时完成涂胶加工。贴片机若与网印机、热熔焊机以及清洗设备联机,就成为完整的印制电路板贴装工艺生产线。

目前,适用于机械贴装工艺的高精度、高自动化的专用及通用类型的贴片机,有不同的品种和规格。在本书第四章中,对贴片机有专门的介绍。需要强调的是,设备的机械化、自动化程度越高,越应重视设备生产前的全面鉴定以及加工中产品质量的认定工作,这是至关重要的。

(2)机械表面贴装工艺的要求

①机械贴装要注意片状元器件规格、供料方式以及包装状态,以适应贴片机供料装置的安装要求。

②选用合适的焊膏、粘接剂、清洗剂等是非常重要的。同时,注意保存方式、使用期限的要求。机械贴装所应用的这些辅料比传统用料更有其特殊的时间性的规定。

③注意对贴片机适应范围的选择,以及使用中的保养、维护。

④机械表面贴装应有专门的技职人员。并应建立严格的物料、产品质量检测和完善的管理制度。

§7-6　其他安装工艺

除螺装、铆装、粘接、贴装等安装工艺以外，在无线电整机安装中还常用到其他一些联接形式的安装工艺。

一、销钉联接

销钉联接安装方便，拆卸容易。销钉按用途分有紧固销和定位销两种，按结构形式不同可分为圆柱销、圆锥销及开口销等。在电子产品中圆柱销与圆锥销较常使用。销钉的直径应根据强度确定，不可随意改变。

1. 圆柱销的安装方法

圆柱销多是靠过盈配合固定在孔中的。装配时先将两个零件连接在一起钻孔。当钻孔的精度与粗糙度不能满足要求时，还要进行铰孔。然后将选择合适的销钉涂少许润滑油，压入孔内。压装采用小型手搬压床，*C* 形夹头或直接打入的方法。用力要垂直、均匀，不能过猛，以免将销钉头墩粗或变形。图 7－17 为采用 *C* 型夹头将圆柱销压入的情况。

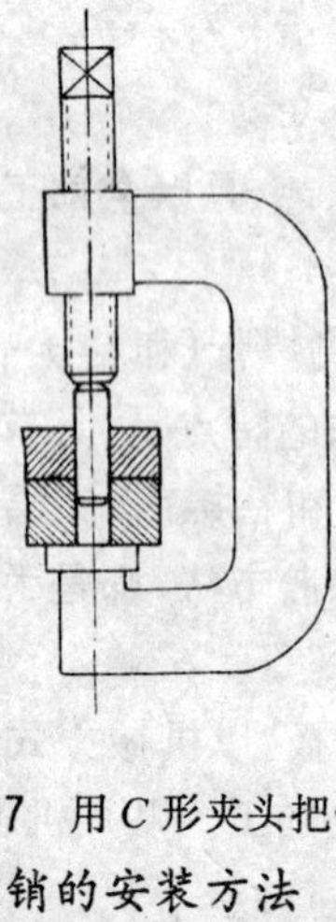

图 7－17　用 *C* 形夹头把销钉压入孔中

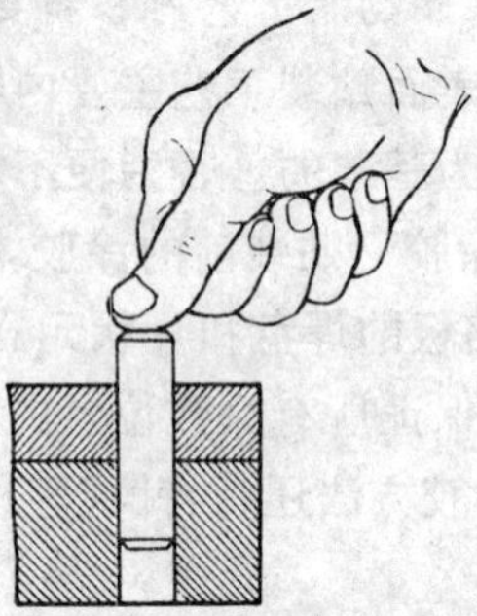

图 7－18　圆锥销的正确配合

2. 圆锥销的安装方法

圆锥销通常采用 1/40 的锥度，这使它比圆柱销容易安装和拆卸。圆锥销的装配方法及要求与圆柱销相似。锥销的下端在不影响其他件装配的条件下可凸出零件表面，突出部分的长度不得超过锥销端的直径。圆锥销的装配方法如图 7－18 所示。

如果能用手将圆锥销塞进孔深的 80～85%，则说明配合正常。剩下的长度用压床、*C* 形夹头或直接打入的方法压进，即完成了锥销连接。

二、压脚和其他安装

有些较轻的器件，如小型中频变压器、小型输入输出变压器等，本身带有固定脚，安装时将固定脚压倒砸紧即可。图 7－19 所示的小变压器的安装即是如此。

小型机的度盘框固定脚可直接压在塑料机箱上，也可在插入安装孔以后扭转一个角度压紧。有些塑料件的塑料脚在插入安装孔以后加热熔化，该塑料件即固定了。图 7－20 所示的磁棒支架就是这样。

有些器件直接插在插座上即可固定，例如电子管。某些箱盖用搭扣锁安装。还有些件可用弹性夹安装，如图 7－21 所示。

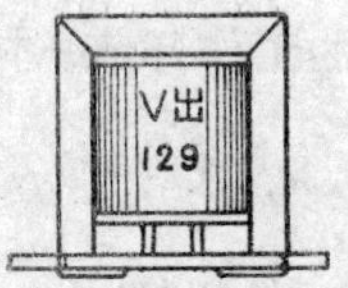

图 7－19　小型变压器的安装

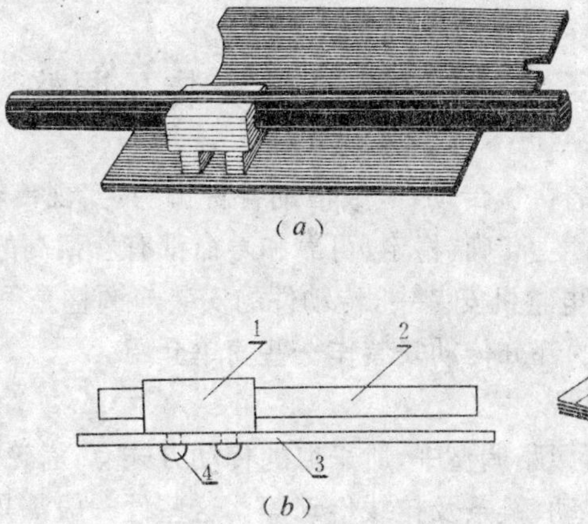

图 7－20　塑料夹的安装

1－塑料夹　2－磁棒
3－印制板　4－热塑成形点

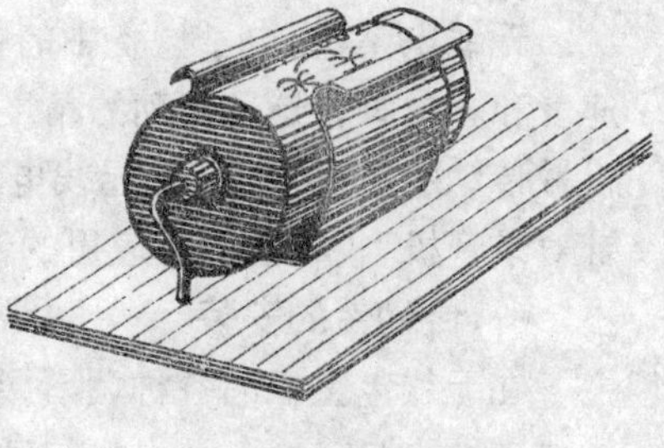

图 7－21　用弹性夹安装电容器

三、烫金工艺

烫金工艺在电子工业产品的应用是近几年的技术成果，由于烫金箔品种、规格不断地发展，普通烫印机的实际应用，以及烫金工艺具有装饰性效果较好、质量稳定、加工经济、操作简便、适于大量生产等优点，至今已被广泛应用。

1. 烫金的工艺过程

烫金工艺可分为平面压烫和辊式滚烫两种。其工作原理是：借助于加热的工具（板或辊），在压力的作用下，控制适宜的温度和时间，将烫金箔上的电化铝层烫印在零件表面。简单的工艺过程如下：

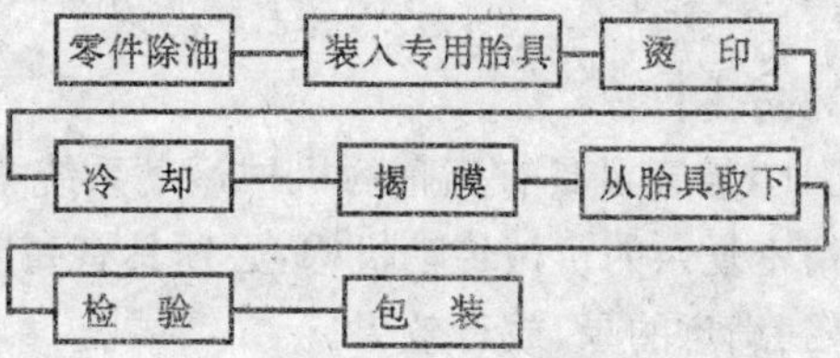

2. 烫金工艺要求和操作要领

（1）工艺要求　烫金工艺目前只适用于聚苯乙烯、ABS、AS、PVC 和丙烯酸类树脂的零件表面；各种零件材料要选用与之相适应的烫金箔；烫金的表面应有较高的光洁度，并应处于零件的最高平面，其边缘应以平滑的小圆角过渡为好，以适宜加工。

（2）操作要领　只有当压力、温度、时间这三个相对的条件被适当控制时，才能得到较好的烫金效果。这三个条件随着零件材料和烫金箔类型的不同而有改变，所以每项零件的烫金所需压力、温度、时间条件都是根据实际经验通过试验得到的。一般情况下，压力控制在 26～130kg/cm^2；温度控制在 80～160℃范围；平面压烫的时间控制在 5～10s，滚烫的线速度控制在 3～5m/min。

烫金不应有如下的缺陷：烫金箔变色、有皱纹、起泡、划伤；烫印不全；塑料零件严重变形等。

§7—7 传动器件的安装及调整

无线电整机、电子设备中的机械传动，一般借助各种机构，实现传输力矩，改变运动方式、速度和方向等。这种传动的精度、准确、稳定、可靠和寿命都有着很高的要求，这是无线电整机机械传动的主要特征。在无线电整机安装中，传动件的安装与调整是很重要的工作环节。本书针对录音机、收音机等所应用的部分传动安装作一些简单介绍。

一、传动件的安装

在无线电整机的各种调谐回路调整中，所采取的传动方式有：齿轮传动、蜗轮蜗杆传动、接轴传动、同轴传动、各种电机传动、链条及拉线传动等。这些件一般都是组装好的部件或整件。这些件一般多用螺装的方式安装到整机上，安装时禁止用锤敲打，勿使传动件与被传动件产生阻力或移位。

齿轮传动或蜗轮蜗杆传动，不应有空程现象，转动应灵活、均匀省力，起止点准确，无摩擦响声。接轴传动、同轴传动在安装后应保持或稍大于原转动力矩，转动灵活平稳，无跳跃及卡住现象。

二、频率度盘的安装

频率度盘多用在收发信机上，分为度盘固定、指针移动及度盘移动、指示线固定两种方式。各类收发信机所要求的再定度（同一频率点在往返多次后的准确度，即刻度频率的误差）指标不同，民用收音机所要求的再定度较低。其传动多采用以调谐轮带动拉线度盘的方式。拉线的松紧要适度，太松时调谐轮不能带动拉线，过紧则摩擦力大，容易损坏电容器。可在线绳上涂少许松香粉，以避免打滑现象。频率度盘与指示线或指针之间要有 0.5～1.2mm 的距离，民用机可稍大些。但距离不宜太大，太大容易使视线发生误差。收音机拉线传动的方式较多，图 7—22 列出了几种。

三、盒式录音机机芯的安装

和电视机、收音机相比，录音机具有完整的机械运动系统——走带系统（或走带机构），俗称机芯。它是一个比较精密复杂的机械传动机构，必须具有高度的稳定性，以实现磁带相对于磁头的恒速运动，从而得到满意的录、放音效果。

1. 常见机芯的种类

常见的盒式录音机均使用国际通用的标准磁带，因此机芯的零件和机构，也要符合国际统一的标准尺寸和规定。目前，机芯种类很多，型号很繁。

按机芯的结构材料分类有：全金属结构（称金属机芯）、全塑料结构（小部分零件用金属，称全塑机芯）、金属与塑料结合的结构等三种。

按功能键的操作方式分类有：立式机芯（功能键操作方向与滑板运动方向一致）、卧式机芯（功能键操作方向与滑板运动方向垂直）、前置式机芯（或称倒立式机芯，功能键操作方向与滑板前进方向相反）等三种。

按机芯的体积分类（均使用普通磁带）有：大、中、小型等三种。

此外，还有按机芯功能、按磁头、按用途等分类方法。

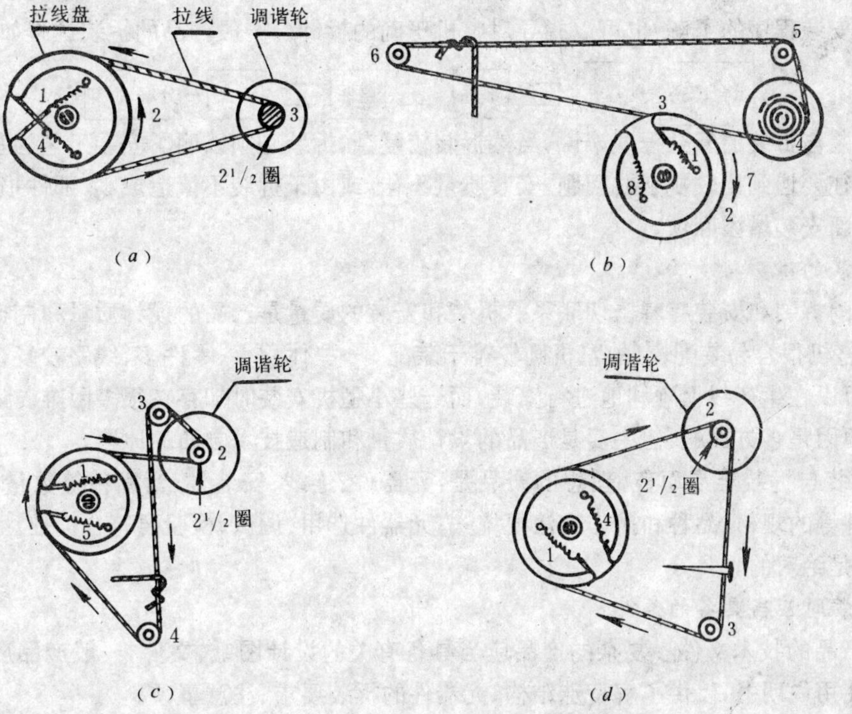

图7—22　收音机拉线方式示例

2.机芯的安装

目前盒式录音机的机芯本身就是一个机械运动系统，有的前置式机芯就更加完整，甚至还带有磁带盒门及开门机构。因此，在整机安装机芯时，必须保证其各部分的精度、完整性和功能正常。

(1)机芯保护　机芯在运输、保管以至安装中，应具有良好的包装和传递用箱、架。机芯的外露活动联接部分应具有保护措施，以防止碰撞、零件脱落或损坏。

(2)机芯安装　机芯在整机上的安装应当紧固，相对位置应当正确。特别是在安装全塑机芯时，要注意变形损伤。机芯运动状态的空间不得有任何元器件、安装件、线把等，以免造成阻滞。安装后应保持功能正常。

(3)机芯检查　应按各类机芯的技术性能规定，进行电气和机械特性的检查。

§7—8　拆装工艺

无线电整机在生产中的返修，以及电子设备在使用中的维修、排除故障、电子元器件和机械构件的更换等，都涉及到拆装工艺。拆装工艺属于综合性工艺。本节将着重介绍拆装与安装的关系，拆装应当注意的事项等知识。

一、拆装与安装的关系

1.拆装与安装

从安装与拆装相对顺序来说，若无线电整机安装过程是一个正顺序的话，则整机拆装过程便是反顺序的。安装是组合，拆卸是分解。整机正确的组合程序，常常可以从整机分解中得到；而对整机安装程序的了解，也可以指导对整机正确的拆卸。一般产品的拆装过程如下：

组合、安装 → 零件 ⇄ 部件 ⇄ 整件 ⇄ 产品 ← 分解、拆卸

从安装与拆装的复杂程度来说，当然拆装较复杂，拆装必须以明了安装工艺为基础。拆装过程中往往要遇到比较复杂的问题。安装质量不佳，或由于拆装不慎造成零、部件损坏，都会给拆装和重新安装增添麻烦。

2. 拆装的难易程度

整机的拆装和安装有着密切联系。拆装和安装的质量是产品的设计质量和制造技术的反映。有的整机很容易装配，有的整机则较难于装配。一些体积大、零件多、线路较复杂的高档产品，有时可以在生产线上顺利地进行安装，而一些小型机安装时却存在很多困难。认真地分析起来，其原因是多方面的，但主要是产品的设计质量和制造技术方面的原因。

就安装与拆装难易而言，理想的产品是：元器件、连线、安装件、紧固件等数量要少；元器件、紧固件等的规格、品种和操作方法要统一；元器件选用、调试、检验要符合标准。当然，这些要求也不是绝对的。

3. 拆装时应当具备的条件

(1)产品的技术文件　复杂的产品应当具备有关的设计图纸、文件，一般产品应有产品维修手册、使用说明书，以供了解特殊结构、元器件的拆装要求、注意事项。

(2)工作环境和常备器具　适宜的工作环境和安装用的一般常用工具、保护容器和检测仪器、仪表是不可缺少的。

(3)专用工具　使用替代的或有毛病的工具，或者由于使用不慎，往往会给拆卸带来不可挽回的损失。

(4)操作技能　与从事安装相比，进行拆装的操作者，应当具备更良好的素质，具有对整机故障原因分析、判断的经验和操作技能。

二、拆装和应当注意的事项

拆装时，除了应当遵循安装工艺的基本要求以外，在拆装螺装、铆装、粘接等常用联接方式时，还应当注意如下问题。

1. 普通螺纹联接的拆装

首先要注意选用合适的工具。在拆装同一个平面上的螺钉时，应当尽量按照螺钉安装位置角对角的顺序进行拆装，并注意均匀用力和正确操作，以便减少零件变形和保持螺纹、螺钉和螺母的完整。

当拆装自攻螺钉时，要注意由于反复拆装而产生的磨损。一般正常拆装 5～10 次以后，锁紧力矩和螺钉头部就可能不符合要求了。

2. 带有塑料弹性钩联接的拆装

一般电视机、录音机、收音机的前面板与后壳等塑料制件，特别是较大型的箱体制件，多用榫卯相接然后再以螺钉紧固的联接方式。有些则还利用塑料成型以后的固有弹性做成榫钩联接方式(或称弹性安装)。所以，当拆卸时取下紧固螺钉以后，无论面板还是后壳等制件，都不要生拉硬撬。应当先认真观察分析、弄清楚结构关系以后再进行拆卸。

3. 一般铆钉的拆装

拆装中需要对铆钉拆除时，要用与铆钉安装孔尺寸相同的钻头，钻制穿透铆钉的同心孔，然后仔细清除余屑。然后，选用合适的铆钉，重新铆接。

4. 粘接的拆装

安装中需要重新进行粘接时，不可用化学手段溶解粘合剂的方法拆除粘接件，以避免污染损坏。当重新粘接时，则应将粘接表面清理干净。

5. 印制板上安装件的拆装

在进行印制板上安装件的拆装时，要注意对印制电路板的保护。焊接时，要防止温度过热造成印制板绝缘性的损伤。拆装过程中不可损坏焊盘和其他器件等。

6. 拆装中的安全操作

(1)尽量切断电源　除了必要的加电检测外，要切断电源后在进行拆装。

(2)注意碰伤　使用手工和机动工具，例如用电钻、手锯、锉刀等进行拆装时，不应碰伤元器件、导线等。带有锋刃的工、刀具应放在不易碰撞的地方。

在重新安装以后，要进行各种必要的检查，特别是功能性、安全性，使用寿命等方面。

§7—9　安装质量对整机性能的影响

本章叙述了无线电整机生产中的常用安装方法、安装要求及一些注意事项等。安装质量的好坏影响着整机的性能，是不容忽视的问题。

要想生产出理想的无线电整机，除了要精心设计线路及正确选用元器件以外，还要仔细考虑整机的安装结构。安装结构不同，往往质量与电性能也不一样。无线电整机所用各种元器件很多，元器件的安装位置要密切考虑电气上的互相影响，要防止有寄生振荡，减小互感，防止机内外电磁场的互相干扰。例如，电源变压器与滤波阻流圈之间应有一定距离，磁场要互相垂直或分别在金属底座上下安装；件与件间加金属隔离板，必要时加屏蔽罩；硅钢片器件不能紧贴金属板安装，以免磁场伸展到其他器件上；高频地电流路径应妥善控制，不使地电流乱窜，影响其他各部分正常工作；易发热器件要有散热措施；等等。除此之外机器结构要牢固，机箱空间的利用要合理，重量分布要合理，要利于生产操作，方便调试维修，适当缩小整机体积，这些都属于安装结构问题。

无线电整机不同的使用场合也要影响到安装结构。

以上这些问题，从根本上来说应由设计与工艺部门预先考虑，采取必要的措施。但是生产工人如能了解结构与性能之间的关系，则对于保证安装质量自然是十分有利的。

第八章　焊接工艺

在无线电整机装配过程中，焊接是一种主要的连接方法。利用加热或其他方法，使两种金属间原子的壳层互起作用（相互扩散），依靠原子间的内聚力使二金属永久地牢固结合，这种方法称为焊接。焊接通常分为熔焊、钎焊及接触焊三大类。在无线电整机装配中主要采用的是钎焊。用加热熔化成液态的金属，把固体金属连接在一起的方法称为钎焊。在钎焊中起连接作用的金属材料称为钎料，即焊料。作为焊料的金属，其熔点要低于被焊接的金属材料。钎焊按照使用焊料的熔点不同分为硬焊（焊料熔点高于 450℃）和软焊（焊料熔点低于 450℃）。

采用锡铅焊料进行焊接的称为锡铅焊，简称锡焊，它是软焊的一种。除了含有大量铬和铝等合金的金属材料不易采用锡焊焊接外，其他金属材料大都可以采用锡焊焊接。锡焊方法简便，整修焊点、拆换元器件、重新焊接都不困难，使用简单的工具（电烙铁）即可完成。锡焊还具有成本低、易实现自动化等特点，在无线电整机装配中，它是使用最早、适用范围最广和在当前仍占比重最大的一种焊接方法。

随着无线电电子工业的不断发展，近年来焊接技术也有了不少更新和发展。例如，在锡焊方面，出现了使用机器设备的焊接法，如浸焊、波峰焊等。这不仅减轻了装配工人的劳动强度，提高了生产效率，也能保证焊接质量，减少差错，降低成本。近年来无锡焊接（即不使用焊料和焊剂的焊接法）在无线电整机装配中也得到应用，如压接焊，绕接焊等。无锡焊接也分为手工与机器焊接两种。无锡焊接法适用范围还受到一定条件的限制，尚未普遍采用。本章主要介绍锡铅焊接的基本知识、操作方法与要求等，同时对无锡焊接也做一简单介绍。

§8—1　焊接的基础知识

无线电整机装配中的焊接，是指将组成产品的各种元器件，通过导线、印制导线或接点等，使用焊接的方法牢固地连接在一起的过程。焊接是无线电整机装配过程中的一个重要环节。要熟悉和掌握焊接技术，首先应了解有关焊接的基本知识。

一、焊接技术的重要性

无线电整机产品焊接点的数量与产品使用的元器件数量有直接关系。使用的元器件越多，焊接点就越多，有些大型的电子设备可多达上百万个焊接点。就是一部普通的无线电整机产品，也有几十个、几百个以上的焊接点。这样多的焊接点，不但在整机装配过程中需要一定的工作量，而且每个焊接点的质量都关系着整个无线电整机产品的使用可靠性。因此每个焊接点都应该具有一定的机械强度和良好的电气性能。焊接技术不仅关系着整机装配的劳动生产率的高低和生产成本的大小，而且也是无线电整机产品质量的关键。不断地提高和改进焊接技术，是无线电整机装配工艺工作的重要内容。

作为无线电整机装配工人，要想装配出高质量的合格产品和不断地提高劳动生产率，必须学会熟练地进行焊接操作，正确地掌握焊接技术要领。

二、焊接点的形成过程及必要条件

将加热熔化成液态的锡铅焊料，借助于焊剂的作用，溶入被焊接金属材料的缝隙，在焊接物面处，形成金属合金，并使其连接在一起，就得到牢固可靠的焊接点。

熔化的焊锡和被焊接的金属材料相互接触时，如果在结合界面上不存在其他任何杂质，那么焊锡中锡和铅的任何一种原子会进入被焊接的金属材料的晶格而生成合金。被焊接的金属材料与焊锡生成合金的条件取决于以下几点：

(1)被焊接金属材料应具有良好的可焊性　可焊性是指被焊接的金属材料与焊锡在适当的温度和助焊剂的作用下，形成良好结合的性能。铜是导电性能良好和易于焊接的金属材料，常用元器件的引线、导线及接点等，多采用铜金属材料制成。除铜外，其他金属如金、银、铁、镍等都能与焊锡中的锡或铅及合金反应形成金属化合物，因此它们也具有一定的可焊性。但它们不是成本高就是导电性能差，所以一般使用较少。

为了便于焊接，常在较难焊接的金属材料和合金上镀上可焊性较好的金属材料，如锡铅合金、镍、银、金等。也可以在焊接时采用较强的有机酸助焊剂，但焊后要彻底清洗。

(2)被焊接金属材料表面要清洁　为使焊接良好，被焊接的金属材料和焊锡应保持清洁接触。金属与空气相接触就要生成氧化膜，轻度氧化膜可通过焊剂来消除。氧化程度严重时，单凭焊剂是无法消除的，须采用化学(如酸洗)或机械的方法去清除。

(3)助焊剂的使用要适当　助焊剂是一种略带酸性的易溶物质，它在加热熔化时可以溶解被焊接金属物表面上的氧化物和污垢，使焊接界面清洁，并帮助熔化的焊锡流动，从而使焊料与被焊接的金属物牢固的结合。助焊剂的性能一定要适合于被焊接金属材料的焊接性能。适当使用助焊剂能保证焊接质量。

(4)焊料的成分与性能要适应焊接要求　焊料的成分及性能应与被焊接金属材料的可焊性、焊接的温度及时间、焊点的机械强度相适应，以达到易焊与焊牢的目的，并应注意焊料中的不纯物对焊接的不良影响。

(5)焊接要具有一定的温度　热能是进行焊接不可缺少的条件。在锡焊时，热能的作用是使焊锡向被焊接金属材料扩散并使被焊接金属材料上升到焊接温度，以便与焊锡生成金属合金。

(6)焊接的时间　焊接的时间，是指在焊接全过程中，进行物理和化学变化所需要的时间。它包括被焊接金属材料达到焊接温度时间，焊锡的熔化时间，助焊剂发挥作用及生成金属合金时间几个部分。焊接时间要掌握适当，过长易损坏焊接部位及器件，过短则达不到焊接要求。

三、对焊接点的基本要求

采用焊接的方法进行连接的接点，称为焊接点。一个高质量的焊接点，不但要具有良好的电气性能和一定的机械强度，还应有一定的光泽和清洁的表面。

(1)具有良好的导电性　一个良好的焊接点应是焊料与金属被焊物面互相扩散形成金属化合物，而不是简单的将焊料依附在被焊金属物面上。焊点良好，才能有良好的导电性。

(2)具有一定的强度　锡铅焊料主要成分锡和铅这两种金属强度较弱。为了增加强度，在焊接时通常根据需要增大焊接面积，或将被焊接的元器件引线、导线先行网绕、绞合、钩接在接点上再进行焊接。所以采用锡焊的焊接点，一般都是一个被锡铅焊料包围的接点。

(3)焊接点上的焊料要适当　焊接点上的焊料过少，不仅机械强度低，而且由于表面氧化层逐渐加深，容易导致焊点失败。焊接点上的焊料过多，会浪费焊料，并容易造成接点相碰和掩盖焊接缺陷。正确的焊接点上，焊料使用应适当。

(4)焊接点表面应有良好光泽　良好的焊接点有特殊的光泽和良好的颜色，不应有凸凹不平和颜色及光泽不均的现象。这主要与焊接温度及焊剂的使用有关。如果使用消光剂，则对焊接点的光泽不作要求。

(5)焊接点不应有毛刺、空隙　这对高频、高压电子设备极为重要。高频电子设备中高压电路的焊接点，如果有毛刺，则易造成尖端放电。

(6)焊接点表面要清洁　焊接点表面的污垢，尤其是焊剂的有害残留物质，如不及时清除掉会给焊接点带来隐患。

以上介绍的是对焊接点的基本要求。合格的焊接点与焊料、焊剂及焊接工具(如电烙铁)的选用、焊接操作技术、焊接点的清洗都有着直接关系。

§8－2　焊料与焊剂的选用

正确选用焊料与焊剂，是保证焊接质量和作好焊接工作的重要内容，也是装配工人应具备的一项基础知识，下面分别予以介绍。

一、焊料的选用

要使焊接良好，就必须使用适合于焊接目的与要求的焊料。常用的锡铅焊料，由于锡铅的比例及其他金属成分的含量不同而分为多种牌号，每种牌号各具有不同的焊接特性，要根据焊接点的不同要求去选用。选用的主要的依据如下：

(1)被焊接金属材料的焊接性能　被焊接金属材料的焊接性能系指金属的可焊性，即被焊接金属在适当的温度和焊剂的作用下，与焊料形成良好合金的性能。锡铅焊料中的锡与铅这两种金属，在焊接过程中究竟是哪一种与被焊接的金属材料生成合金，这取决于被焊金属材料。铜、镍和银等在焊接时能与焊料中的锡生成锡铜、锡镍与锡银合金。金在焊接中能与焊料中的铅生成铅金合金。也有的金属能与焊料中的锡铅两种金属同时生成合金，达到焊接的目的。由于生成的合金是金属化合物，所以焊料与被焊接金属材料之间有很强的亲合力。

(2)焊接温度　不同成分的焊料，其熔点也不相同。在焊接时，焊料的熔点要与焊接温度相适应。焊接温度与被焊接器件和焊剂有直接的关系，即焊接温度最高不能超过被焊接器件、印制线路板焊盘或接点等所能承受的温度，最低要保证焊剂能充分活化起到助焊作用，使焊料与被焊接金属材料形成良好的合金。在选择焊料时，焊接温度是很重要的依据。

(3)焊接点的机械性能与导电性能　焊接点的机械性能及导电性与焊料中锡和铅的含量有一定的关系。使用含锡量为61％的共晶锡焊料形成的焊接点，其机械性能如抗拉强度，冲击韧性，抗剪强度等都较好。一般焊接点对导电性能要求不严。由于焊料的导电率远低于金、银、铜甚至于铁等其他金属，因此应注意有大电流流经焊接部位时由于焊接点的电阻增大而引起电路电压下降及发热的问题。含锡量较大的焊料，其导电性能较好。

下面介绍几种不同情况下的焊料选用，供参考。

焊接电缆护套铅管等，宜选用68－2锡铅焊料(HISnPb68－2)。这种焊料中铅的含量较大，可使焊接部位较柔软，耐酸性能好。焊料中含有一定量的锑，可增加焊接强度。

焊接无线电元器件、安装导线、镀锌钢皮等，可选用58－2锡铅焊料(HISnPb58－2)。这种焊料成本较低，尚能满足一般焊接点的焊接要求。

手工焊接一般焊接点、印制线路板上的焊盘及耐热性能差的元器件和易熔金属制品，应选用 39 锡铅焊料(HISnPb39)。这种焊料熔点低、焊接强度高,焊料的熔化与凝固时间极短,有利于缩短焊接时间。

浸焊与波峰焊接印制线路板,一般选用锡铅比为 61/39 的共晶焊锡。焊接时,随着焊接数量的增多,焊料槽中的锡含量逐渐减少,使焊料熔点增高。此时,可加入含锡量较大的焊料来调整,使锡铅含量比例恢复正常,保证焊接质量的一致性。要保持锡的含量在 58%~62%之间,而铜的含量不能超过 0.3%。

焊接镀银件要使用含银的锡铅焊料,这样可减少银膜溶解,使焊接牢靠。如焊接陶瓷器件的渗银层等,就应选用此种焊料。

焊接某些对温度十分敏感的元器件材料时,要选用低熔点的焊料。在锡铅中加入铋、镉、锑等元素,即可获得低熔点焊料,实现低温度焊接。

二、焊剂的选用

能否正确选用焊剂直接决定着焊接质量的高低。选用焊剂时优先考虑的因素是被焊接金属材料的性能及氧化、污染情况,其他如焊接点的形状、体积等都是次要的因素。下面介绍如何以金属的焊接性能为依据选用焊剂。

(1)铂、金、银、铜、锡等金属,焊接性能较强。为减少焊剂对金属材料的腐蚀,在焊接这几种金属时,多使用松香作助焊剂。由于松香块或松香酒精溶液在焊接过程中使用不便,所以在焊接时,尤其是在手工焊接时多采用松香焊锡丝。常用的 HISnPb39 焊锡丝就适用于此类金属材料的焊接。

带有锡层(镀锡、热浸锡或热浸锡铅焊料)的金属材料也属于焊接性能好的金属,同样适合选用松香系焊剂。

(2)铅、黄铜、青铜、铍青铜及带有镍层的金属焊接性能较差,如仍使用松香做焊剂,则焊接较为困难。在焊接这几种金属时,应选用有机助焊剂,如常用的中性焊剂或活性焊锡丝。

活性焊锡丝的丝芯由盐酸二乙胺等胺盐加松香组成,焊接时能减小焊料表面的涨力,促进氧化物起还原作用。活性焊锡丝的焊接性能比一般焊锡丝好,最适用于开关,接插件等热塑料塑性件的焊接。需要注意的是焊后要清洗干净。

(3)焊接半密封器件,必须选用焊后残留物无腐蚀性的焊剂,以防渗入被焊件内部的焊剂残留物对器件产生不良影响。

焊剂的选用还应从焊剂性能对焊接物面的影响,如焊剂的腐蚀性、导电性及焊剂对元器件损坏的可能性等方面全面考虑。

§8—3 电烙铁的选用

在本书第四章常用工具一节中已介绍过电烙铁。电烙铁是手工焊接的基本工具,而手工焊接在当前无线电整机装配工作中仍占有相当的比重,因此需要详细了解电烙铁的选用知识,它是装配工人做好焊接工作的基础。

选用电烙铁的主要依据是产品的电路结构形式,被焊接器件的热敏感性与焊料的特性及操作者的使用方便。所选用电烙铁的热性能(包括电烙铁的功率、加热形式和烙铁头的形状)应能满足上述几方面的要求。

一、电烙铁的功率及加热形式

电烙铁上标出的功率实际上是单位时间内消耗的电源能量，而并非电烙铁的实际功率。常用的电烙铁有两种加热方式：内热式与外热式。由于加热方式不同，相同瓦数电烙铁的实际功率相差很大，一个 20W 内热式电烙铁的实际功率，就相当于 25～45W 外热式电烙铁的实际功率。选用电烙铁时首先要注意电烙铁的加热方式。相同加热方式的电烙铁，一般是功率越大，烙铁头的温度越高，热容量也越大。

烙铁头的温度除与电烙铁的功率有直接关系外，与电源电压的变化也有一定的关系。当电源电压波动较大时，烙铁头顶端的温度也随着变化。为了保证焊接质量，在供电网电压变化比较大的地方使用电烙铁时，应加装稳压电源或调压器，也可采用恒温电烙铁。

从另一角度来讲，利用调整电源电压来改变电烙铁的温度，以适应不同焊接的需要，也是焊接操作的方法之一。在实际应用中，往往只是通过调低电源电压来降低电烙铁的温度，而不通过提高电源电压来提高电烙铁温度。这是因为电烙铁的发热器件受额定工作电压的限制，电压过高会损坏发热器件。

二、烙铁头的形状

电烙铁的烙铁头，一般都是用纯紫铜制做的，这是因为纯紫铜传热快、易上锡和不易腐蚀。为了适应不同焊接物面的需要，通常把烙铁头制成各种不同的形状。为了保持一定的温度，烙铁头要有一定的体积。一般来说，瓦数大的电烙铁，烙铁头的体积也大。烙铁头的形状、体积以及长度，都对烙铁的温度性能有一定的影响。

常用直热式电烙铁烙铁头的形状多制成錾式，类似钳工使用的錾子式样。根据被焊接物面的要求，錾式烙铁头角度有 45°、10°～25°等几种，宽、窄亦各不相同，见图 8－1(*a*)(*b*)所示。在焊接装配密度较大的产品时，为了避免烫伤周围的元器件及导线，便于接近深处的焊接点，可使用图 8－1(*c*)所示的加长錾式烙铁头。

上述錾式烙铁头中，角度大的热量比较集中，温度下降较慢，适合于焊接一般焊接点；角度小的温度下降快，适合于焊接对温度比较敏感的元器件。

除普通錾式烙铁头外，为适合焊接精密电子器件的小型焊接点，也可将烙铁头制成锥形，见图 8－1(*d*)。内热式电烙铁常用圆斜面烙铁头，它适合于焊接印制线路板及一般焊接点，见图 8－1(*e*)。

焊接印制线路板时，还可使用图 8－1(*f*)所示的凹口烙铁头和图 8－1(*g*)所示的空芯烙铁头。使用这两种烙铁头可使焊接更为方便，但这两种烙铁头的修整较麻烦。

用纯铜制造的烙铁头，在温度较高时易于氧化，要经常进行修整、重新上锡才能继续使用。为延长烙铁头的使用寿命，最简单的办法是将烙铁头加以锻打，增加金属分子的密度。经常保持烙铁头的清洁，及时上锡也可延长使用时间。

为进一步延长烙铁头的使用寿命，可以将烙铁头镀上铁或铁镍合金。使用这种带耐腐蚀层的烙铁头时，不能象使用纯铜制造的烙铁头那样，用锉刀或铁刷子来清理，以防破坏耐腐蚀镀层。清洁这种烙铁头时，可在湿碎布或海棉上来回擦，也可在松香块上擦洗。擦洗应在电烙铁加热的状态下进行。

以上介绍了几种常用烙铁头的形状和适用范围。还有许多种烙铁头，其形状是根据焊接点的不同要求而特制的。各种专用烙铁头将在介绍有关焊接操作时再做介绍。

三、电烙铁的选用原则

(1)烙铁头的形状要适应被焊物面的要求和产品的装配密度。

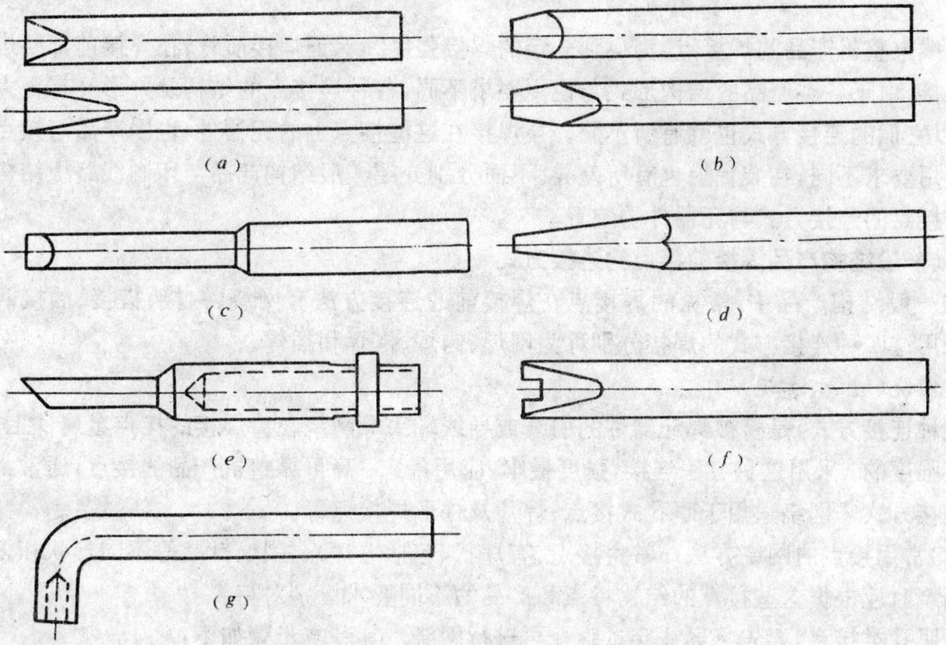

图 8－1　各式烙铁头外形

(*a*)宽錾式　(*b*)窄錾式　(*c*)加长錾式

(*d*)锥式　(*e*)圆斜面式　(*f*)凹口式　(*g*)空芯式

(2)烙铁头的顶端温度要与焊料的熔点相适应，一般应比焊料的熔点高 30～80℃(不包括在电烙铁头接触焊接点时下降的温度)。

(3)电烙铁的热容量要恰当，热容量太小，接触焊接物面时，烙铁头的顶端温度下降很快，影响焊接的顺利进行，使焊接点的强度降低，并使焊接点的表面发暗，不光亮。电烙铁的热容量太大时，易导致元器件及焊接点过热。容易损坏元器件和导线的绝缘层，也会造成焊料在焊接点上流动过快而不易控制。

(4)烙铁头的温度恢复时间要与被焊物面的热要求相适应。温度恢复时间是指在焊接周期内，烙铁头顶端的温度因热量散失而降低后，再恢复到最高温度所需要的时间，它与电烙铁的功率、热容量以及烙铁头的形状、长短有关。

下面介绍选择电烙铁功率(瓦数)的原则。

焊接印制线路板的焊盘和一般结构产品中的较精密元器件及受热易损的小型元器件、普通晶体管等，宜选用 25～45W 直热式或 20W 内热式电烙铁。

低瓦数的电烙铁由于本身的热容量小，热恢复时间长，不适于连续快速焊接操作，也不宜焊接对温度敏感的元器件。对这两类焊接，在具有熟练的焊接操作技术的基础上，宜选用较大瓦数的电烙铁，如 60W 直热式或 45W 内热式电烙铁。

一般结构产品的焊接点及聚乙烯绝缘同轴电缆等的焊接，宜选用 60W 或 75W 直热式或 45W 内热式电烙铁。

一般大型焊接点及金属底盘的接地焊片，宜选用 100W 直热式电烙铁。

§8—4 焊接前接点的连接与元器件的装置

无线电整机产品的焊接点，为得到一定的焊接强度和保证焊接质量，在焊接前都要进行可靠的连接。由于各类产品的结构形式与使用要求不同，各种连接点的结构及外形又有很大的差异，所以它们的连接方式也就有所不同。被焊接在这些接点上的元器件，也因产品与接点的结构和使用要求不同，在装置上也有所差异。下面分别介绍一般结构产品与印制线路板结构产品焊接前接点的连接方式与元器件的装置。

一、一般结构产品焊接前接点的连接方式

在一般结构产品中，常见的焊接点在焊接前的连接方法有网绕、钩接、搭接、插接四种形式。采用这四种连接方式的焊接分别称为网焊、钩焊、搭焊和插焊。

1. 网绕(缠绕、卷绕)

这种连接方式，是将被焊元器件的引线或导线端头等网绕在待焊接的接点金属件上，以增加接点强度的。采用这种方法连接，强度最牢，应用最广。高可靠整机产品的接点，通常都采用此种连接方式。网绕适用于眼孔式接点、焊片及柱形焊接点等。

(1)常用接点的网绕方法　常用接点，有片状(包括焊片)、柱状、针状等不同形状和多种式样。网绕时应根据这些接点的结构特点和产品的不同要求区别对待。

对眼孔类接点，要先将导线穿过眼孔再进行网绕。其基本步骤如下：

①穿入导线　先看看从哪个方向穿线合适，要考虑布线排件的整齐美观和在焊接加热时不易损坏塑胶套管及导线的绝缘层，见图 8－2(*a*)所示。

②网绕　使用尖嘴钳夹置导线的端头，沿接点的外围网绕，如图 8－2(*b*)所示。一般产品可网绕半周，有特殊要求的产品可网绕一周，以增加焊接点的强度。多根导线要并排贴紧，朝一方向网绕。

③剪掉多余线头　在网绕尚未收口时，应将多余的线头剪掉，如图 8－2(*c*)所示。在网绕裸导线时可预先估计网绕长度，省掉此工步。对于大批量生产的绝缘导线，也可预先定好网绕需要的端头长度而省去此工步。

④收头　注意收头的正确性，如图 8－2(*d*)所示。

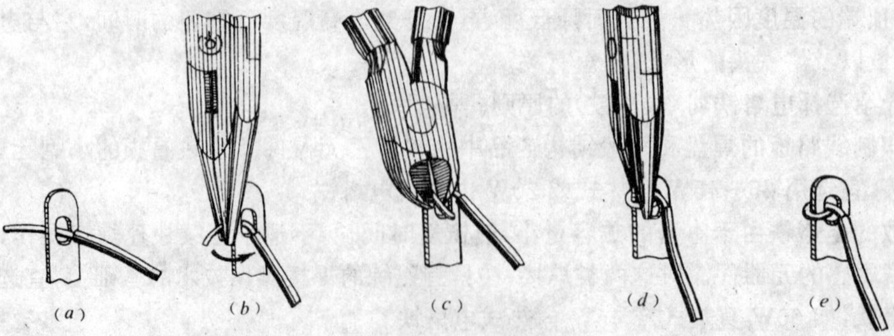

图 8－2　网绕步骤

(*a*)穿入导线　(*b*)网绕　(*c*)剪掉多余线头　(*d*)收头　(*e*)成形

⑤成形　网绕半周的接点，绕后的形状如图 8－2(*e*)所示。

柱形、针形接点一般最少要网绕一周。在网绕前应先将线端折弯，再沿接点的外围贴紧网绕，然后剪掉多余线头，最后收头。

常用接点的网绕示例见图 8－3。

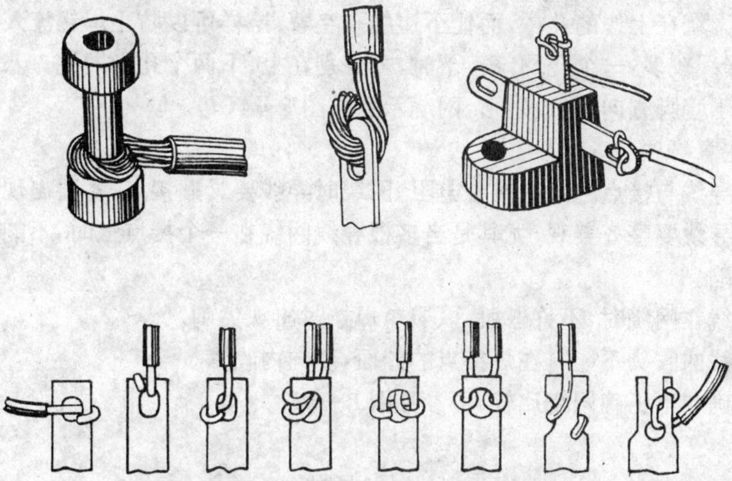

图 8－3　常用接点的网绕示例

(2)各种电子管管座插孔焊片的网绕　电子管管座的插孔焊片有各种形状，管脚之间的距离也各不相同，一般管座的插孔焊片又有可以活动的特点。

小型电子管管座的插孔焊片有两种形状，其网绕方法见图 8－4(*a*)(*b*)所示。

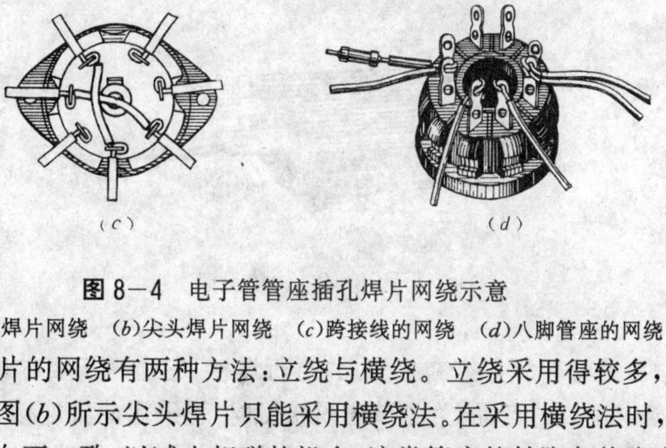

图 8－4　电子管管座插孔焊片网绕示意

(*a*)平头焊片网绕　(*b*)尖头焊片网绕　(*c*)跨接线的网绕　(*d*)八脚管座的网绕

图(*a*)所示平头焊片的网绕有两种方法：立绕与横绕。立绕采用得较多，用这种方法绕线后管脚之间不易相碰。图(*b*)所示尖头焊片只能采用横绕法。在采用横绕法时，由于焊片之间距离较近，网绕的导线方向要一致，以减少相碰的机会。这类管座的始脚与终脚之间距离较大，可同时将导线向内网绕。应当注意，尖头插孔焊片是活动的，为的是插入电子管时能有适当的活动范围。管座插孔焊片之间的跨接导线不能拉得过紧，以防焊接后插入电子管时，损坏电子管的管脚，造成玻璃壳体开裂，参见图 8－4(*c*)所示。

大型电子管管座插孔焊片的网绕方法与小型电子管管座相同，方片形、柱形等非活动接点网绕方法可参照一般常用接点的网绕方法。

常用八脚管座的插孔焊片，与其他管座不同，每个焊片上有上、下两个孔。在连接导线时，要将导线集中网绕在上边的孔中，而让下边的孔空着，这样可以防止焊锡流入管座内部。只有在导线较粗，接线较多，一个孔网绕不下时，才分别在上、下两个孔中网绕。八脚管座焊片网绕的导线应垂直于管脚方向，呈放射形，网绕示意见图 8－4(*d*)。

(3)网绕注意事项：

①为减小导线与接点之间的接触电阻，网绕时导线要紧贴接点，不要出现间隙。

②网绕的导线要整齐美观，尤其是当多根导线网绕在一个接点上时，不能指望靠焊料来掩盖网绕上的缺陷。

③多股导线在网绕时，不许散股，以避免焊接时出现尖刺。

④网绕导线的收头不能露在焊接点的外面，要向内收紧。

常见的正确与不正确网绕比较，可参见图 8－5。

图 8－5　正确与不正确的网绕

2. 钩接

这种连接方式，是将被连接的导线等，钩接在接点的眼孔中，夹紧，形成钩状，使导线不易脱离，见图 8－6 所示。

钩接的机械强度不如网绕，它适用于不便网绕而又要求有一定机械强度和便于拆焊的接点上，如一些小型继电器的接点焊片等。

图 8－6　钩接示意

3. 搭接

这种连接方式，是将导线等搭在接点上，再行焊接，它适用于要求便于调整和改焊的临时焊接点上。某些要求不高的产品，为了节省焊接工时，也采用此种连接方法。

在搭接需要调整的元器件时，不要剪掉元器件的引线或导线端头的余量，为的是调试时更换元器件或移动接点较为方便。同时也为了调试合格后重新网绕焊接时不致损坏元器件。搭接示意见图 8－7。

4. 插接

这种连接方式，是将导线插入洞孔形接点中之后，再进行焊接。它适用于插头座的带孔圆形插针、插孔。

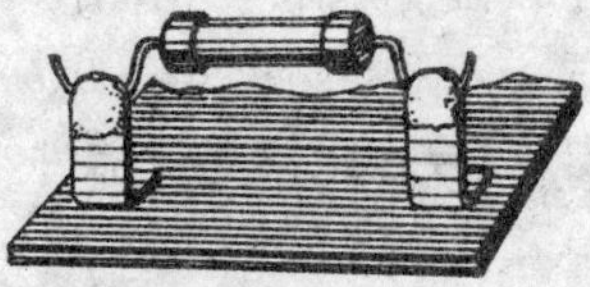

图 8－7　搭接示意

插头座插针插孔的插接，应注意接点孔的直径与导线的直径。如果孔径与线径相等，可直接插入孔中焊接。如果线径大于孔径或需要同时焊接两根导线时，可先将导线剪成斜尖形，以便于插入孔中，参见图 8－8 所示。

二、一般结构产品悬挂焊接件的装置方法

悬挂在接点之间的元器件，在进行连接时，要根据产品的不同要求与元器件在电路中的作用，合理地装置，做到既整齐美观又符合电路要求。在连接与装置时应注意以下几点。

(1)元器件本身的引线一般要留有一定的余量，为的是在维修拆焊后，可重新焊接。但在高频电路中元器件的引线要尽量短，不留修整余量，元器件在接点之间要垂直连接。

(2)元器件要排列整齐，方向一致，高频电路的输入与输出回路的元器件要远离或成一定的角度。

(3)元器件本身的标记要朝上，并应与底盘上的标记方向一致，以便识别。

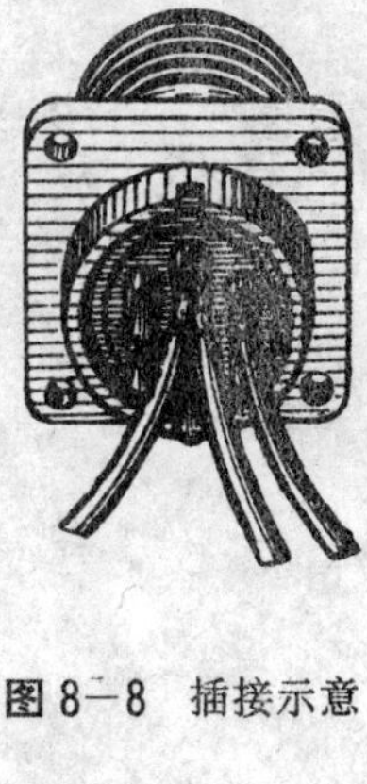

图 8－8　插接示意

三、印制线路板上焊接点的连接方式

印制线路板上的焊接点，一般可分为两类。一类是安装在线路板上的元器件，自身带有供焊接的接点，如电位器，开关等。它们的接点，都要通过导线与其他接点连接。其焊接点的连接方式同于一般结构产品，但要根据小型化元器件的接点，选择适当的连接方式。另一类是印制线路板上的焊盘。采用这种连接方式时，将元器件直接装置在印制板上，并将元器件的引线插入焊盘孔中，再行焊接。印制线路板自身的焊接点，绝大多数都是采用插接的方式，只有少数接点采用搭接的方式，如有些固体器件引线，是直接搭接在焊接点上焊接的。

四、印制线路板上焊接件的装置方法

在印制线路板上，采用焊接方法装置的各种元器件，由于它们的自身条件不同，所以装置方法也各不相同，下面分别加以介绍。

1. 一般被焊接元器件的装置方法

焊接在印制电路板上的一般元器件，以板面为基准，通常有直立式装置与水平式装置两种方法。各种元器件的品种繁多，外形不一，引线形式有单向、双向、轴向、径向之分。在选择这些元器件的装置方法时，应根据产品的结构特点、装配密度及产品的使用条件和要求等来决定。

这类元器件，一般自身重量较轻。对能依靠本身引线加以支撑的，可采用以下方法。

(1)直立式装置法　直立式装置又称垂直装置，是将元器件垂直装置在印制线路板上(见图 8—9)。其主要特点是装配密度大，便于拆卸，但机械强度较差，元器件的一端在焊接时受热较多。操作时应注意以下几点：

①有些器件的引线直接焊在器件本身上(如片状、管状陶瓷电容器)，其引线与线路板之间的距离应适当加大，以防止焊接时引线因受热而与件体开焊。为增加引线支撑元器件的强度及防止碰线，可加装套管或将引线弯成一定形状，见图 8—9(*b*)所示。

②金属外壳单向引线的电容器，在接点距离超过器件本身宽度时，为防止引线与壳体短路，应加装套管，见图 8—9(*c*)所示。

对这类元器件中体积较大、重量较重的(如较大容量的电解电容器、金属化纸介电容器等)，为防止器件歪斜、引线拆断及引线与器件之间金属壳体相碰，可采取加装套管或衬垫的方法，见图 8—9(*d*)所示。

③一般双向引线的元器件在直立装置时，由于器件过高，容易歪斜而造成元器件引线之间相碰短路，可将引线加装套管或使用衬垫，见图 8—9(*e*)所示。

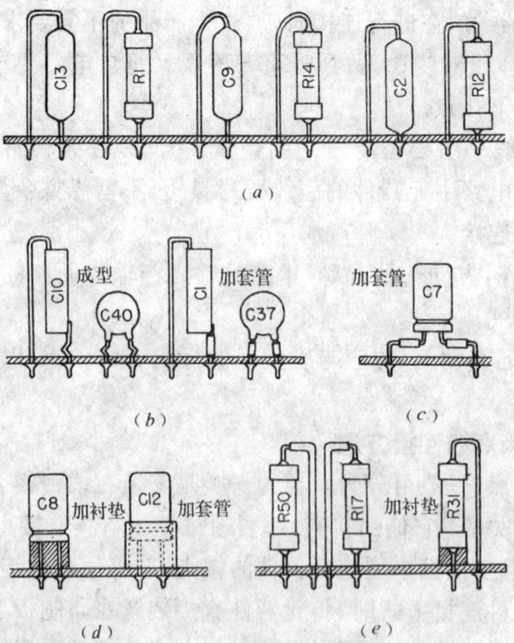

图 8—9　直立式装置法

(2)水平式装置法　　水平式装置也称卧式装置。与垂直式装置法一样，它也是一种较多采用的装置方法，适用于结构比较宽裕或是装配高度受到一定限制的场合。其优点是机械强度高，元器件的标记字迹显示得清楚，便于查对维修，缺点是占据印制线路板的面积较大。水平式装置法分为有间隙与无间隙两种。

①有间隙的水平装置法　它适用于双面印制线路板。在装置时元器件应与印制线路板之间保留一定的间隙，以免元器件与印制线路板的金属层相碰，造成短路。同时，这样做也便于双面焊接。有间隙的水平装置法见图 8—10(*a*)所示。

②无间隙的水平装置法　它适用于单面印制线路板。在装置时元器件可紧贴在印制线路板上，见图 8－10(*b*)所示。

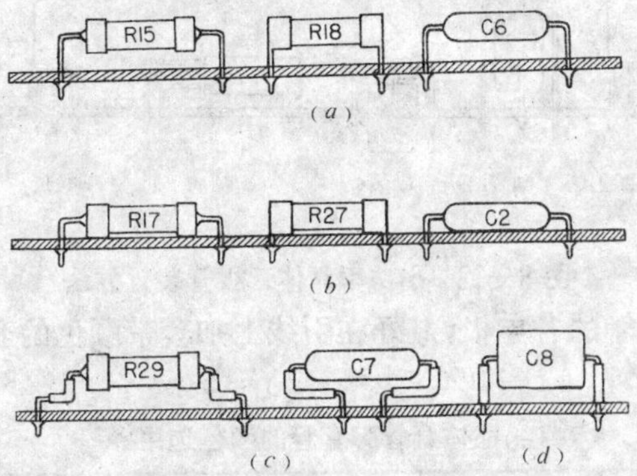

图 8－10　水平式装置法

当元器件引线之间的距离大于或小于印制线路板上的安装孔距时，应先将引线弯成一定形状，并根据需要加装套管，然后再装置，见图 8－10(*c*)所示。

装置外形与云母电容器相似的扁平元器件时，不应平放，这是为了减小这些元器件与印制线路板之间在电性能方面的影响及减少占用面积，见图 8－10(*d*)所示。

2. 晶体管、固体器件的装置方法

晶体管和固体器件有受热易损的特点。在印制线路板上装置这类器件时，应尽量采用保护措施，如留足元器件的引线长度、加装散热器等，以减少晶体管受热损坏的可能性。下面分别介绍这类器件的装置方法。

(1)晶体二极管的装置法　玻璃壳体二极管最大的弱点是玻璃壳体的引出线根部极易受力开裂。若引线太短，也易受热损坏。在装置这种二极管时，最好先将引线绕 1～2 圈，成螺旋形，以增加留线长度，见图 8－11(*a*)所示。

装置金属壳体二极管的引线时，不要从根部折弯，为的是防止点焊处开脱，见图 8－11(*b*)所示。

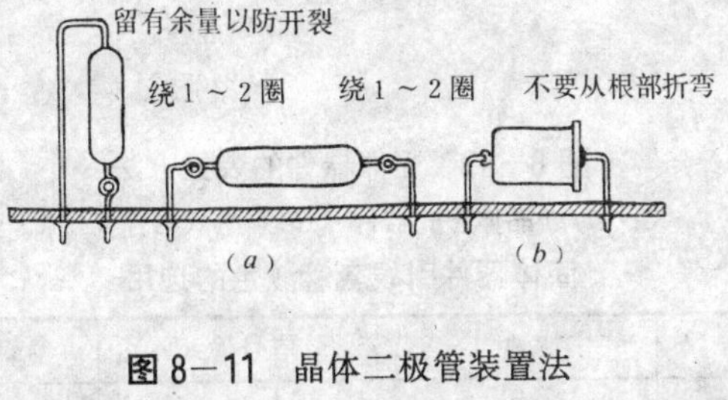

图 8－11　晶体二极管装置法

装置晶体二级管时还要注意其极性，正、负极不要装错。

(2)小功率晶体三极管的装置方法　小功率三极管有正装、倒装、卧装及横装几种方式，应根据需要及安装条件来选择装置方法，见图 8－12 所示。

在小功率三极管上加装衬垫是为了增强支撑能力和防止管脚之间相碰，并增加整齐美观的感觉。在装配高度允许的条件下，管脚的引线要留长些。

小功率三极管品种繁多，外形不一，又有 PNP 型、NPN 型、锗管、硅管等不同类别。在整机装配时，为便于区别，可将不同类型的三极管用不同类别的方法装置，以示区别。

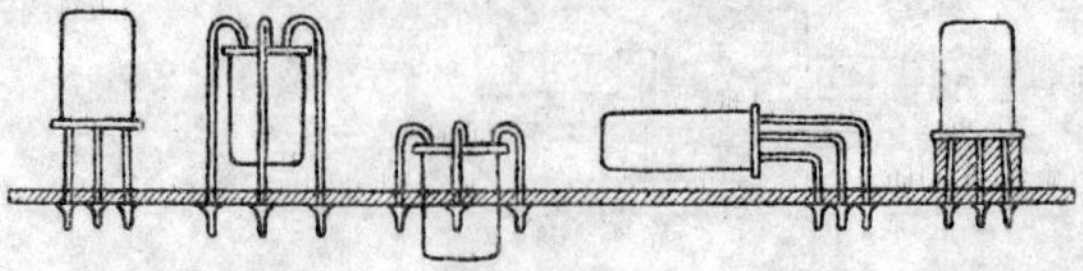

图 8-12 小功率晶体三极管装置方法

为了区别小功率晶体管的各电极，最好在引线上加套带颜色的套管，各电极加套套管的颜色可参考表 8-1。

表 8-1 晶体管管脚套管的颜色选用

晶体三极管				场效应管			晶体二极管	
发射极(*E*)	基极(*B*)	集电极(*C*)	屏蔽	源(*S*)	栅(*G*)	漏(*D*)	正端	负端
白	绿	红	黑	白	绿	红	红	蓝

(3)集成电路(固体器件)的装置方法　近年来被大量使用的固体器件有多种类型，通常每个器件有十几个接点。常用的两种类型固体器件的外形和装置方法如图 8-13 所示。

①晶体管式器件装置　此类器件外型与晶体管相似，但引线较多，如运算放大器，引线多达 19 根。晶体管式器件的装置方法与小功率晶体三极管直立装置法相同，其引线从器件外壳凸出部分开始等距离排列，见图 8-13(*a*)所示。装置时可在引线上加套带颜色的套管，以区别各电极，各电极套管颜色见表 8-2。

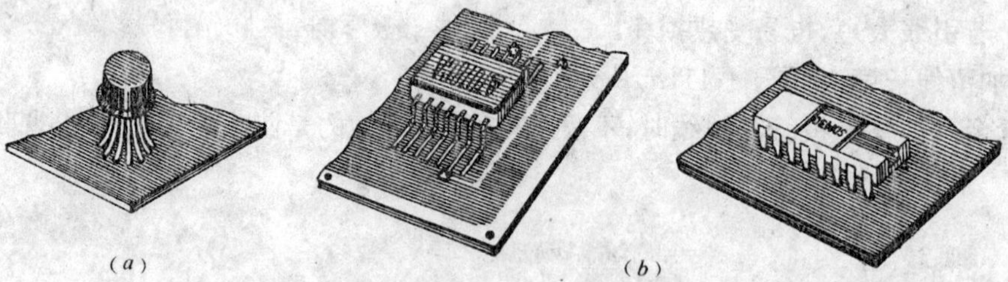

(*a*)　(*b*)

图 8-13 固体器件的装置方法

(*a*)晶体管式器件　(*b*)扁平式器件

表 8-2 固体器件引线套管颜色的选用

电源		地	信号输入	输出	其他
正	负				
红	蓝	黑	绿	黄	自定

②扁平式器件装置　扁平式器件有两种触片外形。一种是径向式，可直接插入印制线路板上；另一种为轴向式，应先将触片成形(成形的工具与方法见本书专用工具一节)，然后直接焊接在印制线路板的接点上。图 8-13(*b*)所示为这两种器件的装置方法。

3. 导线的安装

印制线路板上有时需要使用较多的导线与面板上的开关、指示灯、或是插座等相连接。这些导线一般要绑成小线把，为的是整齐美观。在焊接这些导线与印制板相连的一端时，采用插入式焊接法可以焊得比较牢固。对绑扎在线把内的导线，应留有二至三次的重焊修整余量，见图 8－14(*a*)所示。

图 8－14 印制线路板上导线的安装方法示意
(*a*)插入后焊接 (*b*)网绕焊接 (*c*)钻孔穿过导线

接线端子上的连接导线，一般都要网绕后再焊接。网绕方法与一般产品相同，见图 8－14(*b*)所示。

对单独引出且需要经常移动的导线，其接入印制线路板上的一端，可将导线穿入在接点附近打的孔之后再焊接，以免导线在焊接点处折断，见图 8－14(*c*)所示。

4. 元件引线穿过焊盘孔后的处理

各种元器件与导线，无论采用何种装置方法，其引线在穿过印制线路板的焊盘小孔后，都应留有一定的长度(一般在 2mm 左右)才能保证焊接的质量。其露出的引线并可根据需要弯成不同角度，如图 8－15 所示。

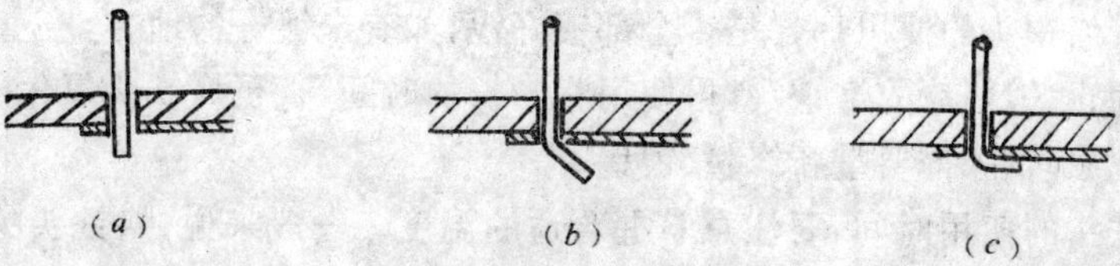

图 8－15 引线穿过焊盘后成形示意
(*a*)不弯曲 (*b*)弯成 45° (*c*)弯成 90°

图中(*a*)为不弯曲，这种形式焊接后强度较差。(*b*)为弯成 45°角，这种形式既具有充分的机械强度又容易在更换元件时拆除重焊，故采用得较多。图(*c*)为弯成 90°角，这种形式强度最高，但拆除重焊较困难。在采用此种方法时，要注意焊盘中引线的弯曲方向，不应随意乱弯，防止相邻的焊盘造成短路的危险，一般应沿着印制导线的方向弯曲。在采用插件后能自动剪去多余引线并自动弯脚的设备时，其引线所留长度不应超过焊盘的半径，以防弯脚后造成短路。

§8－5 手 工 焊 接

手工焊接是锡铅焊接技术的基础。它既适用于一般结构的无线电整机产品，也适用于小批量生产的小型化产品。具有特殊要求的高可靠产品，目前也还采用手工焊接。手工焊接还适用于某些不便使用机器焊接的复杂多变的线路结构，以及对温度敏感的元器件和调试及维修中需要更换调整的元器件及线材等。即使是象印制线路板结构这样的小型化大批量、使用机器焊接的产品，也还有一定数量的焊接点需要手工补焊。所以，在目前还没有一种焊接方法可以完全代替手工焊接。下面就分别介绍一般结构与印制线路板结构的无线电整机产品的手工焊接方法、步骤及注意事项等。

一、一般结构产品的手工焊接

一般结构产品的焊接，除少量采用熔焊、压接等焊接方法外，绝大部分的焊接点都采用手工焊接。手工焊接的操作技术是焊接技术的基础。为了保证焊接的质量，应熟练地掌握焊接要领和适应不同产品特点和要求的能力。

1.焊接前的准备

有关焊接点及元器件、材料在焊接前的清洁、浸锡等准备工作，前面已经介绍，这里主要介绍电烙铁的通电加温方法。

在通电加温前应首先检查电烙铁的外观，看其各部分是否完好。接着，用万用表测量电源线插头的两端(经常使用着的电烙铁可以不测)，看其是否有开路或短路现象。需要注意，电源线绝缘层不应有损坏现象。经检查一切正常后，即可通电加温备用。

如果烙铁头是新更换的，或者是经过一段较长时间的使用，已有腐蚀损伤和严重氧化现象的，要先用锉刀把烙铁头按需要的角度锉好，去掉损坏部分及氧化层之后再镀锡备用。

将修整好烙铁头的电烙铁加温到刚好能熔解松香的温度时，立刻在烙铁头的使用部分涂上一层松香，或将烙铁头放在松香中去熔化松香。这是为了使烙铁头锉过的部分不被氧化。要注意，不允许在涂松香前使烙铁头温度过高。因为松香在150℃时最适合清除烙铁头的氧化物。在涂抹过程中，松香一部分要流掉，一部分要挥发掉，应反复多涂几次再去镀锡。可用焊锡丝在烙铁头上涂锡，也可将烙铁头在焊料上平附移动，使烙铁头的使用部分薄薄地镀上一层锡。要随时检查烙铁头的使用部分是否全部镀好锡，如有未镀好的地方，应重复涂松香、镀锡，直至全部镀好为止。镀好锡的烙铁头，可使用相当长的时间，直至烙铁头氧化严重，顶端有小孔洞和凹坑腐蚀现象时，才需要重新修整、镀锡。

为延长烙铁头的使用时间，要注意掌握合适的温度。一般来说，烙铁头的温度在320℃以下时可以减少烙铁头的腐蚀。

2.焊接步骤

焊接过程中，工具要放整齐，电烙铁要拿稳对准。一般接点的焊接，最好使用带松香的管形焊锡丝。要一手拿电烙铁，一手拿焊锡丝。其具体焊接步骤见图8－16。

(1)清洁烙铁头　焊接前要先将烙铁头放在松香或湿碎布上擦洗，以擦掉烙铁头上的氧化物及污物，并借此观察烙铁头的温度是否适宜。在焊接过程中烙铁头上出现氧化物及污物时也应随时清洁。

(2)加温焊接点　将烙铁头放置在焊接点上，使焊接点升温。如果烙铁头上带有少量焊料(可在清洁烙铁头时带上)，可以使烙铁头的热量较快传到焊接点上，见图8－16(*a*)所示。

(3)熔化焊料　在焊接点上的温度达到适当温度时，应及时将焊锡丝放置到焊接点上熔化，见图8－16(b)所示。

(4)移动烙铁头，拿开焊锡丝　在焊接点上的焊料开始熔化后，应将依附在焊接点上的烙铁头根据焊接点的形状移动，以使熔化的焊料在焊剂的帮助下流布接点，并渗入被焊物面的缝隙。在焊接点上的焊料适量后，应拿开焊锡丝，见图8－16(*c*)所示。

(5)拿开电烙铁　在焊接点上的焊料接近饱满，焊剂尚未完全挥发，也就是焊接点上的温度最适当，焊锡最光亮，流动性最强的时刻，迅速拿开电烙铁，见图 8－16(d)所示。拿开电烙铁的时间、方向和速度，决定着焊接点的质量和外观。正确方法是：烙铁头沿焊接点水平方向移动，在将要离开焊接点时，快速往回带一下，然后迅速离开焊接点。这样才能保证焊接点光亮、圆滑、不出毛刺。

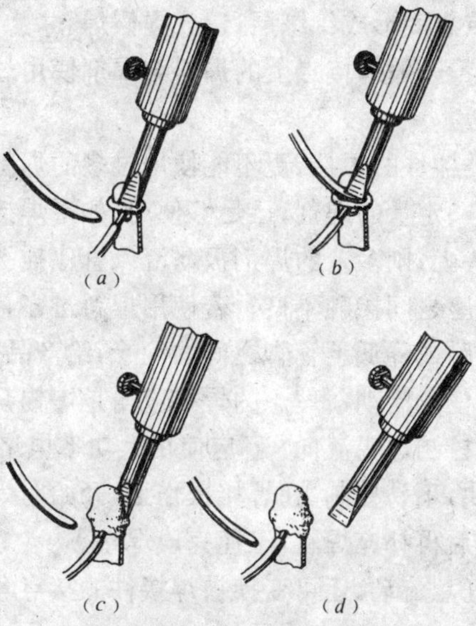

图 8－16　焊接步骤

(a)加温焊接点　(b)熔化焊料　(c)移动烙铁头，拿开焊锡丝　(d)拿开电烙铁

以上介绍的焊接步骤，需要装配工人熟练掌握和细心体会其中的要领。从焊接点拿开电烙铁这一步骤，是获得高质量焊接点的关键，更要十分熟练地掌握。

对于比较容易焊接的一般焊接点，在连续焊接时，为了加快焊接速度，可将焊接步骤简化如下：

将电烙铁与焊锡丝同时移向焊接点。在快要接触焊接点时，用烙铁头熔化一段焊锡丝，然后迅速将烙铁头接触焊接点。接着将烙铁头在焊接点上移动，使熔化的焊料流布焊接点并渗入被焊物面的缝隙。最后迅速拿开烙铁头，完成焊接。

在采用这种快速焊接法时，操作者要熟练掌握焊料的用量及焊接的时间，要在焊剂未完全挥发之前就完成烙铁头在焊接点上的移动及拿开步骤，才能获得满意的效果。

在焊接完了数个焊接点后，要及时检查焊接质量。发现质量不好的焊接点，要重新焊接。

对一些较难焊接的焊接点，为了增强焊接效果，可加涂一些焊剂，并可适当增加些焊接时间。

3. 焊接注意事项

在焊接过程中，除应严格按照焊接步骤去操作外，还应注意以下几个方面。

(1)烙铁头的温度要适当　不同温度的烙铁头放在松香块上，会产生不同的现象。烙铁头的温度过高时，松香会迅速熔化，发出声音，并产生大量的蓝烟，其颜色很快由淡黄色变成黑色。烙铁头的温度过低时松香不易熔化。一般来说，松香熔化较快又不冒烟时的温度较为适宜。

(2)焊接的时间要适当　从加热焊接点，到焊料溶化并流满焊接点，一般应在几秒钟内完成。如果焊接时间过长，则焊接点上的焊剂完全挥发，就失去了助焊作用。在这种情况下继续熔化的焊料就会在高温下吸附空气，促使焊接点表面氧化，造成焊接点表面粗糙、发黑不光亮、焊料扩展不好、焊接点不圆等疵病。焊接时间过长、温度过高，还容易损坏被焊器件及导线绝缘层及接点等。

焊接时间也不宜过短。时间过短则焊接点的温度达不到焊接温度，焊料不能充分熔化，未挥发的焊剂会在焊料与基接点之间形成绝缘层，造成虚假焊。

(3)焊料与焊剂使用要适量一般焊接点上的焊料与焊剂使用过多或过少造成的影响，前面已有了介绍。

对于小型电子管管座一类器件的焊接，更不能使用过多的焊料与焊剂，尤其是在使用焊锡丝做焊料时，焊锡丝本身带有一定量的焊剂，已足够使用。如果焊接前再用松香清洗烙铁头，使熔化的松香大量依附在烙铁头上，则多余的焊剂极易流入管座插孔焊片的底部，在管脚周围形成一层绝缘层，造成管脚与管座之间接触不良。若使用焊料过多，则多余的焊料也会流入管座的底部，可能造成管脚之间短路或降低了管脚之间的绝缘，给产品带来隐患。

(4)防止焊接点上的焊锡任意流动　理想的焊接应当是焊锡只焊接在需要焊接的地方。这需要熟练掌握焊接技巧，严格控制焊锡流向。不应使用大功率电烙铁焊接较小的器件。这是因为，温度过高时，焊料流动很快，不易控制。在焊接操作上，开始时焊料要少些，待焊接点达到焊接温度，焊料流入焊接点空隙后再补充焊料，迅速完成焊接。

为防止焊料在焊接点上任意流动，还可变换被焊接件的接点角度，如将接点水平放置或尖端向下。

(5)焊接过程中不要触动焊接点　在焊接点上的焊料尚未完全凝固时，不应移动焊接点上的被焊器件及导线，否则焊接点要变形，出现虚焊现象。

(6)不应烫伤周围的元器件及导线　焊接时要注意不要使电烙铁烫伤周围导线的塑胶绝缘层及元器件的表面，尤其是焊接结构比较紧凑、形状比较复杂的产品。必要时可先暂时移动影响焊接的导线或元器件的位置，焊接后再恢复原位。

(7)利用焊接点上的余热，完成有关的操作　在焊接点上的焊料已凝固而尚未完全冷却时，可借助于焊接点上的余热，将焊接时遇热收缩的导线塑胶绝缘层及时推到原位。某些焊接点需要套上紧配合的塑料套管，也可用此余热进行。

需要在焊接后清洗的焊接点，如果在焊接点尚未完全冷却时清洗，效果会更好。

(8)及时做好焊接后的清除工作　焊接完毕后，应将剪掉的导线头及焊接时掉下的锡渣等及时清除，防止落入产品内带来隐患。

二、印制线路板的手工焊接

1.印制线路板的焊接特点

印制线路板是用某些粘合剂把铜箔压粘在绝缘板上制成的。绝缘板的材料有环氧玻璃布、酚醛绝缘纸板等。铜箔与这些绝缘材料的粘合能力，本来就不强，高温时就更差。一般环氧玻璃布覆铜箔板允许连续使用的温度是140℃左右，远低于焊接温度。由于铜箔与绝缘板的膨胀系数不同，如果焊接时温度过高、时间过长，就会引起印制线路板起泡、变形甚至使铜箔脱落。

采用印制线路板结构的无线电整机产品，一般都选用小型元器件。而小型元器件，尤其是晶体管、固体器件、热塑件等，耐高温性能较差。如果采用低熔点焊料，又会给焊接点的机械强度和其它方面带来不利影响。所以，在焊接印制线路板时，要根据具体情况，选择合理的焊接温度与焊接时间及合适的焊料与焊剂。

2. 焊接前的准备

为了得到良好的焊接点，印制线路板的被焊接点与元器件的引线及导线等一定要保持清洁。印制线路板的保存时间不宜过长，以防所涂的助焊剂发生变化，影响焊接质量。切勿用油手、汗手及其他油脂物弄脏印制线路板的焊接处。如果弄脏了，要用无水酒精擦干净，重涂助焊剂。

3. 焊接步骤

(1)对准焊接点　将电烙铁与焊锡丝同时对准焊接点，并在烙铁头上先熔化少量的焊锡丝或松香。

(2)接触焊接点　在烙铁头上的焊剂尚未挥发完时，将烙铁头与焊锡丝同时接触焊接点。在较小的焊接点上，由于加热时间很短，所以在把烙铁头与焊锡丝放在焊接点上的同时就可以充分熔化焊锡。

在烙铁头上先熔化少量的焊锡丝或松香，是为了得到一些焊剂，以防止烙铁头接触焊接点时产生氧化层。同时也是为了去掉焊接点上原有的氧化层及使烙铁头镀锡良好。

(3)移开焊锡丝和拿开烙铁头　在焊锡熔化到适量和焊接点吃锡充分的情况下，要迅速移开焊锡丝和拿开烙铁头。这几乎是同时完成的，但要注意移开焊锡丝的时间决不要迟于离开烙铁头的时间。

连续焊接时，因每焊完一个焊接点时烙铁头上尚余下少量焊锡和未完全挥发的焊剂，所以可取消上述第一个步骤，直接一个一个地用烙铁头和焊锡丝接触焊接点完成焊接。

4. 焊接注意事项

印制线路板手工焊接的主要特点是操作要准而快。要特别注意以下几点。

(1)温度要适当，加温时间要短　印制线路板的焊盘体积小，铜箔薄，一般每个焊盘只穿入一根导线，并露出很短的线头，每个焊接点能承受的热量很少。只要烙铁头稍一接触，焊接点即可达到焊接温度，烙铁头的温度下降也不多。接触时间一长，焊盘就容易损坏。所以焊接的时间一定要短，一般以 2～3s 为宜。

(2)焊料与焊剂要适量　焊接点上的焊料与焊剂要适量，焊料以包着引线灌满焊盘为宜，见图 8－17 所示。印制线路板的焊盘带有助焊剂，连同焊锡丝的焊剂已足够焊接使用。如果再多用焊剂，则会造成焊剂在焊接过程中不能充分挥发而影响焊接质量，增加清洗焊剂残留物的工作量。

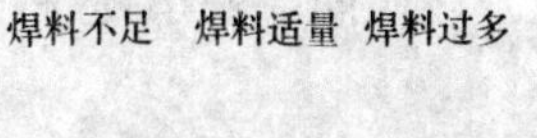

图 8－17　焊盘、焊锡量标准示意

三、有特殊要求的元器件焊接

1. 塑胶绝缘层导线及套塑胶套管裸导线的焊接

目前绝大部分无线电整机产品都采用带塑胶绝缘层的导线作连接线。这类导线，一般采用聚氯乙烯塑料做绝缘层。此种塑料绝缘性能良好，色泽鲜艳，成本低，但最大的缺点是不耐高温。当温度达到80℃以上时即变形软化。即使是带纤维绝缘层的导线,其绝缘及耐高温性能有所提高,但同样承受不了焊接温度。聚乙烯塑胶套管的耐热性能也大至如此。

在焊接这类导线及引线时,导线及引线应与焊接点拉直,不要弯曲。注意掌握好加温时间和温度。在焊接过程中,不要移动导线,焊接后再推动遇热收缩的塑胶层复原。如果焊接时间过长,温度掌握不好,就会使塑胶绝缘层脱离芯线,见图 8—18 所示。

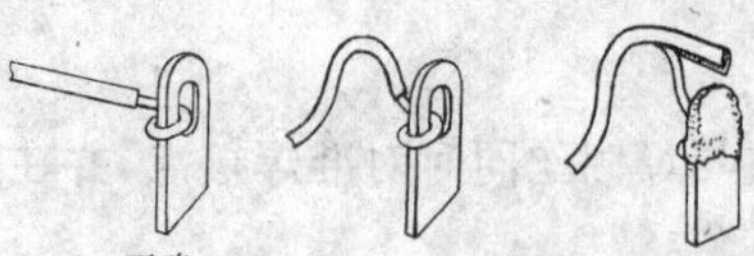

图 8—18　塑胶绝缘导线的焊接示意

在焊接留有修整余量的导线时,焊接前应将导线拉直,焊接后要推动遇热收缩的塑胶绝缘层复原,清洗接点,最后再将导线按要求成形。

加套塑胶套管的裸铜线的焊接方法同于塑胶导线。由于裸铜线直接与套管接触,焊接时更易烫坏塑胶套管,所以操作时更应注意。必要时可用镊子夹置蘸有酒精的棉纱等,放在套管端头与焊接点之间,利用酒精挥发吸热起到保护套管作用,见图 8—19 所示。

2. 小型继电器的焊接

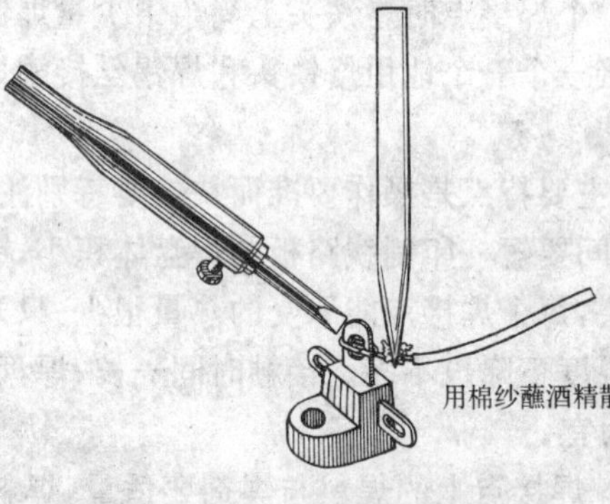

图 8—19　散热措施示意

小型继电器是非全密封的器件,在焊接时除要注意掌握焊接温度,不要使用过多的焊料与焊剂外,还应注意在焊接过程中不要移动接点,否则要影响接点的可靠性。此类继电器的触点接触面很小,接点稍有移动就会影响接触性能。要防止熔化的松香流入接点内部造成接触不良。

在焊接此类继电器时,由于接点片之间间隙较小,应将烙铁头锉成小角度,以便于焊接。

3. 胶木件的焊接

常用胶木件以各种接线架、接线板居多。有热塑成形的与胶板(纸胶板、布胶板、玻璃布纤维胶板等)制做的两类。这类器件的耐高温性能都较差。温度过高易开裂或起泡。

焊接此类胶木件时,对单双接点的小型接线架可采用棉纱蘸酒精的散热方法。对于高温性能较好的热塑成形小型焊片支架,只要注意温度,严格操作,缩短焊接时间即可。

对于多接点的支架、接线板等,除应注意焊接温度及严格掌握焊接时间外,可采用隔点焊接方法。即焊完第一个接点，隔着第二个接点去焊第三个接点。一、三、五……接点焊完后，再转过来焊二、四、六……接点。这样做，温度不过分集中，减少了胶木件损坏的可能性，参见图 8—20 所示。

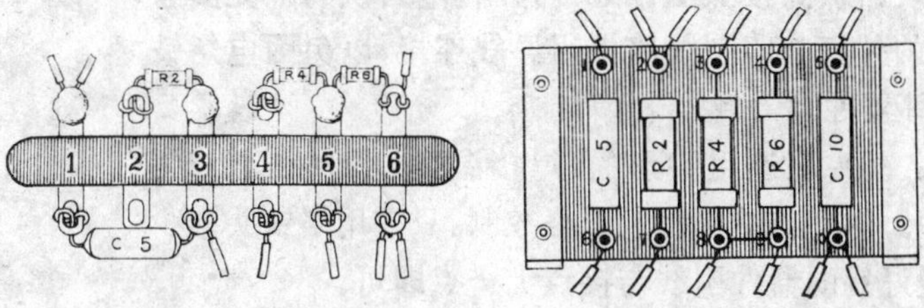

焊接顺序要隔开先 1 － 3 － 5 再 2 － 4 － 6　　　　焊接顺序要上下交替进行

图 8—20　胶木件间隔焊接示意

4. 瓷件、玻璃绝缘端子器件的焊接

带玻璃端子的密封继电器、密封电容器及瓷转换开关等类器件，焊接时同样要严格控制温度和焊接时间。尤其是玻璃端子，耐高温性能差，温度过高极易开裂，造成整个器件的报废。焊接此类器件时，可用棉纱蘸酒精裹着玻璃端子，以增强散热效果，防止端子开裂。

5. 瓷介电容器的焊接

片状与管状瓷介电容器的引线都是直接焊在电容器极片上，焊接温度过高时，引线极易脱落。焊接此类电容器时，应注意不要使烙铁头接近电容器引线的根部。也可用平嘴钳或尖嘴钳夹着引线来散热。

6. 渗银瓷件的焊接

瓷件上的渗银层附着力差，极易脱开。在焊接此类器件时，不能轻意触动渗银层上的焊接层。要严格掌握焊接时间及焊料流向，千万不要用烙铁头在渗银层上接触移动。否则，时间一长，渗银层会从瓷件上脱落，造成整个器件损坏。图 8—21 所示为穿心电容器的焊接。焊接时烙铁头应在接线点上焊接，使焊料流向电容器上的原焊接点。切勿用烙铁头去熔化电容器的原焊接点，以免破坏渗银层，使焊锡与瓷件脱离。

7. 小型中频变压器等器件的焊接

小型中频变压器、密封双连等元器件的焊接和塑料件、胶木件的焊接相似。尤其是小型中频变压器，它的引出线是压铸在胶木体上的。内部线圈焊接在引线的一端，而引线的另一端还要直接焊接在印制线路板的相应焊盘上。它的引出线比较集中，距离较近，金属罩内又有塑料骨架，焊接时若焊接点过热，就可能使内部线圈与引出线脱焊。金属罩的温度过高还会使内部塑料骨架变形损坏。所以此类元器件的焊接一定要严格掌握焊接时间和温度，或采用隔点焊接的方法。

8. 晶体管、固体器件的焊接

在一般结构的产品上焊接晶体管（锗管）时，可使用平嘴钳或尖嘴钳夹住引线散热。如果焊接技术比较熟练，晶体管的引线与接点浸锡良好，则不用钳子夹住直接焊接也可。硅管的耐高温性能高于锗管，一般可不加散热措施，只要注意焊接操作即可。

场效应管的输入阻抗极大，电烙铁稍有漏电就能使其损坏。在焊接场效应管时，可在电烙铁加热后把插头拔下断电，然后再焊接。如果采用绝缘阻抗高的低压电烙铁，在接地良好的情况下，也可带电直接焊接。焊接时还应注意，管子本身的管脚短路线在焊接后才能拆除。

固体器件(如CMOS器件)的接点多而集中，焊接时应先将器件的引线与印制线路板的接点上镀好锡，并将电烙铁的外壳妥善接地或将电烙铁的外壳与印制线路板用导线连接，以免因电烙铁的绝缘不好而损坏器件。

在焊接时，烙铁头应选用尖形的，焊接温度以230±10℃为宜，焊接时间要短。焊料与焊剂都应严格控制，只需用烙铁头挂少量焊锡，轻轻在浸好锡的器件引线与接点上一点即可。

为提高焊接效率，也可采用宽烙铁头，一次焊接数个接点。

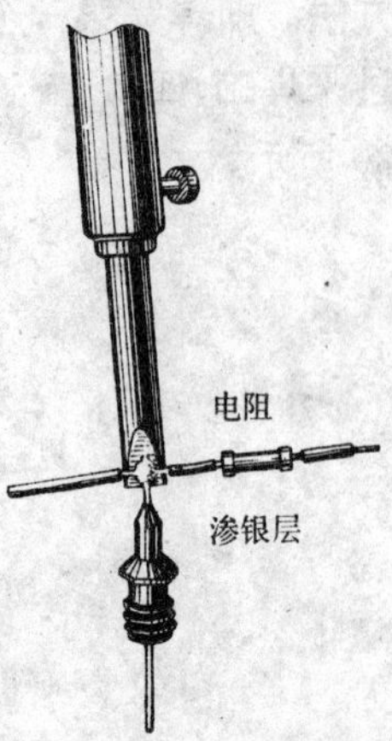

图8－21 穿心电容器的焊接示意

9. **大型金属器件的焊接**

在焊接大型金属器件及地线时，烙铁头上的热量往往会很快散失。如果想依靠烙铁头长时间接触焊接点来解决这个问题，则易使焊接点表面氧化。即使不断增加焊剂并使用大功率电烙铁，也很难保证焊接质量，极易出现虚假焊，损坏器件导线。因此对这类器件的焊接，可采用以下措施。

(1)预热焊接　对体积较小而散热快的器件，如金属腔体、金属盒、接触簧片等，可先将被焊器件在烤箱中加热到一定温度后，再迅速取出进行焊接。焊接时动作要敏捷，一次未焊好可再次加温重焊。

(2)辅助加温焊接　对一些体积较大的器件，如铁底盘的接地焊片，可在焊接点旁用一把功率较大的电烙铁先加热到一定温度，再用另一把电烙铁进行焊接，如图8－22所示。

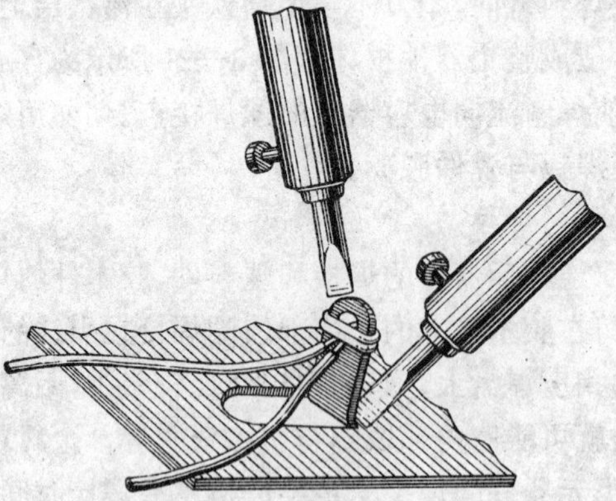

图8－22 辅助加温焊接

§8－6　浸焊与波峰焊

浸焊与波峰焊是适应印制线路板的焊接而发展起来的焊接技术。这两种焊接比手工焊接效率高、质量高、操作简单。尤其是波峰焊，近年来发展很快，已成为印制线路板的主要焊接方法。浸焊与波峰焊的出现使焊接技术达到一个新水平。下面就浸焊与波峰焊的特点、操作方法、要求等分别予以介绍。

一、浸焊

浸焊是将安装好元器件的印制线路板在熔化的锡锅内浸锡，一次完成印制线路板上众多焊接点焊接的方法。它不仅比手工焊接效率高，而且可消除漏焊现象。浸焊有手工浸焊和机器浸焊两种形式。

1. 手工浸焊

手工浸焊是由装配工人手持待焊接的印制线路板来完成的。其步骤如下。

(1)浸焊前应先将锡锅加热，以熔化的焊锡达到230～250℃为宜。对较大的器件与印制线路板，可将焊锡的温度提高到280℃左右。为了去掉锡层表面的氧化层，要随时加一些焊剂，通常使用松香。

(2)在印制线路板上涂上一层助焊剂，一般是在松香酒精溶液中浸一下。

(3)使用简单的夹具将待焊接的印制线路板夹着浸入锡锅中，使焊锡表面与印制线路板接触。浸焊的深度以印制板厚度的50%～70%为宜，浸焊的时间约3～5s。

(4)拿开印制线路板，待略微冷却后，检查焊接质量。如有较多的焊接点未焊好，要重复浸焊。对只有个别焊接点未浸焊好的，可用电烙铁手工补焊。

在将印制板放入锡锅时，一定要保持平稳，印制板与焊锡的接触要适当。这是手工浸焊成败的关键。由于手工浸焊仍属于手工操作，要求操作工人具有一定的操作技能，因而不适用于大批量生产。

2. 使用机器设备的浸焊

使用机器设备浸焊时，先将印制线路板装在具有振动头的专用设备上，然后再浸入焊料中。这种浸焊的效果较好。尤其是在焊接双面印制线路板时，能使焊料深入到焊接点的孔中，使焊接更牢靠。并可振掉多余的焊料。机器浸焊的步骤和要求与手工浸焊基本相同，不同的是增加了振动这一步。将待浸焊器件浸入装有熔化焊料的槽内2～3s后，开启振动器振动2～3s便可获得良好焊接。

使用锡锅浸焊，由于焊料易形成氧化膜，需要及时清理，才能得到较好的焊接效果。此外，焊料与印制线路板之间大面积接触，时间长、温度高，既容易损坏元器件，还容易使印制板产生变形。通常，使用机器设备浸焊采用得较少，对小体积的印制线路板如要求不高时，采用手工浸焊较为简便。

二、波峰焊

波峰焊是近年来发展较快的一种焊接方法，其原理是让组装件与熔化焊料的波接触，实现钎焊连接。这种方法最适宜成批和大量焊接一面插有分立元件的印制线路板。通常将波峰焊设备安置在印制线路板组装自动线之内，它保证线路板在焊接时能连续移动和局部受热，并且凡与焊接质量有关的重要因素，如焊料和焊剂的化学成分、焊接温度、速度、时间等，在波峰焊时都可以得到较完善的控制。

波峰焊接的特点，还在于焊锡波峰即顶部，无丝毫氧化物和污染物，因此焊接质量较高。这是其他焊接方法，尤其是手工焊接方法无法比拟的。目前在大量生产的电视机、收录机生产线上，波峰焊已成为印制线路板的主要焊接方法。下举某厂两种波峰焊流水线工艺为例加以说明。

例1：一种收音机印制线路板的波峰焊流水线工艺：

印制线路板(插件后)上夹具→预热→喷涂助焊剂→电炉烘干→浸焊→铲头→喷涂助焊剂→电炉烘干→波峰焊→风冷(风扇)→从夹具上取下。

该流水线中浸焊工序作为波峰焊前的第一次焊接，主要起固定元件的作用。

例2：一种电视机印制线路板的波峰焊流水线工艺：

印制线路板(插件后)上夹具→预热(远红外、电炉)→喷涂助焊剂→波峰焊→风冷(风扇)→从夹具上取下。

在波峰焊中，对于一些热容量(或体积)较大的元器件，如电视机行输出变压器，在波峰焊接后，必须再用50W烙铁进行堆锡补焊，以保证质量。

波峰焊机的一般基本工作原理及特点，在第四章已有介绍，下面仅就影响焊接质量的主要因素及焊接操作的要求、注意事项予以介绍。

1. 影响焊接质量的主要因素

(1)波峰高度　波峰应平稳。波峰高度最好是作用波的表面高度，达到印制线路板厚度的1/2～2/3为宜。波峰过高会造成焊接点拉尖、堆锡过多，也会使锡溢在印制线路板上烫伤元器件。波峰过低往往会造成漏焊和挂锡。

(2)焊接温度　波峰焊的焊接温度，是指被焊处与熔化的焊料相接触时的温度。正确地控制温度是保证焊接质量的关键。温度过低，会使焊接点毛糙、不光亮，造成虚假焊及拉尖。温度过高，易使印制线路板变形，还会对印制线路板上的印制导线焊盘及元器件带来不良的影响。比较合适的温度应在230～260℃之间。对于不同的印制板基板材料，焊接温度略有不同。在使用HISnPb39焊料时，对酚醛基板材料的印制板以230～240℃为宜；对环氧基板材料的印制板，温度可以高些，以240～260℃为宜。

(3)传递速度与倾角　印制板的传递速度决定着焊接时间。速度过慢，则焊接时间过长，给印制线路板和元器件造成不良影响。速度过快，则焊接时间过短，易造成虚假焊、漏焊、桥接堆锡、产生气泡等现象。

通常，焊接点与熔化的焊料所接触的时间，以3s左右为最宜。根据这一点，并考虑到印制板的面积及焊点的密度等，印制板的传递速度一般先在1m/min左右。

在印制线路板行进时，如果印制板与焊锡的波峰形成一个倾角，则可以消除挂锡与拉尖现象。倾角一般选在5°～8°之间，以6°最佳。

2. 提高焊接质量的措施

要得到较高的焊接质量，除波峰焊本身的因素外，还应采取下列措施：

(1)预镀锡铅合金　印制线路板在加工和保管过程中。易受到腐蚀和污染。为提高焊接质量，常对印制线路板预镀锡铅合金、预镀银、或热滚锡铅合金。其中以热滚锡铅合金效果最好。

(2)涂敷焊剂　在印制线路板上涂敷焊剂做得如何，直接关系着焊接质量的好坏。涂敷焊剂有两种情况。一种是在印制板制成后及时喷涂或浸渍一层焊剂，以保护焊接点免受腐蚀和污染。另一种是在波峰焊前对插件剪切引线后的印制板涂敷焊剂，以增强焊接效果。通常采用喷射、滚刷、浸渍、发泡等方式，使印制线路板通过涂敷焊剂的装置时，均匀地涂上一层焊剂。

(3)预热印制线路板　为减少印制线路板与锡面的热冲击，使焊剂活化，印制线路板在到达焊锡波峰前应预热。预热温度为70～90°，预热时间约40s。环氧基板的印制线路板的预热温度可以高达100～120℃。也可采用二次预热，一次60℃，一次140℃。经预热的印制线路板可提高焊接质量，防止虚焊漏焊。印制线路板的预热温度与传递速度、焊锡温度三者之间是相互关连、相互影响的，应通盘考虑。

(4)焊后冷却　焊后采取冷却措施，可以减少印制线路板的受热时间，防止印制线路板受热变形，防止降低印制导线与基板的附着强度，增加焊接点牢固性。常用的冷却方法有风冷和水冷，风冷采用得较多。

(5)焊后清洗　各种焊剂均有一定的腐蚀作用，焊接后焊剂的残留物如不能清洗干净，会影响电性能和三防性能。清洗的方法见本书焊接的清洗一节。

(6)涂敷阻焊剂　波峰焊或浸焊易造成焊接点的桥接短路，特别是高密度印制线路板尤为突出。为了消除这种情况，往往在制作印制线路板过程中，加上涂敷一层阻焊剂的工序。阻焊剂在前面第二章已有介绍，其涂敷方法，一般采用丝网板漏印法或层压贴干膜法。涂敷范围一般遵照设计工艺的图形要求进行，除焊盘上不得涂敷外，其余部位都应涂敷。采用此工艺后，不仅可以避免波峰焊中由于桥接短路造成大量返工，而且可使焊点饱满，提高焊接质量，并使导线部分不上锡，从而节约焊料。由此形成的阻焊剂膜又可作为印制线路板的永久性保护膜，因此可提高印制线路板的三防性能。阻焊剂膜光亮、美观并具有一定硬度，可防止表面受意外的机械损伤。

3.焊接操作及注意事项

波峰焊接是高效率、大批量的生产手段，操作中稍有不慎，即能出现大量的焊接质量问题。装配工人应对波峰焊机的构造、性能、特点有全面的了解，才能使设备运转正常。操作中应注意以下几个环节的检查工作。

(1)焊接前的检查　焊接前应对设备的运转情况、待焊接印制线路板的质量及板上插件的情况进行检查。

(2)焊接过程中的检查　在焊接过程中应不断注意焊接质量，经常检查焊料的成分。如发现焊料表面有氧化膜，要及时清理。为了防止焊料氧化，可在焊料中加聚苯醚或蓖麻油等防氧化剂。还应注意焊料的消耗情况，要及时补充焊料。

(3)焊接后的检查　焊接后要注意检查漏焊及桥连点。如数量较少，可及时用电烙铁手工补焊修整；如出现大量焊接质量缺陷，要及时查找原因，着重检查影响焊接质量的主要因素。

目前各种波峰焊设备的性能差异较大。比较完善的波峰焊设备，应由喷刷焊剂、预热、波峰焊接、冷却和清洗几部分的操作和传送带所组成。如果再加上插件、剪切引线等装置，就形成了印制线路板装置完善的自动生产线。

§8—7　热　熔　焊

本节将简要介绍的热熔焊，是片状电子元器件与印制电路板贴装后的焊接工艺。

一、热熔焊的特点和方法

表面贴装片状元器件的印制电路板所采用的热熔焊接方法，本质上仍是锡焊。除了由于焊接特点所规定的特有焊接条件外，依然属于软钎焊。

热熔焊与现行的浸焊和波峰焊相比，主要有以下特点：

(1)热熔焊所使用的焊膏，是焊料、焊剂、甚至还包括粘接剂，所组成的特定规格的合成剂。它可以预先涂敷在所需焊接的表面上。

(2)热熔焊是对片状电子元器件贴装后的组装板，或对其整体，或直接对其所需焊接部分的表面，在一定的时间条件下，实施加热熔化焊膏，完成焊接的过程。

(3)热熔焊的加热方式不同，则有不同的焊接方法。目前，较为广泛应用的焊接方法是：红外热熔焊、汽相热熔焊。其它还有特殊场合应用的，如：激光热熔焊、热空气热熔焊等。

(4)红外和汽相热熔焊的焊接温度要比波峰焊低，而焊接时间要比波峰焊长。

(5)热熔焊接方法在生产中，一般均采用的是机械方式。如：红外热熔焊机、汽相热熔焊机等，而且可以对组装板的双面，同时进行焊接。易于实现与网印机、贴片机等组成自动化生产线。

二、红外热熔焊的特点和焊接条件

1.红外热熔焊的特点

(1)红外热熔焊是采用红外线辐射加热器为热源，以热辐射和对流，达到均匀加热而满足焊接要求的方法。

(2)红外热熔焊时，组装板整体进入加热区，属于整体加热。

(3)红外热熔焊机，一般都是由一个紫外线预热区和一个红外线加热区构成。对于加热条件具有比较高的控制精度。

2.红外热熔焊的焊接条件

红外热熔焊在有良好可焊性材料以及选定使用适宜的焊膏基础上，其一般焊接条件：

(1)预热温度：100－200℃

(2)焊接温度：210－230℃

(3)焊接时间：20～80s

三、汽相热熔焊的特点和焊接条件

1.汽相热熔焊的特点

(1)汽相热熔焊的热源是蒸汽，是采用特殊化学液体，使其汽化产生的温度非常均匀的过饱和蒸汽。其加热方式属于热传导。

(2)汽相热熔焊时，组装板整体进入加热区，属于整体加热。

(3)汽相热熔焊适用于比较复杂组装板(包括畸形元器件及其密集排列)的焊接，并具有加热温度均匀、一致性好的特点。

2.汽相热熔焊的焊接条件

汽相热熔焊在有良好可焊性材料以及选定使用适宜的焊膏基础上，其一般焊接条件：

(1)预热温度：90－100℃

(2)加热温度：205－215℃

(3)加热时间：20～80s

四、热熔焊应注意的事项

(1)根据焊接方法严格地选择相应规格的焊膏。应注意，焊膏的涂敷状况将直接影响焊点质量。

(2)无论采用何种热熔焊接方法，在焊接时，均应保持元器件及印制板良好的可焊性，使之表面清洁。在这方面贴装比通孔安装的焊接要求更为严格。

(3)热熔焊时，尤其采用红外热熔焊时，要防止对热敏元器件的热损伤。

(4)采用汽相热熔焊，特别是使用有害液体的设备时，应当有防止环境污染的措施。

§8—8 清　　洗

采用锡铅焊接法的焊接点，为保证焊接的质量，在焊接时都要使用焊剂。焊剂在焊接过程中一般并不能充分挥发，经反应后的残留物会影响被焊件的电性能和三防性能。尤其是使用活性较强的焊剂时，其残留物危害更大。焊接后的焊剂残留物往往还会粘附一些灰尘或污物，吸收潮气增加危害。因此，焊接后一般要对焊接点进行清洗。

清洗是焊接操作的一个组成部分。一个焊接点既要符合焊接质量的要求，也要符合清洗质量的要求，这样才算一个完全合格的焊接点。当然，对使用无腐蚀性焊剂和要求不高的产品也可不进行清洗。

一、清洗方法分类

目前较普遍采用的清洗方法有液相清洗法和气相清洗法两类。不论采用哪种清洗方法，都要求清洗材料只对焊剂的残留物有较强的溶解能力和去污能力，而对焊接点无腐蚀作用。为保证焊接点的质量，不允许采用机械方法去刮掉焊接点上的焊剂残渣或污物。

1.液相清洗法

液相清洗法，是使用可以溶解焊剂残留物和污物的液体溶剂（如去离子水、无水酒精、汽油等）溶解、中和和稀释残留的焊剂和污物达到清洗目的的。使用液相清洗法，要经常分析和更换清洗液，才能保证清洗质量，这是液相清洗的不足之处。液相清洗按清洗的方法又分为手工清洗法、滚刷法、宽波溢流法等。

(1)手工清洗法　这种方法是使用手工工具去清洗焊接点上的残留焊剂与污物的。手工清洗法适用于各类焊接点，方法简便，清洗效果较好，但效率低，浪费材料。

(2)滚刷法　此种清洗法使用的设备比较简单，控制较方便，清洗液比较节省，清洗效果尚可，适用于印制线路板的清洗。

(3)宽波溢流法　此法适用于印制线路板的清洗。操作时，用泵使清洗液形成宽波，印制线路板从宽波上通过时即可进行清洗。

2.气相清洗法

气相清洗法采用低沸点的溶剂。当溶剂受热挥发时，即可将焊接点上的焊剂残留物和污物一同带走。采用气相清洗法对元器件并无不良影响，而清洗效果比较彻底，因而气相清洗是比液相清洗更先进的一种方法。但由于目前气相清洗所用材料较贵，而且在设备条件不良和操作不当时材料散失较大，因此目前使用较少。

二、各种清洗法的操作及注意事项

1.手工清洗法

手工清洗法使用的工具有镊子、油画笔、剪成小块的泡沫塑料、棉纱等。在使用松香基焊剂时，清洗液一般采用工业纯酒精（也称无水乙醇）或 60 号、120 号的航空汽油。

(1)一般焊接点的清洗方法　在焊接点上的焊锡已经凝固、尚有一定温度，而焊剂尚未凝固时，清洗效果最好。接地焊片、大型焊片、接线柱、粗裸铜线等大型接点的焊接，应充分利用这一极好的时机进行清洗。对于连续焊接来说，这种时机较少。

清洗时，用镊子夹着蘸有清洗液的小块泡沫塑料或棉纱，沿着焊接点的周围擦洗。为防止向周围扩散，清洗液不要蘸得过多，以清洗液浸透泡沫塑料而不饱和为宜。清洗动作要轻，要沿着焊接点有顺序地擦洗，不要横竖乱擦。当泡沫塑料粘满了焊剂残留物时要及时更换。

在清洗液溶解残留焊剂的过程中，如有较大面积的残留物凝固在焊接点上，可用镊子轻轻地拨离后再继续擦洗。不要硬性拨离，以免在焊接点表面留下划痕。

(2)非密封器件的清洗　对于小型继电器、电子管管座、电位器等非密封器件的焊接点，清洗时要防止清洗液携带污物流入器件内部，造成接触不良。清洗这类器件时，将器件倾斜一定的角度即可防止清洗液流入内部。对某些体积较大，不便倾斜角度的产品则要注意清洗方法。清洗液要少蘸，要从器件的根部向外清洗，清洗的动作要快。

(3)印制线路板的清洗　手工擦洗印制线路板的方法与一般焊接点的擦洗方法相同。要注意，蘸的清洗液不要太多，以防多余的清洗液通过孔洞流向背面，弄脏印制板。

有些印制线路板的清洗也可采用刷洗的方法。将焊后的印制线路板向前倾斜，放在装有清洗液的盘上，用油画笔蘸清洗液刷洗。当清洗液变污浊时，要及时更换。更换掉的清洗液经沉淀过滤后可重复使用。

(4)清洗注意事项

①不应损坏焊接点和元器件　清洗时动作要轻，不要轻易扭动和拉动焊接点上的导线或元器件的引线。对转换开关、继电器等类器件的焊接点，清洗时更应注意。

②清洗液不应流散　不要过量地使用清洗液，防止清洗液流散到产品内部，降低产品的三防性能。

③不要移动元器件及导线　在清洗过程中，不能随意移动焊接点上及附近的元器件和导线的位置。确实妨碍清洗必须移动时，清洗后要恢复原位。

④注意安全　常用的清洗液如无水酒精、汽油等都是易燃物品，使用时要注意防火。

2.滚刷清洗法

图 8－23 为滚刷清洗示意图。在盛清洗液的槽中加装可以旋转的刷子，印制线路板由传动装置带动经过滚动的刷子时，即可得到清洗。为了增强清洗的效果，可以用一对或二对滚刷对滚。滚刷的刷毛应选用比较柔软的。

印制线路板的行进速度一般应控制在 2～3m/min 之间。滚刷与印制线路板之间的间隙及滚刷的转速要适当。间隙过小、转速过高时虽清洗效果好、效率高，但易擦伤印制线路板和挂落刷毛。尤其是印制线路板插件后引线直立不折弯的焊接点，由于留有线尖，更不宜使间隙过小、转速过高，否则易使刷毛大量脱落。

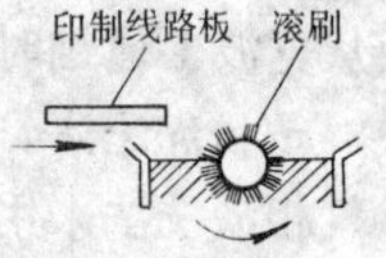

图 8－23　滚刷清洗示意

3.宽波溢流法

如图 8－24(*a*)所示，此种清洗法是用泵将清洗液打成大面积宽波(高约 8mm)来冲洗印制线路板的。

单靠溢流的清洗液清洗，效果并不好，如果在此基础上增加下列措施，则清洗效果会相应增强：

(1)滚刷搅拌法　见图 8－24(*b*)，加装的滚刷只是用来搅拌清洗液并轻轻地接触印制线路板。印制线路板的送进速度一般不应超过 5m/min。

(2)泡沫激动法　见图 8－24(c)，在宽波中置入泡沫发生器，利用被压缩空气激动的清洗液冲洗印制线路板。采用此种清洗方法时同样要注意调整好印制线路板的传送速度。

(3)超声激动法　见图 8－24(d)，在宽波中置入超声波发生器，清洗液在超声波作用下，产生空化效应。空化效应产生的高强度冲击波使焊接点上及细缝中的污物脱离下来，并能加速清洗液溶解这些污物的过程。超声波清洗法的特点是清洗速度快，清洗质量好，可以清洗复杂的焊接件及缝隙中的污物，易于实现清洗自动化。

超声波清洗的效果与许多因素有关，主要有超声波的频率、声强、清洗液的性质及温度、清洗时间等。由于超声设备比较复杂，因此此种清洗法目前还未得到广泛使用。

(4)加热法　见图 8－24(*e*)，这种方法采取对清洗液加热的措施，使清洗效果更好。加热时应注意掌握好温度，温度过高则清洗液易挥发，温度过低则清洗效果不佳。此方法由于清洗液挥发量很大，故较少采用。

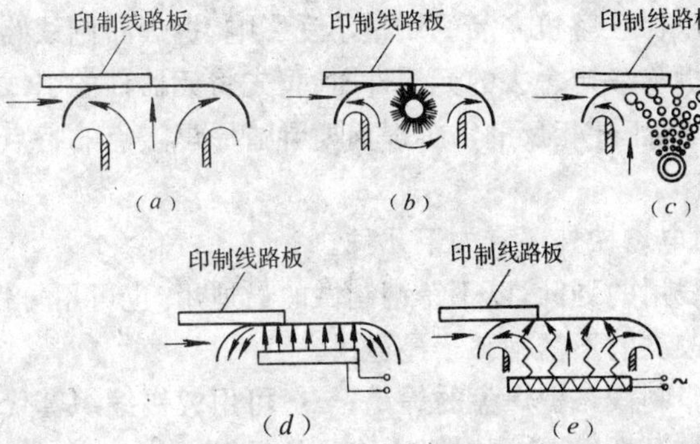

图 8－24　宽波溢流清洗示意

对于大批量流水作业的印制线路板生产，采用波峰焊机焊接和宽波溢流法清洗较为适宜。如果再配上热风式压缩空气干燥装置，就可一次完成印制线路板的焊接与清洗工作。

在使用机器设备进行液相清洗时，要防止清洗液飞溅及流向印制线路板的正面。对于带有通孔的印制板，清洗时要采取堵孔措施。清洗中要经常注意清洗液的浓度，当浓度达不到要求时要及时更换。在使用易燃液体做清洗液时，一定要注意安全。

4. 气相清洗

气相清洗是一种非常干净的清洗方法。这种方法采用氟里昂蒸气，如三氯三氟乙烷(F113)等作为清洗剂。F113 为无色透明、无毒、不燃、不爆的有机溶剂，沸点为 47.6℃，凝固点是－35℃，比重 1.50，酸碱度为中性、化学性质稳定，绝缘性能良好。F113 不能溶解油漆，但是对各种油脂的溶解能力很强，因此很适合用作清洗剂去清除油污。F113 对于以松香为主的常用焊剂有良好的清洗作用。气相溶剂废液的回收很方便。气相清洗法还避免了液相清洗时清洗液容易进入印制线路板正面及非密封器件内部的问题。

使用气相清洗法应有专用的密封设备，在清洗时要严防三氯三氟乙烷散失。气相清洗法适用于成批清洗印制线路板。

§8－9　拆　焊

拆焊又称解焊。由于种种原因，有时需要将已焊接的焊接点拆除，这个过程就是拆焊，它是无线电整机装配中焊接技术的一个组成部分。在实际操作上，拆焊要比焊接更困难。拆焊如果不得法，便很容易将元器件损坏，并破坏了原焊接点。因此拆焊技术也是装配工人应熟练掌握的一项操作技术。

一、拆焊的适用范围

在焊接过程中往往会误将一些导线、元器件等焊接在不应焊接的接点上。此时，便需要拆除误焊的导线和元器件，重新焊接。在调试、例行试验或检验过程中需要更换元器件和导线时，也要拆除原焊接点。此外，拆焊是产品维修过程中的重要工作内容。良好的拆焊技术，能保证产品维修工作的顺利进行，避免由于更换器件不得法而增加产品的故障率。

二、拆焊的原则

拆焊工作中最大的困难是容易损坏元器件、导线和焊点。在印制线路板上拆焊时容易剥落焊盘及印制导线，造成整个印制线路板的报废。拆焊时要尽量避免损坏元器件，实在无法避免时，要权衡利弊，决定取舍，以保证整机产品的质量不受影响。拆焊印制线路板上的元器件时要保证印制线路板不受损坏。拆除决定舍去的元器件时，可先将元器件的引线剪掉，再进行拆焊。

拆焊的工序一般是与焊接工序相反的。拆焊前要弄清原焊接点的特点，不要轻易动手。

三、拆焊工具

常用的拆焊工具除普通电烙铁外还有如下几种。

(1)划针　同于钳工划线用的划针，以不锈钢制做的最适用，也可用竹针代替。

(2)钟表镊子　以端头较尖的不锈钢镊子最适用。

(3)吸锡绳　用以吸取印制线路板焊盘的焊锡，一般可用镀锡编织套代用。

(4)吸锡电烙铁　用以加温拆焊点，同时吸去溶化的焊料。

四、拆焊的操作要求

(1)严格控制加热的温度与时间　一般元器件及导线绝缘层的耐热性较差，受热易损器件对温度更是十分敏感。在拆焊这些器件时，一定要严格控制加热时间与温度。拆焊工作都是在加热情况下进行的。一般来说，拆焊所用的时间要比焊接时间长。这就要求操作者熟练掌握拆焊技术，才不致损坏元器件。某些情况下，采用间隔加热法进行拆焊，要比长时间连续加热的损坏率小些。热塑成形的器件，采用这种方法就比较合适。

(2)拆焊时不要用力过猛　塑料密封器件、陶瓷器件、玻璃端子等在加温情况下，强度都有所降低，拆焊时用力过猛会造成器件与引线脱离。

用电烙铁去撬和晃动接点的作法很不好，一般接点也不允许用拉动、摇动、扭动等办法去拆除焊接点。

五、一般接点的拆焊方法

1. 剪断拆焊法

这种拆焊方法简单易行，不容易损坏元器件及导线，对焊接点也较有利。在待拆焊点上元器件引线或导线都有再焊接余量以及元器件可以舍去的情况下，可以采用剪断法进行拆焊。

操作时，先用偏口钳齐着焊点根部剪断导线或元器件的引线，再用电烙铁加热焊接点，去掉焊锡，露出残留线头的轮廓。接着，用镊子或划针挑开线头，在烙铁头的帮助下用镊子取出线头，然后清理焊接点备用。

在一般整机产品上，元器件引线及导线要留有一定余量，为的是便于产品维修。如果剪断后再重焊，就没有那么多余量，因此也就不符合出厂要求了。所以，在实际生产中剪断拆焊法采用得较少。

此外，这种拆焊方法虽然操作简单，但增加了重新修整导线端头的工作量，这一点也是需要注意的。

2.保留拆焊法

保留拆焊法能够完好地保留元器件的引线或导线的端头，拆焊后可以重新焊接。这种拆焊方法的要求比较严格，操作也较困难。

(1)搭焊点的拆焊　这类焊接点的拆焊比较简单。如果原接点上套有绝缘套管，要先退出绝缘套管，再用烙铁头蘸松香加热焊接点，待焊锡溶化后挪开导线，清除焊接点上的剩余焊锡，最后清洗焊接点。

如果焊接点内部的焊料不易清除净时，可倾斜一个角度，以便焊料顺利流出。

(2)钩焊点的拆焊　拆焊钩焊点时，首先用烙铁头去掉焊锡，然后撬起引线，抽出引线。要注意，撬引线时不要用力过猛，也不要用烙铁头乱撬，要先弄清钩线的方向。在去掉接点上的焊锡时，要将烙铁头放置在接点的下边，以便使焊锡流向烙铁头。图 8－25 为钩焊点拆焊的示意图。

(3)网焊点拆焊　拆焊网焊接点比较困难，容易损坏元器件和导线的端头及绝缘层。如不小心，还容易损坏接点，尤其是带焊片的接点。继电器、转换开关、电子管管座和带有玻璃端子器件的焊片接点被损坏后，会导致整个器件的报废。在拆焊这类器件时应特别小心。

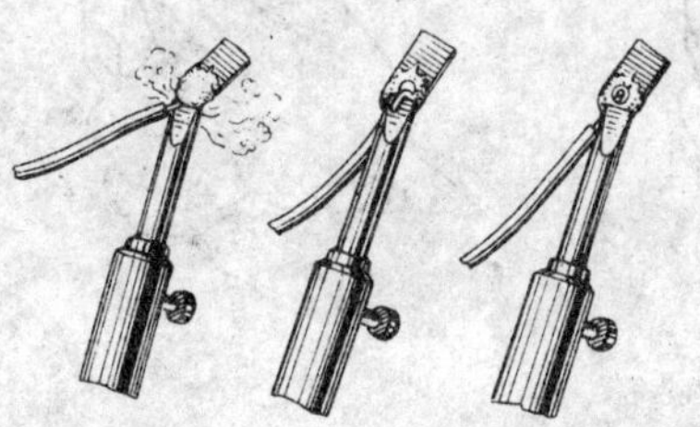

(a)　(b)　(c)

图 8－25　钩焊点拆焊示意

(a)去掉焊锡　(b)撬开导线　(c)退出导线

网绕在一起的导线，尤其是多股导线，拆焊时方法不当会越拆越乱。所以，网焊接点的拆焊一定要按操作步骤进行，其步骤如下。

①使用电烙铁除去焊接点上的焊锡，露出导线的轮廓，查清网绕的情况。

②找出导线的尖端，用划针或镊子尖挑出线头。

③用镊子夹着导线的尖端解开网绕着的导线，可利用烙铁头加热来配合这项工作。

④拉出导线，清除焊接点上的剩余焊锡，再清除焊接点。

⑤整理拆出的导线端头，调直元器件的引线，以备重新焊接。

在一个焊接点上网绕多根导线的(一般一个焊接点最多可网绕三根导线)，拆焊时不许拆乱。根据原网绕的情况，不同网绕方向的要逐根拆除，相同网绕方向可一并拆除。

六、印制线路板上装置件的拆焊方法

拆焊印制线路板上的元器件或导线时，不要损坏元器件和印制线路板上的焊盘及印制导线。印制线路板上的铜箔在受热的情况下极易剥离，拆焊时应加以注意。

印制线路板的焊接点一般都是一个焊盘穿有一根导线，并都留有一定长度，最多呈 90°折弯依附在焊盘上，这使拆焊也不感到太困难。在印制线路板的拆焊工作中比较困难的是拆焊那些多接点的器件，如固体器件、中频变压器、插焊在印制板上的多接点接插件、波段开关等。

印制线路板的折焊，有以下几种方法。

1. 分点拆焊法

焊接在印制线路板上的阻容器件，通常只有两个焊接点，在器件水平装置的情况下，两个焊接点之间的距离较大，可采用分点拆除的办法。即先拆除一端焊接点上的引线，再拆除另一端焊接点上的引线，最后将器件拔出，见图 8—26 所示。

如果焊接点上的引线是折弯的引线，拆焊时要先吸去焊接点上的焊锡(使用吸锡电烙铁或吸锡绳)，用烙铁头撬直引线后再拆除器件。

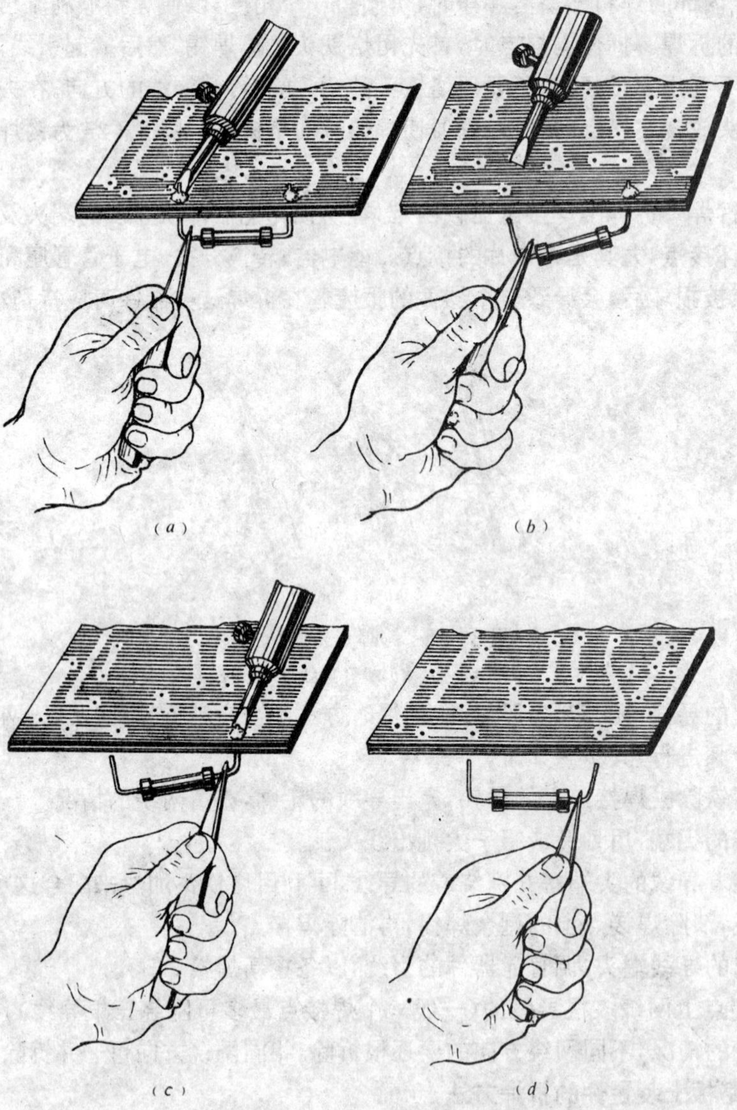

图 8—26　分点拆焊示意

2. 集中拆焊法

象晶体三极管以及直立安装的阻容器件，焊接点之间的距离都比较小。对于这类器件可采用集中拆焊法，即用电烙铁同时交替加热几个焊接点，待焊锡溶化后一次拔出器件。此法要求操作时加热迅速，注意力集中，动作快，如图 8—27 所示。

如果焊接点上的引线是弯成一定角度的，拆焊时要先吸去焊锡，撬直后再拆除。撬直时可采用带缺口的烙铁头。对多接点的固体器件，可使用专用烙铁头一次加温取下。专用烙铁头的外型见图8－28所示。

有些多接线点器件，如波段开关、插头座等，拆除时在没有特制专用工具的情况下，可另用一把烙铁辅助加温，一次取下。

3. 间断加热拆焊法

一些带有塑料骨架的器件，如中频变压器、线圈等，其骨架不耐高温，其接点既集中又比较多。对这类器件要采用间断加热法去拆焊。

拆焊时应先除去焊接点上的焊锡，露出轮廓。接着用划针挑开焊盘与引线的残留焊料，最后用烙铁头对个别未清除掉焊锡的接点加温并取下器件。拆焊这类器件时，不能长时间集中加温，要逐点间断加温。

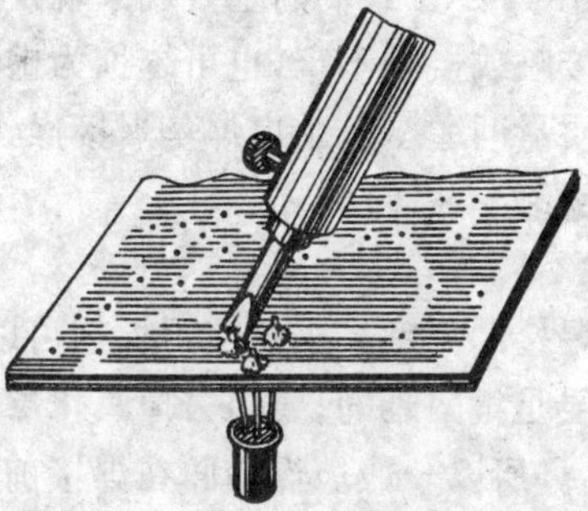

图8－27　集中拆焊示意

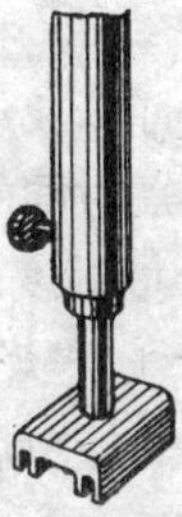

图8－28　专用烙铁头

不论用哪种拆焊方法，操作时都应先将焊接点上的焊锡去掉。在使用一般电烙铁不易清除时，可使用吸锡工具。在拆焊过程中，不要使焊料或焊剂飞溅或流散到其它元器件及导线的绝缘层上，以免烫伤这些器件。

§8－10　焊接质量及其对整机性能的影响

一、焊接质量与整机性能的关系

焊接是把组成无线电整机产品的各种元器件可靠地连接在一起的主要方法。它的质量与整个产品的质量有着密切关系。一部无线电整机产品，焊接点的数量远远超过元器件的数量。

每个焊接点的质量，都影响着整个产品的稳定性、使用的可靠性及电气性能。目前，焊接点的质量好坏，还只能从外观上判断。从众多的焊接点之中查出有质量问题的焊接点是很困难的事。由于一个或几个小小的焊接点的质量问题而造成整个产品不能正常工作的现象是屡见不鲜的。

二、虚焊、假焊和漏焊

虚焊是指焊锡与被焊接的金属没有形成金属合金，只是简单地依附在被焊接的金属物面上。

假焊是指焊接点内部没有真正焊接在一起，也就是焊锡与被焊接的金属物面被氧化层或焊剂的未挥发物及污物隔离。

漏焊是指应焊接的焊接点被漏掉，未进行焊接。

虚焊、假焊、漏焊都是焊接点质量问题的主要现象。其中漏焊是比较容易查出，容易避免的。虚焊和假焊，本身并没有严格的界线。它们的主要现象就是焊锡与被焊接的金属物面没能真正形成金属合金，表现为互不接触或接触不牢，也可统称为虚焊。虚焊是焊接工作中最常出现的故障，也是最难发现的焊接质量问题。防止虚焊是焊接操作与焊接技术的重要内容。

三、影响焊接点质量的主要原因

1.焊接物面不清洁

焊接物面清洁，是获得良好焊接的关键。虽然使用焊剂可以去掉氧化物，但在很短的焊接时间内，要去掉金属表面的氧化层是很困难的。要想去掉氧化层，只有在金属物面上摩擦镀锡，而这在焊接过程中又是不允许的。所以一般被焊物面在焊接前都要预浸锡。浸过锡的焊接物面，要注意保管，以防再次氧化。在焊接前，对已被氧化的焊接物面，一定要进行清洗。用带有汗或油脂的手去触摸被焊物面，以及使被焊物面长时间暴露在空气中，都会使被焊物面生成氧化膜，影响焊接。被焊接的金属物面如果潮湿，会引起焊接点上出现气泡和溅锡现象。

2.焊接时间与温度掌握不当

焊锡向被焊物面扩散的条件是温度和时间。被焊物面金属层的加热时间，决定着焊接的质量。温度稍低而时间较长的焊接，要比高温短时间的焊接质量好。

如温度过低，被焊物面金属层未达到焊接温度，焊锡只是简单地依附在金属层的表面上，不能形成金属化合物，就会造成焊接不良，形成虚焊。

温度过低还会使焊剂不能充分挥发，在焊接金属物面与焊锡之间形成松香层。由于松香是不导电的，因而形成假焊。

焊接温度过低时，焊锡的流动性能差，不能充分流入被焊物面的空隙，也会使焊接点的强度降低。

3.焊剂使用不当

(1)焊剂的选用不当　选择焊剂主要依据是被焊接金属材料的焊接性能。例如，焊接金、铂、锡、铅等金属及其电镀件，用纯松香做焊剂较好。焊接纯铜、黄铜、银等金属，虽然也可以用纯松香做焊剂，但焊接速度慢。对于比较容易氧化的金属，如铁、钢、镍等，就不能选用纯松香做焊剂，而应使用活性松香或中性焊剂。

(2)焊剂的用量不当　焊剂用量过少时，被焊接金属物面的氧化层不能彻底清除，焊锡与被焊接的金属物面不能很好的形成金属合金而造成焊接不良。

焊剂的用量过多时，在焊接过程中焊剂不易充分挥发，焊接后的残留物对金属有腐蚀作用。

4.装配人工操作不当

由于操作不当而影响焊接质量的主要现象有：加锡量掌握不当，提取烙铁的时间与温度掌握不好，手拿烙铁不稳，等等。特别需要引起注意的是，焊接点上的焊锡尚未完全凝固时，触动焊接点上的导线或元器件而造成焊接不良。

随着无线电技术的不断发展，将对焊接质量提出更高的要求，因此必须不断地改进和提高焊接工艺技术。

§8－11 无锡焊接

无锡焊接是焊接技术的一个组成部分，包括压接（冷压、热压）、绕接、熔焊、导电胶粘接、激光焊等。无锡焊接的特点是不需要焊料与焊剂即可获得可靠的连接，因而解决了清洗困难和焊接面易氧化的问题。近年来无锡焊接在无线电整机装配中得到推广和使用，下面就目前使用较多的压接与绕接两种无锡焊接方法分别加以介绍。

一、压接

压接分冷压接与热压接两种，目前以冷压接使用较多。压接是借助控制挤压力和金属位移，使连接器触脚或端子与导线实现连接的。在各种连接方法中，压接使用的压力最高，产生的温度较低。压接使用的工具是压接钳（见本书第四章专用工具一节）。将导线端头放入压接触脚或端头焊片中用力压紧，即获得可靠的连接。

压接触脚专门用来连接导线。通常，压接触脚有多种规格供选用。

压接导线端头时可外套尼龙套，如图 8－29 所示。

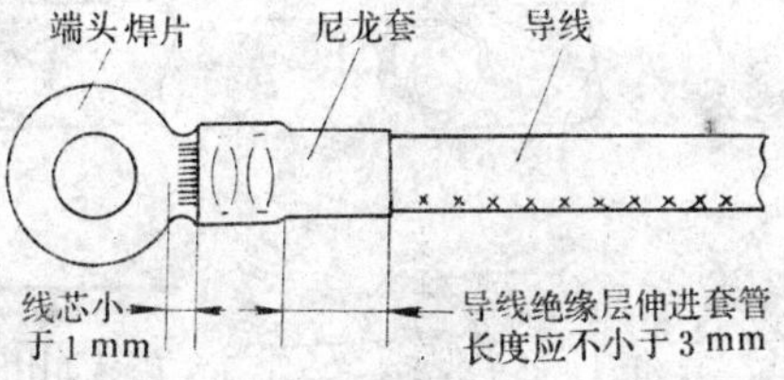

图 8－29 导线端头冷压接示意

压接技术的应用范围正在不断扩大，其主要特点如下：

（1）操作简便　压接操作方法很简便，只用简单的工具一压即可完成。

（2）适宜在任何场合应用　压接操作方法与所用工具简便，可在屋内、屋外及各种气候条件下操作。

（3）生产效率高、成本低　压接与焊接相比，省去了导线端头浸锡及焊接后的清洗等工序，提高了生产效率，又节省了焊料、焊剂、清洗液等大量材料，降低了成本。

（4）不产生有害气体　压接不使用焊料与焊剂，因而不产生有害气体，从而保障了操作工人的身体健康。

（5）清洁无污　压接的接点不使用焊剂，因此没有焊剂的残留物，焊接点外表清洁无污。

（6）维护简便　压接点损坏后维修很方便，只要剪断导线，重新剥头再压接即可。

压接虽有不少优点，但目前尚有不足之处。例如，压接接点的接触电阻比较高；手工压接时，因操作者施力不能始终如一，质量不够稳定；很多接点不能采用压接方法等等。

二、绕接

绕接也是一种无锡焊接法。与锡焊相比，绕接具有方便、可靠和经济等优点。近年来在一些电子设备、通讯设备及电子计算机的整机装配中绕接得到了应用。绕接的基本原理是：对两个金属表面施加足够的压力，使之产生塑性变形，使两金属表面原子层产生强力结合，达到牢固连接的目的。

1. 绕接的操作

用电动绕接器对单股实心裸导线施加一定的拉力，并按规定的圈数紧密地绕在带有棱边的接线柱上，使导线与接线柱形成紧密连接，以达到可靠的电气连接目的。绕接后接点的外形如图 8－30 所示。

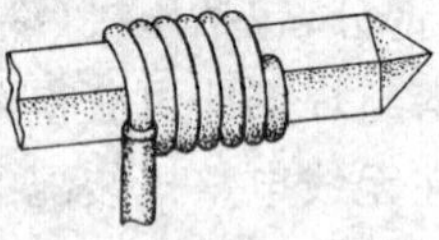

图 8－30　绕接接点外形

电动绕接器的操作部分主要是绕头。它是一个可以旋转的心轴，沿轴心有开孔（称为接线柱孔），用来套在固定的接线柱上。在绕头边缘上有一个较长的小槽孔，用以容纳导线，称为导线孔。绕头外面为固定的绕套，用以约束和限制导线。当线头在其中回转时，导线为绕套所限制，随导线孔环绕固定接线柱，同时从导线孔中拉出，直到完全绕在接线柱上。线头和绕套的形状及绕接过程见图 8－31 所示。

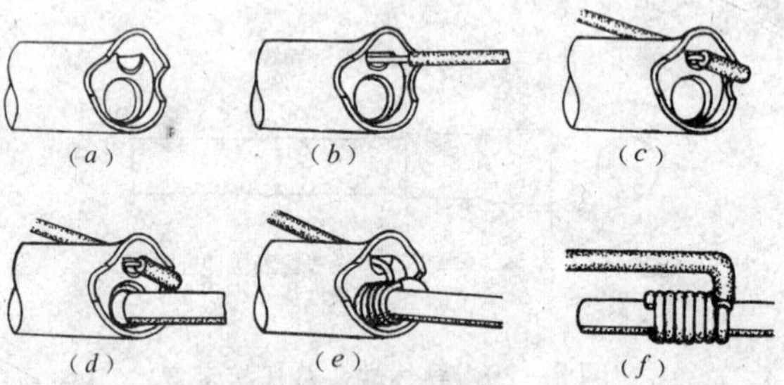

图 8－31　绕接过程示意

(*a*)工具头（绕头和套头）　(*b*)插入导线　(*c*)导线弯转和固定　(*d*)套入接线柱　(*e*)绕线　(*f*)完成的接点

具体绕接步骤是：

(1)准备导线　根据线材规格、接线柱尺寸及绕接所需圈数，在导线端部剥去一定长度的绝缘皮。

(2)导线的插入和固定　将去掉绝缘皮的一段裸线全部插入导线孔。由于绕套呈漏斗形状，使得导线很容易扦入。然后将导线折弯，嵌在绕套缺口里，再转到绕套外向后引出。以上过程见图 8－31(*b*)(*c*)所示。

(3)套入接线柱　把绕接工具头部的接线柱孔套入被绕接的接线柱上，见图 8－31(*d*)所示。

(4)绕接操作　使绕头回转并向前施加少量推力，将导线紧密地排绕在接线柱上，见图 8

—31(e)所示。

熟练地使用操作工具，每个接点实际绕接时间大约 0.1～0.2s，整个操作循环大约需2.5 s。

2.绕接的基本特点

绕接过程中，两种金属之间构成一定的应力状态，金属之间进行固态扩散。实践证明，绕接比锡焊有一定的优越性，其特点主要有以下几个方面：

(1)可靠性高、寿命长、没有虚假焊。

(2)接触电阻比锡焊小。绕接电阻只有 1mΩ 左右，而锡焊接点的接触电阻有 10mΩ 左右。

(3)抗震能力比锡焊大 40 倍。

(4)由于不使用焊锡和助焊剂，因而不产生有害气体，可改善劳动条件，同时也不需做焊点的清洗工作，避免助焊剂残留物对焊接点的腐蚀。

(5)由于不需要加温，故可避免烫坏导线绝缘层或热敏感器件。

(6)节约焊锡　焊剂等材料，可提高劳动生产率，降低成本。

绕接技术虽有许多优点，但是也存在着不足之处。例如，要求导线必须是单心线，接点是特殊形状，导线剥头要比锡焊长，等等。但作为一种新的工艺，绕接技术一定会在实践中不断完善，在电子设备的装配中得到广泛应用。

第九章　整机总装及安全文明生产

前几章介绍了常用元器件、材料、零部件、工具、专用设备、技术文件以及装配中的一些专业工艺等基础知识。本章将对整机总装车间的生产组织管理、整机总装工艺过程，以及调试、检验和安全与文明生产的一般知识给以介绍。

§9—1　整机总装车间的生产组织管理

由于产品的复杂程度、技术要求、车间场地设备条件、生产批量、日产量、以及技术力量人员素质等条件的不同，总装车间的生产组织管理形式也各不相同。下边将按大中型机小批量生产及小型机大批量生产两种类型一般的生产组织管理形式给以介绍。

一、大中型机小批量生产

一般大中型机小批量生产或产品品种经常变换的车间，其生产组织形式如下：

- 车间
  - 管理
    - 技术(工艺)组
    - 计划调度组
    - 工具库
    - 材料库
    - 后勤组
  - 生产
    - 准备组(若干个)
    - 装配组(若干个)
    - 调试组(若干个)
    - 检验组
    - 机、钳工组

从以上形式可以看出，生产车间一般有管理和生产两大项工作。

1. 车间管理工作

(1)技术(工艺)组　车间技术(工艺)组负责车间的技术管理工作，业务上受厂技术(工艺)科指导。其日常工作有：解决生产中存在的质量问题，指导工人按工艺规程操作，提高工人技术水平；开展工艺试验，总结推广先进工艺；贯彻工艺科编制的产品工艺文件，根据需要，经工艺科批准可以编制本车间使用的工艺文件。

(2)计划调度组　车间计划调度组的日常工作是：根据厂生产计划科下达给车间的生产任务，依据工时定额(一般由专职工时定额员依据工艺文件制定)安排制定月或日生产项目，落实到各生产小组；调配车间生产人员、器件材料、工具设备、仪表等；掌握生产动态，及时发现和解决问题；使车间能均衡生产，保证生产顺利进行。

(3)工具库　车间工具库的日常工作是：本车间工具的领用、保管、发放和退还；回收上交废工具；建立工人工具卡，做到账物相符，准确无误。车间工具库业务上受厂工具科的指导。

(4)材料库　车间材料库负责本车间生产用材料和器件等的领取、齐套、保管和发放工作，在业务上受厂供应科的指导。

(5)后勤组　车间后勤组负责本车间工资、劳保用品、卫生用品、文具等的领发工作，为完成生产任务做好各项后勤保证工作。有些车间的后勤人员中包括电工，负责车间用电线路和设备的安全检查、用电线路的安装和维修。

为了贯彻全面质量管理，车间还应设全面质量管理人员，业务上受厂全面质量管理科指导。由于各厂、车间具体情况不同，管理工作还可能有其他各种分工形式，但都是为生产服务，从各方面保证生产任务完成的。

2. 车间生产工作

(1)准备组　车间准备组主要负责装配前各种元器件、准备件的加工准备工作。根据生产批量大小、准备工作量多少等因素，可建立一个或若干个准备组。批量很小时，也可不设准备组，准备工作直接在装配组完成。

(2)装配组　车间装配组负责完成整机的装配任务。装配工作要严格按技术文件、工艺要求和安全操作规程去做，完成各项装配工作，要保证装配质量。根据品种多少、生产批量大小等具体情况，可设立若干个装配组。

(3)调试组　车间调试组要严格按技术文件的要求，正确合理使用仪器仪表。车间调试组负责单元、分机及整机的调试，测试各项规定指标，并作好记录。

(4)检验组　车间检验组业务上受厂检验科指导。其任务是：根据有关设计文件和工艺文件的要求，检查车间各生产小组的质量，保证产品符合质量要求，发现质量问题按制度通知有关组织解决，同时作好质量记录以备分析。

(5)机、钳工组　车间机、钳工组，主要负责整机产品中某些特殊件（如传动机构）的安装，一般简易的钳工装配工作（如用紧固件安装零部件等），可由装配组自行完成。机、钳工组还负责车间的设备革新、改造及其维修工作。

二、小型机大批量生产

1. 生产组织形式

小型机大批量生产的组织形式如下：

- 车间
  - 管理
    - 技术（工艺）组
    - 计划调度组
    - 工具库
    - 材料库
    - 后勤组
  - 生产
    - 准备组
    - 流水线（若干条）
    - 检验组
    - 机、钳工组

以上生产组织形式与大中型机小批量生产的组织形式基本相同，各组的职责也相同。由于产品小、批量大，将大中型机小批量生产中的装配组改为固定的流水作业线。根据具体情况设置若干条流水线，在线上完成整机的安装、焊接及调试任务。检验人员在流水线上检查，机、钳工组要保证流水线的正常运行。

§9—2 整机总装工艺过程

一、整机总装工艺过程

整机总装工艺过程大致可分为装配准备、装连(包括安装与焊接)、调试、检验、包装入库或出厂几个环节。由于产品的复杂程度、生产量大小等方面的不同,也分为大中型机小批量生产和小型机大批量生产两种总装工艺过程。

1. 大中型机小批量生产总装工艺过程

大中型整机装配工艺过程如下:

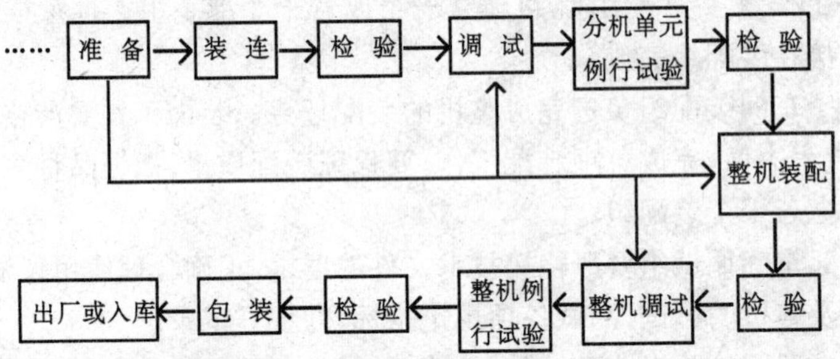

图中,准备工作是为各分机、整机的装配、调试等工作做好准备。各分机装连与整机装配都采用流水线生产。这种流水线一般是小批量流水线。一批产品生产完成之后流水线即拆散,生产其他产品时又重新组成新流水线。特殊大型机批量很小不能组成流水线,可按部分加工。有些大型机不便移动,可采取工人流动装配的方法。分机调试工作的形式有流水线调试和包机调试(即一人调试一台分机)两种。考虑到机器的复杂性和安全问题,大型整机的调试至少应由两人承担。例行试验应根据技术条件的要求进行。每个阶段工作完成之后都应进行检验以保证各阶段的生产质量。整机检验也有采取同订货方按技术条件共同验收的方式的。检验合格的分机、整机应有检验记录,以备查考。整机装调检验合格以后进行包装,再入库或出厂。

2. 小型机大批量生产的总装工艺过程

小型机大批量生产的产品,其装配工艺过程如下:

准备工作与大中型机相比,工作量较大。为保证流水线的生产,也可成立准备车间。插装、焊接、调试、测量这几项工作在流水线上可交叉进行。产品检验合格后,再包装入库或出厂。

二、整机总装及流水线

1. 整机总装

整机总装是生产过程中极为重要的环节,如果整机的结构设计和安装工艺方法、工序次序不正确,就可能达不到产品的功能要求或预定的技术指标,或者不能用最合理、最经济的方法实现。

整机的总装,就是将组成整机的各个部分,经检验合格后,进入总装合成和连接。总装的一般原则是先轻后重、先铆后装、先里后外、先平后高,线把导线的安连次序也要安排好。总之,上道工序不得影响下道工序的安装。电视机、收录机类大量生产的电子产品，一般均有整机总装流水线。总装中的一些专业工艺的应用，前面几章已有详细介绍，在此不作重复，下面介绍整机总装应注意事项。

(1)未经检验合格的零、部、整件(包括自制件、外购件)不得安装。已检验合格的件，在安装前发现有问题时，应向有关人员反映解决后，方可进行安装。

(2)要认真领会安装工艺文件和设计文件，严格遵守工艺规程，安装完毕后应符合图纸和工艺文件的要求。

(3)严格遵守总装的一般原则，防止前后次序的颠倒，注意上下工序的衔接，不得相互影响。

(4)安装过程中不得损伤元器件，避免碰坏机箱及元器件上涂覆层，损害绝缘性能。

(5)熟练掌握本岗位的操作技能，保证质量、注意安全，严格执行自检和专职检验人员检验制度。经常总结经验，提出装配中的合理化建议及技术革新。

2.流水线

流水作业法是把一部整机装连调试工作划分成若干简单操作，每一个装配工人完成指定操作。在划分时要注意到每人操作所用的时间应相等，这个时间称为流水的拍节。装配的机器在流水线上移动的方式有好多种。有的是把装配的底座放在小车上，由装配工人沿轨道推进，这种方式的时间限制不很严格。有的是利用传送带来运送机器，装配工人把机器从传送带上取下，按规定完成装连后再放到传送带上，进行下一个操作。由于传送带是连续运转的，所以这种方式的时间限制很严格。传送带的运动有两种方式：一种是间歇运动(即定时运动)，另一种是连续均匀运动。每个装配工人的操作必须严格按照所规定的时间拍节进行。完成一部整机所需的操作和工位(工序)的划分，要根据机器的复杂程度、日产量或班产量来确定。

目前，电视机、收录机的生产，大都有整机总装流水线和印制线路板插焊流水线。其流水节拍的形式，分自由节拍形式和强制节拍形式两种。下面以印制线路板插焊流水线为例加以阐述。

自由节拍形式分手工操作和半自动化操作两种类型。手工操作时，装配工人按规定插件，剪掉多余的引线，进行手工插接，然后在流水线上传递。半自动化操作时，生产线上配备着具有铲头功能的插件台，每个装配工人独用一台。整块线路板上元件的插装工作完成后，通过宽度可调、长短可随意增减的传送线送到波峰焊接机上。

采用强制节拍形式时，插件板在流水线上连续运行，每个操作工人必须在规定的时间内把所要求插装的元器件、零件准确无误地插到线路板上。这种方式带有一定的强制性。在选择分配每个工位的工作量时应留有适当的余地，以便既保证一定的劳动生产率，又保证产品质量。这种流水线方式，工作内容简单，动作单纯，记忆方便，可减少差错，提高工效。现有一种回转式环形强制节拍插件焊接线，是将印制板放在环形连续运转的传送线上，由变速器控制链条拖动，工装板与操作工人呈15°～27°的角度，其角度可调，工位间距也可按需要自由调节。生产时，工人环坐在流水线周围进行操作，每人装插元件的数量可调整，一般取4～6只左右，而后再进行焊接。

在更为先进的印制线路板插焊流水线上，不仅有先进的波峰焊接机，而且配置了自动插件机，使印制线路板的插焊工作基本上全部自动化，生产效率和质量更为提高。自动插件机的类型，由于元器件引线有轴向和径向(即立式元件和卧式元件)的不同，一般自动插件机也分为专作轴向引线元件的插件机和专作经向引线元件的插件机。必须依据具体插件机的技术性能，具备一定的条件，才能使用自动插件机。一般较大的元器件，自动插件机不适用，还需人工补插。元器件生产厂家需提供合适的编带元件，如编带的电阻、编带的电容等。元器件的尺寸、引线直径、打弯尺寸等都要与自动插件机的要求相适应。再如设计印制线路板时，其形状、尺寸、定位基准以及插入元器件引线的孔径大小、坐标位置、节距(跨距)、相邻元件最小间距等，均应与自动插件机要求的规格相符。例如日本松下公司生产的NM－2024型和NM－2120型自动插件机，分别适用于轴向引线元件和径向引线元件的插件。其轴向引线元件插入节距规格有5、7.5、10、12.5mm，径向引线元件插入节距规格为5mm。插孔的坐标精度不低于±0.1mm。插件的孔径应为元件引线直径加上0.3～0.4mm。除此之外，还应编制出程序带，输入自动插件机，方可进行工作。

另外，国外已有不用装插工艺，而使用一种导电胶，将元件直接胶合在印制线路板上的新方法，其效率高达每分钟安装200只元件。

§9—3 整机调试

各种无线电整机在总装完毕后，一般要通过调试，才能达到规定的技术指标要求。某些整机根据要求也可不进行调试，装完后直接通电检查即可。整机调试包括调整和测试两部分工作，即对整机内可调元器件及与电气指标有关的机械传动部分、调谐系统部分进行调整，同时对整机电气性能进行测试。

整机调试工作通常在装配车间进行。调试工作严格按调试说明或工艺文件进行。测试仪表要稳定可靠，调试人员要技术熟练。

较复杂的大型设备，根据设计要求可在生产厂进行部分调试或粗调，然后在安装现场依据技术文件进行安装及全面调试。

一、整机调试的一般程序

在开始调试之前，调试人员应仔细阅读调试说明及调试工艺文件，熟悉整机的工作原理、技术条件及有关指标，并能正确使用测试仪器仪表。

简单小型整机在安装和焊接完后，可直接进行整机调试，如晶体管收音机等就是这样。复杂的整机，一般要先对单元板、分机等分别进行调试，达到指标要求后再进行总装，然后对整机进行总调，并按规定进行整机例行试验。

二、整机调试的一般工艺要求

为防止外界信号的干扰及整机本身对其他机器的干扰，调试工作应在屏蔽室或屏蔽笼内进行。

1. 仪器、仪表的放置和使用

调试中使用的仪器仪表应是经过计量并在有效期之内的，使用前仍须进行检查，以保证能正常工作。仪器应整齐地放置在工作台或小车上，较重的放在下部，较轻或小型的放在上部。经常用来监视整机信号的仪器、仪表应放置在便于观察的位置上。所用仪器应接成统一的地线，并与整机的地线接好。仪器的电源应通过稳压器供电。根据测试指标要求，各仪器应选好量程，校准零点。在测量时，使表头指针落在量程1/2～2/3的位置上较好。读数时要正视表盘，以防产生读数误差。需预热的仪器必须按规定时间预热。某些仪器开机时间有限制，应按规定使用。

暂不使用的仪器应关掉电源。需散热的仪器应加排风扇。在测试高频高压时，应加衰减器，以防损坏仪器、仪表。

2. 通电前的准备工作

调试场地应布置整洁。对于批量大的小型整机（如收音机、电视机），应根据工艺要求制做专用的测试模板。将印制电路板放在模板上进行调试，可同时测试几个指标。调试大型机高压部分时，应在机器周围铺设合乎规定的地板或绝缘胶垫，并将工作地用拦网围好，必要时可加"高压危险"警告牌，并应备好放电棒。调压器、总电闸应放在便于调整的位置。

调试人员应按安全操作规程做好个人准备，如高压高频时应穿高压绝缘鞋、戴高压手套、穿高频防护衣等。调试用的图纸、文件、工具、备件等应放置在适当的位置上。

单元板、分机等调试完毕后，应按文件要求进行整机总装。

在以上准备工作完成后，应根据图纸（电原理图、整机连线图等），用万用表、自制蜂鸣器或专用设备检查线路与安装是否正确，各种控制开关是否正常。用兆欧表测试绝缘电阻。检查保险丝是否符合规定值，整机是否接好负载或假负载。对发现的问题应及时解决，确实无误方可给整机接通电源。

3. 通电调试

通电后，首先应检查输入电压是否正确。检查人员应单手操作，以防触电。还应检查各种保险开关、控制系统是否起作用；能否按灯丝、低压、高压加电程序通电；各种风冷及水冷系统能否正常工作；各种继电器能否正常动作；保护电路能否起到保护作用。采用电子管的机器，先不要插电子管，检查一下管座上各极插脚的电压是否正确。通电后应观察整机内部有无放电、打火、冒烟现象，有无异常气味，整机上各种仪表指示是否正常。若没发现问题，可进行静态调试。静态测试正常后再加输入信号进行动态调试。调整某些元器件，使其达到技术指标要求。在加电调试中发现故障时，必须按程序断电。对高压大容量电容器等类器件，应在用放电棒进行放电后再排除故障。

整机正常工作后，按测试指标要求进行测试，做好记录。调试后应按规定进行负荷试验，并定时对各种指标进行测试，做好记录。若加负荷后仍能正常工作，则此部整机调试完毕。

调试工作的精确度和正确性在很大程度上决定了整机的质量，必须按工艺要求认真进行。

§9—4 整机检验

检验是一项很重要的工作，贯穿在整个生产过程中。检验工作，要执行自检、互检、专职检验相结合的三级检验制方针。每个技术工人，对自己岗位的操作质量，应做到认真负责、一丝不苟，应具有熟练的操作技能并熟悉检验方法。

工厂在组织生产过程中，检验工作一般可分为三个环节：即元器件、材料、零部整件等在入库前的检验，装配车间在生产过程中的检验，以及整机检验。

一、入库前的检验

元器件、材料、零、部、整件等在包装、存放、运输过程中可能会出现各种变质及损坏情况。因此，在其入库前要按产品技术条件或技术协议进行外观检验并测试有关性能指标，合格后方可入库。部分元器件在整机装配之前应进行老化筛选，这些元器件包括电子管、晶体管、集成电路、部分阻容元件等。老化筛选的内容应包括温度和功率老化实验。气候实验及一些特殊实验。

应当指出，老化筛选的元器件，其电气参数和外形应符合设计要求，是进厂交收试验合格的元器件，否则不能进行老化筛选。在工艺筛选过程中，应对每一项内容都做好记录，填写工艺筛选合格证，封盒交付使用。对于特殊筛选的元器件，应在封盒合格证上注明“特选”、“专用”等字样。对判为不合格不能使用的，应严格隔离，并将原因分析清楚。进行批量筛选的元器件，若失效或不合格的百分比超出了规定，此批元器件应停止使用，待技术主管部门分析后再做处理。

对管子或集成电路进行外观检查时，应注意下列各方面：玻璃管壳有无碎裂，管壳、管脚有无生锈，管腿有无松动，有无裂缝、印记不清、掉漆层、封帽不端正现象，等等。

对电阻器和电容器，应检查其结构、外形、尺寸、重量是否符合产品标准规定，标志是否牢固、清晰。对电阻器还要进行实际阻值和绝缘电阻的测量，对电容器还应进行容量和漏电电流的测量。

对电位器，应检查其结构及外形尺寸是否符合技术条件，标志是否清晰、牢固，表面有无污垢，胶木有无裂纹。同时，也应进行实际阻值、零位阻值及阻值变化特性的测量。

对电线、电缆，应检查其绝缘表面是否平滑，有无机械损伤、杂质和气泡，有无显著的凹凸和竹节形。此外，还要测量导线的绝缘电阻是否符合要求。

二、生产过程中的检验

生产过程中各阶段的检验内容及工艺要求在前几章已分别进行了介绍，这里将其简单归纳在表 9－1 里，供参考。

三、整机检验

整机检验，应遵照实品标准（或技术条件）规定的内容进行。检验类型一般分为交收试验、定型试验和周期试验（例行试验）。

1. 交收试验

检验内容包括常温条件下的外观检查项目和常温条件下的电性能、机械性能的检验项目。这些内容，在生产车间一般都应由检验人员，按照产品标准（或技术条件）的规定，按产品100％进行检验。对连续大批量生产的产品，在生产线上，也可按抽样标准规则进行日抽样（或班抽样）的检验。这类常温条件下的检验项目，生产工人也应在相应的工序中，认真做好自检工作。例如：产品内外是否整洁；电镀涂覆层及名牌有无损伤；金属结构有无开焊、开裂现象；元器件图号与导线线号是否与产品图纸（电路图，接线图等）相符；导线走线位置、元件布置是否与装配图、接线图以及样机相同；元件固定是否牢固，有无装错；导线绝缘有无损坏；有无虚焊、假焊、漏焊等。对电路的检查，必须利用万用表或专用仪表，依据电路图、接线图进行。检查应从电源开始，对级数较多的电路应按各级顺序进行检查。要测量有关器件对地电阻是否符合规定，检查各电压通断开关是否良好，旋转调谐机构是否灵活以及有关电参数指标是否正确等。

产品交付商业部门时的批抽样检验项目，一般也仅做交收试验这类的检验项目。

2. 定型试验

检验内容除包括交收试验的全部项目外，还应包括环境试验、可靠性试验以及安全性试验等。试验时可在试制样品中按抽样方案抽样，或将试制样品全部进行。试验目的主要是考核试制阶段中试制样品是否已达到产品标准（技术条件）的全部内容。定型试验报告是提请上级履行鉴定定型必须具备的条件之一。

3. 周期试验（又称例行试验）

它的内容与定型试验的内容基本相同。其试验数量，不论是独立批的生产，还是连续大批量的生产，均为按批或定期(一年或半年)进行抽样试验。当产品的主要设计、工艺及原材料有改变时，也要进行此试验。周期试验的目的，主要是考核产品在生产中的工艺是否稳定正常。

表 9－1　　装配各阶段检验内容

工序		检验内容
准备工序	元器件准备	1.元器件引线及接点浸锡符合焊接要求 2.元器件标记字样清楚，标记方法和位置符合要求 3.准备件的制做符合图纸要求 4.地线、裸线成形符合要求
	导线准备	1.下线尺寸、规格、型号符合图纸规定 2.导线端头处理时，端头尺寸准确，多芯线绞合角度为 60 度左右，端头浸锡要薄，轮廓要清楚，绝缘层不应损伤，芯线不能有断股及损伤 3.导线的标记清楚
	线扎制做	1.导线排线合理整齐 2.绑线牢固，线扣紧，扣距均匀，扎线上下不能松动 3.引出导线的位置正确，长度符合图纸规定
	电缆加工	1.材料尺寸符合图纸规定 2.制做方法与要求符合图纸 3.通断试验 4.插头座要进行绝缘检验
安装	紧固件的安装	1.紧固件的选用符合图纸规定 2.紧固力矩符合要求 3.弹簧垫圈应压平，无开裂 4.螺钉凸出螺母的长度以 2～3 扣为宜 5.紧固漆的涂法和用量符合要求
	铆装	1.铆钉的形状无变形、开裂 2.铆钉头的压形符合要求
	胶接	1.胶的选用符合规定，用量适当 2.胶接均匀 3.胶接面无缝隙 4.胶接后无变形
	其他	1.瓷件、胶木件无开裂、起泡、掉块、变形 2.镀银件无变色发黑 3.接插件接触良好，插拔力符合要求 4.传动器件转动灵活，无卡住、跳变等现象 5.电感器件排列位置符合图纸规定，带屏蔽器件达到屏蔽要求，磁帽、磁芯无开裂、掉块现象，可调磁芯符合要求 6.绝缘件达到绝缘要求 7.减振器件起到减振作用
焊接	焊接正确性	无错焊、漏焊点
	焊接点质量	1.焊锡适量 2.焊点光滑 3.无毛刺、砂眼、气孔等现象 4.无虚假焊 5.印制板焊点无拉尖、桥连和溅锡现象

4.环境试验、可靠性试验、安全性试验

(1)环境试验　试验项目一般有低温试验、高温试验、湿热试验(包括恒定或交变)、冲击和碰撞试验、振动试验、运输试验等。还有一些较特殊的试验，如恒加速试验、盐雾试验、长霉试验、防尘试验、辐射试验、密封试验、低气压试验等。各种电子产品用在不同的使用环境中，如航空、航天、舰船、车载、室内、室外等，无疑应有与其相适应的不同环境试验要求标准。在制定相应的产品标准(技术条件)时，要根据产品可能遇到的环境条件，从技术和经济方面作分析之后，规定试验内容、方法、等级以及试验顺序、判决原则等。

例如：低温试验中低温的严酷等级有：－65℃、－55℃、－45℃、－40℃、－30℃、－25℃、－15℃、－10℃、0℃、＋5℃，允许偏差范围均为±3℃。

再如：高温试验中高温的严酷等级有：＋200℃、＋175℃、＋155℃、＋125℃、＋100℃、＋85℃、＋70℃、＋60℃、＋55℃、50℃、＋45℃、＋35℃、＋30℃，允许偏差范围均为±2℃。

环境试验的详细内容，可参见有关标准。

(2)可靠性试验　许多国家从本世纪50年代开始，先后开展了电子设备和元器件可靠性问题的全面研究工作，发展很快，这与电子工业的迅速发展是分不开的。

一台电子产品，尽管各项基本性能指标都很先进，但如果不可靠，如俗话说的"不顶用"，那也就没有实际使用价值。电视机、收录机产品如果老出故障，不"经久耐用"，肯定将不受欢迎而被淘汰。所以产品所应具有的基本性能是反映产品质量的一个方面，而能否可靠耐用，即可靠性如何，是反映产品质量的另一个方面。

所谓可靠性，就是产品在规定的条件下和规定的时间内完成规定功能的能力。这里的产品是泛指的，它包括元件、器件、设备和系统。该定义只是一般的定性表示。而作为产品的一项质量指标，则必须有数量化(定量)的表示。但是可靠性的定量表示有它的特点，也就是它很难只用一个量来完全代表。在不同场合和不同的情况下，可用不同的指标来表示产品的可靠性，通常有以下几个可靠性的特征量来描述(或衡量)可靠性(以概率统计近似法来描述)：

①可靠度 $R(t)$　可靠度是产品在规定的条件下和规定的时间内，完成规定功能的概率。它是时间的函数，记作 $R(t)$，也称为可靠度函数。

设 N 个产品从时刻"0"开始工作，到时刻 t 失效(丧失规定功能)的总个数 $n(t)$，当 N 足够大时

$$R(t)\approx\frac{N-n(t)}{N}=\frac{N(t)}{N} \tag{9-1}$$

上式 $N(t)$ 表示工作到 t 时刻仍在正常工作的产品数(即生存产品数)。

②累积失效概率 $F(t)$(又称不可靠度)　指产品在规定条件下和规定的时间内失效的概率。也可以说成是"产品在规定条件下和规定时间内，完不成规定功能的概率"。它同样是时间的函数，记作 $F(t)$。

$$F(t)\approx\frac{n(t)}{N} \tag{9-2}$$

将式(9－1)与(9－2)相加可得

$$R(t)+F(t)=\frac{N-n(t)}{N}+\frac{n(t)}{N}=1 \tag{9-3}$$

由此可见，$R(t)$ 与 $F(t)$ 为相互对立事件。

③瞬时失效率 $\lambda(t)$(简称失效率)　指产品工作到 t 时刻后的单位时间内发生失效的概率。用通俗的话表达，失效率就等于产品在 t 时刻后的一个单位时间 $(t,t+1)$ 内的失效数与在时刻 t 还在工作的产品数之比。显然失效率也是时间的函数，记作 $\lambda(t)$。故也称之为失效率函数。

设有 N 个产品，从 $t=0$ 时刻开始工作，到时刻 t 时的失效数为 $n(t)$，即 t 时刻的残存产品数为 $N-n(t)$，又若在 $(t,t+\Delta t)$ 时间间隔内，有 $\Delta n(t)$ 个产品失效，则根据上述定义，在时刻 t 的失效率可用下式估计：

$$\lambda(t)\approx\frac{n(t+\Delta t)-n(t)}{[N-n(t)]\Delta t}=\frac{\Delta n(t)}{[N-n(t)]\Delta t} \tag{9-4}$$

失效率用单位时间的百分数来表示。如用%/小时或%/1000小时来表示受试产品在1小时(或1000小时)内的失效数的百分比。国外还常用 1×10^{-9}/小时(或 1×10^{-6}/1000小时)作

为失效率单位，意即10亿个元件小时内只允许有一个产品失效，或在每千小时内只允许有百万分之一的失效率，称为1“非特”(Fit)。

根据经验，各种电子元器件或由这些电子器件组成的电子设备的$\lambda(t)$曲线，随时间推移，形成类似“浴盆”形状，故称为“浴盆曲线”，如图9－1所示。

从图9－1曲线上可以看出，产品的失效率随着时间的推移，大体可划分为三个阶段，即早期失效期、偶然失效期和耗损失效期。

早期失效期：失效率高，失效率随时间的增加而迅速下降。此类失效由元器件材料缺陷和生产工艺不良所引起。一般在厂内应对元器件进行工艺老化筛选，或让产品在适当的条件下工作，或贮放一段时间，即可减少或剔除早期失效产品，故此时期又称“调整期”。

偶然失效期：失效率低，而且稳定，近似为常数，这一阶段时间长。产品可靠性指标所描述的也就是这个时期。这个时期又称为“工作期”。

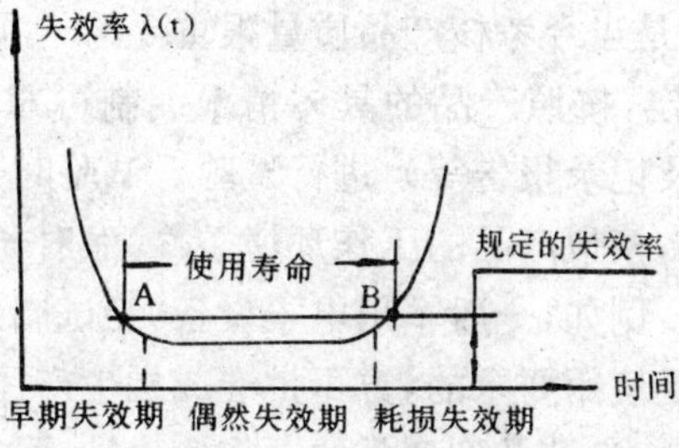

图9－1　电子产品典型失效率曲线

耗损失效期：进入衰老阶段，平均失效率随时间而增加，此阶段表现为机械零件磨损、元器件大量衰老。故这时期又称为“衰老期”。

从以上三个失效期可见，最为关心的应是偶然失效期。因为失效率$\lambda(t)$一般来说是时间函数，而在偶然失效期$\lambda(t)=\lambda$为常数，故失效率的计算式可用下式：

$$\lambda=\frac{\gamma}{T} \tag{9-5}$$

式中　γ——产品失效数；

T——受试产品数和试验时间(小时数)的乘积，简称为产品小时数。

例如：一万个元件试验一千小时失效产品有两个，它的失效率代入(9－5)式就是

$$\lambda=\frac{2}{10000\times1000}=0.02\%/1000h=0.00002\%/h$$

为了区别各种电子元器件的失效率水平，当产品的失效率为常数时，《电子元器件失效率试验方法》标准中规定，失效率等级共分为七级，见表9－2。

表9－2　　失效率等级及数值

名　称	符　号	最大失效率(l/h)
亚五级	Y	3×10^{-5}
五　级	W	1×10^{-5}
六　级	R	1×10^{-6}
七　级	Q	1×10^{-7}
八　级	B	1×10^{-8}
九　级	J	1×10^{-9}
十　级	S	1×10^{-10}

④平均寿命　在概念上，对于可修复的产品而言，平均寿命就是平均无故障工作时间，通常记作MTBF。寿命是指两次相邻失效(故障)间的工作时间，而不是指到每个产品报废的时间。对于不可修复的产品而言，它是寿命的平均值，记作MTTF。但不管哪一类产品，理论上的意义都是类似的，数学的表达式也是一致的。电子设备通常用MTBF特征量来描述可靠性。

$$MTBF=\sum_{i=1}^{N}t_i/N \tag{9-6}$$

式中　t_i——第 i 个产品无故障工作时间；

N——产品的数量。

另外，从前面失效率 λ(为常数时)的式(9－5)也可导出下列关系：

$$MTBF=\frac{1}{\lambda} \tag{9-7}$$

当今电子设备均有可靠性要求，一般使用MTBF来表征。如彩色电视机MTBF不小于15000h，收录机MTBF不小于750h，收音机MTBF不小于2000h。达不到指标的，不允许定型生产和销售，可见可靠性指标是当今考核产品质量很重要的一项指标。关于可靠性试验，通常应遵循有关标准的要求和规定，按照产品的具体情况编制可靠性试验规范(包括具体试验方案，方法、程序和判决规则以及记录报告等)，进行试验。试验时一般在工厂试验室用人工模拟试验，即模拟产品的工作状态，模拟产品的工作环境条件。而对一些大型电子设备或电子系统，一般都是到现场作使用试验。例如，一般军用电子设备，经试制出的产品都要通过现场使用考验，即现场可靠性试验后，满足使用要求的，方可批准成批生产。

可靠性是一门新兴的学科，它涉及到产品的可靠性设计，可靠性试验和可靠性管理等许多学问。

(3)安全性试验　当今对电子产品在安全性上提出了严格的要求。尤其对投放市场的电视机、收录机、扩音机这类家用电子产品，它直接与不熟习或不懂得电性能的人们，乃至玩皮好奇的儿童来进行使用接触，因而产品的是否安全，直接关系到千家万户的财产和人身安危，确显得异常重要，越来越使人民所重视。

对于产品安全性问题，也涉及很多因素，它的基本要求概括起来，就是在产品设计与制造中都应保证其在正常工作条件下或故障条件下均不产生危险；特别要保证：防触电、防过高温、防有害射线、防爆炸、防有机械不稳定性和运动部件作用伤人、防火等。故要求在产品设计中就要遵循有关安全要求的规定进行设计。在定型试验中就要遵循安全标准的试验项目和方法进行试验和考核。按规定，产品如果不符合安全要求，造成了严重人身财产事故，生产企业将受到法律制裁。

当前在家用电子产品中，推行国家标准《电网电源供电的家用和类似一般用途的电子及有关设备的安全要求》(GB8898-88)是这类产品安全性要求和试验的依据。

上面简要介绍了整机检验的各种试验内容基本知识，可以看出，都涉及到标准问题。国家在标准化管理条例中规定：凡没有制订国家标准、部标准(专业标准)的产品，都要制订企业标准。为了不断提高产品质量，企业可制订比国家标准、部标准(专业标准)更先进的产品质量标准。所以上述的一些试验内容要作详细了解，可参见有关的国家标准(包括国军标)、部标准(专业标准)和企业标准，也可参见有关的国际、国外的先进标准。

§9—5 安全文明生产

一、安全生产

安全生产是指在生产过程中确保产品、设备和人身的安全。

对于无线电装配工人来说,经常接触的是用电安全问题。实验证明,通过人体的电流强度与触电时人体所呈现的电阻有关。人体电阻通常在200kΩ到1kΩ的范围内变化。触电处的皮肤越是粗糙电阻越大,触电的面积越大电阻越小,触电部位越潮湿电阻越小。轻微的电流通过人身,可使人的神经受到轻微刺激,感觉有些麻木。电流稍大一些,人体肌肉急剧收缩,以至不能控制自己的行动。当电流大到一定程度时,会使人全身肌肉麻木,瞬间停止呼吸,严重的会造成死亡。

当发现有人触电时,决不能惊慌,应立即将电闸断开。若离电闸较远,可用不导电的干燥绝缘物把触电者从带电导线处拖开(决不能用潮湿的物体或金属器具,更不能直接用手去拉触电者),立即进行抢救。

整机装配车间用的电源电压通常是380V或220V。而安全电压国家定为36V,在潮湿环境中定为24V或12V。为了保证安全生产,应注意以下几个方面。

(1)操作带电的设备时勿触到非安全电压的导电部分,更不能以用手接触导电部分来判断是否有电。

(2)无论永久性还是临时性的电气设备或电动工具,都应接好安全保护地线。图9—2为电烙铁接地示意图。人体电阻设为100kΩ,电烙铁的绝缘电阻为900kΩ。从图可知人体的分压为22伏,属于安全电压。一旦电烙铁的绝缘电阻下降很多,有严重漏电现象,而电烙铁又没有接地线,则人体的分压将超过安全电压,造成触电。若电烙铁接有地线,如图9—2的虚线所示,漏电流通过接地线入地,人体就安全了。

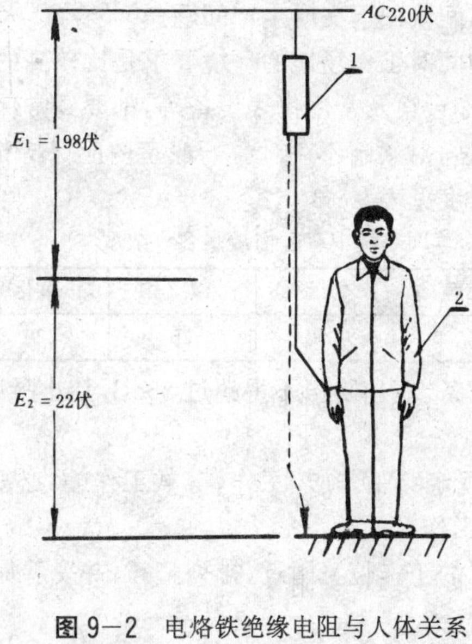

图9—2 电烙铁绝缘电阻与人体关系

1—电烙铁绝缘电阻为900kΩ 2—人体电阻设为100kΩ

(3)进行高压试验时，试验场地周围应有栏网，非试机人员禁止入内，栏网挂上“高压危险”的警告牌。

(4)从电源开关引出导线时，应牢固接在开关上或使用插销，不得随便搭挂。车间内严禁乱拉临时电线，需要拉线时应由电工安装。开关上的保险丝要符合规定的容量，不得以普通的铜、铝金属丝代替。

(5)在非安全电压下作业时，应尽可能用单手操作，因为最危险的触电往往发生在两手之间。脚最好站在绝缘的物体上。在调试高压机器时，地面应铺绝缘垫，操作人应穿绝缘鞋，戴绝缘手套。排除故障时，应先断开电源并对高压器件放电。

(6)拆除电气设备后，不应留有带电导线。如果需要保留时，应将线端用绝缘带缠好。

(7)发现电源有打火、冒烟或不正常气味时，应急速拉断开关，再进行检修。

(8)设备、工具、仪器等所用的各种插头要保持完好。不用时应拔掉。拔的时候要捏住插头，而不要拉电线。工作台上的插座应安装在不易碰撞的位置，若有损坏应及时修理或更换。

(9)用电炉时，应加隔离云母片，以防止锡锅导电或电源短路。酒精、汽油、香蕉水、丙酮、漆类等易燃物品应妥善保管，不可在明火旁使用。

(10)装配中剪掉的导线头或金属等应及时清除，以防留在机器内部造成隐患。烙铁沾锡过多时应用棉纱或旧布擦掉，不能乱甩。

为了搞好安全生产，各种设备和电源都应有专人负责，定期检查，发现问题及时解决。更重要的是思想重视。操作时精力集中，严格遵守各项安全操作规程。

二、文明生产

搞好文明生产是实现全面质量管理的重要条件。因不重视文明生产而造成产品质量事故的例子是很多的。事实告诉我们，搞不好文明生产，即使有先进的技术设备，也不能保证产品质量。文明生产，就是创造一种正规、清洁明亮、安全、秩序井然、有稳定人心理作用、符合最佳布局的良好环境，养成按标准秩序和良好工艺技术进行精心操作的习惯。

就一个生产单位来说，文明生产问题并非一个车间就可以解决，而要涉及整个单位场地的布局和措施。这里只就整机车间谈一下文明生产问题。

无线电产品的整机装配车间对工作场地的环境要求是比较高的。一般应做到室内玻璃清洁、阳光充足。工作地面和工作台案及常用仪表设备等，都要经常保持清洁整齐。墙壁、地面、仪表设备等的颜色，要选得合适，对眼睛不刺激。一般室内应保持相对湿度在65％左右，车间空气中有害物质的最高容许浓度见表9－3。

表9－3　车间空气中有害物最高容许浓度　(mg/m^3)

名称	丙酮	环己酮	铅烟	二氯乙烷	一氧化碳	甲苯	二氧化硫
浓度	400	60	0.03	25	30	100	15

总装车间应有排气通风设备。室内噪声不得超过85dB，禁止吸烟。照明灯光应充足而不耀眼。

装配工人在车间内应按规定穿工作服、工作鞋，戴工作帽，必要时戴手套，并经常保持清洁，决不允许手上粘有油污去工作。

生产用的工具要放在自己的工作位置附近，排列整齐，并妥善保管。工具坏了要及时修理或更换。

大型机内不得存放与生产无关的物品，机内始终保持整洁。

常用的紧固漆、粘合剂、酒精、汽油等辅助材料，应放在稳定的重底盒内，勿洒到机内、机外或工作台上。

安装、焊接镀银的器件，要带手套操作，以防汗水污物使镀银层变色。

各种零件、部件、整件都应排列整齐。有些元器件要放到固定盒内，以免将器件的接点碰坏或将表面划伤。在流水线上装配的机箱外壳、面板装饰件、刻度表盘等，一般要加临时布罩或防尘防磁的塑料罩，以保持其美观的外形。亦有在机箱表面涂一层薄膜塑料，防止磨碰划伤的。

元器件的运输，在包装上应有防腐、防震措施。在厂内传递整件、零件也要采用有防腐防震措施的专用器具。

第十章　整机的防护与包装

§10—1 整机的防护

一、环境条件对整机或设备的影响

气候条件指温度、湿度、气压等主要因素，以及盐雾、大气污染、霉菌、灰沙、日光照射、辐射等因素。高温可造成材料软化，使元器件及材料的电性能变化，低熔点焊缝开裂、焊点脱开，并会造成紧固装置松动、接触装置接触不良等现象。低温可使材料变脆，使插头、插座、开关片等接触不良，也可造成元件、材料的机械损伤和电性能变化。

在绝对湿度不变的情况下，相对湿度随温度升高而降低，随温度降低而升高。这一关系对无线电整机或设备来说很重要。当相对湿度保持不变时，温度愈高，水气对整机的影响愈大。这是因为，温度较高时，水气压力较大，材料间隙也较大，水气容易进入材料内部，使材料吸水变形，出现结构破坏、电性能变化等现象。

大气中存在着多种工业废气，如二氧化硫、氯化氢及各种化学烟雾等，这些废气会形成各种酸、碱、盐溶液，从而引起金属腐蚀和有机材料性质变化。霉菌可使材料表面绝缘电阻降低，介质损耗增大，并可使金属腐蚀。灰沙可使开关、电位器、继电器等接触不良，并可降低元件、材料的绝缘性能。日光照射和辐射会造成材料老化和分解，并使橡皮变硬开裂。

除气候条件的影响外，机械作用对无线电整机也有影响。磨损会造成整机或设备的寿命缩短，振动、碰撞和冲击可引起共振、引线断裂、电缆损坏、元件导线变形或位移、接插元件接触不良等。

二、整机的防护

1. 通风散热

变压器、电子管、大功率晶体管、扼流圈和大功率电阻等工作时，会使机内温度升高。环境温度的升高，也会促成机内温度的升高。无线电整机的降温有两个途径，一是防热，二是散热。

防热措施包括：在设计电路时尽量减少电子管的数量，并尽量提高板极效率；选用温度系数小的材料制造零件、组件；采用耐高温元件和材料（如实心合成电位器、硅橡胶、玻璃纤维板等）；对要求参数恒定的元件或组件，采用单独的恒温器；等等。

散热措施有自然散热和强制冷却两个方面。

属于自然散热的措施有：在机器外壳开通风孔；在电子管屏蔽罩的顶部开风口；大功率晶体管加装散热器；合理布置元器件；等等。

当机器中热功率密度超过 $0.122W/cm^3$ 时，需要采取强制冷却措施。强制冷却有风冷、液冷和蒸发冷却三种形式。风冷利用风机进行。由于液体的热容量、比热和导热系统都比空气大，因此液冷的效果比风冷要好。蒸发冷却是利用液体蒸发和凝结过程中的热交换来进行的。

2. 防潮

防潮措施有：表面涂敷、浸渍、灌封、塑料压封、密封等。

在零件表面涂敷金属或非金属覆盖层，既可保护金属不受腐蚀，又可对零件进行装饰，还能满足某些零件的特殊要求。利用电镀、喷镀可获得金属覆盖层；利用磷化、发蓝、钝化、氧化、阴极氧化等化学或电化学的方法，可获得化学覆盖层；利用油漆，塑料可获得涂料覆盖层。

做浸渍处理时，用高强度、绝缘性好的涂料去填充绝缘材料间的空隙或裂缝。这样既可防潮又可提高绝缘程度和热稳定性，改善传热性能，并可提高机械强度及化学稳定性。浸渍时可用酚醛绝缘漆、有机硅聚酯漆等。

对元器件本身或元器件与外壳间的空间或引线孔等，可用有机绝缘材料加热熔化后注入，冷后即自行固化封闭，此种工艺叫灌注或灌封。灌注既能防潮，又能起到防振、防冲击的作用。

塑料压封，就是将元器件装入模型中，再将塑料加热压入模型内，使元器件包封起来的防护措施。

密封是防止潮气长时期影响的最有效办法。所谓密封，就是将零件、元件或一些复杂的装置等安装在不透气的密封盒中。这种方法属于机械防潮，现已得到广泛应用。

3.防盐雾

盐雾对使用在沿海地区的无线电设备有很大的危害性。

防盐雾的方法主要是严格电镀工艺，保证镀层厚度，选择适当种类的金属镀层。

近年来发现，在钢铁上镀铅-锡合金、锌-锡合金、镍-钴合金等对盐雾与海水具有十分满意的抵抗能力。其中铅-锡合金材料来源较广，价格较便宜，在电镀工业上广泛地用作三防（防潮、防盐雾、防霉菌）电镀材料。

4.防霉菌

霉菌靠自身分泌的酶在潮湿条件下分解有机物而获取养料。这个分解过程就是霉菌侵蚀与破坏许多有机材料的根本原因。

防霉菌的一般方法有：

(1)将设备严格密封，并加入干燥剂，使其内部空气干燥、清洁。这是防止生霉的一种最有效的办法。

(2)降低湿度或适当控制大气条件，可阻碍霉菌生长。

(3)用足够强度的紫外线照射设备或元器件等，不仅能防止霉菌侵入，而且可以消灭霉菌。

(4)采用防霉剂处理零、部件和整件。这种方法效果显著，应用极广。常用防霉剂可参见表10－1。

目前，防霉材料聚氨基甲酸酯漆和五氯酚基汞也被采用。

5.防振和防冲击

为了减小振动和冲击对无线电整机或设备的影响，一般采取以下两种措施：

(1)安装减振器　根据减振器安装位置的不同，分为主动隔离和被动隔离两种方式。将产生振动的设备（如电动机、鼓风机等）隔离起来，使振动源与支撑基座隔开，称为主动隔离。将需要减振和缓冲的无线电设备或元件与支撑基座隔开，避免由于运输和其他机械干扰而引起振动，称为被动隔离。

隔振都是通过在设备下面或周围安置弹性物体或减振器等来实现的。

常用减振器有橡皮-金属减振器和金属弹簧减振器两种。

橡皮-金属减振器是由金属（弹簧钢）与橡皮经一定的加工制成的，常用的有JP型平板式减振器、JW型碗形减振器。在常温和额定负荷下，减振器的固有频率应经过计算或查表得出。

金属弹簧减振器是由弹簧钢板或钢丝绕制而成，弹簧形式有圆柱形和圆锥形两种，常用型号有 JQZ 型、JCH 型等。

表 10－1　常用防霉剂

名　　称	主 要 用 途
酸性硫柳汞	供浸渍漆和电缆用蜡克漆作防霉处理剂
醋酸苯汞	供纸、纺织材料及防霉漆作防霉处理剂
8-羟基奎林铜	供电缆、塑料、油漆、涂料及纺织品作防霉处理剂
水扬酰苯胺	供纺织品、油漆、涂料和塑料、橡胶作防霉处理剂
可溶性 8-羟基奎林铜	供塑料和电缆灌胶作防霉处理剂
对硝基酚	供油漆、涂料及皮革作防霉处理剂
2,4-二硝基氟苯	供涂料作防霉剂
三乙基硫酸锡	供覆盖漆和塑料作防霉处理剂
油酸苯汞	供清漆和瓷漆作防霉剂
环烷酸铜	供电线、电缆等保护层中的纱、麻做防霉处理剂

(2)增强设备或元器件的耐振能力　从设计上加强设备结构的强度和刚度。要选用耐振动、耐碰撞、耐冲击的元器件，合理配置和安装元器件。

为了提高抗振动和冲击的能力，应尽可能地使整机或设备小型化。这样可使设备具有较坚固的结构和较高的固有频率。

§10－2　整 机 的 包 装

包装是产品生产过程中的最后一道环节，它是为在流通过程中保护产品、方便储运、促进销售而采用的一定技术、方法、容器、材料和辅助物等的总称。包装目的一般可分为运输包装和销售包装。运输包装是以保护产品承受流通过程中各种机械因素和气候因素影响，减少或避免产品在储运中因包装不善而带来的损失为目的；同时也要方便运输、装卸和储存，节约储运费用，降低包装成本。销售包装为的是美化商品，它讲究装潢印刷，与内装物一起到达消费者手中，以便提高商品销售能力，打开国内外市场，增加收入。

电子产品的包装一般为运输包装。小型电子产品如收录机、电子儿童玩具等，除了运输包装外，在销售包装方面，近年也有所发展。总之包装工作是生产和流通中不可疏忽的重要环节。

一、产品包装的防护类型与要求

产品包装的防护类型甚多，电子产品通常的包装防护类型分为：简易包装、防雨包装、防潮包装、防震包装、防锈包装、防霉包装等。应当根据产品的特点和储运、装卸、保管的不同要求，采用满足一类或同时满足多类防护类型的包装设计和工艺手段，以达到有关标准的规定。

1. 简易包装

简易包装在储运过程中仅起一般防护作用，而无防雨、防潮、防震等要求。

2. 防雨包装

防雨包装是指产品包装时，包装容器的表面或内壁用防水材料进行涂覆或衬贴，使雨水不能滴入、飞溅或渗入到内包装产品上。包装容器(除瓦楞纸箱外)应能承受 $100\pm20L/m^2\cdot h$ 的降雨量连续垂直喷淋1小时而内壁无渗水漏水现象。

防雨材料除具有良好的抗水性和耐水性外，还应具有一定抗张强度。常用的防雨材料主要有：沥青、石油沥青油毡、石油沥青油纸、塑料薄膜、塑料复合材料等。

3. 防潮包装

一般要采用低透湿度的防潮密封材料与适量的吸湿剂（如硅胶），进行密封包装。要求包装作业的环境应保持通风良好，清洁、干燥，无有害介质，在室温条件下相对湿度不大于75%。产品包装前还应进行干燥预处理，在包装有效期内，产品上不得有水蒸气附着痕迹，以及锈蚀霉变情况。防潮材料应具有以下要求：

(1)有良好的耐水性，透湿度应小于 $10g/m^2 \cdot 24h$，常用材料主要有：聚乙烯薄膜、铝塑复合薄膜、蜡剂浸渍纸、吸湿剂等。

(2)用作防潮密封包装的各种塑料薄膜袋（容器）应完整，无破损和针孔，封口部分的透湿度不能大于材料本身的透湿度。

(3)吸湿剂的含水率不得大于4%。

4. 防震包装

产品包装时，不论是内包装还是外包装，都应采取必要的防震措施。例如：加衬垫缓冲件或材料，使用泡沫塑料成型盒、模切件、隔档或弹簧悬吊等附件。防震包装件经防震项目试验后应达到：包装容器的结构应无变形和机能上的损伤；产品表面及其零部件不应有机械损伤；产品各项指标经调测后应在允差和调测范围内。

常用防震材料主要有：瓦楞纸板，可发性聚苯乙烯泡沫塑料、橡胶、海绵、塑料气垫、聚氨基甲酸脂发泡塑料以及弹簧等。

5. 防锈包装

对需要进行防锈处理的产品和易锈蚀的金属表面，应按产品防锈的有关规定进行防锈处理。如按工艺规程进行清洗，浸涂防锈油（脂）或包裹防锈纸等进行封存，在有效期内应无锈蚀。

防锈材料对金属表面应有良好的附着力，无腐蚀性并易于清除。常用防锈材料主要有：中性苯甲酸钠防锈纸、19号防锈纸、201防锈油脂等。

6. 防霉包装

对需要防霉处理的产品，应进行防霉包装，采取必要的防霉措施。例如：在密封容器内放置挥发性防霉剂，对不耐霉的包装材料进行防霉处理或在包装箱（盒）表面涂刷防霉剂溶液等。

防霉剂应符合下列要求：

(1)对人毒性极小，对霉菌有强烈的抑制或杀灭作用。

(2)对产品外观和包装材料性能没有影响或影响极小。

(3)经过工艺（如烘焙等）处理后，仍应有良好的防霉效果。

常用防霉剂在本章"整机的防护"一节中已有介绍，不再重述。

二、包装容器的类型与要求

包装容器的类型很多，现就一般常用的木箱和纸箱介绍如下。

1. 木箱

木箱的典型箱型常用的有中小型木箱、大型木箱和花格木箱，如图10－1至图10－4所示。

木箱的一般要求：

(1)用作防雨、防潮包装的木箱应保证接缝严密。

(2)木箱材料的含水率不大于20%。

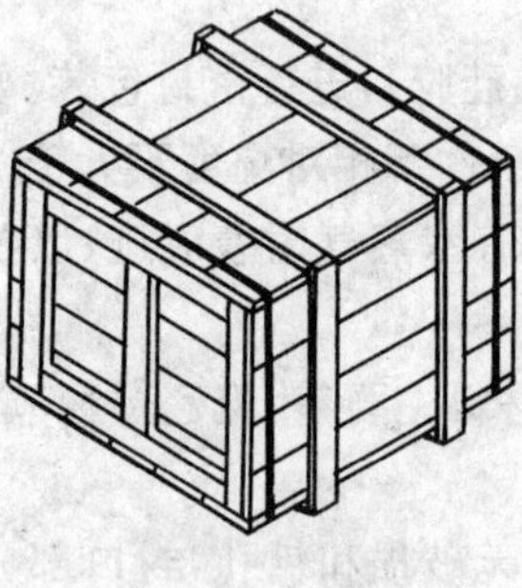

图10—1 外档式中小型木箱

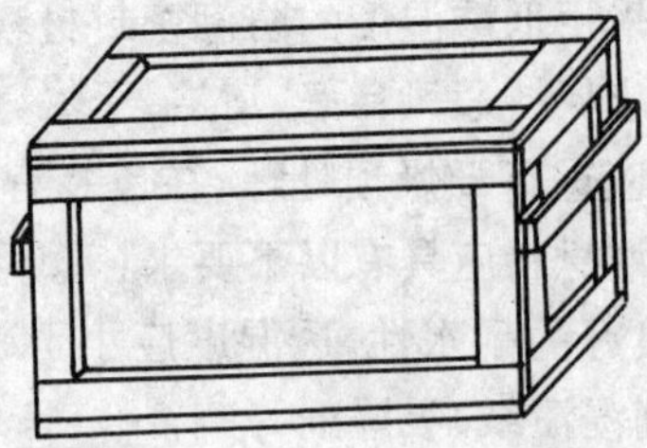

图10—2 外档式夹板木箱

(3)木箱材料的材质如木材、胶合板、纤维板、刨花板等，符合有关材料的质量标准，材料的缺陷不得影响结构强度。

(4)一般包装木箱的强度应达 0.98N/cm² 的承压要求，所承压重量不足 4900N 时，按4900N 考虑。

(5)木箱应采用氧化钢带或包角等进行加固。

2.瓦楞纸箱或硬纸板箱(简称纸箱)

纸箱箱型一般有对口盖式纸箱、大包盖式和天地盖式纸箱等，如图 10—5 至图 10—7 所示。

纸箱的一般要求：

(1)纸箱成型后，箱型方正，四角坚挺，无叠角，无漏洞，不脱胶，箱盖对口齐整。

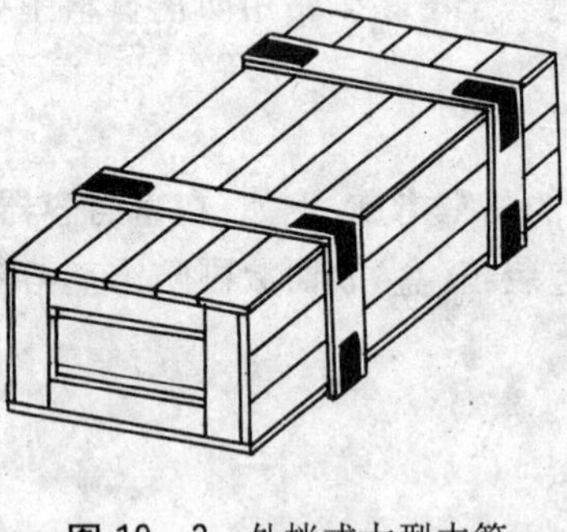

图10—3 外档式大型木箱

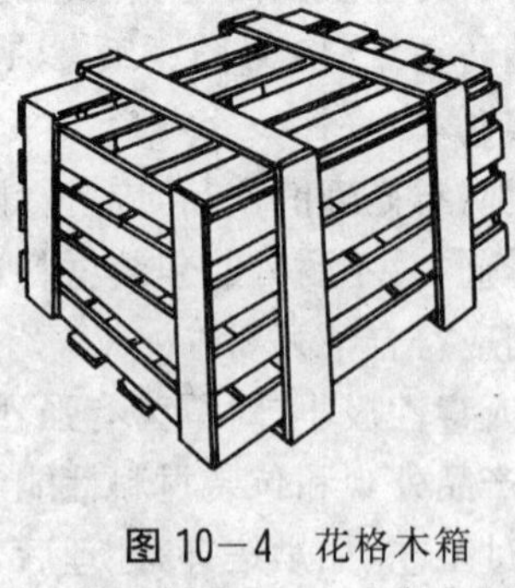

图10—4 花格木箱

(2)箱纸的含水率不大于12%。

(3)纸箱材料的质量符合有关材料的质量标准。

(4)一般纸箱的强度应达 0.49N/cm² 的承压要求，所承压重量不足 1960N 按 1960N 考虑。

(5)纸箱采用压敏带和塑料打包带等进行加固。

3.箱面标志与随机文件

包装箱箱面的标志，通常包括收发货标志和储运指示标志。应采用不褪色的涂料或油墨，准确、清晰、牢固地标记在箱体的两个端面或侧面上。不能直接喷刷标志的包装件，可在明显处贴、钉或挂标志牌。

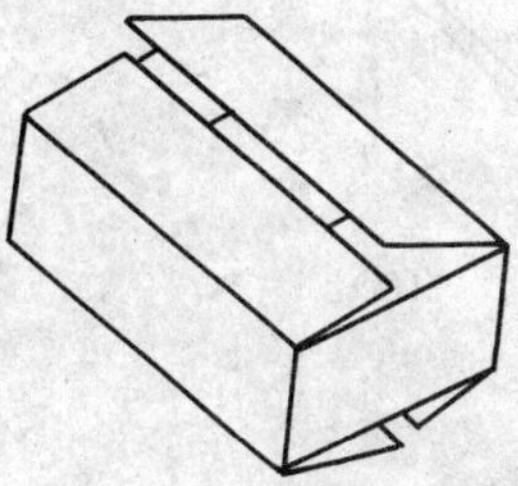

图 10－5　对口盖式瓦楞纸箱

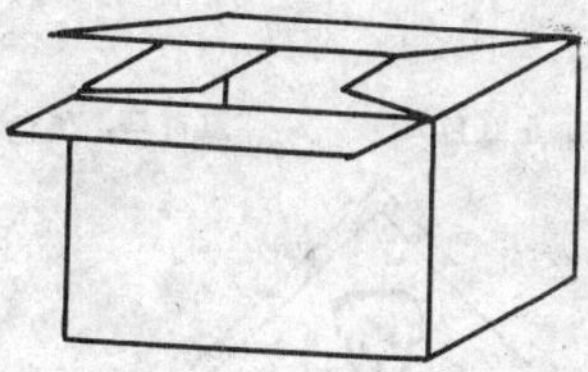

图 10－6　大包盖式瓦楞纸箱

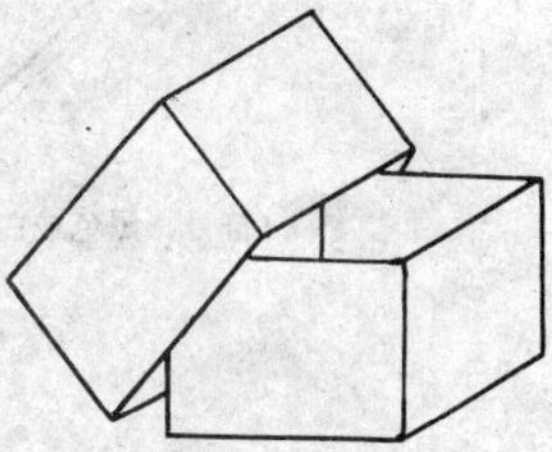

图 10－7　天地盖式瓦楞纸箱

(1)收发货标志　一般包括以下内容：

①产品型号、包称及数量；

②出厂编号及箱号(或合同号)；

③箱体外型尺寸(长×宽×高)，单位为 cm；

④毛重，单位为 kg；

⑤装箱日期：　年、　月；

⑥到站(港)及收货单位；

⑦发站(港)及发货单位。

(2)储运图示标志　储运图示标志应根据产品特点，按照国家标准 GB190－90《危险货物包装标志》和 GB191－90《包装储运图示标志》的有关标志符号图案的规定，正确选用。

GB190－90 对危险货物包装分为 9 类 21 种，我们经常遇到的图示标志有易燃气体、有毒气体、有毒品、有害品(远离食品)、腐蚀品等。参见图 10－8 所示。

标志的尺寸一般分为 4 种，分别为 50×50mm、100×100mm、150×150mm、250×250mm。如遇特大或特小的运输包装件，标志尺寸可适当扩大或缩小。

图示的颜色应符合标志规定。

标志的使用方法可采用粘贴、钉附及喷涂等方法。

GB191－90 对包装货物搬运采用了 12 种图示标志，其中常用的有以下几种：

①小心轻放　本标志用于碰震易碎，需轻拿轻放的运输包装件。见图 10－9 所示。

②向上　本标志用于指示不得倾倒，倒置的运输包装件。见图 10－9 所示。

③怕湿　本标志用于怕湿的运输包装件。见图 10－9 所示。

④由此吊起　本标志用于指示吊运运输包装件时放链条或绳索的位置。见图 10－9 所示。

⑤堆码重量极限　本标志用于指示允许最大堆码重量的运输包装件。见图 10－9 所示。

标志的尺寸一般分为四种，分别为 70×50mm、140×100mm、210×150mm、280×200mm。如遇特大或特小的运输包装件，标志的尺寸可以按以上尺寸扩大或缩小。

图示标志的颜色一般为黑色。如果包装件的颜色使图示显得不清晰，则可选用其他颜色印刷，也可在印刷面上选用适当的对比色。一般应避免采用红色和橙色。粘贴的标志采用白底印黑色。

（符号：黑色或白色，底色：正红色）

（符号：黑色，底色：白色）

（符号：黑色，底色：白色）

（符号：黑色，底色：白色）

（符号：上黑下白，底色：上白下黑）

图 10－8 部分危险货物包装标志

图 10－9 部分包装储运图示标志

标志的标打可采用印刷、粘贴、拴挂、钉附及喷涂等方法。

印刷时，外框线及标志名称都要印上，喷涂时，外框线及标志名称可以省略。

（3）随机文件　一般包括产品使用说明书、合格证、装箱清单以及有关技术文件。随机文件一般可用塑料袋或纸袋装好，放入包装箱内。当产品分多箱包装时，随机文件应放入主机箱内，各分箱只放置本箱的装箱清单，以方便使用方清点、维修和使用。

三、包装的试验

完整装好的包装件，按照设计要求和包装技术条件的规定，应进行检验。不论是定型试验或周期试验，都是抽取一定数量的试件按规定的项目条款进行。

表10－2介绍各种包装防护类型一般对应的试验项目。其试验项目对应的试验方法，应按有关标准规定进行，在此不详述。

表10－2

包装防护类型		试验项目
简易包装		堆码试验，起吊试验
防雨包装		淋雨试验
防潮、锈、霉包装		潮热试验
防震包装	不大于100kg的包装件（不包括滑木结构的包装件）	1.堆码试验 2.冲击试验和振动试验，或公路运输试验 3.人工滚翻试验和跌落试验或六角滚筒试验
	大于100kg的包装件（包括滑木结构的包装件）	1.起吊试验 2.堆码试验 3.公路运输试验 4.面、棱或角跌落试验 5.吊摆试验

下面以家用电子产品为例说明一般包装和包装试验方法。

对于生产后立即进入市场销售的电视机、收录机之类的产品，其包装一般都不考虑长期储存防护条件。通常仅考虑一般的运输、装卸条件，作一般防震简易纸箱包装。其方法是：将待包装的产品套上聚乙烯薄膜塑料袋，然后在产品的两端或全部按其轮廓外型制作好足够厚的泡沫塑料卡衬垫或盒型件，将其牢牢卡住，再装入尺寸适宜的纸箱盒内。装入随机文件后，用打包带或不干胶纸带捆扎贴封即可。国家标准《广播收音机、广播电视接收机、磁带录音机、声频功率放大器（扩音机）的环境要求和试验方法》（GB9384-88）中规定了包装后的跌落试验要求和方法：

（1）跌落试验要求　毛重不大于100kg带包装的受试设备，应能承受表10－3中规定的跌落高度。按图10－10，依3（底面）→2→5→4→6（四个侧面）的顺序，各面跌落一次试验。试验后受试设备按标准规定的有关项目进行检验，应符合要求。

表10－3

受试设备的重量kg	跌落高度cm
≤10	80
＞10～≤25	60
＞25～≤50	45
＞50～≤75	35
＞75～≤100	35

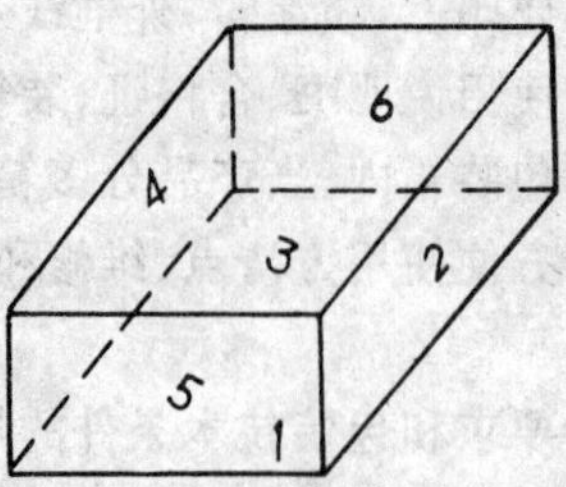

图 10－10　五个受试面

(2)跌落试验方法　如图 10－8 所示，依次使 3、2、5、4、6 面向下，作为试验面。将受试设备提升至规定高度，试验面与地面平行，在使各向初速为零的情况下，突然释放，使受试设备自由跌落于平整的水泥地面(受试设备与地面接触时的接触状态不作规定)，即完成了一个面的试验。

四、包装工序的设置和一般注意事项

大量生产的电视机、收录机，其简易纸箱包装，一般设置在整机装配流水线的最后工序进行。有多种防护要求的包装或小批量生产产品的包装，通常不在整机装配车间内进行，而在单独的包装部门和具备专业工艺的地方进行。这里所说的专业工艺，是指密封、充气、浸蜡、灌注等。

包装的一般注意事项：

(1)包装前产品的准备

①经过检验合格后的产品才能进入包装。包装前一般要进行清洁处理，如用过滤的压缩空气吹去灰尘、杂物等，有的还要进行干燥预处理。

②对暴露在外表的金属件进行清洗，涂防锈油或包裹，对产品突出尖角的部位要加支架或缓冲措施。这些均要按工艺规程进行操作。

(2)包装时应仔细领会包装的设计文件及工艺文件等技术资料的内容，保证操作正确无误，前后次序不得颠倒。

(3)包装过程中，对产品应轻拿、轻放。产品附近避免敲打、锤击，不允许给产品造成损伤、划痕、污染等。当发现产品有装不进去现象时，应由有关人员进行妥善处理，不得私自改变装放位置或勉强装放。

(4)包装过程中，必须注意不得将不应该装入的东西装入，尤其在产品内部，不得掉入金属丝、垫圈、螺钉、以及工具等什物。

(5)应按包装清单，清点应装入的附件、备件、使用说明书等，避免遗漏或失误。

附　表

附表Ⅰ　部分国家标准、部标准代号

序　号	名　　称	代　号	序　号	名　　称	代　号
1	国家标准	GB	9	广播电视部标准	GY
2	国家军用标准	GJB	10	邮电部标准	YD
3	国家专业标准	ZB	11	公安部标准	GN
4	电子工业部标准	SJ	12	教育部标准	JY
5	机械工业部标准	JB	13	兵器工业部标准	WJ
6	航空工业部标准	HB	14	交通部标准	JT
7	航天工业部标准	QJ	15	轻工业部标准	QB
8	化学工业部标准	HG	16	冶金工业部标准	YB

附表Ⅱ　部分国外标准代号

代　号	表　示　意　义	代　号	表　示　意　义
IEC	国际电工委员会标准	TGL	原民主德国国家标准
ISO	国际标准化组织标准	DIN	联邦德国国家标准
JIS	日本工业标准	PN	波兰国家标准
BS	英国国家标准	CSN	原捷克斯洛伐克国家标准
NF	法国国家标准	MSZ	匈牙利国家标准
ANSI	美国国家标准	UNI	意大利国家标准
ГОСТ	前苏联国家标准	SNV	瑞士标准协会标准

附表Ⅲ 常用元器件的图形符号

元件名称	图形符号 名称	图形符号 图形
电阻器	(*a*)固定 (*b*)可调 (*c*)压敏 (*d*)热敏	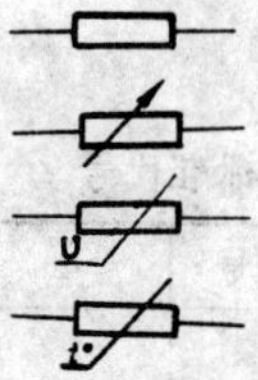
电位器	(*a*)一般 (*b*)预调	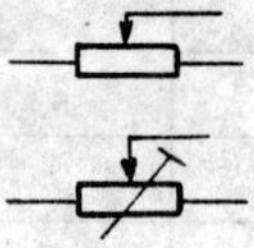
电容器	(*a*)一般 (*b*)极性 (*c*)可变 (*d*)微调 (*e*)双联 (*f*)压敏 (*g*)穿心	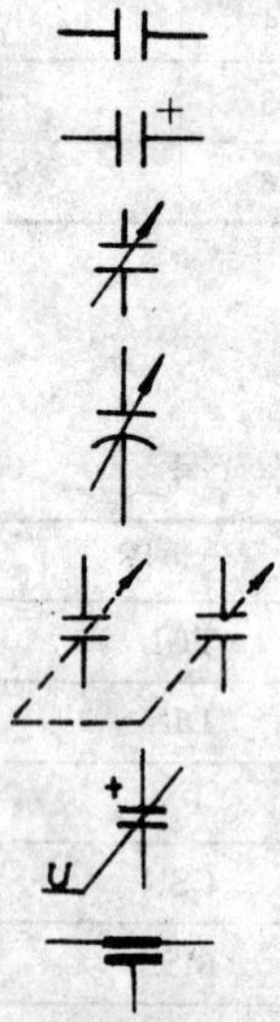
电感器	(*a*)电感线圈 (*b*)有抽头的电感线圈 (*c*)有铁芯的电感线圈 (*d*)磁芯有间隙的电感线圈 (*e*)有磁芯连续可调电感线圈	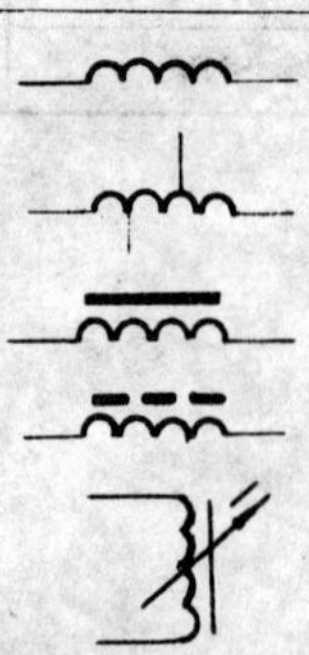
电子管	(*a*)五极管	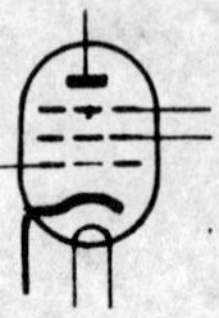

元件名称	图形符号 名称	图形符号 图形
电子管	(*b*)稳压管 (*c*)电子射线管	 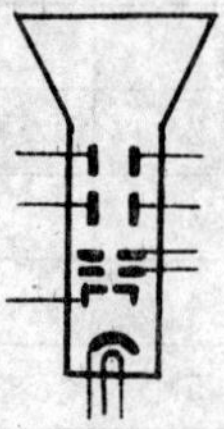
半导体管	(*a*)二极管 (*b*)发光二极管 (*c*)变容二极管 (*d*)*PNP* 型 (*e*) *NPN* 型集电极接管壳	
单极开关	(*a*)手动开关 (*b*)控钮开关 (*c*)拉拨开关 (*d*)旋钮开关	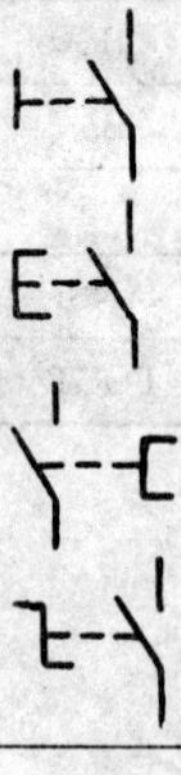
连接器件	(*a*)插座 (*b*)插头 (*c*)插头和插座 (*d*)同轴的插头和插座 (*e*)同轴插接器	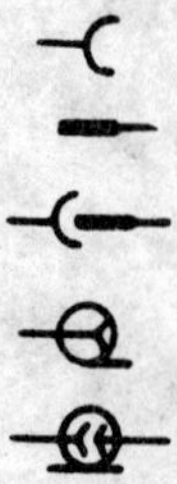

续

元件名称	图形符号	
	名称	图形
指示灯	(*a*)信号灯一般符号 (*b*)闪光型信号灯	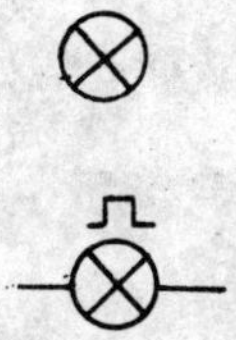
熔断器	一般符号	
扬声器	(*a*)一般符号 (*b*)扬声一传声器	
传声器	(*a*)一般符号 (*b*)喉头送话器 (*c*)压电式传声器	
受话器	一般符号	
磁头	(*a*)消抹头 (*b*)写入磁头 (*c*)消磁磁头	
蜂鸣器	一般符号	

元件名称	图形符号	
	名称	图形
继电器操作器件	(*a*)一般 (*b*)快速继电器的线圈 (*c*)直流继电器的线圈 (*d*)交流继电器的线圈	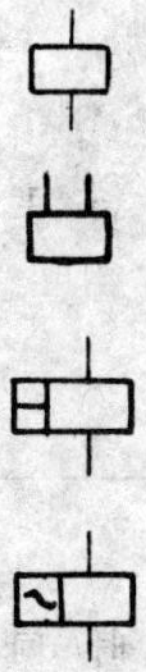
电铃		
报警器		
压电晶体		
电池		
天线	(*a*)一般符号 (*b*)测向天线 (*c*)环形天线 (*d*)偶极子天线 (*e*)天线电台	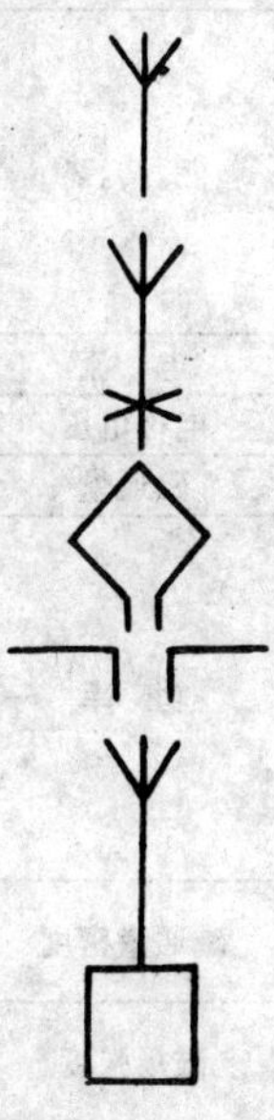
地线	(*a*)一般符号 (*b*)接机壳	

附表Ⅳ 部分法定计量单位及换算

量的名称	法定单位		与SI单位换算或说明
	名 称	符 号	
长 度	米 分 米 厘 米 毫 米 微 米 纳 米 千米、公里 海 里	m dm cm mm μm nm km n milc	SI基本单位 1dm=1/10m 1cm=1/100m 1mm=1/1000m 1μm=1/1000mm $1nm=10^{-6}mm$ 1公里=1000m 1海里=1852m
时 间	秒 分 [小]时 天(日)	s min h d	SI基本单位 1min=60s 1h=60min=3600s 1d=24h=86400s
质 量	千克(公斤) 吨 克	kg t g	SI基本单位 1t=1000kg 1g=1/1000kg 1斤=0.5kg=500g
压力、压强	帕[斯卡]	Pa	SI导出单位。N/m^2 1mmHg=133.322Pa(毫米汞柱) 1atm=101325Pa(标准大气压) $1kgf/m^2=9.80665Pa$
能、功、热	焦[耳] 千瓦小时 电子伏	J kW·h eV	SI导出单位。N·m $1kW·h=3.6\times10^6J$ 1kgf·m=9.80665J $1eV=1.6021892\times10^{-19}J$
电 流	安[培]	A	SI基本单位
电位电压	伏[特]	V	SI导出单位。W/A
磁通量	韦[伯]	Wb	SI导出单位。V·s
功 率	瓦[特] 千瓦	W kW	SI导出单位。J/s 1kW=1000W 1米制马力=75kgf·m/s=735.499W 1锅炉马力=980.950W 1电工马力=746W
磁通量密度	特[斯拉]	T	SI导出单位。Wb/m^2 $1Gs\approx10^{-4}T$(高斯)
磁场强度	安[培]每米	A/m	SI导出单位。 $1Oe\approx(1000/4\pi)A/m$(奥斯特)
频 率	赫[兹]	Hz	SI导出单位。s^{-1}
级 差	分 贝	dB	非SI法定单位。无量纲量

说明:1.法定计量单位是指政府以法令的形式,明确规定允许使用的计量单位。

2.国际单位制是我国法定计量单位的基础,其代号为SI。

附表V 元器件代号对照表

元器件名称	旧代号	新代号	说明
电阻器 电位器	*R* *W*	*R*	分流器，热敏电阻、变阻器，可变电阻器
电容器	*C*	*C*	
电感线圈 阻流圈 线圈（绕阻）	*L* *ZL* *Q*	*L*	电抗器（并联和串联）线路陷波器，感应线圈
变压器 互感器	*B* *H*	*T*	电压互感器，电流互感器
扬声器 传声器（送话器） 受话器 耳机 石英晶体 磁头 拾音器	*Y* *S* *SH* *EJ* *SJJ* *CO* *SS*	*B*	变换器（从非电量到电量、或电量到非电量），包括热电传感器、热电池、光电池、测功计、晶体换能器、自整角机、旋转变压器等
电真空器件 半导体器件	*G* *BG*	*V*	电子管、气体放电管、晶体管、晶闸管、二极管等
数字集成电路器件	*JC*	*D*	二进制单元，延迟线、存储器件、磁带记录机等
摸拟集成电路器件	*IC*	*N*	运算放大器等
电池	*DC*	*G*	发电机、电源、振荡器等
保护器件	*BX*	*F*	熔断器、避雷器等
插头 插孔 插座 插头座 接线板 插塞	*CT* *CK* *CZ* *CH* *JX* *CS*	*X*	包括端子板、端子片、连接片、接线柱、电缆针端和接头、测试塞孔等
指示灯	*ZD*	*H*	光指示器、声指示器
开关 板键 按键 按钮 连接器 终接器 电报电键 拨号盘	*K* *BJ* *AJ* *AN* *LJ* *ZO* *DJ* *BH*	*S*	包括控制开关、选择开关、限制开关等
电动机	*D*	*M*	
天线 导线、电缆线、母线	*TX* *J*	*W*	包括波导、偶极天线、抛物面天线等
继电器 中继器	*J* *ZJ*	*K*	包括接触器
滤波器	*LB*	*Z*	均衡器、限幅器、晶体滤波器、网络、终端设备等

附表Ⅵ　　部分金属镀层及化学处理的种类和标记

零件材料	镀层分类	图纸上的标记		镀层厚度(μ)
		新标记	旧标记	
钢	镀锌	D·Zn7	3·13·10 3·11·10	7～10
	镀锌后钝化呈彩虹色	D·Zn15·DC	3·12·20 3·14·20	15～20
	多层光亮镀镍	D·L2Cu7/Ni5		总厚 15～20, 铜 7～10, 镍 5～10
	多层镀铬	D·Cu20/Ni10/Cr0.3	3·45·35	总厚 30～35,镍 10～15, 铜 20～25,铬 0.3～1
铜和铜合金	单层镀镍	D·Ni15	3·31·20	15～20
	单层光亮镀镍	D·L2Ni7		7～10
	多层镀铬	D·Ni9/Cr0.3	3·45·12	总厚 10～12, 铬 0.3～1,镍 9～11
	单层镀锡铅合金	D·60SnPb15	3·56·20	15～12
	单层镀锡	D·Sn·7	3·51·10	7～10
	热浸锡铅焊料	J·(HI Sn Pb 39)	1·04	不规定
	镀银	D·Ag7	3·61·10	7～10
	镀银黑化	D·Ag7·YH	3·67·10	7～10
铝和铝合金	镀铜	D·Cu35	3·21·40	35～40
	电化学氧化	D·Y	3·91	不规定
	电化学氧化后着色	D·Y·Z	3·94	不规定
	硬质电化学氧化	D·YY		不规定
	磷化	H·L	2·59	不规定